CHASSEURS DE VIRUS

Joseph B. McCormick
et Susan Fisher-Hoch

CHASSEURS DE VIRUS

Document

PRESSES DE LA CITÉ

Titre original : *Level 4. Virus Hunters of the CDC*
Traduit par Jean Charles Provost

ISBN 2-258-04652-1

Préface

De Rio à Bamako

Les McCormick et moi, nous étions destinés à nous rencontrer ! Joe était au Brésil en 1974 lors de la grande épidémie de méningite africaine ; il faisait ses débuts dans les services d'épidémiologie du fameux CDC d'Atlanta, avant de partir pour la Sierra Leone chasser le virus de Lassa. Sa carrière s'est presque entièrement déroulée en Afrique, comme celle de sa femme, Susan Fisher-Hoch. Ils ne se doutaient pas qu'ils viendraient un jour tous les deux en France pour aider notre Fondation à créer à Lyon un laboratoire européen à haute protection type P4.

C'est l'Afrique aussi qui m'a amené à Rio en 1974. J'étais un familier du Brésil depuis 1946 pour la prophylaxie vétérinaire. Je n'imaginais pas l'importance de l'épidémie brésilienne ; j'appris qu'il s'agissait du méningocoque africain type A. Or, nous étions les seuls à disposer d'un vaccin spécifique dont l'efficacité venait d'être reconnue par l'OMS. Nous avons eu la chance de bénéficier de la technique de Gotschlich et d'une expertise du général Lapeyronnie. Notre production, destinée aux seuls pays du Sahel africain, était artisanale. J'alertai cependant Alain Mérieux, qui suspendit immédiatement les vacances pour mobiliser tous nos laboratoires : nous allions prendre en cent jours le relais industriel de dix ans de recherche afin de vacciner cent millions de Brésiliens contre la méningite africaine.

Le ministre Machado, responsable de la santé au Brésil, était un homme exceptionnel : nous lui avions dit qu'en Afrique nous vaccinions tous les villages dès l'apparition des premiers cas, il décida d'en faire autant pour bloquer d'abord l'épidémie à Brasilia et vacciner Rio de Janeiro avant le carnaval. Cette campagne extraordinaire devait se terminer en mars 1975 par la vaccination en cinq jours des dix millions d'habitants de São Paulo. Mais, sans attendre cette victoire sur la méningite, nous organisâmes en 1974 un congrès à Bamako pour programmer la nécessité d'aider l'Afrique : nous voulions faire du premier vaccin africain reconnu par l'Organisation mondiale de la santé le symbole d'une rénovation pasteurienne.

L'aventure brésilienne ne faisait que commencer. Nous n'étions pas sûrs de sa réussite mais nous pensions déjà qu'à une improvisation aussi géniale il fallait substituer la permanence d'une force intercontinentale opérationnelle pour lutter contre les maladies infectieuses : ce fut la Bioforce.

La stratégie vaccinale mise au point pour la méningite devait faire école. Le ministre brésilien allait appliquer à la poliomyélite la vaccination de masse. La Paho, l'OMS américaine, devait prendre modèle pour l'éradication totale de la poliomyélite sud-américaine avec le vaccin Sabin : c'est ainsi qu'après la disparition de la variole nous assisterions à celle de la poliomyélite, il faudrait alors revenir au polio-vaccin injectable inactivé pour les vaccinations familiales.

Jonas Salk avait immédiatement compris cette nouvelle biopolitique : deux cents ans après la « vaccine » de Jenner, cent ans après les « vaccins » de Pasteur, il inventait le nouveau concept de « vaccinologie », la vaccination devant maintenant concilier les impératifs épidémiologiques, politiques, économiques et humanitaires. Le CDC d'Atlanta, sceptique au début de la vaccination brésilienne, dut reconnaître cette réussite totale en signalant sur le plan de l'économie de la santé que les 4 000 morts du début de l'épidémie de São Paulo avaient coûté plus cher que la vaccination des cent millions de Brésiliens.

C'était aussi la preuve qu'il fallait associer l'épidémiologie à la vaccination, c'est ainsi qu'en méritant la confiance du CDC d'Atlanta nous avons bénéficié de sa collaboration pour former en dix ans presque tous les épidémiologistes français avant de créer un Institut universitaire de santé internationale aux Pensières, centre collaborateur OMS de notre fondation.

Nous sommes donc maintenant en mesure de transformer en réalité notre rêve de mobiliser l'Europe au service de la santé publique en Afrique. Jacques Chirac vient de renouveler la confiance qu'il n'a cessé de nous apporter depuis 1987, mais il fallait structurer cet ambitieux projet.

C'est à Lyon, sur le pôle scientifique de Gerland, où nous avons vécu l'aventure de la virologie industrielle avec la même passion que Marcel Mérieux l'épopée pasteurienne, que nous développons un institut fédératif sur l'immunovirologie des maladies émergentes dans le tiers-monde. Il fallait enfin doter l'Europe d'un laboratoire à haute protection type P4, nous en avions les moyens sans espérer que Susan Fisher-Hoch accepterait d'en prendre la responsabilité.

Cette réalisation confirme que cent ans après la création de notre Institut, la Fondation Marcel-Mérieux maintient avec le même enthousiasme la tradition pasteurienne à Lyon, avec la certitude que la présence des McCormick en France pendant cinq ans permettra aux Nations unies de coordonner l'action humanitaire internationale. Il faut rendre espoir aux pauvres gens des pays visités tout au long de ce livre. Il faut imaginer en Afrique la médecine préventive et prédictive du futur.

Charles Mérieux

« La sécurité biologique de niveau 4 est requise pour tout travail sur des agents infectieux dangereux et exotiques, et présentant un risque élevé de transmission à l'homme d'une maladie mortelle. Le personnel de laboratoire reçoit une formation approfondie pour manipuler les agents infectieux dangereux. Le niveau 4 comprend les techniques de confinement classiques et spécifiques, l'équipement nécessaire à ce confinement et les caractéristiques du laboratoire. Il est placé sous la responsabilité de scientifiques compétents, possédant eux-mêmes la formation adéquate pour travailler sur ces agents infectieux et l'expérience en la matière. L'accès au laboratoire est strictement contrôlé par le directeur du laboratoire. Les installations se trouvent dans un bâtiment séparé, ou bien dans une zone sous contrôle, totalement isolée du reste de l'immeuble. Un règlement intérieur spécifique à ces installations est rédigé.

« A l'intérieur des zones de travail, toutes les activités sont restreintes aux postes de sécurité biologique de classe III, ainsi qu'aux postes de sécurité biologique de classe I ou II utilisées avec des combinaisons de protection individuelles d'une seule pièce, pressurisées et ventilées par un système approprié. Le laboratoire de sécurité maximale est spécialement conçu pour empêcher les micro-organismes de se propager dans l'environnement. »

(Définition standard du « niveau 4 », CDC/NIH, *Biosafety in Microbiological and Biomedical Laboratories,* 3e édition, Washington, Presses du Gouvernement Fédéral, 1993.)

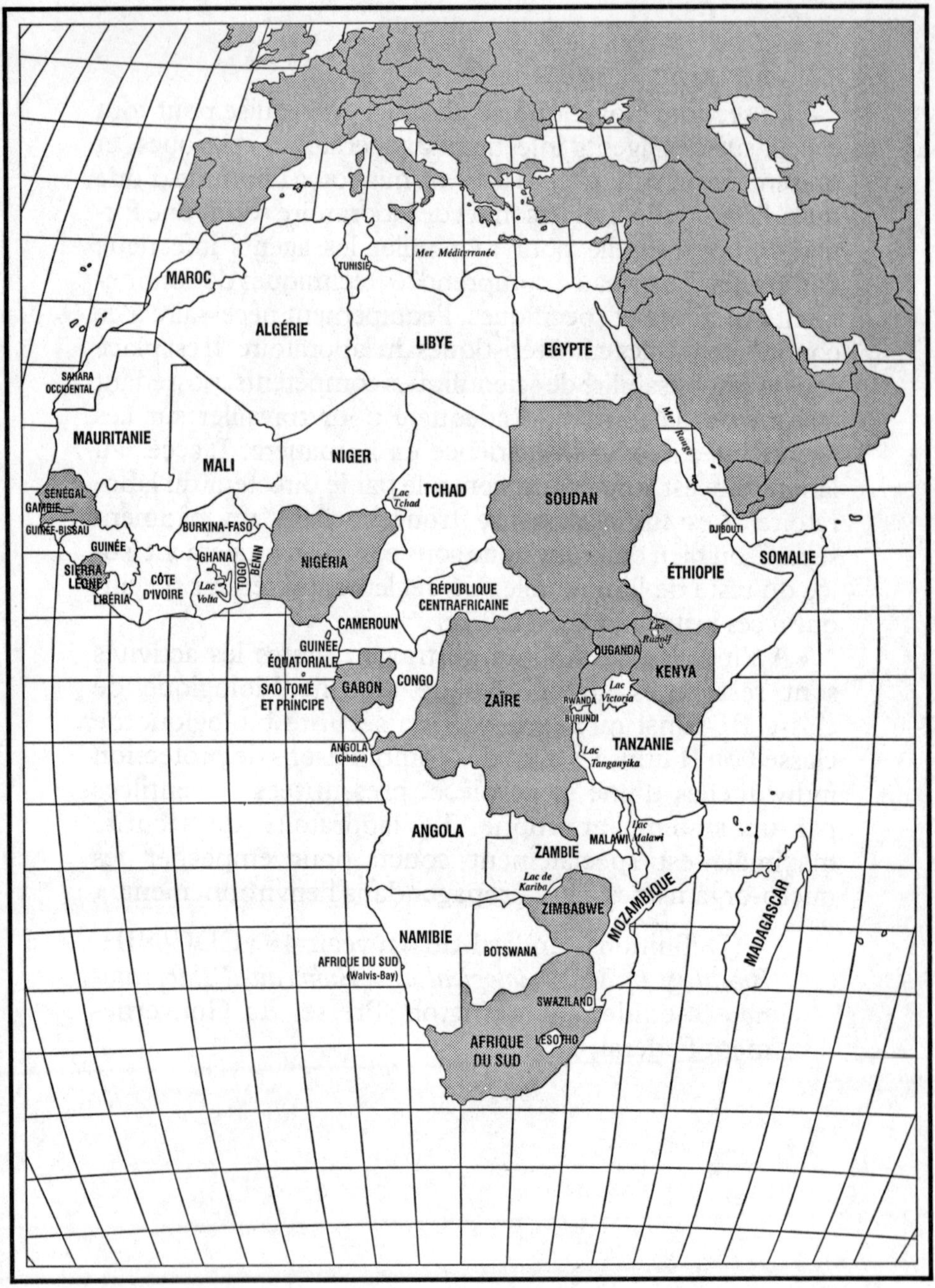

Mer Méditerranée
TUNISIE
MAROC
ALGÉRIE
LIBYE
EGYPTE
SAHARA OCCIDENTAL
MAURITANIE
MALI
NIGER
Mer Rouge
SÉNÉGAL
GAMBIE
GUINÉE-BISSAU
Lac Tchad
TCHAD
SOUDAN
BURKINA-FASO
DJIBOUTI
GUINÉE
SOMALIE
SIERRA LEONE
GHANA
TOGO
BENIN
NIGÉRIA
ÉTHIOPIE
LIBÉRIA
CÔTE D'IVOIRE
Lac Volta
RÉPUBLIQUE CENTRAFRICAINE
CAMEROUN
Lac Rudolf
GUINÉE ÉQUATORIALE
OUGANDA
KENYA
SAO TOMÉ ET PRINCIPE
GABON
CONGO
ZAÏRE
Lac Victoria
RWANDA
BURUNDI
TANZANIE
ANGOLA (Cabinda)
Lac Tanganyika
ANGOLA
Lac Malawi
MALAWI
ZAMBIE
Lac de Kariba
ZIMBABWE
MOZAMBIQUE
MADAGASCAR
NAMIBIE
BOTSWANA
AFRIQUE DU SUD (Walvis-Bay)
SWAZILAND
AFRIQUE DU SUD
LESOTHO

Avant-Propos

Ce livre est le récit de ce que nous avons vécu pendant notre chasse aux virus de niveau 4. « Niveau 4 » est le degré maximal de sécurité biologique en laboratoire pour isoler et étudier les organismes microbiologiques. Les virus de niveau 4 provoquent des maladies mortelles pour l'homme. La plupart d'entre eux ne sont pas affectés par les traitements. Les plus célèbres sont Ebola et Lassa. Ce groupe d'élite des micro-organismes exerce sur le grand public une fascination particulière. Ils donnent à ceux qui les étudient quelques aperçus d'un univers complexe et mystérieux que nous commençons tout juste à déchiffrer.

Notre intention est de mettre en lumière le comportement de ces dangereux micro-organismes dans certains cadres : dans les hôpitaux, dans la nature, en laboratoire. Nous espérons que notre récit donnera une idée de ce que signifie soigner un patient atteint d'une grave fièvre hémorragique virale dans l'hôpital le plus primitif, localiser les réservoirs de virus au fin fond des jungles et des déserts, travailler dans une « combinaison spatiale » ou scruter l'écran d'un microscope électronique pour identifier un virus inconnu. Nous invitons notre lecteur à nous suivre dans cette chasse qui nous a conduits des profondeurs du Zaïre aux contrées les plus désolées du Sénégal et de l'Afrique du Sud, en passant par le cœur trépidant de métropoles urbaines comme Kinshasa ou Karachi.

Nous n'avons pas voulu livrer une étude détaillée des virus ou des fièvres virales hémorragiques. Nous avons tenu à décrire simplement notre travail et les aventures que nous avons vécues durant les trente dernières années et à les décrire selon notre point de vue. Toutes les personnes que nous mentionnons sont réelles et tous les faits évoqués sont authentiques. Nous n'avons changé que les noms des patients, par respect du secret médical.

Nous avons remporté des succès, mais nous avons essuyé des échecs. Et, avec le temps qui passe, il nous apparaît que la guerre que nous croyions avoir gagnée contre ces organismes minuscules est loin d'être finie. En fait, à chaque fois que nous obtenons un semblant de victoire, le champ de bataille se déplace. Une nouvelle épidémie éclate, un nouveau virus apparaît, une nouvelle énigme se présente.

Mais en ce qui concerne la force agissante cachée derrière l'émergence de tous les virus de niveau 4, ne nous y trompons pas : il s'agit de nous. De l'espèce humaine. Ces microbes ne sont pas tapis en embuscade en attendant le meilleur moment pour nous sauter dessus. C'est nous qui nous immisçons dans leur habitat, pas l'inverse. Lorsqu'on les laisse en paix, ils s'en sortent parfaitement bien — et souvent en silence —, en maintenant un équilibre biologique avec leurs hôtes naturels. L'homme ne devient leur proie que lorsqu'il envahit leur environnement. En vérité, et malgré les apparences, les virus n'« émergent » que très rarement. Ce qui se passe, c'est que la surpopulation et le développement de l'habitat et des activités humaines violent leurs repaires et les *contraignent* à se montrer au grand jour. L'espèce humaine n'est d'aucune utilité aux virus des fièvres hémorragiques. Ils n'ont pas besoin d'elle pour assurer leur survie à long terme. Bien au contraire, nous sommes des hôtes exécrables qui ne leur laissent aucune chance : nous mourons, et le virus meurt avec nous.

A de rares exceptions près, les victimes des fièvres

hémorragiques virales sont les plus pauvres parmi les pauvres. La succession d'événements qui transforme en épidémie le cas d'un patient infecté (peut-être parce qu'il a défriché un bout de forêt vierge, ou qu'il a tué un animal sauvage) est un phénomène moderne. Paradoxalement, ce sont les pratiques médicales occidentales, en s'implantant un peu partout dans le monde, qui aident les maladies à se propager de façon significative. Ce peut être en opérant un patient infecté, ou en faisant des piqûres avec une aiguille contaminée. Ce n'est pas la faute de la médecine occidentale. Ses progrès ont permis de sauver beaucoup de vies humaines, et à des millions d'enfants de parvenir à l'âge adulte. Mais dans de nombreuses parties du monde, on a adopté la technologie occidentale sans accepter d'autres aspects essentiels de la culture qui est à l'origine de ses progrès. Négliger la formation et la sécurité peut provoquer des catastrophes.

Dans le tiers monde, les salles d'opération sont gérées par des médecins qui ont reçu une formation limitée. Ils opèrent souvent dans des conditions lamentables et peuvent utiliser maintes fois la même seringue (voire la même aiguille). En Occident, certaines pratiques mènent à des tragédies personnelles et à des procès pour faute professionnelle. Dans le tiers monde, à cause de la pauvreté et de la formation insuffisante, elles tuent le personnel médical, puis d'autres patients, avant de menacer finalement l'ensemble de la communauté. Dans de telles circonstances, les médecins, loin d'éradiquer les maladies, deviennent les agents de leur progression. C'est l'histoire de la plupart des épidémies d'Ebola, abondamment commentées par les médias.

Il y a aussi les autres virus — pas du niveau 4 —, qui sont réellement et exclusivement pathogènes pour l'homme. Nous sommes leurs hôtes naturels, et leur seule raison d'être est de nous attraper. Plus nous sommes nombreux, évidemment, plus notre espace vital est saturé, plus il leur est facile de se répandre et de provoquer des maladies comme le sida et l'hépatite. La menace qu'ils font peser sur nous est fortement accrue, elle aussi, par certaines négligences comme la réutilisation des aiguilles et les transfusions de sang non testé.

Pendant nos recherches sur les fièvres hémorragiques, nous avons peu à peu acquis la conviction que la question des « maladies émergentes » ne pouvait pas être envisagée dans un contexte purement médical ou scientifique. Il faut prendre en compte des facteurs sociaux — la surpopulation, la pauvreté, l'urbanisation sauvage — qui exercent une pression sur l'habitat du virus. Nous voudrions que notre lecteur garde à l'esprit le rôle que l'homme a joué dans la propagation des infections. Si nous ne sommes pas capables de nous attaquer d'abord à la surpopulation et à la pauvreté, il se peut que nous soyons amenés à nous souvenir avec nostalgie du XXe siècle comme une ère de santé et de tranquillité. Dans le monde des virus, comme nous allons le montrer, c'est nous qui sommes les envahisseurs.

Nous écrivons notre histoire à la première personne, telle que nous l'avons vécue. Joe McCormick retrace les événements qui le concernent au premier chef. C'est lui qui a écrit le prologue et les treize premiers chapitres. Sue Fisher-Hoch raconte sa propre histoire, elle aussi. Elle est la narratrice de l'essentiel de la seconde partie du livre (chapitres 14 à 35). Convaincus que la vérité est souvent affaire de point de vue, nous donnons parfois nos conceptions respectives sur les mêmes événements. Ce livre est un récit à deux voix.

Docteur Joseph B. McCormick,
Docteur Susan Fisher-Hoch.

Prologue

Nzara, 1979

Lorsque Roy Baron et moi touchâmes le sol à Nzara, c'était presque le crépuscule. Mais l'approche de la nuit ne nous apportait aucun soulagement. La chaleur n'était pas moins brutale qu'à Juba avant le décollage. L'humidité du Soudan du Sud aspirait jusqu'à la dernière goutte toute la sueur de notre corps. Il n'y avait tout simplement aucun moyen de se rafraîchir.

Comme les pilotes ne pouvaient voler qu'à vue, il leur fallait passer la nuit à l'auberge d'Etat, là où Roy et moi devions loger. Cela ne leur plaisait pas beaucoup. L'idée de demeurer dans une zone dévastée par une infection mortelle les démoralisait. Mais, s'ils tenaient à rentrer à Khartoum [illegible] ils n'avaient pas le choix.

[illegible] aveur. Ils pourraient convoyer [illegible] jusqu'à Khartoum, un paquet à [illegible] icaine qui l'expédierait à son [illegible] sauraient pas ce que contenait [illegible] u, ils auraient certainement [illegible] it (si notre intuition était cor- [illegible] oins envie de transporter : le

[illegible] pas d'être contaminés. J'étais [illegible] ens assez soigneusement pour que l'équipage ne coure aucun risque. Quand je leur annonçai que je leur confiais un paquet pour Khartoum, ils y consentirent volontiers. Nous avions besoin de faire parvenir au plus vite des échantillons à notre labo, au CDC[1] à Atlanta, afin de déterminer la cause de l'épidémie. Il existe aujourd'hui des analyses plus rapides et plus précises, et certaines peuvent même être effectuées sur le terrain. Mais, en 1979, la seule façon de s'assurer de manière décisive qu'il s'agissait bien d'Ebola consistait à identifier des anticorps spécifiques ou à isoler le virus dans des cellules ou des tissus en culture. La seule observation clinique ne suffisait pas. Dans cette région du monde, où l'espérance de vie est de moins de cinquante ans, les maladies infectieuses sont omniprésentes. De nombreuses infections, durant les premières phases de leur développement, peuvent ressembler à Ebola. Des symptômes comme une température élevée, des migraines, des douleurs abdominales et des maux de gorge peuvent annoncer aussi bien Ebola qu'un début de grippe. Des indices de saignement peuvent suggérer qu'il s'agit d'Ebola, mais il est malgré tout difficile d'établir un diagnostic correct. Et, s'il se confirmait qu'il s'agissait bien d'Ebola, une autre question se poserait. Etait-ce la même souche qu'en 1976, ou un autre virus, quelque chose que nous n'aurions jamais vu auparavant ?

Nous décidâmes d'examiner les patients le soir même à l'hôpital de fortune de Yambio, une ville proche de Nzara. Dès qu'il nous fut possible de déposer notre matériel, nous rassemblâmes nos instruments pour recueillir des échantillons de sérum. Mais cela ne représentait que la moitié du travail. Nous devions aussi protéger les échantillons. Il fallait prendre du sang, séparer les globules rouges du sérum jaune où vivait le virus, congeler les échantillons de sérum dans la neige carbonique que nous avions apportée de Khartoum, et enfin les emballer pour le transport.

Nous arrivâmes à l'hôpital. C'était une simple bâtisse

---

1. *Center for Disease Control* : Centre pour le contrôle des maladies (humaines).

faiblement éclairée, aux murs de boue séchée et au toit de chaume, sans fenêtres. Quelques personnes s'agglutinaient devant l'entrée : les familles de patients qui agonisaient à l'intérieur. Tous avaient le visage déformé par l'angoisse. Roy et moi passâmes des tenues de protection qui évoquaient des combinaisons de parachutistes de l'US Air Force — sauf qu'elles étaient faites de papier imperméabilisé blanc. Puis nous avons mis nos masques à gaz. Non seulement ils étaient horriblement encombrants, non seulement il faisait chaud, mais les patients étaient morts de peur en nous voyant arriver. Ceux qu'Ebola n'avait pas déjà tués, en tout cas.

Dans la case, un spectacle macabre nous attendait. Sous la lumière incertaine dispensée par deux petites lanternes à kérosène, nous découvrîmes une douzaine de malades, tous adultes, allongés sur des nattes à même le sol. Certains agitaient les bras et les jambes, en proie au délire, dans une vaine tentative d'échapper à la maladie qui les consumait. D'autres étaient immobiles. Leurs râles étaient le signe indiscutable que la mort n'était pas loin. La terrible chaleur de la nuit équatoriale était impitoyable. Nos combinaisons de parachutistes et nos masques ne faisaient qu'aggraver la situation. Nous ruisselions de sueur. Nous pouvions à peine respirer.

Pour examiner les patients l'un après l'autre, je devais m'agenouiller, la lanterne à la main, tandis que Roy m'aidait à préparer les échantillons de sang. Il n'avait jamais travaillé dans un pays en développement, et encore moins assisté à la dévastation causée par Ebola. Ce devait être pour lui un choc considérable.

Les franches hémorragies sont assez rares durant les premières phases d'Ebola, mais certaines manifestations bénignes peuvent se produire, comme des saignements dans l'œil. Je devais leur examiner le blanc de l'œil et leur inspecter l'intérieur du nez et les gencives pour chercher la présence de sang. Les pétéchies (de minuscules taches de sang sous-cutanées) constituent un indice significatif, mais, même dans les conditions optimales, elles sont difficiles à déceler sur la peau sombre des Africains. A la lueur sinistre d'une lanterne à kérosène, il était presque impossible de les repérer, sauf dans le blanc des yeux ou sur la voûte du palais et dans la gorge. On associe parfois Ebola à l'apparition d'une légère rougeur. Là encore, j'avais peu de chances de voir quoi que ce fût, avec la lumière dont je disposais. Mais un simple coup d'œil à la gorge de ces gens me fournissait une preuve convaincante. Au bout de deux ou trois jours d'infection, à l'issue d'une période d'incubation de cinq jours, Ebola peut donner une gorge si gonflée et si sensible que la victime est incapable d'avaler sa salive. A l'examen, sa gorge ressemble à de la viande hachée crue. Une substance jaunâtre semblable à du pus suinte parfois des amygdales.

L'hémorragie du rectum est un autre symptôme d'Ebola. Mais, si le saignement n'est pas significatif (et il l'est rarement), on ne peut pas être sûr. Ou bien vous demandez à un parent, ou bien vous vous procurez un échantillon de selles aux fins d'analyse pour y chercher la présence de sang. Mais pour toutes sortes de raisons, techniques et culturelles, ce genre de test est souvent difficile à réaliser.

Nous avions l'impression de pratiquer la médecine à la manière de jadis. Nous n'avions ni appareil à rayons X, ni numération globulaire, ni hémoculture, ni tests de diagnostic. Nous ne disposions que de notre propre formation et de notre expérience. Mais il fallait continuer. Un patient après l'autre.

Chacun d'eux représentait un nouveau défi. Trois d'entre eux déliraient, incapables de coopérer. Il fallait qu'une infirmière ou un parent vienne m'aider, et qu'on leur tienne le bras pendant la prise de sang. A la fin des examens, j'étais absolument certain qu'au moins sept de ces patients étaient contaminés par Ebola. Pour les autres, j'avais un doute. Mais nous devions séparer ceux dont nous étions sûrs qu'ils étaient infectés de ceux qui pouvaient souffrir d'autres maux, puis essayer de les soigner le mieux possible.

Nous avons fini au bout de trois heures environ. Il était près de onze heures du soir. J'étais debout depuis une vingtaine d'heures, et j'étais épuisé. Mais je n'étais pas au bout de mes peines. Je devais encore séparer les sérums des globules rouges. Au CDC, les techniciens du labo seraient furieux, à juste titre, s'ils recevaient des échantillons de sérum pleins de globules rouges lysés. Cela pouvait compromettre la précision de leurs analyses. Sans électricité, je devais improviser. J'avais eu la prévoyance d'emporter une vieille centrifugeuse à main. Mais elle était prévue pour deux godets, et ne pouvait donc traiter que deux échantillons à la fois. J'en avais treize. Comme je devais faire tourner chaque paire de tubes pendant dix minutes pour obtenir une séparation d'une qualité raisonnable, il me faudrait tourner la manivelle pendant plus d'une heure au total. Je devrais alors séparer chaque échantillon en quantités aliquotes, les étiqueter et les ranger dans la neige carbonique. Je compris très vite que, dans l'état d'épuisement où je me trouvais, j'étais incapable d'actionner la centrifugeuse pendant dix minutes sans faire une pause.

Je travaillais dans une pièce équipée d'une petite table de bois branlante, et je devais opérer seul. Il était exclu que quiconque reste avec moi. Un tube pouvait se briser accidentellement. Moi-même, sous l'effet de la fatigue, je pouvais m'éclabousser. Pourquoi exposer quelqu'un d'autre à un tel risque ? Je portais un simple masque chirurgical (il faisait vraiment trop chaud pour utiliser le masque à gaz) et ma tenue en papier. Comme je porte des lunettes, je ne voyais aucune raison d'y ajouter des verres protecteurs. J'étais aussi vigilant que ma fatigue le permettait, mais cela ne signifiait pas que j'étais sauf. J'aurais pu m'infecter sans m'en rendre compte, presque n'importe quand. Je n'aurais pu le savoir qu'à l'issue de la période d'incubation. Il me fallut près de cinq heures pour finir de préparer les treize échantillons de sérum. Dans les acacias, au-dessus de l'herbe haute, les oiseaux saluaient les premières lueurs de l'aube.

J'avais dépassé le stade de l'épuisement, et le magnifique lever de soleil africain me semblait légèrement flou, dans les brumes matinales. L'auberge était constituée de quelques chambres aux sommiers métalliques défoncés et recouverts d'un mince matelas de coton. Il n'y avait pas de draps. Il faisait un peu plus frais qu'à l'hôpital, mais la chaleur était encore suffocante. Il me fut difficile de trouver le sommeil. Et quand enfin j'y parvins, cela ne dura pas longtemps. Je devais être debout vers sept heures pour remettre aux pilotes, avant leur départ pour Khartoum, ma précieuse boîte avec les sérums que j'avais eu tant de mal à séparer. Et ce n'était que le prélude. Nos véritables recherches ne commenceraient que le lendemain.

Notre mission était simple. Nous devions mesurer l'étendue de l'épidémie, identifier tous les cas et isoler les victimes pour les empêcher de propager l'infection. Durant les jours et les semaines qui suivirent, nous avons effectué des recherches intensives pour localiser les personnes touchées par Ebola. Dans le même temps, nous avons installé un petit laboratoire pour rechercher d'éventuels anticorps. Cela nous permettait de ne pas attendre qu'Atlanta nous fasse parvenir le résultat des analyses.

Deux nuits après notre arrivée, je me trouvai de nouveau à l'hôpital de fortune pour examiner une patiente suspecte d'Ebola. Cette fois, je décidai de me passer de mon masque, décidément trop inconfortable. Cette femme âgée venait d'une zone où l'on avait trouvé un cas avéré d'Ebola. Elle délirait, en proie à la fièvre. Juste avant son admission, nous expliqua-t-on, elle avait eu une attaque. Cela arrivait parfois aux victimes d'Ebola, surtout au stade final de la maladie. Je ne décelai pas la moindre trace d'hémorragie, mais il était évident qu'elle était très malade.

Je m'agenouillai pour lui faire une prise de sang. Comme elle était agitée, j'aurais dû demander qu'on lui tienne le bras. Mais elle était vieille et fragile. J'ai cru que je pouvais me passer de l'aide de quelqu'un. Tout en lui tenant solidement le bras, je l'ai piquée, puis j'ai commencé à tirer la seringue pour m'assurer que j'étais bien dans la veine. Elle fit soudain un bond extrêmement violent, avec beaucoup plus de force que je n'aurais cru possible chez une femme dans son état. Ce mouvement inattendu fit glisser l'aiguille. Je vis que mon gant était percé. Dessus, il y avait une petite goutte de sang. Une goutte de *mon* sang.

Quelques instants plus tard, je sentis l'effet de la piqûre. L'aiguille avait percé la peau, à la base de l'ongle du pouce.

Je jurai tout bas. Comment avais-je pu être aussi négligent ? J'avais effectué des prélèvements de sang chez plus de trois cents victimes de la fièvre de Lassa, sans jamais risquer de me piquer. Mon premier réflexe fut d'arracher mon gant et de me mettre à hurler. A quoi cela aurait-il servi ? Je rinçai le gant au désinfectant, mais je savais que le mal était fait. La seule chose à faire était donc de finir la prise de sang de la vieille femme et de poursuivre mon travail. Je ne peux pas dire que j'étais calme, mais je ne paniquais pas. Pourtant, je me sentais nauséeux. J'étais bien placé pour savoir que si l'on se pique avec une aiguille potentiellement contaminée, au centre d'une épidémie mortelle (comme celle que j'avais étudiée au Zaïre), les chances de survie ne sont pas très élevées. En fait, je savais que le taux de mortalité était proche de 100 %.

Néanmoins, j'étais au Soudan, maintenant. Il était possible que cette souche particulière soit moins virulente. Mais nos informations n'étaient pas claires. Je savais qu'un chercheur britannique, Geoff Platt, s'était piqué avec une aiguille pleine de virus Ebola, près de Salisbury, en Angleterre, en faisant des injections à des souris au « laboratoire chaud » de Porton Down, après l'épidémie zaïroise de 1976. Quelques jours plus tard, il se trouvait dans un état critique. Il s'était piqué le pouce exactement comme je venais de le faire, et il n'avait même pas saigné ! Lui aussi avait immédiatement appliqué du désinfectant sur la plaie. Plus tard, un collègue lui demanda pourquoi il ne s'était pas simplement amputé le pouce. Je ne pouvais pas tirer beaucoup de réconfort de ce précédent. Et je ne pouvais espérer recevoir aucun soin. Il n'existait aucun soin, il n'existait aucun vaccin, il n'existait aucun traitement.

Presque aucun traitement. Il existait tout de même une possibilité. Cela ne valait peut-être pas grand-chose, mais c'est tout ce que j'avais. En 1979, on pensait que le plasma de convalescent — c'est-à-dire du plasma emprunté à des patients qui avaient guéri d'Ebola — pouvait jouer un rôle bénéfique au plan thérapeutique. Mais les données résultant des quelques expériences menées jusqu'alors en Angleterre ne laissaient pas beaucoup de place à l'optimisme. Néanmoins, j'avais apporté au Soudan plusieurs unités de plasma que nous avions recueillies en 1976, justement en prévision d'une situation de ce genre. Le plasma n'était pas dans le meilleur état, mais du moins avait-il été filtré, et la plus grande partie du magma vert qui s'y était accumulé en avait été extrait. Eh bien, me dis-je, je vais demander à Roy de m'en administrer un peu, et souhaitons que ça marche. Que pouvais-je faire d'autre ?

Selon le plan d'urgence que nous avions défini pour ce type de situation, j'aurais dû être évacué dans un avion spécialement équipé d'une chambre de confinement. Mais l'avion en question se trouvait sur une piste d'aérodrome quelque part en Europe, et la chambre de confinement était au Caire, dans les locaux de l'unité de recherche médicale de la Marine américaine. Et, même s'il avait été possible, mon départ aurait impliqué l'arrêt définitif de nos recherches. Personne dans l'équipe n'avait mon expérience. Ils ne pouvaient pas continuer sans moi. Cela aurait signifié que presque tous nos efforts auraient été consentis en pure perte. Que se passerait-il si je restais ? Que se passerait-il si je partais ? Je passai en revue les différents scénarios.

Un. La vieille femme mourait. Dans ce cas, le virus Ebola était probablement en train d'incuber en moi. J'espérais au moins disposer d'assez de temps pour me faire évacuer, après sa mort.

Deux. Elle était atteinte par Ebola, mais elle survivait. Nous analysions son sang, nous y trouvions des anticorps. Nous avions la preuve irréfutable que j'étais moi-même infecté. Auquel cas je devrais prendre immédiatement les mesures qui s'imposent. Quelles qu'elles soient.

Trois. Elle n'était pas infectée par Ebola. Dans ce cas, si je prenais l'initiative et que je faisais venir un transport du Caire, je me couvrais de ridicule. Après tout, puisque le plasma était le seul traitement disponible (mais cela restait à démontrer), je n'avais pas plus de raison d'effectuer mon temps d'incubation aux Etats-Unis qu'au Soudan. En tout cas, je n'aurais pas le temps de retourner aux Etats-Unis avant de tomber malade. La période d'incubation d'Ebola est de quelques jours, lorsqu'on a été exposé comme je l'avais été.

En outre, je devais considérer un autre aspect de la question. Si je restais, et si j'étais atteint par Ebola, est-ce que je mettrais en danger la vie de quelqu'un d'autre ? La maladie, au début, ne se transmet pas facilement, sauf si l'on est exposé au sang infecté. Cela réglait le problème. Je resterais, et je surmonterais l'épreuve.

Ce soir-là, Roy installa un goutte-à-goutte et m'administra le plasma. Nous arrosâmes l'événement avec une bonne demi-bouteille de whisky. J'aimais l'idée que l'alcool avait peut-être un effet thérapeutique positif. Si c'était un fantasme, au moins en aurais-je tiré quelque consolation. Quand nous eûmes vidé la bouteille, je n'avais rien d'autre à faire que de me rendre à l'auberge pour y retrouver mon sommier et mon matelas aussi fin que du papier à cigarette.

A partir de ce moment-là, j'ai accordé à la pauvre vieille femme une attention de tous les instants. Je lui rendais visite au moins deux fois par jour, je vérifiais ses signes vitaux et lui prenais du sang pour y chercher des anticorps. Je dormais par à-coups — quand je dormais. Je continuais à assurer mon travail de routine, mais cette femme était toujours présente à mon esprit. Tout ce qui lui arriverait m'arriverait aussi. Son destin et le mien étaient irréductiblement liés.

1

Zaïre, 1983/1965

Des larmes de colère et de frustration me montèrent aux yeux. Je me trouvais au pied d'un lit sordide, à l'hôpital Mama Yemo de Kinshasa, au Zaïre, et je regardais une femme mourir. Peut-être avait-elle vingt-cinq ans à peine. Son corps presque immobile était étendu sur un matelas crasseux. Aucun drap ne couvrait sa nudité. J'écartais les mouches qui bourdonnaient sans répit autour de mes oreilles. La salle abritait trente ou quarante femmes. Quelques-unes étaient dans le même état que celle qui se trouvait devant moi. Elle avait perdu ses cheveux. Elle avait le teint cireux et les yeux caves. Ses lèvres étaient couvertes de plaies vives. Sa langue devait être très douloureuse : en l'examinant de près, je vis qu'elle était attaquée par cette candidose que nous connaissons bien aujourd'hui, pour être banale chez les malades au stade terminal du sida. Sa peau était tendue sur ses os comme une toile vierge sur un cadre. Elle était parsemée de marbrures gonflées et livides : le sarcome de Kaposi, un cancer des vaisseaux sanguins de la peau largement répandu chez les malades du sida. Sur d'autres parties de son corps, les escarres avaient creusé de larges cratères suppurants. Elle était de taille moyenne, mais ne pesait pas plus de vingt-huit ou trente kilos.

Personne n'était là pour s'occuper d'elle. Ni parents ni amis. C'était une situation inhabituelle, pour ce que je savais de la culture zaïroise. En Afrique, il est de tradition que la famille d'un agonisant se rassemble autour de lui pour s'assurer que le passage de la vie à la mort s'effectue aussi doucement que possible. Lorsque les circonstances le permettent, il est important que ce passage se déroule dans un cadre réconfortant — positif, au plan culturel et personnel — pour que l'âme du mourant soit assurée d'être bien accueillie par ses ancêtres. J'avais vu, en Afrique, des gens mourir du diabète, de la tuberculose, de la lèpre et même de la fièvre de Lassa. Ils étaient toujours entourés de leur famille, dont la présence les soulageait. Il était même très fréquent que des patients en phase terminale soient emmenés par leurs parents, pour mourir chez eux plutôt qu'à l'hôpital.

Ce que je voyais était nouveau pour moi. Un tragédie humaine, inédite dans mon expérience de l'Afrique moderne. Une jeune femme mourait, seule et abandonnée. Comment en était-on arrivé là ? Quelle évolution catastrophique, quel viol culturel avaient pu provoquer cela ?

Lorsque j'enseignais au Zaïre, j'avais vu ma part de misère, de pauvreté et de maladie. J'avais vu des gens mourir de la rage et de la petite vérole. J'avais vu de jeunes enfants périr du paludisme sous les yeux de leur mère impuissante et dévorée par le chagrin. Mais je n'avais jamais rien vu de tel. En Afrique, on ne meurt pas seul. En tout cas, c'est ce que j'avais cru.

J'avais l'habitude de voir des patients en phase terminale, mais cette jeune femme me bouleversait. Elle incarnait à mes yeux l'irruption sur le continent africain d'un monde moderne incompatible, chaotique, où l'on rejetait les anciennes règles. Je m'efforçais de comprendre les raisons de ces ravages. Quelle sorte de maladie était capable de transformer la culture traditionnelle de manière aussi dramatique et aussi cruelle ? Entre toutes les maladies mortelles que j'avais vues à l'œuvre en Afrique, je réalisai que le sida avait modifié les coutumes en profondeur. Toute l'expérience que j'avais acquise en combattant la maladie dans les régions les plus reculées du monde devait être remise en question. Je n'avais absolument aucun antidote à offrir, aucun réconfort à proposer — et bien peu d'espoir.

Elle gémit soudain, et leva les yeux vers moi. Malgré sa douleur, elle me salua poliment.

— *Moyo Wanji.* — Bonjour, monsieur.

Elle m'adressa un petit sourire tremblant, qui suggérait qu'il lui restait peut-être assez d'énergie pour répondre à quelques questions.

Je demandai d'où elle venait.

— Wembo Nyama.

Je connaissais cette ville. J'y étais arrivé en 1965, au début de l'année scolaire, frais émoulu de l'Université. Je venais d'avoir vingt et un ans. J'étais le nouveau directeur adjoint d'un collège où j'allais enseigner les sciences naturelles et les mathématiques. Près de vingt ans semblaient avoir passé en un éclair.

Si l'on m'avait dit, quand j'étais enfant, dans la campagne de l'Indiana, que je finirais par enseigner les sciences à des étudiants pauvres au fin fond du Zaïre... Je ne sais même pas si j'aurais été capable de trouver ce pays (qui s'appelait encore le Congo belge) sur une carte.

Le collège et l'université me donnèrent envie d'élargir mes horizons. J'aimais les sciences, et l'époque était favorable aux jeunes Américains qui s'y intéressaient. (Les Soviétiques venaient de lancer leur Spoutnik et nous devançaient dans la course à l'espace. Vu l'importance du défi, beaucoup d'argent fut alloué à l'enseignement scientifique.)

Au bout du compte, le salut me vint de l'Eglise méthodiste, qui cherchait des jeunes diplômés célibataires, désireux de partir enseigner au Zaïre. Il s'agissait de remplacer des professeurs qui avaient été tués ou contraints de s'expatrier durant les troubles qui avaient suivi l'indépendance du pays. On me proposait d'enseigner les sciences et, au préalable, on m'offrait une année d'enseignement en français à Bruxelles. Je découvris en Belgique une culture et un mode de vie dont j'ignorais l'existence. Mais rien, en Europe, ne me prépara à la vie dans la campagne africaine.

Je séjournai quelque temps à Kinshasa, la capitale du Zaïre, avant de rejoindre mon poste à Wembo Nyama. C'était une petite ville de la province de Kasai, à l'est du pays. Patrice Lumumba, qui avait mené le Zaïre à l'indépendance cinq ans plus tôt, avait été assassiné. Le colonel Joseph Mobutu (qui a dirigé jusqu'à aujourd'hui les destinées d'un pays divisé, démoralisé et dévasté par la pauvreté) s'était emparé du pouvoir. L'école ou j'allais travailler avait été le théâtre d'incidents meurtriers, et elle avait été fermée pendant trois ans.

En plus de mon poste de professeur — sans parler du temps passé à aider à la reconstruction des dortoirs et à la recherche de nourriture —, je pus me rendre utile à l'hôpital local, qui avait été fort endommagé pendant la guerre civile. J'étais capable, par exemple, de réparer une génératrice. Je suis même parvenu à faire fonctionner un appareil à rayons X portable. Les films n'étaient pas de très grande qualité, mais ils permettaient au moins de déceler une fracture du fémur.

Une nuit, je fus tiré du lit, et l'on me conduisit à la salle d'opération. Dans l'obscurité, je lorgnai en direction d'un groupe de médecins penchés au-dessus de la table. Munis de lampes de poche, ils essayaient d'achever une opération de l'abdomen. La génératrice était en panne. Je suis resté paralysé devant l'image qui hantera ma mémoire jusqu'à la fin de mes jours : la silhouette d'une femme éclairée par les lampes de poche, et dont une bonne partie des intestins gisait *à l'extérieur* de son ventre.

— Allez-y ! me dit quelqu'un.

Je me passai la main sur le visage, j'inspirai profondément, et je me dirigeai vers la génératrice. Il ne fallut pas longtemps pour localiser et réparer le court-circuit.

Un peu plus tard, j'ai commencé à accompagner les médecins dans leurs rondes. Cela me permit de découvrir *de visu* la stupéfiante variété de maladies qui frappaient les habitants de Wembo Nyama : rage, variole, tuberculose, choléra, paludisme, parmi tant d'autres. Le paludisme, surtout, frappait les jeunes enfants. Un jour, on admit un bébé — il n'avait pas plus de huit ou neuf mois — qui souffrait du paludisme et d'une anémie grave. Ray Isley, le pédiatre, déclara qu'il était victime d'une insuffisance cardiaque. Il me montra l'échantillon de sang qu'il venait de lui prendre. Le sang de ce petit garçon était si pauvre qu'il était plus rose que rouge. Ray se mit à lui transfuser du sang frais.

« Cela devrait arranger les choses », pensai-je.

Je restai là, au pied du lit, et je l'observai en silence. Je supposais — j'espérais — qu'il se rétablirait.

Mais l'anémie était trop grave. Ce petit garçon fut le premier bébé que je vis mourir. Ce fut une expérience terrifiante. Ce sang anémié et rose. Ce petit corps immobile. Mais ce fut une expérience. Cela me fit réfléchir. A quoi servait un Ray Isley dans un pays comme le Zaïre ? Pour un enfant qu'il parvenait à sauver, combien d'autres (à l'instar de ce bébé) lui étaient amenés trop tard ? Et avec quels moyens travaillait-il ?

Comment multiplier le travail d'un seul médecin pour atteindre un peuple tout entier, immergé dans tant de misère et de maladie ? Je l'ignorais encore, mais en posant cette question, je venais d'entrer dans le champ de la santé publique.

A la fin de ma première année d'enseignement, je décidai de m'inscrire en faculté de médecine aux Etats-Unis. Je persuadai Ray Isley de me faire passer l'examen qui me qualifierait pour être admis en faculté. Mais il n'était pas facile de poser sa candidature depuis le Zaïre. D'abord, je n'avais pratiquement aucune information sur les différentes écoles, et peu d'endroits où chercher conseil. J'ignorais vers qui me tourner, à l'exception des praticiens de Wembo Nyama. L'un d'eux venait de l'université du Minnesota, les autres de l'université du Kansas. J'avais aussi un ami, Pete Peterson, diplômé de Duke Divinity School. C'est lui qui me suggéra de me présenter à la Duke Medical School. J'écrivis finalement à plusieurs établissements de haut niveau, dont Stanford, Harvard, Yale, Indiana et Duke. Indiana crut que j'étais étranger. Harvard, Yale, Stanford et Duke me répondirent qu'aucun de leurs anciens élèves ne se trouvait au Zaïre. Ils ne pouvaient pas organiser d'entrevue et il leur était donc impossible de tenir compte de ma candidature.

Depuis quelques mois, j'étais devenu très ami avec une de mes collègues, nommée Shannon. En fait, nous étions si proches que nous envisagions de nous fiancer. (Nous sommes allés plus loin : en 1968, nous nous sommes mariés.) Il s'avéra qu'un de ses oncles était sorti de Duke Medical School. Quand je lui montrai la lettre de Duke, elle écrivit un mot très vif à Syd Osterhout, conseiller aux admissions de cette école, où elle exprimait sa déception devant le rejet de ma candidature. Elle n'oublia pas de mentionner que son oncle était un ancien de Duke. A ma grande surprise, Osterhout répondit que l'école avait reconsidéré sa position. On « garderait le dossier en attente » jusqu'à mon retour aux Etats-Unis, en juin, pour une entrevue.

Mais ni Duke ni moi n'avions prévu les vicissitudes de la politique zaïroise. Afin d'étouffer le mouvement révolutionnaire qui embrasait la province dissidente du Katanga, Mobutu avait engagé pour son propre compte des mercenaires belges. Mais ceux-ci étaient devenus à leur tour une force renégate. Le fait qu'ils n'aient pas touché leur solde depuis quelque temps ne renforçait pas leur loyauté à l'égard du régime de Mobutu. Fin avril et début mai 1967, les mercenaires concentrés dans et autour de Kisangani (ex-Stanleyville) se révoltèrent. Ils s'emparèrent de quelques bâtiments stratégiques, y compris la station de radio. Mobutu réagit de manière caractéristique. Il assigna à résidence la totalité de la population blanche du pays. Il ordonna à ses troupes d'occuper les écoles, hôpitaux et autres institutions, et de « garder » les Blancs. Aucun d'entre nous n'était autorisé à quitter son lieu d'habitation, sous quelque motif que ce fût. Notre école ne fit pas exception. Un jour, les troupes zaïroises firent irruption sur le petit terrain d'aviation situé près de l'école et y placèrent des fûts de métal vides, pour empêcher les avions de décoller ou d'atterrir. Puis elles se déployèrent dans l'école et les dortoirs, pour s'assurer que nous ne pouvions pas nous enfuir.

Nous étions néanmoins autorisés à vaquer à nos occupations, et nous pouvions continuer à dispenser nos cours. Nous nous entendions parfaitement avec les soldats, avec qui nous partagions des produits aussi essentiels que la nourriture et les bandes dessinées. Mais en aucun cas ils ne nous laissèrent nous éloigner de l'école. Ils confisquèrent nos radios pour nous empêcher de communiquer avec l'extérieur. Ils saisirent même les rasoirs électriques, et d'autres instruments qu'ils soupçonnaient d'être des radios camouflées. Au fil des semaines, je compris que je risquais fort de perdre toutes mes chances d'entrer en faculté de médecine. Sans radio, je ne pouvais même pas informer Duke que j'étais retenu contre ma volonté.

Le mois de juin s'écoula. J'étais désespéré. Fin juillet, après dix semaines d'assignation à résidence, j'essayai de raisonner les soldats pour qu'ils m'autorisent à me rendre en ville.

— Qu'y a-t-il de mal à cela ? insistai-je.

Rien à faire.

Les discussions se transformaient en disputes, qui s'achevaient toujours par un refus. C'est alors que je suis monté dans ma Land Rover et que j'ai pris la route de la ville. Lorsque j'approchai des soldats, ils agitèrent leurs fusils d'un air menaçant. J'affichai un sourire idiot et continuai d'avancer. J'essayais d'avoir l'air calme, mais j'étais mort de peur. Je ne souhaitais qu'une chose : qu'ils ne décident pas de me faire sauter la cervelle à titre d'exemple. Je résistai à la tentation de plonger sous mon siège pour éviter les balles qui allaient voler d'une seconde à l'autre.

Mais rien n'arriva.

Je me rendis à l'aérodrome de Kananga, où j'intriguai pour obtenir une place dans un DC-3. Je craignais toujours que quelqu'un ne remarque qu'un Blanc se baladait en ville en toute liberté. Mais personne, à mon grand soulagement, ne semblait s'en préoccuper. Pendant trois jours, j'essayai de réserver une place. C'était une sorte de loterie. Tout se passait à l'aveuglette, sans aucune règle. « Allez à l'aérodrome, me disait-on. Quelqu'un pourra peut-être vous donner une place. » Chaque jour, consciencieusement, je partais à l'aérodrome avec armes et bagages.

Je parvins enfin à convaincre le responsable de l'aérodrome de me placer sur un vol. Nous étions dans la dernière semaine de juillet.

Il y eut d'autres délais à Kinshasa. Je n'arrivai à New York qu'à la fin de la première semaine d'août. Après avoir touché ma paie au siège de la mission méthodiste, je partis pour Durham, en Caroline du Nord, où se trouve la Duke University. Le lendemain matin, je me présentai au bureau de Syd Osterhout. Je pesais cinquante-deux kilos, je portais un polo et un pantalon kaki décolorés. Après m'être présenté, j'essayai de lui expliquer pourquoi je n'étais pas venu plus tôt. Il eut l'air amusé. Ou bien mon histoire était trop bonne pour qu'il se préoccupe de sa vraisemblance, ou bien il me croyait, tout simplement. En tout cas, il me mit à l'aise, et déclara qu'il allait se charger d'organiser des entrevues. Tous les gens qui m'interrogèrent semblaient avoir plus envie de m'entendre raconter mes aventures que de me poser des questions sur de complexes problèmes médicaux. On m'informa qu'une décision serait prise dans les deux semaines. Si ma candidature était acceptée, je disposerais d'un peu plus d'une semaine pour me préparer à la rentrée. Je pris l'autocar pour l'Indiana et rendis visite à ma mère. Elle fut choquée de voir son fils aussi maigre et aussi bronzé. C'était le résultat de trois années d'exposition au soleil de l'Afrique et de régime alimentaire de la campagne zaïroise.

2

Epidémiologie et salade de pommes de terre

Une lettre de Duke. J'étais admis ! Comme la nouvelle me parvint à peine dix jours avant la rentrée, mon immersion dans les principes fondamentaux de la médecine ne se fit pas attendre. Elle serait totale. Mais je me suis vite rendu compte que je m'intéressais à des sujets qui étaient absents du programme de la Duke Medical School. A mi-chemin de ma seconde année, je m'en remis à Sam Katz, le nouveau professeur charismatique de pédiatrie.

— J'ai l'expérience de l'Afrique, lui dis-je, et j'aimerais travailler dans des pays en développement. Pouvez-vous me suggérer un endroit, pour mon stage d'option facultative en sciences fondamentales, où je pourrais utiliser cette expérience ?

— Pourquoi n'iriez-vous pas passer une année avec mon ami Tom Weller ? Il travaille dans le domaine qui vous intéresse.

Thomas Weller dirigeait le Service de médecine tropicale à l'école de Santé publique de Harvard, près de Boston. Il était mondialement célèbre, depuis que ses travaux sur le virus de la polio lui avaient valu le prix Nobel. Il accepta de me donner ma chance. Je partis à Boston pour ma première année.

Le docteur Weller avait toujours admiré le CDC pour sa compétence dans le domaine de la santé publique et de l'épidémiologie. C'est lui qui me suggéra d'y entrer. Je revins donc à Duke pour ma seconde année, et postulai au CDC au moment de commencer mon internat. Sam Katz avait éveillé mon intérêt pour la pédiatrie : c'est dans cette spécialité que je fis mon internat, à l'hôpital pour Enfants de Philadelphie, dans le service du docteur C. Everett Koop. Plus que toute autre spécialité, la pédiatrie englobe la prévention et les questions de santé publique. Que l'on pense à l'importance de l'immunisation chez les jeunes enfants. Loin de représenter un détour, ma formation en pédiatrie fut donc une étape importante vers ma carrière dans le domaine de la santé publique. A l'issue de ma *residency*[1] en pédiatrie, en 1973, je passai à l'étape suivante. Ma carrière au CDC allait commencer.

J'arrivai au quartier général du CDC à Atlanta en juillet 1973, juste à temps pour commencer le cours de formation d'officier de l'EIS[2]. On m'affecta aux Agents pathogènes spéciaux, service des maladies bactériennes, et je m'inscrivis aux cours de l'EIS. Cette formation essentielle est supposée durer un mois. Mais moins d'une semaine après le début du cours, je fus convoqué par Roger Feldman, chef des Agents pathogènes.

— Je vous envoie à Parker, dans l'Arizona, me dit-il. Une réserve indienne. On nous signale une épidémie d'angine. Ce pourrait bien être un streptocoque, mais nous n'en sommes pas sûrs.

— Quand dois-je partir ?

J'essayai de camoufler mon excitation devant cette magnifique occasion de partir sur le terrain... Même si ce n'était rien de plus exotique que des angines.

— Cet après-midi.

Il était un peu moins de dix heures du matin.

Chaque année, on extrayait ainsi du cours de l'EIS un

1. Internat de deuxième et troisième années.

2. *Epidemic Intelligence Service* : Service de renseignement épidémiologique.

ou deux étudiants qu'on envoyait en mission parce qu'une situation d'urgence, quelque part, exigeait la présence immédiate d'un enquêteur sur le terrain. C'était le moyen le plus rapide d'acquérir quelque expérience.

J'exultais. Je n'osais croire à ma chance. Ma première épidémie semblait extraordinaire. Une épidémie d'angine, au milieu de l'été ! La seule chose qu'on savait, c'est que les victimes avaient participé à un pique-nique du 4 Juillet[1]. A ce stade de ma formation professionnelle, j'ignorais qu'une infection alimentaire pouvait provoquer une angine.

Je découvris que, dans la tradition de l'EIS, la première chose à faire est de devenir un expert instantané. Mettre la main sur tout ce qui est disponible sur le sujet — et le lire au plus vite, pour l'essentiel pendant le voyage vers le site de l'épidémie. Et trouver de véritables spécialistes qui devront vous mettre au courant. Au CDC, il y a toujours quelqu'un qui en connaît un rayon sur la maladie la plus obscure. Mais la plupart du temps, vous devez compter sur vous-même. Vous avez besoin d'un sixième sens pour trouver et absorber les informations. Et il faut savoir comment en faire un usage judicieux. Même si votre supérieur a fait cela avant vous, même s'il connaît la plupart des astuces, chaque épidémie a ses propres caractéristiques, ses rebondissements, ses énigmes. C'est à vous qu'il reviendra de les déchiffrer et, plus encore, d'en tirer quelque connaissance inédite.

Une fois réunie la documentation qui fera de vous un expert instantané, vous vous démenez pour rassembler le matériel nécessaire à vos investigations. Tampons, ampoules, seringues, pochettes stériles de gel de silice pour recueillir des cultures bactériennes, etc. Dans la confusion du départ, c'est tout ce que vous pouvez faire pour ne pas oublier d'emporter quelques paires de chaussettes propres et du linge de rechange.

En aucun cas vous ne pouvez partir sans votre EPI-1. C'est votre ordre de mission. Il atteste notamment que les services de santé compétents (locaux ou d'Etat) ont

1. Fête nationale américaine.

demandé l'assistance du CDC. Ce dernier étant un organisme fédéral, il doit avoir l'autorisation de mener des enquêtes dans la juridiction concernée. L'EPI-1 mentionne aussi le nom des représentants du service de santé d'Etat que vous devrez contacter. Dès votre arrivée, vous devrez établir une ligne de communication avec le CDC d'Atlanta, afin de disposer vingt-quatre heures sur vingt-quatre d'un interlocuteur capable de répondre à vos questions et de vous aider à prendre des décisions. L'essentiel de votre formation consiste à apprendre sur le tas, appuyé sur vos arrières par des forces de soutien et de supervision expérimentées.

En tant qu'officier de l'EIS débutant, vous vous demanderez inlassablement si vous êtes bien préparé. Les questions se succéderont sans répit. Pourrai-je trouver l'origine de la maladie ? Que pourrais-je faire pour arrêter cette épidémie ? Parviendrai-je à rassembler les informations correctes, à poser clairement le problème et à le résoudre ? Obtiendrai-je la collaboration des représentants de l'autorité locale, avec lesquels je devrai travailler ?

Un homme du ministère de la Santé de l'Arizona m'attendait à Phoenix. Il m'annonça qu'il m'accompagnait à Parker, à cent soixante kilomètres de là, près de la frontière avec la Californie, et qu'il m'aiderait dans la mesure de ses moyens. Dès mon arrivée, je rencontrai le médecin qui dirigeait la petite clinique de la réserve. Il me raconta ce qu'il savait. Son récit était très simple. Tout avait commencé par le grand pique-nique du 4 Juillet. Naturellement, il y avait eu beaucoup de bonne chère et beaucoup de bière. Quelques jours plus tard, un assez grand nombre de pique-niqueurs avaient attrapé une grosse angine à streptocoques. Le médecin avait vu beaucoup de ces malades. Il en avait déduit que la seule chose qu'ils avaient en commun était leur participation au pique-nique. Mon travail était de trouver le rapport entre le pique-nique et les angines, puis le moyen de stopper l'épidémie. Théoriquement, cela semblait assez simple. Mais en pratique ?

J'allais le savoir très vite. Parmi les articles que j'avais lus dans l'avion, j'étais tombé sur un compte rendu d'une épidémie similaire. Une dizaine d'années auparavant, plusieurs personnes avaient contracté une angine après avoir absorbé de la nourriture contaminée par une certaine souche de streptocoque. Cette bactérie est le vecteur le plus fréquent de l'angine. Mais l'infection fut particulièrement sévère : de nombreux patients, surtout des enfants, eurent à déplorer de graves complications. Les streptocoques sont connus pour provoquer des rhumatismes cardiaques, des insuffisances rénales, de graves problèmes de peau et de l'arthrite. Il est très rare que de telles complications soient signalées en liaison avec une épidémie, mais cette possibilité existait, et elle était préoccupante. Je devais agir vite.

Une enquête épidémiologique ressemble beaucoup à une enquête criminelle. Il s'agit d'un véritable travail de détective — suivre son intuition et rassembler soigneusement les preuves. Mais le criminel, en épidémiologie, c'est un microbe. *Cherchez le microbe.* Trouvez comment il atteint son hôte humain. Le mobile du microbe ? Faire beaucoup d'autres microbes, je crois.

Mais vous n'avez pas affaire qu'à des microbes. Il ne faut jamais oublier que vous avez affaire aussi à des êtres humains. Il faut vous efforcer d'expliquer aux victimes ce que vous faites, puis tenter de les convaincre de coopérer. A Parker, cela ne posa pas de problème. Manifestement, tout le monde se sentait concerné par cette épidémie, en particulier les responsables de l'organisation du pique-nique. C'était la première fois que j'allais dans une réserve indienne, et cela se révéla une expérience intéressante. Pour obtenir des informations, il me fallait tenir compte d'une certaine hiérarchie de l'autorité, afin de n'offenser aucun chef, ni aucun ancien. J'avais la chance d'avoir déjà appris l'importance de ces choses-là dans les villages africains.

Cette enquête devait se dérouler selon les règles. J'utiliserais une méthode scientifique éprouvée par les épidémiologistes pour définir les différences majeures entre les gens qui sont tombés malades et les autres. Une fois cela fait (surtout lorsqu'il s'agit d'intoxications alimentaires), vous n'êtes généralement pas loin de mettre le doigt sur la cause de l'infection ou sur son itinéraire. J'ai séparé en deux groupes les participants au pique-nique : les « cas » (ceux qui avaient contracté une angine) et les « témoins » (les autres).

J'avais mes sujets. J'ai préparé un questionnaire. Je devais choisir soigneusement mes mots, afin d'obtenir des réponses qui devaient entrer dans la catégorie des « oui » ou des « non ». Au fond, j'allais à la pêche aux indices, mais les questions montraient une certaine logique. Certaines étaient évidentes. Etes-vous allé au pique-nique ? Avez-vous mangé de tel ou tel plat ? Avez-vous pris telle ou telle boisson ?

L'enquêteur doit formuler ses questions avec le plus grand soin. Il doit être sûr que ses interlocuteurs les comprennent parfaitement et leur apportent les réponses correctes. Dans des enquêtes comme celle-ci, il est très facile d'aboutir à des conclusions erronées. Les gens ont tendance à oublier, ou bien ils peuvent donner une réponse fausse dans un effort pour dire ce que (selon eux) vous avez envie d'entendre. Je devais aussi recueillir des prélèvements. C'est impossible sans le consentement des sujets : il me fallait souvent faire appel à toute ma force de persuasion. Dans ce cas précis, le prélèvement idéal était un frottis de gorge. Une fois que j'avais recueilli mon échantillon, je le plaçais dans une des pochettes prévues à cet effet. Le gel de silice maintiendrait les bactéries en vie jusqu'aux labos du CDC. Là-bas, les échantillons seraient étalés sur des plaques avec de l'extrait d'agar-agar très riche en éléments nutritifs. Si les streptocoques étaient présents, ils formeraient des masses grisâtres entourées de halos transparents dans la gélose. Enfin, d'autres analyses nous permettraient de savoir avec exactitude à quelle sorte de bactérie nous avions affaire.

Je fis du porte-à-porte, je parlai aux gens, je cochai les réponses sur mon questionnaire et je collai les échantillons prélevés dans la gorge des patients. Je n'eus pas de mal à avoir la certitude qu'en effet le pique-nique était le facteur commun. Mais mon étude comparative me permit de trouver un autre indice important. Tous ceux qui étaient tombés malades avaient consommé de la salade de pommes de terre.

Il me fallait mettre la main sur cette salade. S'il en restait.

J'appris qu'il y avait des restes du pique-nique. Question suivante : où étaient-ils ? Cela exigeait une nouvelle enquête, avec des questions très personnelles. Je demandai l'autorisation de farfouiller dans les frigos et les congélateurs. Je finis par trouver des restes de plusieurs plats servis au pique-nique, dans un congélateur appartenant au foyer communautaire de la réserve. J'expédiai au CDC ces précieuses pièces à conviction. Le labo trouverait-il la trace du streptocoque suspect ?

Après une semaine à Parker, j'étais prêt à regagner Atlanta. La seconde partie de mon travail se ferait là-bas. Nous n'étions pas encore à l'ère de la micro-informatique. Pour obtenir les résultats statistiques du questionnaire et des autres investigations, je devais entrer les données sur des cartes perforées. Au sixième étage du CDC, nous avions une machine IBM, une « trieuse ». Elle travaillait uniquement en termes de « oui » ou « non », et triait les cartes en fonction des trous qu'on y avait percés. Elle devait effectuer un nombre infini d'opérations avant de fournir une réponse. Les cartes « oui » s'empilaient d'un côté, les cartes « non » de l'autre. Mais s'il y avait plusieurs niveaux de tri, le processus était de plus en plus complexe. Si je voulais comparer, par exemple, la proportion de femmes que la salade de pommes de terre avait rendues malades à la proportion des hommes dans le même cas, je devais trier les cartes de ceux qui avaient mangé de la salade, puis séparer les hommes des femmes. Puis je devais trier les cartes des femmes qui avaient pris de la salade, et qui étaient malades, etc. Les cartes finissaient par être éparpillées dans toute la pièce. C'était un travail assommant. Aujourd'hui, nous introduisons directement les informations dans un ordinateur, nous lui donnons quelques instructions, et les réponses apparaissent en quelques secondes.

Le labo eut le fin mot de l'énigme. Le coupable se trouvait bel et bien dans la salade de pommes de terre. Un streptocoque, sans nul doute. Après avoir préparé la salade, on l'avait placée au réfrigérateur. Mais il avait fallu quelque temps pour que le froid pénètre jusqu'au cœur des grands récipients. La salade était restée chaude pendant plusieurs heures — les conditions parfaites pour une contamination bactérienne. La personne qui l'avait préparée était infectée par le streptocoque. Comme elle n'avait pas observé les précautions adéquates, les microbes s'étaient introduits dans la salade. Bien au chaud (même au fond du frigo), ils s'y plurent... Autant qu'ils se plairaient dans la gorge de leurs futurs hôtes.

Nous avons rédigé un rapport à l'intention des autorités sanitaires de Parker. Nous leur recommandions de se débarrasser de la salade de pommes de terre congelée, et de s'assurer que quiconque présentant le moindre risque d'être infecté soit convenablement traité à la pénicilline. Ces mesures furent suffisantes. L'épidémie prit fin, et aucun nouveau cas ne se déclara.

Je réintégrai le cours de l'EIS. Mais l'épidémie de Parker m'avait permis de m'initier concrètement aux méthodes de l'épidémiologie scientifique. Plus tard, je chercherais des rats au Nigeria, j'interrogerais des villageois soudanais sur la fréquence de la fièvre de Lassa, ou j'irais enquêter sur les injections que des médecins pakistanais avaient administrées à leurs patients. Mais en toute situation, je ne disposerais jamais que des techniques de base que j'avais apprises en traquant une salade de pommes de terre dans une petite ville du sud-ouest des Etats-Unis.

3

Des enfants qui souffrent

Plus d'un millier de personnes se pressaient à l'hôpital Emilio Rebas de São Paulo, qui contenait à peine assez de lits pour en recevoir cinq cents. Ils occupaient les couloirs, étendus sur des matelas posés par terre, s'entassaient dans les moindres recoins. Tous étaient atteints de méningite. Certaines salles n'abritaient que des enfants. Lorsqu'on y pénétrait, le regard hésitait, revenait, espérait que le spectacle n'était pas réel. Les enfants n'avaient plus de mains, il leur manquait parfois un ou plusieurs membres, voire des fragments du nez ou des oreilles.

La méningite est l'infection du liquide céphalo-rachidien par une bactérie, le méningocoque (d'où son nom savant : méningococcie, ou méningococcémie). Ses symptômes sont, entre autres, des migraines, de la fièvre, des nausées et des vomissements. Dans les cas graves, surtout chez les enfants, elle peut provoquer des convulsions, et mène parfois au coma. Comme la bactérie est transmise également par la circulation sanguine, elle peut entraîner un état de choc et des hémorragies. La méningite peut entraîner la nécrose des extrémités, car elle tend à former des caillots qui obstruent les vaisseaux et empêchent le sang d'alimenter les extrémités du corps. Les fragments concernés finissent par noircir et se gangrener.

Même si cela n'arrive qu'à dix pour cent des patients qui survivent, le nombre d'enfants touchés, dans un pays de la taille du Brésil, était très important. Les spécialistes en chirurgie plastique et les physiothérapeutes désespéraient de trouver des moyens de leur venir en aide.

L'évolution de la maladie est terriblement rapide. Des taches apparaissent tout d'abord sur la peau qui se met à noircir, puis se détache — un doigt ou un orteil, le nez ou le lobe d'une oreille. Cela ressemble beaucoup à des gelures profondes.

En outre, beaucoup d'enfants risquaient la mort par insuffisance rénale, autre complication de la méningite. Le seul moyen de les sauver consistait à faire de la dialyse péritonéale. De ma vie, je n'avais jamais vu autant d'enfants soumis à cette technique. La dialyse soulage les reins qui sont incapables d'assumer leur fonction normale — purifier le sang de ses toxines et de son eau en excès. Elle consiste à pomper le liquide par des tubes qu'on introduit dans le péritoine. Cette fine membrane recouvrant les intestins est perméable : elle laisse passer le liquide et les autres substances. L'introduction du liquide dans le péritoine permet d'éliminer les toxines présentes dans le système sanguin et de les évacuer par les tubes. Evidemment, le liquide doit être ôté et renouvelé à intervalles réguliers. Le processus est très lourd, et l'on ne peut utiliser cette technique au-delà de quelques jours, en espérant que ce sera suffisant pour que les reins guérissent. Si la dialyse péritonéale se poursuit pendant une période prolongée, les tubes risquent fort de provoquer une infection.

La bactérie qui est à l'origine de la méningococcie est un organisme de forme arrondie, qui rougit à la lumière du microscope lorsqu'il est traité à la liqueur de Gram. Ces petits cocci rouges apparaissent généralement par paires, d'où leur nom : diplocoques, ou diplococci. Il y a différentes sortes de méningocoques. Les plus importants sont les types A, B et C. L'épidémie brésilienne était de type A. Elle se transmettait par voie respiratoire, les bactéries se propageant à l'air libre. Elle était donc véhiculée par les sécrétions nasales et les gouttelettes respiratoires, et par conséquent facilement contagieuse. Ce qui rend la méningite diabolique, c'est que, pour chaque patient atteint de la maladie, il s'en trouve dix autres qui hébergent le microbe sans être malades. C'est pourquoi, lorsqu'une telle épidémie éclate, la surpopulation et la promiscuité favorisent la propagation du virus, même parmi des individus apparemment sains.

Exactement comme à l'époque de la Peste Noire, en Europe, au XIVe siècle, nombre de Brésiliens aisés s'exilèrent jusqu'à ce que l'épidémie ait suivi son cours. D'autres, qui ne pouvaient se permettre de partir, s'enfermèrent chez eux et empêchèrent leurs enfants d'aller à l'école. L'épidémie contribua ainsi à élargir l'abîme entre les pauvres et les riches — d'autant que ces derniers la considéraient comme un fléau des classes inférieures. S'abandonnant à la panique, ils préféraient renvoyer leurs domestiques, croyant que cela diminuerait les risques d'infection. Les masses de gens pauvres, au Brésil, se trouvèrent encore appauvries. Sur tous les plans, ils furent donc les seuls ou presque à payer leur tribut à la maladie.

C'est cette épidémie de méningite d'une ampleur sans précédent qui m'amena à São Paulo en 1974. Je n'étais plus tout à fait novice (c'était ma deuxième année comme officier de l'EIS), mais je n'avais jamais été confronté à un phénomène de cette importance. Ma mission consistait à travailler avec la PAHO [1] et le gouvernement brésilien pour tenter d'évaluer l'étendue de l'épidémie dans les grandes villes, et contribuer à définir une stratégie capable de la contenir. A São Paulo uniquement, on recensait vingt mille malades. Quand je suis arrivé, des cas de méningite étaient signalés à Rio de Janeiro, Belo Horizonte et Brasilia. Pour l'ensemble du Brésil, on estimait à cent vingt mille le nombre des personnes touchées. Les grandes métropoles n'étaient pas seules affectées. Même dans des villes de moindre importance, les hôpitaux et cliniques regorgeaient de patients.

---

1. *Pan American Health Organization* : Organisation panaméricaine de la Santé.

Quiconque ressentait la moindre migraine ou constatait la plus légère fièvre se précipitait chez son médecin, persuadé qu'il avait contracté la méningite. Docteurs et pharmaciens étaient complètement débordés par ces angoissés, ce qui avait pour seul effet de leur compliquer la tâche.

Toutes les conditions étaient favorables à la propagation de la maladie. Dans un environnement affligé par la surpopulation, accablé par la misère, les microbes ne peuvent que prospérer. La pauvreté qui prévalait au Brésil était d'une nature complètement différente de celle que j'avais observée au Zaïre. Du moins, en Afrique, il y avait toujours à l'œuvre une sorte d'économie de subsistance. Sauf sécheresse prolongée, les gens étaient capables de produire assez pour satisfaire leurs propres besoins. Je n'avais jamais rien vu qui ressemblât à São Paulo. Il y régnait une pauvreté d'une inconcevable cruauté : une véritable épidémie, qui avait transformé en horribles bidonvilles d'immenses fragments de Rio et de São Paulo — terrains aussi propices au développement de la violence qu'à la multiplication des germes pathogènes les plus mortels. On m'avait dit que la population des bidonvilles de São Paulo — les *favelas* qui recouvraient les collines autour de la ville — augmentait au rythme d'un demi-million de personnes par an. La plupart de ces habitants venaient de la campagne (où l'économie était désormais incapable de les nourrir), attirés par les possibilités de trouver du travail. L'explosion démographique provoquait au Brésil une concurrence féroce pour le travail et les moyens de subsistance. On assistait au même processus à Rio, et dans une moindre mesure à Belo Horizonte, Belém, San Salvador et Fortaleza. En fait, le monde s'urbanisait à un rythme sans précédent.

Dans les *favelas*, l'espace prime sur tout le reste. L'on se bat pour revendiquer ses droits sur la moindre portion de territoire. Une *favela* est un dédale de taudis de tôle ondulée, toile de jute et carton, maintenus en place par des bouts de ficelle. Partout où vous posez le regard, des enfants misérables jouent dans la boue, crasseux, infestés par la gale et autres parasites. Il est impossible de distinguer la frontière entre une demeure et celle du voisin. Si j'en crois ce que j'ai vu, il n'y a rien qui ressemble à un espace privé. Ces citadins pauvres ne connaissent pas l'intimité. Les sols sont d'une saleté repoussante, le mobilier se limite à quelques nattes, des chaises défoncées, parfois un tapis en loques ou un lit de bois minable. Même durant les heures de sommeil, tous sont entassés les uns sur les autres. Les équipements sanitaires sont presque inexistants, bien sûr, de sorte que, par temps de pluie, les *favelas* se transforment en des océans de boue fétide et puante à laquelle viennent se mêler les eaux usées et les détritus.

L'inefficacité des responsables de la PAHO, incapables de faire face à l'urgence et de toute manière peu motivés pour le faire, aggravait les conséquences de cette terrible épidémie. A l'époque, la plupart d'entre eux venaient d'autres pays d'Amérique du Sud. Ils ne parlaient qu'espagnol et ignoraient le portugais. Ils avaient donc de très mauvaises relations avec les Brésiliens, ce qui compromettait sérieusement l'aptitude de la PAHO à traiter l'épidémie, et ils se retrouvaient souvent exclus des processus décisionnels. Comme pour ma part je n'avais aucune envie d'être marginalisé, je m'efforçais d'apprendre le portugais le plus vite possible. Si je voulais obtenir des résultats, je devais trouver un moyen de rester en bons rapports avec la PAHO tout en formant une véritable alliance avec les Brésiliens.

Il y avait une légère lueur d'espoir. Le méningocoque est une des rares bactéries qui soient restées très sensibles à la pénicilline, un antibiotique bon marché. Mais le problème était toujours le même : aux premiers jours, on n'était jamais sûr de savoir qui avait une méningite et qui y avait échappé. Si vous êtes touché, les choses vont très vite. Il faut vous soigner sans attendre. Dans ces circonstances, au sein d'une population saisie par l'angoisse, n'importe quelle maladie passait pour une méningite.

A Belo Horizonte, la capitale du Minas Gerais, je me

mis au travail avec les services de la Santé publique de l'Etat pour aider à mettre sur pied une unité de diagnostic. Dans ce travail, l'ambition, l'endurance et les bonnes intentions sont importantes, mais l'improvisation joue elle aussi un rôle essentiel. Nous nous efforcions de nous doter d'un semblant de laboratoire. Il nous fallait un incubateur, outil indispensable pour faire pousser des cultures bactériennes. Un technicien du CDC débrouillard, George Gorman, nous en fit un avec un vieux meuble de bois, où il installa une grosse ampoule et un thermostat. L'« incubateur » était notre serre. Nous avions encore besoin de « pots » pour cultiver les bactéries prélevées sur les cas suspects. On utilisa des bocaux qui avaient contenu des bougies. Celles-ci y avaient laissé, en consumant l'oxygène, une atmosphère riche en bioxyde de carbone. Les méningocoques raffolent d'un tel environnement. Une fois qu'ils s'y installent, ils se développent et produisent des colonies importantes que la coloration de Gram permet d'identifier. L'analyse est positive (c'est-à-dire qu'il s'agit bien de méningocoques) si les diplocoques rouges caractéristiques apparaissent.

Nous eûmes de la chance, car un vaccin était disponible depuis peu à l'Institut Mérieux. Mis au point principalement par Emil Gotschlich à la Rockefeller University à la fin des années soixante, c'était un vaccin polyoside efficace contre les méningocoques de type A et C. Par un heureux hasard (l'épidémie brésilienne était principalement de type A, avec quelques résidus de type C), le vaccin semblait pouvoir être efficace. Sans connaître encore Charles Mérieux, son nom me fut révélé dans ces circonstances extraordinaires.

La campagne de vaccination du gouvernement brésilien, qui exigea des efforts herculéens, obtint un succès retentissant. Pendant les deux ans que dura l'épidémie, les autorités sanitaires firent vacciner soixante à soixante-dix millions de personnes, soit près de 70 % de la population totale de 1974. Le nombre de vies épargnées et celui d'enfants qui ont échappé à de cruelles déformations sont autant de raisons de se réjouir. La seule note tragique, c'est que cette campagne a été lancée trop tard.

Cinq à dix mille personnes au moins avaient succombé avant même que nous commencions.

Juste avant d'achever mon travail au Brésil, en 1976, je reçus un appel de mon conseiller au CDC, le docteur Bill Feoge.

— Je sais que vous avez quelque expérience du travail en Afrique. J'aimerais savoir si vous voudriez diriger un programme d'étude d'une nouvelle maladie qui sévit en Afrique de l'Ouest.

Je lui demandai de quoi il s'agissait.

— On l'appelle la fièvre de Lassa.

Le bureau qu'occupait au CDC mon nouveau patron, Karl Johnson, le chef de la branche des Agents pathogènes spéciaux, était si exigu que lorsque j'en prendrais possession à mon tour, des années plus tard, mon collègue Bobby Brown le déclarerait bien au-dessous des normes imposées à une cage à chimpanzé. Et il s'y connaissait en primates. Quand j'ai fait la connaissance de Karl, il venait à peine de rentrer de Panama. Il y était attaché au Groupe de Recherche Amérique centrale. Il avait passé la majeure partie de son temps à traquer le Machupo, un nouvel arénavirus transmis par de petits rats, et qui causait chez l'homme une grave fièvre hémorragique. Et l'on venait de découvrir, en l'occurrence, que le responsable de la fièvre de Lassa était un arénavirus.

Il ne fallut pas longtemps à Karl Johnson pour se rendre compte que je ne connaissais rien aux virus. Mais je connaissais l'Afrique, je savais ce qu'était un labo... et je connaissais les ordinateurs. Karl appréciait cela. Il était déjà évident que ces machines allaient bientôt devenir un outil précieux pour analyser les données épidémiologiques et les informations fournies par les laboratoires. Fin mars 1976, Karl et moi décollions pour la Sierra Leone.

Prise en étau entre la Guinée et le Liberia, la Sierra Leone n'est pas plus vaste que la Caroline du Sud, pour une population de près de trois millions d'habitants. Jadis, elle était presque entièrement recouverte par de la forêt vierge. Mais il n'y restait que de la brousse, ou presque. L'élagage et le brûlage avaient détruit les arbres et contribué à façonner un des pays les plus pauvres de la planète. Les onze tribus les plus importantes de la Sierra Leone ont une langue commune, le krio, que l'on parle à Freetown, la capitale, et dans de nombreuses régions du pays. Le krio est un pidgin d'anglais spécifique à la Sierra Leone, pas très éloigné de la langue parlée dans les anciennes colonies britanniques tout au long de la côte occidentale de l'Afrique. Le krio est une langue agréable et assez étrange. Il a beaucoup emprunté au français et au portugais, ainsi qu'à plusieurs langues et dialectes africains. D'où un ragoût linguistique assez piquant, caractérisé par de plaisantes formules comme « How de go-de-go ? », qui signifie à peu près : « Comment allez-vous ? » (« How do you do ? »). Si l'on veut affirmer que quelque chose est en train de se passer, ou que l'on possède un objet, on utilise le mot « deh ». A l'inverse, si l'on n'a pas cet objet, on dira « no deh ». « Cold beer, no deh », par exemple, signifie que le frigo est en panne de kérosène et que vous devez vous faire à l'idée de boire de la bière tiède.

Le krio, qui reflète l'attitude de beaucoup de ses locuteurs, n'est fonctionnel qu'au présent. Si l'on veut évoquer un événement du passé ou de l'avenir, il faut élaborer de complexes constructions verbales. L'important, c'est ce qui arrive « aujourd'hui ». Mais si leur philosophie leur enjoint de vivre au jour le jour, les habitants de la Sierra Leone doivent aussi envisager la possibilité de mourir « demain » de la fièvre de Lassa. Dans leur pays, en effet, elle est endémique. Même si elle emprunte son nom à la ville du Nigeria où le virus a été isolé pour la première fois, on peut dire sans risque d'erreur que la Sierra Leone est le foyer de cette maladie. Les malades ont de la fièvre, des maux de tête et une angine terrible. Ils souffrent de vomissements et de diarrhée, sans compter de fortes douleurs dans tout le corps. L'état de choc et l'hémorragie finissent par les emporter. Le virus de Lassa est un proche cousin du Machupo de la fièvre hémorragique de Bolivie — celui-là même que Karl avait traqué en Amérique du Sud. Mais le responsable de sa propagation — son réservoir — est un rat africain, le *Mastomys natalensis*.

Il n'y avait aucune chance qu'on nous facilite le travail. La première question que nous posa le ministre de la Santé de la Sierra Leone, lorsque nous fîmes sa connaissance, fut la suivante : « Le CDC ? Qu'est-ce que c'est ? Est-ce que ça signifie *Colonial Development Company* ? »

Pour un début, ce n'était pas vraiment excitant. Quand nous lui eûmes expliqué nos objectifs, le ministre voulut savoir à combien s'élevait le budget du CDC.

— Plus ou moins cent vingt millions de dollars par an, lui dit Karl.

La mâchoire du ministre s'affaissa. Il n'en croyait pas ses oreilles. C'était plus que le budget national de son pays. Il se rassit et nous examina pensivement. Il décida que cela valait peut-être le coup de coopérer avec un partenaire aussi bien pourvu.

Fort heureusement, nous rencontrâmes des fonctionnaires, à l'ambassade des Etats-Unis, qui savaient ce qu'était le CDC. Les Américains voulaient arrêter la fièvre de Lassa. Des volontaires des Peace Corps l'avaient contractée en Sierra Leone et au Liberia voisin. Aucun n'était mort, mais l'un d'eux était devenu définitivement sourd.

Il nous fallait trouver le meilleur endroit pour établir nos quartiers. L'ambassade nous fournit un véhicule. Nous nous rendîmes à Bo, à deux cent cinquante kilomètres au nord-est de Freetown. Après avoir inspecté l'hôpital, nous roulâmes vers le nord jusqu'à Panguma, où une équipe du CDC (composée notamment de Tom Monath, Kent Campbell et David Fraser) avait mené en 1972 une étude approfondie sur la fièvre de Lassa. Panguma est une petite ville tranquille de trois mille habitants, située au pied d'une imposante ligne de collines recouvertes de forêt équatoriale. L'hôpital était géré par des nonnes irlandaises célèbres pour leurs compétences et leur dévouement. Il était en bien meilleur état que l'établissement sinistre que nous avions visité à Bo, avec de meilleurs lits et des matelas épais, dans des chambres bien éclairées et joliment colorées. Les sœurs nous attendaient. Elles étaient un peu sur leurs gardes, car elles savaient que leur hôpital, quatre ans plus tôt, avait été cité dans les annales de la fièvre de Lassa. Elles n'avaient pas envie de se voir associées une fois pour toutes à cette maladie, aux yeux de l'opinion publique. Cela ne signifie pas qu'elles manquèrent aux lois de l'hospitalité. Elles nous offrirent un copieux repas de riz, de légumes verts de la région et d'un assortiment de viandes de bœuf, de poulet et de chèvre. Mais le meilleur était sans nul doute la bière Star.

« De la bière fraîche, deh. » Très fraîche, en effet. Les sœurs savaient vivre. Le temps du déjeuner, elles nous firent un récit détaillé de leurs difficultés à gérer un hôpital dans cette région. Elles avaient besoin d'eau potable. Nous ne pouvions imaginer comme il était difficile d'en trouver. Elles avaient besoin d'électricité vingt-quatre heures sur vingt-quatre. Presque impossible. Et où donc pouvaient-elles trouver des gens compétents ? Rien de tout cela n'était nouveau pour nous. C'était le genre de problèmes qu'on rencontrait dans toute l'Afrique rurale.

Et la fièvre de Lassa ? demanda-t-on finalement.

Oui. Des cas continuaient d'apparaître. C'était presque de la routine.

Karl et moi, nous continuâmes jusqu'à Segbwema, à une quarantaine de kilomètres au sud-est de Panguma. C'était là que la fièvre de Lassa, qui ne portait pas encore de nom, à l'époque, avait fait l'objet d'une première description scientifique. C'était en 1952. Ce que nous vîmes à l'hôpital nous convainquit qu'elle n'avait jamais quitté la ville.

Après avoir quitté Segbwema, nous décidâmes que la meilleure solution était d'établir notre quartier général à Kenema, une capitale de province. Nous étions sûrs de disposer d'assez d'électricité pour alimenter notre laboratoire, et l'endroit était suffisamment proche de Panguma et Segbwema pour que nous puissions travailler avec les patients. Mais nous retournâmes d'abord à Atlanta pour nous assurer du soutien au projet. Je revins seul à

Kenema. J'avais à régler une multitude de problèmes logistiques. Où allais-je habiter ? Comment allais-je me procurer l'équipement convenable et dénicher le personnel qui m'assisterait ? Nous avions trouvé beaucoup de patients à Panguma et Segbwema. Mais comment allions-nous procéder pour élaborer un traitement efficace ?

Je travaillais depuis un mois sur le projet — je commençais à peine à m'habituer — lorsque je reçus un télégramme de Karl. Il me donnait des nouvelles d'une maladie encore plus dramatique et plus mortelle que la fièvre de Lassa.

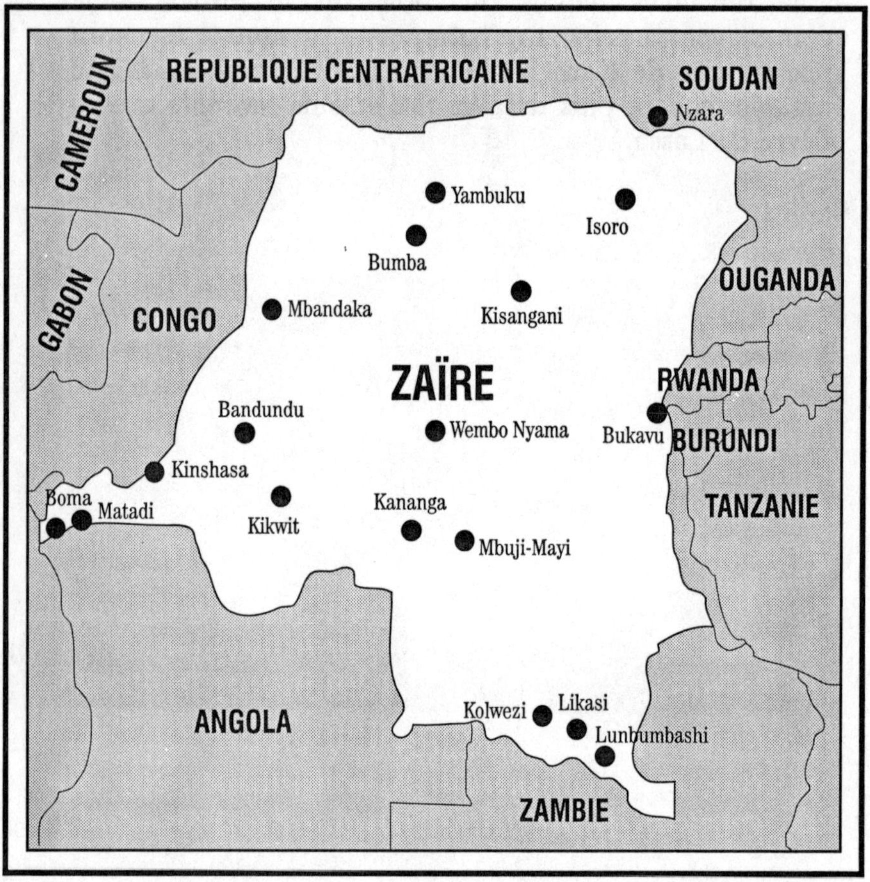
RÉPUBLIQUE CENTRAFRICAINE
SOUDAN
CAMEROUN
Nzara
Yambuku
Isoro
Bumba
OUGANDA
GABON
CONGO
Mbandaka
Kisangani
ZAÏRE
RWANDA
Bandundu
Wembo Nyama
Bukavu
BURUNDI
Kinshasa
Boma
Matadi
Kikwit
Kananga
TANZANIE
Mbuji-Mayi
Kolwezi
Likasi
ANGOLA
Lunbumbashi
ZAMBIE

4

La mort d'une infirmière de Yambuku

Yambuku. Pour le monde entier, ce nom serait bientôt synonyme d'horreur. Mais quand je reçus le télégramme de Karl, je n'en avais jamais entendu parler. Il décrivait l'apparition, au Zaïre, d'une fièvre hémorragique virale inconnue. Plusieurs personnes en étaient déjà mortes, et de nouveaux cas continuaient de se déclarer. Comme Karl était encore à Atlanta, il se trouvait dans une position peu avantageuse. Tout juste s'il pouvait essayer de deviner de quoi il s'agissait. « Ce pourrait être Lassa, ou la fièvre jaune, ou la fièvre du Congo. Ou bien le virus de Marbourg. »

En tout cas, une chose était claire. L'infection était rapide et dévastatrice. Elle provoquait des saignements du nez et des gencives, parfois des hémorragies abondantes d'autres parties du corps. Les patients souffraient de diarrhées tellement épouvantables qu'ils se déshydrataient vite, la peau tendue comme du papier, les yeux enfoncés dans les orbites. La plupart des victimes avaient succombé au bout de quelques jours. Toutes les tentatives de les soigner avaient échoué. Un arsenal d'antibiotiques s'était révélé inefficace. Les vitamines n'avaient servi à rien. Les injections de fluides (pour remplacer ceux que les malades avaient perdus) restaient sans effet.

Ils traversaient les membranes que la maladie rendait perméables, et finissaient par noyer le patient... de l'intérieur. Très souvent, enfin, les victimes ne pouvaient même pas être soignées (quel que soit le résultat) car elles se trouvaient dans des zones inaccessibles.

La fièvre de Lassa, qui m'avait amené en Sierra Leone, est une fièvre hémorragique virale. Identifiée pour la première fois au Nigeria en 1969, elle s'était propagée au Liberia et en Sierra Leone, mais on ne l'avait jamais repérée ailleurs qu'en Afrique de l'Ouest. Au Zaïre, par exemple, elle pouvait produire des symptômes similaires à ceux que Karl décrivait : fièvres, saignements, œdèmes, états de choc et convulsions. La maladie à virus de Marbourg était une autre possibilité. Connue également sous le nom de *maladie du singe vert*, elle se caractérise par des fièvres très élevées, des éruptions, des vomissements sanglants et de violentes diarrhées. Elle doit son nom au fait qu'elle a tué plusieurs chercheurs à Marbourg, en Allemagne (avant qu'on la retrouve à Belgrade, en Yougoslavie). Au microscope électronique, Marbourg ne ressemble à aucun autre virus humain ou animal. Les virus sont généralement petits et arrondis, ou légèrement ovales. Marbourg est long et sinueux et forme des boucles bizarres. Il a l'air si étrange qu'on a même émis l'hypothèse qu'il vienne de l'espace. Des trente et une personnes qu'il avait frappées, sept étaient mortes.

Mais Marbourg ne s'était manifesté qu'une seule fois, près de dix ans auparavant, en 1967. Puis il avait disparu d'un seul coup, aussi mystérieusement qu'il était apparu. Selon l'opinion générale, la maladie provenait de singes verts importés d'Ouganda, et toutes les victimes humaines s'étaient trouvées en contact direct avec le sang et les tissus de ces animaux. Plus tard, un chercheur du CDC alla enquêter en Ouganda pour essayer de découvrir l'origine du virus, et vérifier si c'étaient bien les singes qui propageaient l'infection. Ses recherches n'aboutirent à aucun résultat probant.

Marbourg et Lassa avaient l'un et l'autre un taux de mortalité très élevé. Mais pas autant que l'épidémie qui venait d'éclater au Zaïre. En général, 15 à 30 % seulement des personnes infectées mouraient. Néanmoins, il était encore possible que la source du mal, à Yambuku, fût le virus de Marbourg. Et si ce n'était pas lui, ni aucun des autres candidats que Karl avait énumérés ? Et s'il s'agissait d'une maladie que le monde n'avait encore jamais affrontée ? Que se passerait-il ?

« Si nous recevons l'autorisation de lancer une enquête, m'écrivait Karl, voulez-vous en être ? »

Qu'aurais-je pu désirer d'autre ? J'avais enseigné au Zaïre. J'avais passé des années dans des villages semblables à Yambuku. Je connaissais le français, qu'on parle un peu partout dans le pays, et deux dialectes locaux. En outre, je n'avais jamais rien fait de semblable à ce que l'on me proposait. Mon expérience se limitait pour l'essentiel à des maladies bactériennes comme le charbon à streptocoque, la lèpre et la méningite. Je ne m'intéressais que depuis peu à la recherche sur les fièvres hémorragiques. Heureusement, le temps n'était pas un facteur critique en Sierra Leone. Lassa ne disparaîtrait pas. Si l'expédition au Zaïre se montait, je pouvais l'abandonner sans risque.

Il y avait peu à faire dans l'immédiat, sinon attendre. Le gouvernement zaïrois devait encore donner son feu vert. Ce n'était pas inhabituel. Les gouvernements sont rarement prompts à reconnaître que leur pays est menacé par une épidémie qu'ils sont incapables de contrôler. Un tel aveu pourrait ruiner l'industrie du tourisme et désorganiser leur économie nationale. Sauf que, dans le cas du Zaïre, l'économie était déjà en lambeaux, victime d'efforts aberrants pour nationaliser l'industrie. Quant à son tourisme, le pays n'avait pas grand-chose à perdre. Il était insignifiant. Les vacanciers montrent généralement peu d'intérêt pour les populations misérables, les routes défoncées et les boutiques aux rayons vides. Et ils sont peu attirés par des histoires de professeurs et de missionnaires massacrés à tour de bras par des soldats renégats. Le Zaïre vivait en paix, certes, mais c'était la paix des morts et des agonisants.

Karl me promit de m'informer de l'évolution de la situation à Yambuku. Entre-temps, me doutant que l'accord de Kinshasa finirait par nous parvenir, je me préparai à quitter la Sierra Leone. Les enquêtes sur le terrain sont souvent affaire d'improvisation. Lorsqu'il s'agit d'épidémies inconnues éclatant au cœur de l'Afrique, on peut être certain de ne pas pouvoir compter sur des fonds illimités. Aux Etats-Unis, les gens ne craignent pas de s'éveiller au matin avec la fièvre de Lassa. Les budgets qu'on alloue à une agence comme le CDC sont souvent en relation avec l'inquiétude que la maladie suscite dans la population américaine. Plus le risque est proche, plus le Congrès sera tenté de débloquer des fonds. Cela n'arrivera vraiment que le jour où Ebola fera peser une menace réelle sur le comté de Fairfax, en Virginie. Des années plus tard.

En l'absence des fonds nécessaires, Karl et moi avions construit, avant mon départ pour la Sierra Leone, un « isolateur portable » de niveau 4. Ce véritable labo portatif permettait de manipuler des matières contaminées dans une chambre étanche sans risquer d'y être exposé. C'était une simple boîte. De longs gants de latex noir étaient fixés aux ouvertures pratiquées dans les parois latérales. Ce n'était pas de la haute technologie, mais notre technicien avait fait preuve de beaucoup d'ingéniosité. Monté sur un morceau de contre-plaqué renforcé par des tiges d'acier, le labo était protégé par une enveloppe de plastique qu'on repliait pour le transport. L'enveloppe elle-même était équipée d'un ventilateur qui en expulsait l'air pour créer à l'intérieur une pression inférieure à la normale. (C'était la garantie qu'en cas de fuite aucune matière contaminée ne s'échapperait de la chambre.) L'air était propulsé à travers des filtres capables d'arrêter des particules de la taille d'un virus. Le problème, c'était que les gants étaient peu maniables. Et le danger, comme on s'en rendrait compte, était moins d'inhaler le virus, que de se piquer le doigt avec une aiguille infectée (ou tout autre instrument pointu ou coupant). Beaucoup plus tard, après avoir compris cela, on travailla avec des échantillons prélevés chez des malades de Lassa sur un établi dégagé, où il était plus facile de se protéger les mains. Mais, à ce moment-là, nous n'avions aucune idée du type de virus auquel nous avions affaire, ni de la façon dont il se transmettait. Peut-être se propageait-il par l'air ambiant.

Le 19 octobre, alors que je m'apprêtais à partir au Zaïre, trois équipes isolèrent un virus prélevé chez un patient qui se mourait à Yambuku : Karl Johnson et Patricia Webb (au CDC), Ernie Bowen (à Porton Down, Angleterre), Stefan Pattyn et Guido van der Groen (à Anvers, Belgique). Le virus inconnu, filamenteux et torsadé, montrait une certaine ressemblance avec celui de Marbourg, mais il ne réagissait pas aux tests de diagnostic de ce dernier. Il était clair cependant qu'il était parent de Marbourg, dont il constituait une variante encore plus mortelle. Un virus plus dangereux que Marbourg — plus dangereux que la quasi-totalité des agents infectieux connus de l'homme. Et il se développait à une vitesse alarmante, foudroyant les tissus cultivés en laboratoire.

On l'ignorait encore, mais il progressait déjà vers le sud, vers la capitale du Zaïre. Il était présent dans le sang d'une religieuse belge, sœur Myriam, qui avait travaillé à l'hôpital de Yambuku. Admise à l'hôpital Ngaliema de Kinshasa, elle reçut les soins d'une infirmière africaine, Mayinga. Très vite, cette dernière montra à son tour les premiers symptômes : fièvre, migraine, malaises. Comme elle avait vu la maladie et entendu les histoires terribles qui venaient du nord, elle fut prise d'une terreur compréhensible. Affolée, elle se mit à errer dans Kinshasa, fit le tour des médecins et des salles d'urgences sans oser affronter la vérité. Mais en passant de salle d'attente en service de consultation, elle risquait d'exposer au virus les gens qu'elle croisait. Tandis qu'elle luttait contre les symptômes qui ne lui laissaient aucun répit, elle était à peine capable d'en prendre conscience. Son état empirait de jour en jour.

On se demande ce qu'elle avait dû remarquer en premier. Les maux de tête ? La fièvre ? Les difficultés croissantes à avaler, sa gorge irritée ? Terrifiée à l'idée d'apprendre la vérité, elle refusait d'admettre qu'elle portait le virus. Elle avait désespérément envie d'être rassurée, d'entendre une explication banale. Le paludisme. Il fallait que ce soit le paludisme. Des tas de gens avaient le paludisme. Et ils finissaient par se rétablir. Mais Mayinga n'avait pas le paludisme.

Finalement, elle dut s'arrêter. Elle trouva refuge à l'hôpital Ngaliema — là, précisément, où elle avait contracté la maladie. Elle se trouva immédiatement propulsée au centre d'un tourbillon. Les médecins se hâtèrent de lui donner du plasma de patients ayant survécu à Marbourg. Ils travaillaient avec l'espoir bien mince que cela pouvait avoir de l'effet. Quiconque avait été en contact avec elle, à l'hôpital ou à tout autre endroit de la ville, fut placé en quarantaine. Ironiquement, le virus qu'on trouva dans son sang se révélera une sorte de bienfait pour l'humanité : il sera à l'origine de pratiquement toute notre connaissance de cet organisme inconnu et de ses effets sur le corps humain.

Le 19 octobre, on me remit un message de l'ambassade des Etats-Unis. C'était la nouvelle que j'attendais. L'OMS[1] avait reçu l'autorisation du gouvernement zaïrois de démarrer son enquête. J'avais pour instructions de me rendre à Kinshasa sur-le-champ. L'aventure allait commencer.

Karl, bien entendu, avait une étape d'avance sur moi. Il se trouvait déjà au Zaïre, avec un épidémiologiste entré de fraîche date au CDC, Joel Breman. Sur le vol Atlanta-Kinshasa, ils avaient fait la connaissance d'un homme qui allait jouer dans notre enquête un rôle de premier plan. Il s'agissait de Bill Close, le directeur de Mama Yemo, le plus grand hôpital public du Zaïre, voire du continent africain.

Au lendemain de l'indépendance du Zaïre, Bill avait fait la connaissance d'un homme qui se révélerait très utile : un colonel ambitieux, Mobutu Sese Seko, qui allait exercer son pouvoir sur le pays, non sans une certaine habileté bientôt mâtinée d'une cruauté et d'une cupidité remarquables. Mais leurs relations ne servirent pas au seul Bill. Les enquêteurs de l'OMS en profitèrent eux aussi. Karl et Joel comprirent que, grâce à Bill Close,

1. Organisation Mondiale de la Santé.

ils étaient dans une position favorable pour obtenir certaines choses. Dans un pays où tout se faisait lentement (parfois jamais), il suffisait de quelques mots de Mobutu pour débloquer une situation délicate... Car le refus de satisfaire le moindre de ses désirs coûtait très cher.

Quelques membres de l'OMS, sous la direction de Karl, restèrent dans la capitale. Joel prit la tête d'une équipe réduite qui partit en avant-garde dans la zone de Yambuku. C'est ainsi que moins de vingt-quatre heures après leur arrivée à Kinshasa, Joel et ses collègues français et zaïrois embarquaient sur un avion pour l'intérieur du pays. Puis ils disparurent. Le contact avec eux fut rompu.

Au moment où Karl s'apprêtait à lancer les opérations à Kinshasa, la nouvelle leur parvint : Mayinga était morte. Il était désormais impossible de nier l'évidence : la maladie sans nom était là. Peu de gens osaient penser que Mayinga serait la seule victime.

Pour ma part, j'ignorais tout cela. J'étais en train de me démener pour me rendre de la Sierra Leone à Kinshasa. Ce n'était pas chose facile. Arrivé à Freetown, je me demandai si un avion quitterait jamais cette ville. En Afrique, il n'était pas rare d'attendre une journée entière qu'un avion veuille bien se montrer. Pour compliquer encore les choses, très peu de pays africains entretenaient des relations diplomatiques avec la Sierra Leone, ce qui rendait presque impossible l'obtention des indispensables visas.

Un vol direct pour Kinshasa étant hors de question, on m'informa que je devais faire escale à Abidjan, puis à Douala. Je n'avais de visa ni pour la Côte-d'Ivoire ni pour le Cameroun. Je devrais trouver à me loger pour la nuit dans chacune de ces villes, et veiller à la sécurité de mon labo portatif. Il me fallait compter sur ma propre astuce et sur la bonne volonté des fonctionnaires.

A Abidjan, le douanier me jeta un regard en coin. Que venais-je faire en Côte-d'Ivoire ? Je tentai de lui expliquer que j'avais simplement besoin d'un lieu où passer la nuit, pour moi-même et mon labo. Mais alors, pourquoi n'avais-je pas de visa ? J'essayai d'élaborer une histoire crédible. Je lui affirmai que je n'avais pas eu la possibilité d'en obtenir un à Freetown. Après tout, la Côte-d'Ivoire n'y avait pas d'ambassade. Puis je lui expliquai qu'une grave épidémie venait de se déclarer au Zaïre, qui exigeait que je m'y rende sur-le-champ. Etait-ce si difficile à comprendre ? Il était évident qu'un bakchich lui ferait retrouver une humeur conciliante. Mais je n'avais pas envie, par principe, de lui en offrir un, même s'il avait le droit pour lui. Je me dis que si je maintenais la pression, je finirais peut-être par l'épuiser, et obtenir un lit pour la nuit. Il se laissa fléchir. Mais il n'était pas encore bien sûr que tout était régulier. « Confiez-moi votre passeport, pour que je le mette en lieu sûr », insista-t-il. Je n'avais pas l'intention de lui remettre mon passeport. Un passeport américain est une denrée précieuse, un article fort prisé. J'aurais été stupide de me séparer du mien. Je lui tendis donc ma carte jaune de vaccination de l'OMS. Il l'étudia un moment, l'air de se demander ce qu'il devait en faire. Il décida enfin que le document semblait suffisamment officiel. Il savait que j'en aurais besoin pour continuer à voyager en Afrique occidentale. Il haussa les épaules et me fit signe de passer.

Au Cameroun, le processus se répéta à l'identique.

Le 23 octobre, je débarquai enfin dans la capitale zaïroise. L'aéroport n'avait pas changé depuis mon précédent séjour. C'était un lieu de folie et de corruption, où les voyageurs se déplaçaient en rasant les murs. L'atmosphère, sombre et menaçante, était dominée par la présence de soldats armés jusqu'aux dents et mal entraînés. En guise de visa d'entrée au Zaïre, j'avais sur moi une copie de l'invitation de l'OMS. Mais cela n'avait aucune importance. Cette fois, dès que j'eus mentionné la raison de ma présence, on ne m'opposa aucune objection. Tout le monde connaissait l'épidémie — surtout depuis la mort de Mayinga —, et personne n'était disposé à chicaner avec les formalités. Il n'y eut qu'un seul accroc, quand je voulus récupérer la caisse contenant l'isolateur.

— Qu'est-ce que vous pouvez faire pour moi aujourd'hui ? me demanda le douanier.

L'allusion était claire. Je lui répondis que le labo, à

mon avis, ne lui serait pas très utile, mais que je serais ravi qu'il le garde jusqu'au lendemain — jusqu'à ce qu'un représentant de l'OMS vienne le récupérer. Il eut l'air déconfit. Il avait compris que son rêve d'une journée lucrative, agrémentée de quelques bières Simba, venait de s'écrouler. Il renonça.

Je sortis de la douane, épuisé mais vigilant. Je fus accueilli par un des hommes de Karl.

— Mauvaises nouvelles, me dit-il dans la voiture. L'épidémie est parvenue jusqu'ici. La population est prise de panique. L'hôpital Ngaliema est placé en quarantaine.

Puis il se tourna vers moi et m'adressa un pâle sourire.

— Bienvenue à Kinshasa, docteur McCormick.

5

La bataille commence

Une demi-heure après avoir passé la douane, je me trouvais dans les rues fourmillantes de Kinshasa. J'étais stupéfait de constater à quel point cette ville s'était dégradée depuis mon dernier séjour. Je ne voyais aucun véritable signe de panique, mais j'étais persuadé que tout le monde était au courant de ce qui se passait. Même s'ils ne connaissaient sans doute pas le nom de Mayinga, ils devaient avoir entendu parler de la mort de « l'infirmière de Yambuku ». Et l'histoire avait de quoi terrifier. Si les habitants de la ville pensaient que n'importe qui pouvait être infecté, cela faisait de tout étranger un suspect — présumé coupable jusqu'à ce qu'il prouve son innocence. L'ennui, c'est qu'il n'existait aucun moyen de le faire. Aujourd'hui, une personne était morte du virus à Kinshasa. Demain, cela pourrait être quinze ou vingt personnes. Personne n'était sûr de rien. Tout le monde avait peur.

L'équipe de l'OMS occupait une partie de la mission officielle belge à Kinshasa, le Fométro (Fonds médical tropical). L'endroit tenait de la pension de famille, de l'entrepôt et du garage. Il abritait aussi le siège des programmes médicaux de la mission, y compris la direction de l'hôpital Mama Yemo. Le nouveau virus n'y avait pas encore été repéré, mais Bill Close et son équipe ne voulaient prendre aucun risque. Fort de ses deux mille lits, l'hôpital abritait un nombre considérable de patients (auxquels s'ajoutaient chaque jour une centaine de nourrissons), et l'apparition du virus aurait été catastrophique. Bill mit sur pied un système de quarantaine capable de déceler la moindre infection. Les nouveaux patients étaient examinés à la loupe et dirigés vers une salle spéciale où ils étaient gardés sous une étroite surveillance.

S'il n'y avait encore aucun cas avéré à Mama Yemo, on ne pouvait en dire autant de l'hôpital Ngaliema. On y déplorait déjà un mort et un patient infecté. La quarantaine y était particulièrement stricte, voire pénible. Le pavillon 2 avait été désigné comme zone de quarantaine pour les patients, mais les déplacements à l'intérieur de l'hôpital n'étaient pas limités. Le pavillon 5 était réservé aux membres du personnel qui avaient été exposés au virus. Pas moins de trente-sept personnes recensées avaient été en contact avec Mayinga. Un médecin sud-africain, Margarita Isaacson, était responsable de la quarantaine. Elle avait été parachutiste dans l'armée israélienne, et semblait n'avoir aucun problème pour distribuer des ordres et les faire exécuter sans discussion. Elle travaillait dans une atmosphère extrêmement tendue. Dans tout l'hôpital, la peur était palpable. Et dans les yeux des patients, on lisait les mêmes questions. *Vous l'avez attrapé ? Et moi ? Est-ce que je suis déjà en train de mourir ?*

Vu les circonstances, le docteur Isaacson fit un travail extraordinaire pour tenir la panique à distance. Faire respecter une quarantaine, à Kinshasa, relevait du cauchemar logistique. Non seulement il fallait garder un œil sur les patients placés en quarantaine, mais elle devait s'assurer qu'on les nourrissait correctement et que leurs parents étaient informés de leur état. Mais là où elle montrait une force exceptionnelle, c'était dans sa détermination à interdire aux familles l'entrée de l'hôpital. En Afrique, on n'avait jamais vu cela. Lorsqu'un malade est hospitalisé, sa famille s'installe pratiquement avec lui. Le patient, après tout, ne peut pas compter sur la nourriture de l'hôpital. En fait, il ne peut même pas compter sur l'hôpital pour les soins élémentaires d'infirmerie. De telles responsabilités incombent à sa famille. C'est pourquoi le refus du docteur Isaacson de les laisser entrer était sans précédent.

Chaque matin, les familles s'installaient devant l'hôpital et attendaient qu'un responsable se présente. Alors les questions fusaient. Pourquoi leur interdisait-on de rendre visite à leurs bien-aimés ? Qui pouvait être sûr qu'ils avaient assez à manger ? Que se passerait-il si leur état empirait et qu'il n'y avait personne à leurs côtés pour les réconforter ? Margarita Isaacson en personne recevait les familles, et les assurait de sa sympathie : « Mais je ne peux rien faire. Impossible de les voir tant qu'il reste le moindre risque de contamination. Vous voulez tomber malades, vous aussi ? »

Non, ils ne voulaient pas. Le problème semblait réglé. On semblait être parvenu à une sorte de compréhension mutuelle. Mais le lendemain, les familles étaient de retour et exigeaient des nouvelles de leurs bien-aimés. Une fois de plus, le docteur Isaacson les haranguait, et les informait qu'il n'y avait rien à faire. Le respect de la quarantaine devait être absolu.

Moins de vingt-quatre heures après mon arrivée à Kinshasa, on m'invita à participer à ma première réunion des membres de l'équipe OMS et des représentants du ministère de la Santé. Tout le monde travaillant sous la direction de Karl. Au plan médical, il était plus compétent que n'importe lequel d'entre nous. En outre, son expérience de responsable d'enquêtes épidémiologiques en Amérique latine l'avait rendu particulièrement sensible aux cultures étrangères. Sans cette qualité, il n'aurait jamais pu coordonner la lutte contre l'épidémie de Yambuku.

Si Karl était le chef reconnu, les réunions étaient généralement présidées par le ministre de la Santé. Ce dernier, Ngwete Kikhela, ne parlait pas assez bien l'anglais pour mener une conversation technique sur les maladies infectieuses ou l'organisation de la lutte contre l'épidémie. Il était désireux de coopérer, mais il était clair qu'il comptait sur le groupe OMS pour résoudre la crise qui secouait son pays. Après tout, c'était notre boulot.

Dans l'équipe, on assistait tout de même à certaines manœuvres pour le pouvoir. Les Belges représentaient l'ancienne puissance coloniale, et ils estimaient (sans doute à juste titre) connaître mieux que les autres les arcanes de la politique et de la culture zaïroises. Ils s'étaient donc accordé le rôle de protecteurs de la nation. Le problème était qu'ils étaient incapables de diriger une mission comme celle-là. Ils en furent donc réduits à donner libre cours à leurs frustrations et à comploter avec leurs collègues français (mais aussi quelques Américains) lorsque étaient prises des décisions contraires à leurs vœux. Mais le virus n'attendrait pas que nous ayons réglé nos petits différends. Après tout, nous étions en guerre contre lui. Nous étions à l'affût de la moindre bribe d'information nous permettant de mesurer l'évolution de la situation au nord du pays. Nous savions que de nouvelles infections avaient été recensées. A quel rythme ? Combien de personnes se trouvaient en quarantaine ? Est-ce que tout était fait pour empêcher l'infection de continuer à se propager ?

Nous avions un autre problème à régler. Qu'était-il arrivé au groupe de Joel Breman, qu'on avait expédié vers le site de l'épidémie ? Leur avion avait décollé quelques heures après leur arrivée au Zaïre, et ils étaient supposés se trouver depuis longtemps à Yambuku. Nous étions très inquiets. Tout pouvait arriver, là-haut. Tout ce que nous savions se résumait à ceci : après avoir quitté Kinshasa, l'équipe s'était rendue à Bumba, petite ville portuaire située à cent trente kilomètres au sud de Yambuku. Mais cela, c'était cinq jours plus tôt. Depuis, nous n'avions reçu aucune nouvelle. Bizarrement, aucun d'entre nous n'avait la moindre idée de la manière de les contacter. Fort de mon expérience africaine, je me suis dit que le plus simple était de demander l'aide des missionnaires. En Afrique, ils utilisent avec quelque efficacité leur propre « téléphone de brousse ». Je me livrai à une rapide enquête à Kinshasa. Non loin de Yambuku, il y avait une mission administrée par une congrégation nord-américaine. Ces missionnaires avaient une radio, et ils appelaient chaque jour leurs collègues de Kinshasa. Le lendemain matin, on me mit en contact avec eux, et je leur expliquai notre problème. Pouvaient-ils envoyer quelqu'un à la recherche de Joel Breman et de ses hommes et, si possible, les amener à la radio ? Sinon, pouvait-on découvrir ce qui leur était arrivé ? On me promit de me rappeler le soir même.

Douze heures plus tard, j'étais de retour à la mission. Bonnes nouvelles. On avait localisé l'équipe de Joel, et tout le monde était en bonne santé. On m'informa que le docteur Breman en personne appellerait le lendemain matin.

Lorsque nous pûmes enfin communiquer, Joel me raconta ce qui était arrivé à son groupe. « L'armée de l'air zaïroise nous a lâchés. Littéralement. Après l'atterrissage à Bumba, les pilotes ont refusé de couper les moteurs. Ils se sont contentés d'ouvrir la porte arrière du C-130 et nous ont ordonné de prendre nos affaires et de foutre le camp. Dès que nous avons débarqué, ils ont décollé. »

Sur le chemin de Yambuku, les enquêteurs s'arrêtaient dans les villages pour demander si quelqu'un était tombé malade. Aucun nouveau cas ne leur fut signalé, mais il était clair que les villageois avaient conscience du danger. Les gens sortaient de chez eux et se pressaient autour de leurs véhicules. Tous étaient terrorisés par la maladie. De nombreux villages avaient institué leur propre quarantaine. Les étrangers n'étaient pas autorisés à y pénétrer. Les résidents eux-mêmes, s'ils rentraient d'une absence assez longue, faisaient l'objet d'examens sévères. Depuis toujours, les villageois avaient dû faire face à des accès de variole. Ils avaient appris qu'il était parfois nécessaire de s'imposer de telles restrictions.

Joel et son équipe arrivèrent à Yambuku pour découvrir une cité plongée dans le chaos. Le personnel de l'hôpital avait été décimé par le virus, et l'établissement était abandonné. Tous les habitants qui pensaient y avoir été exposés avaient rejoint leurs villages. Ceux qui étaient restés attendaient, terrifiés, de savoir s'ils étaient contaminés. Cette situation est parfaitement décrite par Bill

Close dans son roman *Ebola*. Malgré son aspect romancé, ce récit de l'épidémie de Yambuku est le mieux documenté sur les événements de 1976, et par conséquent le plus exact. Joel m'apprit qu'il soupçonnait que l'hôpital de Yambuku, loin d'être un refuge pour les malades, contribuait à la propagation de la maladie. L'absence de précautions antiseptiques (et la réutilisation des aiguilles hypodermiques) constituait sans nul doute un des principaux facteurs de transmission. « Nous entendons encore parler de nouveaux cas, me dit Joel. Mais nous sommes incapables de déterminer s'il s'agit à coup sûr du même virus. Comme l'hôpital est fermé, les gens ne viennent pas à Yambuku. Ils ne sortent pas de leurs villages, et il est difficile de se faire une idée claire de la situation. »

Avant de rendre la ligne, je lui promis que nous allions contacter l'armée zaïroise et organiser un vol sur Bumba pour les récupérer, lui et ses hommes. Mais il n'était pas facile de trouver quelqu'un qui accepte de nous aider. Les militaires zaïrois étaient persuadés que le virus se propageait à l'air libre, qu'il suffisait de respirer l'air de Bumba pour tomber raide mort. Il y avait pire : j'étais incapable de leur assurer qu'aucun membre du groupe de Joel n'était contaminé. Nous nous sommes donc tournés vers Bill Close.

Je ne le connaissais pas depuis longtemps, mais j'avais une immense confiance en lui. Je le considérais comme un génie de l'organisation. Comment expliquer autrement l'efficacité avec laquelle il dirigeait Mama Yemo ? Dans un pays où la corruption était omniprésente, il se distinguait par son refus de tolérer la paresse et l'incompétence. En outre, c'était un optimiste-né. Je ne fus donc pas surpris quand il nous annonça, après avoir rencontré Mobutu, qu'un avion serait mis à notre disposition. (A l'arrivée à Bumba, les pilotes refusèrent à nouveau de sortir de l'avion, et insistèrent pour que Breman et ses hommes restent à l'arrière, le plus loin possible du poste de pilotage.)

Durant ma quatrième journée à Kinshasa, nous reçûmes d'autres mauvaises nouvelles. Cette fois, elles ne venaient ni de la capitale ni de Yambuku. Avant de se manifester au Zaïre, apparemment, le virus avait frappé au sud du Soudan, à quelque huit cents kilomètres au nord-est de Yambuku. La maladie ressemblait fortement à celle qui avait tué plusieurs personnes dans cette ville. Les deux épidémies étaient-elles liées ? Celle du Soudan semblait s'être déclarée avant celle du Zaïre. Si elles étaient apparentées, il fallait en conclure que l'infection était née au Soudan. Elle se serait alors déplacée vers le sud-ouest, et aurait franchi la frontière en suivant une route qui n'avait guère changé depuis que Livingstone avait exploré la région, un siècle plus tôt. Il fallait que quelqu'un se rende au plus près de la frontière soudanaise pour vérifier s'il existait un lien entre les deux phénomènes. Pourquoi pas moi ?

Ni Karl ni aucun de nos collègues ne s'y opposèrent. Sans doute parce que personne ne voulait y aller. Je devais me rendre, en effet, dans une des zones les plus reculées de la planète. Personne n'avait la moindre idée de ce que j'allais y trouver. Pensant en avoir besoin, je me procurai une carte Michelin. Je compris bien vite qu'elle avait été tracée par des optimistes béats. Il s'agissait plus d'un exercice de foi que d'un véritable travail de cartographie. Les conseils prodigués n'étaient pas très rassurants. « En l'absence de piste claire, y lisait-on, il est vital de disposer d'un guide et d'instruments de navigation. Il est très imprudent de se déplacer avec un seul véhicule. » Parfait. Et une autre information, non moins intrigante : « Le tracé des frontières internationales ne doit pas être considéré comme faisant autorité. » De la part d'un cartographe aussi prestigieux, c'était l'aveu de la défaite de sa profession.

Pendant que j'explorerais la frontière, l'équipe principale concentrerait ses efforts sur Yambuku pour y recenser les cas suspects. Si tout allait bien, on parviendrait peut-être à limiter la propagation de l'infection. En même temps, un autre membre de l'équipe OMS, Simon van Nieuwenhove (un spécialiste belge de la maladie du sommeil), prévoyait d'emprunter une autre route pour se rendre dans la province du Haut Zaïre. Il irait dans des zones mieux desservies par les transports publics — en l'occurrence, le chemin de fer. Peut-être notre virus se déplaçait-il plus vite dans cette région. Il y rencontrerait pourtant deux obstacles majeurs. Primo, il devait traverser la zone isolée où, précisément, j'allais me rendre. Secundo, le train battait tous les records de lenteur, et son caractère fantasque était légendaire.

A mesure que le moment du départ approchait, les réunions quotidiennes au Fométro étaient marquées par l'urgence. Nous nous débattions avec une série de problèmes préoccupants. Comment attraper les animaux (notamment les insectes) que nous identifierions peut-être comme réservoirs de l'infection ? Comment enquêter sur le déclenchement de l'épidémie à Yambuku ? Comment nous servir de notre laboratoire de campagne ?

Il y avait une autre chose, jamais absente de nos pensées. Que ferions-nous si notre propre équipe était touchée par le virus ?

Nos journées s'épuisaient dans des efforts frénétiques pour mettre la main sur les provisions et le matériel dont nous avions besoin. Il nous fallait des ampoules, des seringues, des gants de caoutchouc et bien d'autres choses. Il nous fallait des Land Rover et du carburant. Dans le Nord, le gasoil serait introuvable. Nous devions en emporter dans des bidons métalliques. L'économie zaïroise se trouvait dans un état désastreux. Depuis l'indépendance, le pays se démenait pour s'en sortir par ses propres moyens. La situation était pire que jamais. La nationalisation de l'ensemble des entreprises privées avait provoqué l'effondrement de l'économie nationale. Comme la plus grande partie de l'Afrique rurale, l'intérieur du pays n'était pas encore électrifié. Mais, en 1976, il était pratiquement impossible de se procurer un objet aussi simple qu'une bougie. La situation était si grave qu'en maints endroits même la bière était introuvable. Elle était devenue le thermomètre de l'économie africaine. Quand la bière disparaît, vous savez que les choses touchent le fond.

La situation était un peu plus facile à Kinshasa, mais nous avions du mal à trouver ce que nous cherchions.

Bill Close et ses collègues à Mama Yemo, deux anciens de l'armée britannique, déployèrent des trésors d'ingéniosité pour nous aider. En outre, l'ambassade des Etats-Unis nous fournit des rations de soldat emballées sous vide, dans des boîtes en fer-blanc qu'on ouvrait avec une clef ! De vraies antiquités. Celles qu'on me donna dataient de 1945. Peut-être un bon millésime, me dis-je.

L'établissement de lignes de communication entre les différents groupes nous préoccupait. Nous ne voulions pas rééditer l'expérience que nous avions vécue avec Joel Breman. Une fois de plus, les missionnaires nous furent très utiles. Une mission catholique belge de Kinshasa accepta de me prêter un appareil. Une pièce de musée. C'était un petit émetteur-récepteur Rube Goldberg à bande unique. L'antenne était montée à l'arrière de la Land Rover. Un mécanisme semblable à une pompe à vélo pouvait la déployer à près de douze mètres de haut. Deux câbles fixés au sommet permettaient de capter les signaux radio les plus faibles. L'appareil se branchait sur la batterie de l'auto. Je fus ravi de découvrir que cela fonctionnait. Du moins, cela fonctionnait quand je fis des essais à Kinshasa. Impossible de prévoir ce qui se passerait lorsque je serais dans le Nord...

Deux jours avant que nous ne soyons prêts à quitter Kinshasa, nous apprîmes que l'épidémie semblait décliner à Yambuku. Mais personne n'osait affirmer que le danger était passé. Pour ce que nous en savions, la maladie pouvait bien continuer à faire rage dans la brousse. Il était plus impératif que jamais d'envoyer une seconde équipe à Yambuku — avant que la piste ne se refroidisse, ou que le virus se soit trop largement répandu dans les villages pour qu'il soit encore possible de l'arrêter.

Le jour du départ vers le nord arriva enfin. C'était le 30 octobre. J'étais à Kinshasa depuis une semaine. Les trois équipes — le groupe de Yambuku et deux autres plus réduits, dirigés respectivement par Simon et moi — se rassemblèrent au petit matin à l'aérodrome militaire de N'djili. Il fallut patienter pendant qu'on embarquait sur le C-130 les trois Land Rover, quarante bidons de gasoil, plusieurs caisses de rations de soldat « grand cru » et autres produits de base. Une angoisse familière m'envahit soudain. Le vieux mélange de peur et d'excitation. Je n'avais jamais rien fait de semblable. Je n'avais aucune idée de ce qui m'attendait, mais je ne maîtrisais plus mon impatience.

Nous n'étions pas encore partis.

Dès que nous fûmes attachés sur nos strapontins, nous attendîmes le départ, confiants. Rien ne se passait. Les moteurs ne démarraient pas. L'appareil était immobile. Nous attendîmes encore. Toujours rien. Puis nous comprîmes la raison de ce délai. Sur la piste, un commandant de l'armée de l'air parlait au pilote : l'avion ne partirait pas avant d'avoir embarqué quelques amis de son supérieur. A moins qu'ils ne fussent ses parents. L'officier exigeait aussi que nous emportions quelques vivres qu'il voulait expédier à Bumba. Personne n'osa le contredire. Ce genre de situation n'était pas rare. Au Zaïre, quiconque détient le moindre pouvoir montre peu de scrupules à l'exercer. De fait, quiconque détient le pouvoir et *renonce* à l'exercer risque de le perdre à jamais.

On décolla enfin. Il nous fallut deux heures pour atteindre Bumba. A l'atterrissage, des gens se précipitèrent pour voir ce qui se passait. Des enfants, pour la plupart, qui assistèrent bouche bée au débarquement de notre cargaison. Il ne se passait jamais rien, à Bumba. L'arrivée d'un avion de transport était un événement important.

La seconde étape de notre périple nous mena à Kisangani. Nous arrivâmes en fin d'après-midi. Comme la ville est très proche de l'équateur, la nuit tombe d'un seul coup, un peu après six heures. Cela signifiait que nous avions tout juste le temps de débarquer du C-130 le matériel et les Land Rover, et de chercher un logement pour la nuit. Je parvins à nous caser à la mission catholique locale. La première chose que je remarquai fut le panneau où l'on exposait les photos des missionnaires qui y avaient travaillé. Ils étaient tous morts, tués par les soldats renégats zaïrois, dix ans plus tôt. Cette petite exposition était un pense-bête macabre : elle venait nous rappeler que la maladie n'était pas seule à rendre cette région si dangereuse.

Le virus ne pouvait pas rester anonyme. C'est à Karl qu'incombait l'honneur de le baptiser. *Yambuku* semblait s'imposer, mais il n'y tenait pas. Peut-être ne voulait-il pas stigmatiser à jamais le nom de cette pauvre ville. Sur une carte de la région, il remarqua qu'une rivière coulait à proximité. Il décida de donner son nom à la maladie. Le cours d'eau s'appelait *Ebola*.

6

Sur la piste d'Ebola

Personne, à Kisangani, ne savait quoi que ce fût à propos d'une nouvelle épidémie. Je décidai de partir à Isiro, à deux cents kilomètres au nord-est. C'était la ville la plus importante entre Kisangani et la frontière soudanaise. Mon chauffeur était laconique — presque muet — et semblait tenir pour une corvée insupportable le fait de me piloter. C'était un jeune expatrié d'une vingtaine d'années, qui avait grandi dans une mission au sud du Zaïre. On m'avait assuré qu'il connaissait bien le terrain et la culture locale, et que je pouvais lui faire confiance. J'avais des doutes. Mais j'avais dû reconnaître que les cartes Michelin ne me seraient pas très utiles, et il me fallait faire contre mauvaise fortune bon cœur.

C'était la saison humide, et l'état des routes était encore pire que d'habitude. La pluie transformait le sol en une belle boue rouge d'apparence trompeuse : nous avancions à une vitesse moyenne de vingt ou trente kilomètres à l'heure.

Dans cette partie du monde, les établissements médicaux étaient très rares, et il y avait peu de médecins. Les villageois ne pouvaient compter que sur les dispensaires, où on leur fournissait les remèdes les plus simples. Les dispensaires étaient donc les mieux placés pour savoir si une épidémie avait éclaté dans leur secteur. J'interrogeais aussi les chefs de village, les instituteurs, quiconque pouvait me transmettre des informations. Les gens étaient généralement disposés à m'aider, mais il était tout de même très difficile de prendre la mesure de la situation. Comme je faisais appel à des interprètes locaux, il était toujours possible que des éléments importants se perdent dans la traduction. Et puis j'avais affaire à une population illettrée qui avait tendance à accorder aux étrangers des pouvoirs extraordinaires. Je ne pouvais jamais être sûr que les gens que j'interrogeais me fournissaient des renseignements exacts, ou s'ils me disaient ce qu'ils pensaient que je voulais entendre.

— Savez-vous si quelqu'un a été victime de fièvre et de saignements ?

— Oh oui, bien sûr. Ce genre de chose arrive, en effet.

Mais on ajoutait immédiatement que rien de tel ne s'était produit récemment. Bien entendu, je n'avais aucun moyen de savoir si l'une des maladies dont ils parlaient était bien Ebola. Beaucoup de maux sévissent en Afrique, après tout — on tombe malade, on meurt, y compris des gens jeunes et bien portants. J'étais si absorbé par mes recherches que la journée était fort avancée quand je réalisai que nous n'avions rien absorbé depuis notre départ de Kisangani. Je promis à mon chauffeur qu'on s'arrêterait sur la place du marché du prochain village pour y chercher de la nourriture.

Mais le village en question n'avait pas la moindre nourriture à nous offrir. Il n'y avait pas de place du marché à proprement parler, et les boutiques étaient vides. Partout où nous allions, c'était la même chose. Je m'attendais à découvrir des conditions de vie pénibles, mais pas à ce point. Les gens se nourrissaient de ce qu'ils cultivaient, et il ne restait rien pour la vente. J'étais parvenu à ne pas toucher aux rations de soldat. Supposons que cette nourriture vieille de trente-neuf ans s'avère immangeable, me disais-je. Comment allions-nous nous nourrir ?

Nous nous arrêtâmes sur le bord de la route, sans sortir de l'auto. La pluie tombait si fort qu'on ne voyait rien à travers le pare-brise. Je sortis deux boîtes de rations. Le chauffeur me regarda les ouvrir, incrédule. « Ça ira », lui dis-je sans conviction. Je pris le poulet et lui donnai la dinde. Dans ma boîte, il y avait aussi du fromage, du beurre de cacahuète et de la soupe. Je fis un essai prudent avec le fromage. Pas mal, pas mal du tout. J'essayai le poulet. Il était délicieux. Je fis un signe de tête au chauffeur, qui n'avait pas touché à sa ration. « C'est bon, allez-y. » A peine rassuré, il goûta du bout des lèvres. Il aimait cela. Peut-être me ferait-il un peu plus confiance, à l'avenir.

Pour l'eau, c'était une autre affaire. Je me trouvais dans une situation bien connue des auteurs d'histoires de marins. Il y avait de l'eau partout. Elle tombait du ciel sans interruption. Mais il n'y en avait pas une goutte à boire. Celle des trous d'eau des villages, voire des puits, était certainement contaminée. Tout ce que je pouvais faire, c'était d'y ajouter des tablettes d'iode pour la purifier. Le goût de l'iode est si mauvais qu'aucun doute n'est permis sur son efficacité : aucun micro-organisme ne peut survivre dans un liquide aussi infect, et encore moins rester assez puissant pour nous rendre malades.

Quand nous arrivâmes enfin à Isiro, la nuit était tombée. J'étais impatient d'essayer ma radio. Je pompai pour déployer l'antenne, je déroulai les câbles. J'allumai le récepteur et manipulai le cadran à la recherche d'une émission locale. Je n'obtins que des conversations entre missionnaires, ou des voix solitaires cherchant un contact dans les ténèbres. Enfin, j'essayai d'émettre à mon tour. « Ici le docteur Joe McCormick, du groupe de l'OMS au Zaïre. Est-ce quelqu'un me reçoit ? »

Rien. Je réglai l'antenne, je fis un autre essai. Toujours rien. Une explosion de parasites. Quoi que je fasse, pas la moindre réponse.

J'avais été si heureux de me procurer cette radio ! J'étais persuadé de pouvoir communiquer avec le monde entier ! Je me sentais complètement perdu. Personne ne savait où j'étais, et si je ne parvenais pas à la faire fonctionner, *ils ne le sauraient jamais*. Ce soir-là, j'allai me coucher en essayant de ne pas céder au désespoir et au sentiment de solitude. Le pire, c'était l'inquiétude qui me rongeait : je risquais de parcourir des centaines de kilomètres, dans cette zone désolée, sans trouver la moindre trace de la maladie. Je savais qu'une épidémie se répandait au Soudan, mais je n'avais aucun papier, ni aucun moyen de franchir la frontière. J'envisageai la possibilité de rentrer bredouille de ma première chasse au virus.

Le lendemain matin, je m'aventurai dans Isiro, mais je n'eus pas plus de chance. Personne ne savait rien d'un mal qui ressemblait à Ebola. Il me restait une chose à faire : continuer vers le nord, approcher encore de la frontière soudanaise. Notre prochaine étape serait Dungu, quatre-vingts kilomètres plus loin. Notre route était à peine plus large qu'un sentier. Depuis le départ des Belges, en 1960, tout le Nord du pays avait été laissé à l'abandon. Il n'y avait plus un seul pont, plus une seule route en bon état. Nous n'avons quasiment pas vu le moindre véhicule. Pourquoi quelqu'un sain d'esprit serait-il venu jusqu'ici — et pour aller où, mon Dieu ?

Je commençai à avoir de sérieux doutes sur le fait qu'il pouvait exister un lien entre les deux épidémies. Dans cette partie du monde, on voyage à pied ou à bicyclette. L'univers se limite aux distances que l'on peut couvrir en une journée. Le passage du Zaïre au Soudan était difficile : il était peu probable que beaucoup de gens aient eu la possibilité d'emporter le virus si loin. La période d'incubation était très courte — quelques jours — et une personne contaminée aurait été incapable de se déplacer à pied ou à vélo. Tous les témoignages confirmaient mes soupçons : personne n'avait jamais entendu parler de déplacements ni de commerce entre les deux pays, dans cette région. Les rapports ultérieurs prétendant que les deux foyers de la maladie étaient liés par la circulation de camions sont totalement dénués de fondement. J'étais quasiment le seul à me déplacer sur la route reliant les deux foyers. Simon, lui, couvrait la zone sud, et quiconque se déplaçant là-bas devait emprunter les routes qu'il explorait.

Mon arrivée dans certains villages suscitait des réactions témoignant aussi de l'isolement de la région. Je n'aurais pas provoqué plus d'agitation si j'étais venu de l'espace. Les enfants se massaient autour de moi, en extase devant ce spectacle extraordinaire. La plupart n'avaient sans doute jamais vu un Blanc. Mon allure pouvait aussi inspirer de la terreur. Quelques-uns, à mon approche, s'enfuyaient en hurlant.

A l'entrée de Dungu, je demandai au chauffeur de s'arrêter, pour essayer de nouveau la radio. Je n'étais pas encore remis de mon échec. « Ici le docteur Joseph McCormick, de l'OMS... Me recevez-vous ? A vous. » J'attendis. Je répétai. Cette fois, il me sembla entendre une voix. Je tripotai le cadran.

— Ici le docteur Joseph McCormick. Me recevez-vous ?

— Oui, je vous reçois, docteur.

Une voix faible, très éloignée.

J'avais établi le contact avec un missionnaire de Bunia, à cent soixante kilomètres au sud-est de l'endroit où nous nous trouvions. Je lui demandai de faire passer un message au quartier général de l'équipe de l'OMS à Kinshasa, pour leur faire part de mes progrès (très relatifs !). Il m'assura qu'il était ravi de m'aider. J'exultais. Mon cordon ombilical n'était pas tranché, après tout.

A Dungu, nous trouvâmes refuge dans une mission. L'hospitalité des missionnaires est toujours sincère et généreuse. Les visiteurs constituent une source précieuse de distraction, au moins jusqu'après dîner. Toute l'électricité est produite par des génératrices, et seulement quelques heures après le crépuscule. Sinon, on observe l'horaire des poules. On se couche généralement après le repas du soir.

Comme tant d'Africains, je me mis en route dès les premières lueurs du jour. C'était le bon moment pour aller parcourir les villages autour de Dungu, et chercher les indices de la présence d'une maladie qui ressemblerait à Ebola. Une fois de plus, je revins bredouille. Et je n'avais pas découvert la moindre trace de communications commerciales entre cette partie du Zaïre et le sud du Soudan. Les gens de Dungu parcouraient rarement de grandes distances. Pourquoi le feraient-ils ? Il n'y avait nulle part où aller. Il n'y avait rien à faire.

Je décidai de pousser encore vers le nord, toujours plus près de la frontière soudanaise, jusqu'à Aba. Mais avant d'aller où que ce soit, nous devions traverser l'Uele. Le bac était un instrument de fortune composé de quatre pirogues percées sur lesquelles on avait fixé quelques planches. Cela avait l'air trop branlant pour supporter le poids de la Land Rover. (Sans parler des camions de cinq tonnes. Ce passage se trouvait sur l'axe principal reliant le Soudan à Yambuku, et il était évident que les véhicules empruntaient rarement le bac : il était fort peu probable qu'il ait pu convoyer beaucoup de trafic avec le virus Ebola.) Mais on nous assura fort aimablement que nous pouvions traverser le fleuve sans encombre. Malgré nos doutes, nous n'avions pas le choix. Nous entreprîmes de faire monter la voiture. Le poids brusquement ajouté fit osciller les planches de manière alarmante, mais, à notre grande surprise, elles résistèrent. Ni le chauffeur ni moi n'avions la moindre intention de rester à l'intérieur de l'auto pendant la traversée. Nous n'étions pas fous à ce point. Nous nous installâmes donc dans les pirogues, observant avec angoisse l'équipage pagayer et tirer vers la rive opposée notre fragile embarcation et sa cargaison instable. Pendant ce temps, d'autres hommes écopaient les pirogues avec des boîtes en fer-blanc. Je m'attendais à tout moment à ce que nous basculions tous dans le fleuve. Mais, par je ne sais quel miracle, nous abordâmes enfin de l'autre côté. En Afrique, comme je l'avais appris, il existe une solution à tout problème. Mais très souvent, ce n'est pas celle à laquelle vous vous attendez.

Les missionnaires de Dungu prétendaient qu'il était difficile de rallier Aba par la route. Ils se trompaient : c'était impossible. Il fallait passer une autre rivière. Le bac, cette fois, était « indisponible ». Une tempête avait brisé ses amarres, en fait, et le bateau avait été emporté par le courant. Il n'y avait pas non plus de pont. Pas à proximité. Nulle part, peut-être. Nous avons donc continué jusqu'à Doruma. On ne pouvait aller plus près de la frontière soudanaise. Les deux pères italiens qui dirigeaient la mission locale nous accueillirent chaleureusement. Ils n'avaient pas reçu de visites depuis longtemps, et ils n'étaient pas avares de leur hospitalité. Nous utilisions pour communiquer un mélange de français, d'italien et d'espagnol primaire, émaillé de quelques mots d'anglais.

Ils servirent au dîner un plat à base de riz et de haricots et des œufs frits dans l'huile de palme. Ils apportèrent du pain qu'ils prétendirent avoir cuit en mon honneur. Il avait un goût acide et amer, mais cela ne semblait pas les gêner. Ils s'excusèrent de manquer de bière. Nous bûmes de l'eau. Elle était bouillie, Dieu merci, ce qui m'épargna de devoir endurer l'horrible goût de l'iode. A la fin du repas, les pères sortirent leur réserve d'eau-de-vie locale. J'avais l'habitude du vin de palme, mais leur breuvage devait être un mélange de kérosène et d'acide sulfurique. Il en avait le goût, en tout cas. Lorsqu'un des pères alluma sa pipe, je m'attendais à le voir exploser.

Cette mixture m'avait tourné la tête. Les pères me montrèrent la petite remise où je devais dormir. Un lit de camp se trouvait au milieu des caisses de pommes de terre noueuses, des sacs de farine et des boîtes de porridge déshydraté. L'endroit était plein de l'odeur de ces denrées. J'y jetai un coup d'œil, pour constater que la farine était moisie. Voilà pourquoi le pain avait ce goût effroyable. *Aspergillus fumigatus.*

Epuisé, je sombrai dans le sommeil. Je fus éveillé en sursaut par des cris perçants et des froissements répétés. Il faisait noir comme dans un four, et je m'efforçai de voir ce qui se passait. Tout autour de moi, des rats fourrageaient dans la farine et les pommes de terre. Je décidai de les laisser tranquilles, en espérant qu'ils feraient de même à mon égard. Résigné, je m'efforçai de trouver le sommeil. Le lendemain matin, je suggérai très poliment aux pères qu'ils avaient peut-être quelques rats sur les bras. Ils eurent l'air de ne pas s'en inquiéter, et je n'insistai pas. Peut-être les considéraient-ils comme une source complémentaire de protéines. En Afrique, on consomme beaucoup de ces rongeurs, parfois appréciés comme un mets délicat.

Après un petit déjeuner à base de café et de pain au goût de champignon, je leur posai les questions que j'avais posées à tout le monde sur la route de Doruma. Connaissaient-ils des cas d'Ebola ? Non, il n'y en avait pas eu à Doruma. Et le début d'épidémie au Soudan, à quelques kilomètres de l'autre côté de la frontière ? Jamais entendu parler. C'est alors que l'un des pères me demanda :

— Pourquoi ne pas monter à Nzara pour voir vous-même ce qui se passe ?

— Bien sûr. Mais je n'ai pas de papiers. Je n'ai pas de visa. Je ne vois pas comment ce serait possible.

— Oh, mais ce n'est pas un problème. Nous irons voir un des grands chefs dans le secteur. Il arrangera tout, et il insistera sans doute pour vous prêter un *médiateur* pour le voyage.

Le *médiateur* était un curieux amalgame d'expert juridique, d'interprète et d'érudit de village.

C'est exactement ce qui se passa. On alla dans les villages des environs. On trouva un chef de village qui accepta de nous prêter un médiateur qui nous accompagnerait, mon chauffeur et moi, de l'autre côté de la frontière. Comme les pères l'avaient prévu, il écrivit une lettre en azandé (la principale langue utilisée dans la région à cheval sur le nord du Zaïre et le sud du Soudan) pour demander aux autorités compétentes de nous laisser passer la frontière. Afin de donner à sa lettre toutes les apparences d'un document officiel, il y apposa son cachet personnel. De retour à la mission, je décidai d'envoyer un message radio aux nôtres, à Kinshasa. Je voulais qu'ils sachent que je passais la frontière soudanaise le lendemain. Depuis le début de mon voyage vers le nord, je n'avais pas trouvé trace d'Ebola. Cela allait changer.

7

L'hôpital abandonné

Quand nous quittâmes Doruma, j'étais en route depuis sept jours. Mais j'avais désormais un compagnon plus agréable. L'interprète était un jeune homme sympathique, un instituteur qui parlait aussi bien le français que les langues locales, le lingala et l'azandé. Il présentait aussi l'avantage de connaître parfaitement la contrée.

Une fois de plus, il s'avéra que la route principale qui menait au Soudan n'était rien d'autre qu'un chemin. On voyait peu de traces de pneus — indice révélateur de l'absence d'un important trafic automobile. Nous trouvâmes la frontière déserte. La seule indication était une barrière de fortune au milieu de la route, un simple mât posé sur deux branches fourchues. De toute évidence, elle n'empêchait personne de passer. Il suffisait de la soulever pour pénétrer au Soudan. Quelques kilomètres plus loin, nous avons vu un camion en panne. Un homme assis au bord de la route nous expliqua qu'un essieu était brisé. Le chauffeur était parti en chercher un de rechange à Kinshasa — plus de mille six cents kilomètres à vol d'oiseau, et beaucoup plus par la route. Cet homme avait été engagé pour surveiller le camion en son absence. Il était là depuis cinq semaines, et il avait manifestement peu d'espoir de revoir jamais le chauffeur. Mais cela ne semblait pas l'inquiéter. Il habitait dans le coin. C'était un boulot. Que pouvait-il faire d'autre ?

Une quinzaine de kilomètres après la prétendue frontière, nous sommes tombés sur le véritable poste. Un petit édifice et quelques soldats sous les ordres d'un commandant qui vint nous accueillir. Il semblait ébahi. Il passait sans doute si peu de monde que n'importe quel mouvement l'aurait étonné. « Eh bien, pensai-je, nous allons bientôt savoir si la lettre du chef vaut quelque chose. Le pire qui puisse nous arriver, c'est qu'il nous ordonne de faire demi-tour. » Cela signifierait que je ne réaliserais pas mon enquête dans le seul endroit où la présence d'Ebola était avérée.

Sous le regard curieux de ses hommes, le commandant tendit la main. Je me présentai, puis je lui donnai la lettre. Il parcourut les mots écrits par le chef. Il semblait impressionné par le cachet. Puis il me regarda. « Bienvenue au Soudan. Suivez-moi, je vous offre le thé. »

Encouragés par sa réaction, nous le suivîmes tous les trois vers le poste (quelques simples constructions recouvertes de tôle ondulée). L'atmosphère était à la lassitude et à l'inertie. On avait l'impression qu'il ne se passait jamais rien en ce lieu. Le commandant donna un ordre à un soldat qui nous apporta des tasses de thé tiède.

— Qu'est-ce qui vous amène au Soudan ? me demanda-t-il.

Je lui expliquai que nous avions appris qu'une épidémie venait de se déclencher. Une maladie qui provoquait de la fièvre et des hémorragies. Je vis tout de suite qu'il savait de quoi je parlais.

— Oui, bien sûr. Cette maladie, à Nzara. Maintenant, cette maladie s'est déclarée à Maridi, le chef-lieu de district.

Il ajouta que l'épidémie avait frappé Maridi quelques semaines après Nzara. Je savais qu'elle s'était propagée jusque-là, sans en avoir eu la confirmation. Le commandant se tourna de nouveau vers moi.

— Mais je ne comprends toujours pas ce que vous allez faire à Nzara.

— Je suis médecin. Mon travail consiste à trouver l'origine de la maladie.

Il semblait n'avoir jamais entendu une chose pareille.

— Il n'y a plus besoin de docteurs, à Nzara. Les gens que vous êtes venu sauver, ils sont tous morts.

Nzara est une ville de trois mille habitants, construite autour d'une cotonnerie qui date de l'époque où les Anglais régnaient sur le pays. La plupart de ses habitants vivent dans des quartiers en bordure de la ville. L'usine est la source principale de revenus de Nzara. C'était aussi, d'après ce que je savais, le lieu de naissance d'Ebola.

En arrivant à Nzara, je n'avais aucune idée de ce que nous allions y découvrir. A première vue, rien ne semblait sortir de l'ordinaire. Les gens vaquaient à leurs occupations sans montrer de signes de panique. Mais quand notre interprète aborda un homme pour lui demander le chemin de l'hôpital, je remarquai un changement dans l'attitude du passant. Son visage s'assombrit. Il fit un geste brusque, marmotta quelques mots et tourna rapidement les talons.

— Il vous a dit où est l'hôpital ? demandai-je.

— Juste en haut de la rue. Mais il dit qu'il ne faut pas y aller. Il dit que l'endroit est mauvais. Et il dit qu'il n'y a plus personne.

— Est-ce qu'il vous a dit pourquoi ?

— Je lui ai demandé, mais il n'a pas voulu répondre.

L'hôpital était un simple bâtiment de plain-pied, aux murs de brique grisâtres et balafrés. Aucun signe de vie. La porte n'était pas fermée à clef. Je me retrouvai dans un sombre vestibule menant à une grande salle vide. Une odeur flottait dans l'air, mélange de sang séché et d'excrétions. C'était la seule salle de l'hôpital. Elle avait donc été occupée par des patients des deux sexes. En guise de lits, il n'y avait que des sommiers à ressorts cassés. Les patients devaient apporter leurs propres nattes. S'il y avait jamais eu des patients. J'appelai. Seul l'écho de ma propre voix me répondit.

Je m'apprêtais à sortir lorsque j'entendis des bruits de pas. Un homme robuste, souriant, venait vers nous. Sa tunique blanche était tachée.

— Je suis le docteur Mohammed, me dit-il.

Je me présentai, puis je lui demandai ce qui s'était passé.

— Tout le monde est parti. Les patients, les infirmières, tout le monde s'est enfui.

— Et vous êtes resté ?

— Je suis le médecin. Où vouliez-vous que j'aille ?

— Pourquoi ont-ils fui ?

— Ils ont vu ce qui arrivait aux autres, ici. Tant de morts, si rapides. Ils ont pensé qu'ils allaient mourir eux aussi. Alors ils sont partis. Je ne peux pas leur en vouloir.

Je parlais à un capitaine qui était prêt à couler avec son navire.

Je n'étais jamais venu au Soudan, mais j'en savais assez sur la situation politique pour comprendre à quel point la position du docteur était inconfortable. Comme la plupart des médecins du pays, il était musulman (sans doute originaire du Nord), tandis que ses patients étaient chrétiens ou animistes. Les rivalités ethniques et religieuses entre les deux communautés avaient déclenché une guerre civile qui se poursuit encore sporadiquement de nos jours. J'imaginais qu'il y avait peu d'amour entre le docteur et ses patients. Et l'épidémie qui avait dépeuplé son hôpital n'avait certes pas arrangé les choses.

Il m'expliqua que treize personnes en tout avaient été contaminées par une maladie qui ne ressemblait à rien de ce qu'il connaissait.

— Sept sont mortes. Je n'ai rien pu faire.

Il semblait à la fois furieux et perplexe. Je lui demandai si de nouveaux cas apparaissaient encore. Non, dit-il. L'épidémie avait pris fin cinq semaines plus tôt.

— Mais à Maridi, ce n'est pas terminé. Le gouvernement a mis en place un cordon sanitaire. Il n'y a aucun échange avec la ville. Personne ne peut y entrer ou en sortir.

J'apprendrais plus tard que le cordon sanitaire empêchait aussi un groupe d'enquêteurs de l'OMS d'aller à

Maridi. Ils en étaient réduits à poireauter à Juba, le chef-lieu de la province du Sud.

— Quels sont les symptômes ? demandai-je.

— Déglutition difficile, terribles douleurs dans tout le corps, ruptures des vaisseaux sanguins des yeux. Saignements aux gencives, aussi. Forte fièvre.

— Parlez-moi du premier patient chez qui vous avez repéré cette maladie.

Le docteur Mohammed nous décrivit un homme d'une vingtaine d'années qui avait travaillé à l'usine de coton. Il avait été admis dans le petit hôpital avec les symptômes habituels : fièvre, migraine, angine, douleurs abdominales, diarrhée, sang dans les excréments. Il était mort au bout de six jours. D'après ce que je savais, cet homme pouvait avoir été le premier cas (ou « cas initial ») de la fièvre d'Ebola au Soudan.

Avant mon départ, le docteur Mohammed ajouta :

— Il y a autre chose. J'avais oublié de vous le dire. J'ai envoyé un de mes patients à Maridi. Ils ont un meilleur hôpital, là-bas.

Il remarqua sans doute le changement dans mon expression.

— Qu'y a-t-il ? Quelque chose ne va pas ?

— Non, non, tout va bien.

Je ne voulais pas le rendre plus malheureux qu'il ne l'était. Mais c'était lui, en envoyant son patient à Maridi, qui avait aidé la maladie à se propager vers cette ville.

Paradoxalement, si elle n'était pas arrivée à Maridi, l'épidémie de Nzara n'aurait sans doute jamais été connue du monde extérieur. C'est toujours ainsi. Les virus qui émergent dans les endroits les plus isolés et assaillent les populations locales n'attirent l'attention que s'ils gagnent des zones plus peuplées — ou s'ils s'attaquent aux riches et aux étrangers (surtout aux Américains). Un virus qui ne contamine ni ne tue les « bonnes » victimes risque d'être à jamais inconnu.

Les gens que j'interrogeai à Nzara ne cachaient pas leur inquiétude quant à une possible récurrence de la maladie, mais ils ne paniquaient pas. Aucun nouveau cas n'avait été recensé depuis plus d'un mois. Cela leur donnait la certitude que le pire était passé. Comment pouvais-je être sûr que c'était bien Ebola ? Je manquais de preuves cliniques pour tirer des conclusions. J'avais besoin de réactifs, de mon laboratoire portatif. L'hôpital n'avait même pas d'archives. Je n'avais que des pierres tombales et des témoignages. Pour l'instant, il faudrait m'en satisfaire.

Comme le veut la tradition, le cas initial avait été assisté par sa famille durant sa maladie. Un peu après sa mort, son frère était tombé malade à son tour. Mais il survécut. Sa femme eut encore plus de chance : elle ne fut même pas malade. Un examen sérologique ultérieur confirma qu'elle avait échappé à l'infection.

Je rendis visite à la veuve du présumé cas initial. Cette femme de vingt ans à peine, qui vivait désormais avec ses parents et ses deux enfants, avait la tête rasée en signe de deuil. Mais pendant tout le temps que dura ma visite, elle n'exprima pas la moindre émotion.

En l'interrogeant, j'essayais de découvrir quelle pouvait être l'origine de l'infection. Je voyais bien que la jeune femme était nerveuse. Elle n'avait pas l'habitude d'être interrogée. Il y avait un autre problème. Dans la société où elle vivait, une épouse ne connaît pas les activités auxquelles se livre son mari hors de la maison. J'espérais qu'on me ferait un récit détaillé de ce que cet homme avait fait avant de tomber malade. Avait-il été piqué par un insecte ? Etait-il allé à la chasse ? Avait-il absorbé un aliment contaminé ? Avait-il reçu des injections ? Mais il était presque impossible d'obtenir de telles informations. Je pus tout de même rassembler quelques indices, qui me donnaient une idée de la façon dont le virus avait pu se déplacer. Les hôpitaux étaient une première piste. A cause de la réutilisation des aiguilles et de l'absence de quarantaine, d'autres patients et les familles des victimes avaient été exposés à la maladie. Par ailleurs, on me parla d'une coutume qui faisait courir de terribles risques à ces gens. Avant d'enterrer un proche, ils ressentent en effet le besoin de le toucher. C'est un geste d'amour, un moyen de souligner l'importance du mort dans le cœur des survivants. Il n'est pas rare que les membres de la famille embrassent le défunt dans son cercueil. Ils croient aussi que le cadavre doit être complètement purifié. Pour ce faire, il faut le laver avec soin, puis le purger totalement — y compris de l'urine et des excréments. Comme les selles des victimes d'Ebola contiennent du sang, cette coutume a pour conséquence de contaminer les proches. Je saurais plus tard que c'est ainsi, précisément, qu'Ebola avait fait tant de dégâts à Maridi.

Dans l'immédiat, je n'avais qu'une chose à faire. Déambuler dans les quartiers et chercher des gens qui auraient des informations sur l'épidémie. Pouvait-il y avoir des preuves d'une source commune, ou bien ce cas initial était-il le seul ? J'interrogeai les familles de quatre des victimes. Toutes les quatre s'étaient trouvées en contact avec le cas initial. Mais leurs témoignages ne m'apportèrent aucune réponse définitive. J'allai jeter un coup d'œil à la cotonnerie. Etait-ce là qu'Ebola était passé de son réservoir naturel — quel qu'il fût — à des êtres humains ?

Le directeur de l'usine fit de son mieux pour se rendre utile, mais il ne m'apprit rien de nouveau. Je découvris quand même un fait surprenant. Toute sa production était expédiée à Juba, puis embarquée sur le Nil en direction de Khartoum. Rien n'était exporté au Zaïre. Aucun envoi ne transitait par le Zaïre. Ma question étonna le directeur. Il éclata de rire et jura qu'il n'existait pas de débouchés pour ses produits au Zaïre depuis des années. Je partis examiner la cotonnerie.

Elle se composait de plusieurs bâtiments de brique et de bois. L'ensemble était entouré d'une clôture en fil de fer rouillé. Le terrain, qui avait dû, jadis, être couvert de fleurs et d'arbustes, était envahi par les mauvaises herbes. Les bâtiments de style colonial dataient de cinquante ou soixante ans. La plupart des fenêtres étaient dépourvues de vitres — ouvertes à tous vents, ou obturées d'un assemblage de bois et de papier. Les rares vitres encore en place étaient couvertes de poussière et de crasse. L'intérieur de l'usine était très faiblement éclairé, la plupart des ampoules étant absentes ou grillées. Les plafonds étaient très hauts : la marque du style colonial. On y avait installé de grands ventilateurs, pour la plupart hors d'état de fonctionner. Deux choses me frappèrent. D'abord, l'incroyable tumulte des vieilles machines à filer, des navettes et des métiers à tisser. Les machines avaient l'air d'antiquités dignes d'un musée de l'ère industrielle. Ensuite, l'odeur étrange qui flottait dans l'air — dans cette suspension colloïdale de fibres de coton, de poussière et de bruits. L'odeur... Elle ajoutait une dimension indéfinissable. Je la reconnaissais vaguement, sans être capable de lui donner un nom. Puis mon regard se posa sur le plafond. Il était tout à fait décoloré, du gris au noir, en maints endroits. Une partie était même complètement pourrie. Cette décoloration, cette odeur... Tout à coup, je compris. Des chauves-souris.

Comme dans beaucoup de bâtiments de ce type en Afrique tropicale, le toit était tapissé de chauves-souris. Ces créatures nocturnes sortaient sans doute par les orifices pour aller se régaler d'insectes et de fruits. Elles rentraient au matin et se suspendaient, la tête en bas, pour une bonne journée de sommeil. Pendant ce temps, elles excrétaient leur guano. C'étaient leurs déjections qui donnaient au plafond sa couleur particulière. Là où le plafond était abîmé, le guano se répandait sur le sol de l'usine et produisait cette odeur qui flottait dans le coton et la poussière. J'avais vécu assez longtemps en Afrique pour savoir que les chauves-souris sont inoffensives. Les gens en avaient l'habitude — j'étais sûr que personne, parmi les ouvriers de la cotonnerie, ne s'en était inquiété. Pour ma part, je ne pouvais m'empêcher de m'interroger. Est-ce qu'elles étaient d'une manière ou d'une autre responsables de la propagation d'Ebola ?

8

Ma place parmi les morts

Se pouvait-il que les excréments des chauves-souris constituent la niche écologique du virus ? Si oui, comment ce dernier se perpétuait-il ? Il nous fallait supposer que le virus était relativement inoffensif pour ces chiroptères, mais mortel pour l'homme et les autres primates. (A la lumière de ce que nous savons aujourd'hui de sa capacité d'adaptation aux espèces, ce n'est pas impossible.) Mais il ne serait pas facile de prouver que les chauves-souris étaient responsables de la propagation d'Ebola au Soudan, ou n'importe où ailleurs. Personne ne nous avait dit que des patients, au Zaïre, avaient été en contact avec des chauves-souris. Mais cela ne voulait rien dire : en Afrique, il y en a partout.

L'usine semblait la source la plus probable de l'infection de Nzara, mais cela n'était pas prouvé. Pour résoudre l'énigme de la source de l'infection, il aurait fallu organiser des investigations coûteuses afin de chercher les traces d'Ebola chez les chauves-souris. Il aurait fallu en rassembler un échantillonnage assez important pour répondre aux questions immédiates. Les chiroptères étaient-ils contaminés ? L'étaient-ils en nombre suffisant pour transmettre l'infection ? Je n'avais pas les moyens de le savoir. L'équipe de l'OMS du Soudan qui arriva quelques jours plus tard en attrapa quelques-unes. Mais c'était insuffisant. Ils ne furent pas capables d'isoler le virus Ebola, ni même de démontrer sa présence dans une seule des chauves-souris. Vu la rareté des cas de contamination à l'homme par le réservoir naturel, j'estimais que le nombre d'individus touchés dans l'espèce infectée (quelle qu'elle soit) devait être peu élevé. En 1978, Karl Johnson et ses équipes examineraient une foule d'espèces animales (y compris des chauves-souris de différents types) dans le cadre de recherches approfondies sur la faune pour trouver le réservoir d'Ebola. Plus tard, une autre tentative serait effectuée lorsque Gene Johnson, de l'USAMRIID [1], mènerait une enquête éclair dans une caverne abritant des chauves-souris suspectes. Johnson disposait de beaucoup plus de ressources que nous n'en aurions jamais au CDC pour un tel projet. Malgré cela, il n'obtint aucun résultat.

Est-ce que l'infection était passée du Soudan au Zaïre ? J'en doutais fort. Si les chiroptères étaient dans le coup, une chauve-souris isolée n'avait certainement pas suffi pour la transmettre d'un site à l'autre. Et je savais déjà que ce n'étaient pas les déplacements humains qui en étaient responsables. Pourquoi effectuer le long trajet de Nzara à Yambuku, même si l'on ne craint pas d'affronter ces routes interminables et quasiment impraticables ? Il n'y avait aucun échange commercial. Les produits de la cotonnerie de Nzara étaient expédiés par Juba vers Khartoum et Nairobi. Il n'existait aucun moyen de les exporter en passant par le Zaïre, et il n'y avait pas d'acheteurs dans ce pays.

Avant de quitter Nzara, j'écrivis une lettre à Don Francis. Au Soudan, il avait participé à une enquête sur la variole. Au cours de mes conversations radio, j'avais découvert qu'il se trouvait avec l'équipe OMS qui était toujours bloquée à Juba. J'étais convaincu qu'il se rendrait tôt ou tard à Nzara, et qu'il voudrait comprendre

1. *United States Army Medical Research Institute of Infectious Diseases* : Institut de la recherche médicale pour les maladies infectieuses, dépendant de l'armée des Etats-Unis.

ce qui se passait. Dans ma lettre, j'identifiais le cas initial, et j'indiquais à Don où il était enterré. Je lui fournis des détails sur le déclenchement de l'épidémie et les informations qui lui permettraient de retrouver le docteur et les survivants. (J'avoue que j'étais ravi de rédiger cette lettre. Elle serait la preuve que j'avais été le premier enquêteur à me rendre à Nzara.)

Après trois jours passés à Nzara, je décidai de quitter la ville. Mes investigations n'étaient pas sans intérêt. Mais ce n'est pas en restant là que j'établirais le lien entre l'épidémie du Soudan et celle de Yambuku. La seule chose que j'aurais pu faire, c'était de rassembler des échantillons et de capturer des animaux susceptibles de porter le virus. Mais je ne disposais ni du matériel ni des installations nécessaires pour mettre sur pied une enquête d'une telle importance. Je décidai donc de retourner à Yambuku, au Zaïre, puis de remonter vers le nord, vers la République centrafricaine. Encouragé par la facilité avec laquelle j'étais entré au Soudan, je me disais que je pouvais essayer de franchir une autre frontière. Mais, à une vingtaine de kilomètres de cette dernière, la route était bloquée par un tronc d'arbre. Impossible de le contourner, et nous étions incapables de le déplacer. Personne ne savait qui l'avait coupé, mais il était là depuis plusieurs mois. Même si nous avions pu le faire disparaître, cela n'aurait servi à rien. J'appris qu'un peu plus loin je devrais traverser une rivière. Seul problème : pas de bac.

Je fis donc demi-tour, afin de poursuivre Ebola dans une autre direction. Il plut abondamment presque sur tout le trajet. Les routes étaient grasses, et extrêmement dangereuses. Mon chauffeur n'avait pas l'air de s'en inquiéter — pas plus que l'auto-stoppeur que nous avions pris sur le bord de la route. Quant à moi, j'avais de plus en plus peur. La Land Rover avait de plus en plus tendance à déraper. Je voulais bien m'exposer aux balles perdues et aux virus. Mais *un accident de voiture* ? Je demandai plusieurs fois au chauffeur de se servir de la position haute. Il acquiesçait en grognant, et continuait comme avant. Il n'avait jamais beaucoup tenu compte de mon avis, et il n'avait pas l'intention de changer ses habitudes. A la sortie de la petite ville de Bili, il se lança beaucoup trop vite dans une forte descente. La Land Rover dérapa brusquement et fit une embardée si violente qu'elle se mit à tourner comme une toupie. Je voyais défiler les couleurs. Le vert des arbres, le brun de la boue, le rouge de l'argile, comme dans un film en accéléré. Le réservoir de deux cents litres de gasoil, à l'arrière, cognait contre le flanc de l'auto. Tout ce qui n'était pas arrimé volait en tous sens. Je cherchais quelque chose à quoi m'agripper, quand la Land Rover partit à toute vitesse, se coucha dans un hurlement de métal, et fit un tonneau complet.

Quand je pus lever les yeux, je vis le ciel. J'avais été projeté sur le chauffeur. Un hurlement assourdissant éclata derrière moi. C'était notre passager.

J'étais secoué, mais indemne. Je parvins à m'extraire de la voiture. Je tenais à peine debout. Le chauffeur eut encore plus de mal à se remettre sur pied. Mais l'autostoppeur avait eu moins de chance. Il hurlait : « J'ai le cou brisé ! » Même dans l'état d'hébétude où je me trouvais, je savais qu'il exagérait. Les gens qui ont le cou brisé ne sont pas en état de crier. Je m'assurai qu'il pouvait bouger ses quatre membres. Tout allait bien de ce côté-là, mais sa douleur n'était pas feinte. Je l'ai fait s'allonger, puis je l'ai examiné, cherchant d'éventuelles lésions neurologiques. Il semblait souffrir de spasmes musculaires, peut-être provoqués par le « coup du lapin ». A l'en croire, il agonisait. Il était absolument hystérique. J'essayai de le rassurer, toujours en pure perte. Il ne pourrait en tout cas recevoir les soins médicaux appropriés tant que la Land Rover serait bloquée là.

Des villageois se précipitèrent, attirés par le vacarme. Avec leur aide, on remit la Land Rover sur ses roues. Je pouvais prendre la mesure des dégâts. Rien de catastrophique. Une partie de l'avant était enfoncée. Deux vitres étaient déboîtées, mais pas brisées. Je revins à mon autostoppeur, qui n'avait cessé de hurler. Je devais lui immobiliser le cou, puis chercher un endroit où il pourrait s'allonger confortablement. Mais dans l'état où il se trouvait, je ne pouvais pas le déplacer. Bien qu'il n'ait pas perdu conscience, je n'osais pas exclure la possibilité d'une lésion grave. Pour autant que je sache, il pouvait être sur le point de se trancher la moelle épinière. Je fouillai dans ma trousse de secours. J'y trouvai du valium injectable. Je lui fis une piqûre de dix milligrammes, et j'attendis qu'elle fasse de l'effet. Il se détendit peu à peu, finit par s'assoupir. J'en profitai pour lui confectionner une sorte de minerve à l'aide d'une chemise bourrée d'autres vêtements. Je la fixai autour de son cou et sous ses bras. Ceci étant fait, nous pouvions l'étendre sur le siège arrière de la Land Rover. Nous apprîmes qu'il avait des proches parents dans la région, à moins de trente kilomètres de là. Nous avions de la chance — à condition que la Land Rover démarre. Par bonheur, elle démarra. Mais elle avait besoin de réparations. Cela nous fit perdre presque deux jours.

Je parvins finalement à Abumombozi, à cent trente kilomètres au nord de l'épicentre de l'épidémie de Yambuku. Le bruit courait qu'un instituteur qui pouvait être le cas initial pour le Zaïre avait traversé cette ville en voiture, en direction du nord. Je voulais savoir s'il y avait quelque indice d'une épidémie. Je trouvai un médecin. Il me déclara qu'il n'avait pas entendu parler du déclenchement d'une épidémie dans la contrée, mais que de temps en temps certains de ses patients montraient les symptômes de la typhoïde. Etait-ce bien la typhoïde ? C'était précisément le diagnostic initial des médecins à Yambuku, avant qu'ils n'identifient le virus. Est-ce que ce médecin confondait les deux maladies ? Impossible de le savoir. Il n'y avait aucun malade pour le moment, et il n'avait conservé aucune trace biologique des précédents.

Quand je parvins à Yambuku, notre équipe était encore occupée à parcourir la campagne, interroger les villageois et faire des prises de sang, afin de comprendre comment les gens avaient été contaminés. Mes collègues étaient impatients de savoir si j'avais établi un lien entre Yambuku et Nzara. Je dus les décevoir. Je n'avais aucune preuve que les deux épidémies avaient le moindre rapport. « Pour relier ces deux villes, leur expliquai-je, il faut traverser des territoires occupés par quatre ethnies différentes. Et personne n'a aucune raison de le faire. » Mon rapport provoqua quelque scepticisme. Le fait que les deux épidémies aient éclaté presque simultanément semblait plaider en faveur de l'existence d'un lien. Mais je restais convaincu par mes propres conclusions. Trois ans plus tard, on réalisera que j'avais raison.

Je partis pour Bumba, où je passai la nuit à la mission catholique. J'avais l'intention de quitter la ville le lendemain avec le transport militaire de Kinshasa. Vers dix heures du matin, je partis à l'aérodrome. Le fait que l'arrivée de l'avion soit annoncée ne signifiait pas qu'il serait là, bien entendu. Je fus donc très étonné de constater qu'il attendait déjà sur la piste d'envol. Mais je n'étais pas au bout de mes surprises. Une foule se pressait autour de l'appareil. Des femmes, pour la plupart, le visage passé à la craie, criant leur douleur et frappant leur poitrine nue. Une tragédie se déroulait à l'arrière de l'avion. Je m'approchai. On hissait dans l'appareil plusieurs caisses de bois. Je n'en croyais pas mes yeux. Des cercueils. J'allais effectuer mon voyage de retour à Kinshasa au milieu d'une cargaison de cadavres.

— Des victimes d'Ebola ? demandai-je à quelqu'un.

— Ce sont des pilotes, monsieur. Leur hélicoptère s'est écrasé.

L'homme me regarda, en se demandant s'il pouvait en dire plus.

— Le temps était infect, monsieur.

Quelque chose lui dit que l'explication n'était pas suffisante.

— L'hélicoptère est tombé en panne sèche.

— Merci, lui dis-je, puis je tournai les talons.

Mais il n'avait pas fini.

— Ils buvaient, monsieur. En fait, ils étaient complètement saouls.

Plus tard je saurai qu'un de mes collègues, Peter Piot, de l'équipe de Yambuku, aurait dû être à bord de cet hélicoptère. Mais, quand il avait constaté l'état des pilotes, il avait refusé de les accompagner. Par la suite, lorsque nous commençâmes nos recherches sur le sida au

Zaïre, j'appris à mieux le connaître (il dirige actuellement le programme « sida » des Nations unies). Je pense qu'il a souvent dû se remémorer cet épisode.

Il avait fallu plusieurs jours pour localiser l'épave et retrouver les corps, qui étaient dans un état de décomposition avancée. Une odeur épouvantable flottait dans la cabine. J'aurais préféré voyager en meilleure compagnie, sans nul doute. Mais avais-je le choix ? Je me faufilai entre les femmes gémissantes fardées de blanc, et j'embarquai. Aucun moyen d'échapper à cette puanteur. Deux heures de vol ! Comment pourrais-je le supporter ? Il le faudrait bien... Je m'attachai à mon strapontin, et je pris ma place parmi les morts.

Quelques semaines plus tard, une autre cargaison partit pour Kinshasa, d'où elle s'envola à destination d'Atlanta. Il s'agissait d'une collection d'ampoules contenant six cents échantillons de sérum et de sang récoltés chez des habitants de Yambuku et des alentours. Les laboratoires du CDC y chercheraient la présence d'anticorps dirigés contre Ebola. Personne ne pouvait savoir que ces ampoules recelaient un secret. Un secret qui n'avait rien à voir avec Ebola. Tel un génie du mal, il allait rester enfermé dans un congélateur du CDC, parmi des milliers d'autres spécimens, pendant presque dix ans. Ce n'est qu'alors que nous serions capables de crocheter la serrure. Mais il serait trop tard.

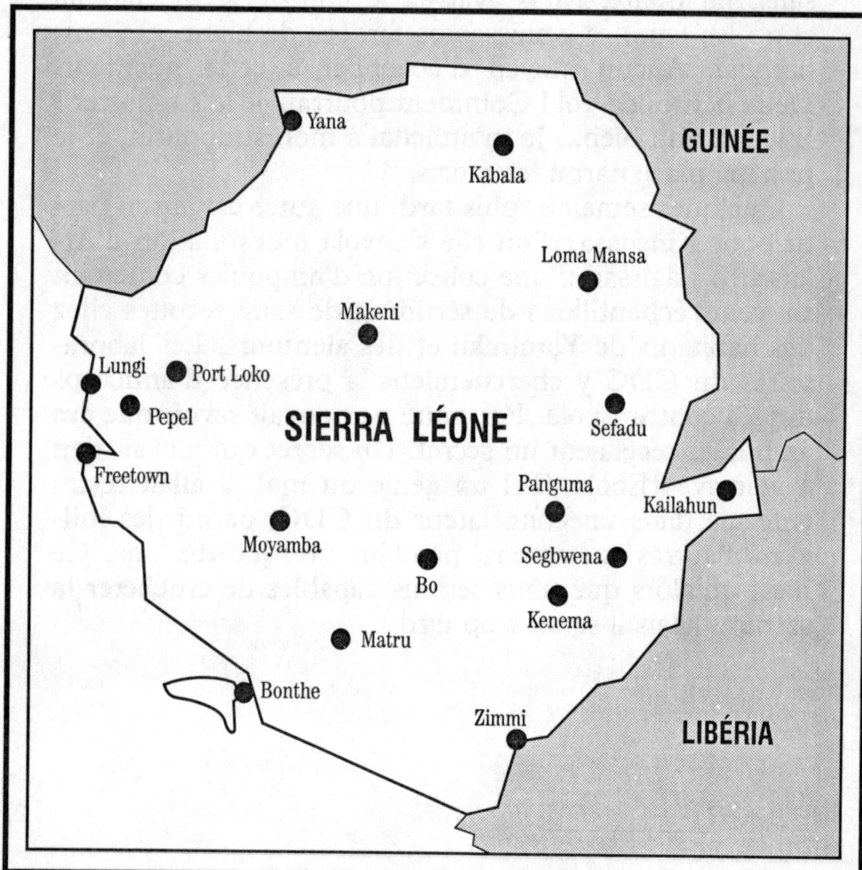
GUINÉE
Yana
Kabala
Loma Mansa
Makeni
Lungi
Port Loko
Pepel
SIERRA LÉONE
Sefadu
Freetown
Panguma
Kailahun
Moyamba
Segbwena
Bo
Kenema
Matru
Bonthe
Zimmi
LIBÉRIA

9

Le Projet Lassa

Dans un pays aussi pauvre que la Sierra Leone, John Kamara était un privilégié, un des *happy few* qui avaient pu poursuivre leurs études dans le plus ancien et le plus prestigieux établissement du pays, le Forah Bay College. Son diplôme en poche, il rentra chez lui, à Segbwema, dans la lointaine et très pauvre province de l'Est. On lui donna un poste de professeur d'histoire et de français à l'école du Saint-Esprit. Ses élèves le tenaient en très haute estime et le considéraient comme un modèle. Il y en avait peu comme lui, dans cette région très pauvrement instruite. Ils se tournaient volontiers vers lui quand ils avaient besoin de conseils. Plus qu'un simple professeur, c'était un ami — un homme capable de participer à leurs matchs de football aussi facilement qu'il éclaircissait les mystères des verbes français.

Malgré un certain embonpoint, John était en pleine forme, et il avait rarement l'occasion de s'inquiéter de sa santé. Il fut donc étonné de s'éveiller au milieu de la nuit, en février 1977, avec une vague sensation de malaise. Sa peau était brûlante et il avait une légère migraine. Ses muscles lui faisaient mal — beaucoup plus qu'après une énergique partie de football. La veille, il avait simplement rendu visite à sa famille, dans un village des environs.

Comme d'habitude, les routes étaient en mauvais état et la journée avait été particulièrement chaude et poussiéreuse. Il en conclut que cette gêne passagère devait venir de la fatigue du voyage. Il se retourna et tenta de retrouver le sommeil.

Le lendemain matin, ça n'allait pas mieux. La tête lui battait, et la douleur musculaire était beaucoup plus intense. Il était persuadé d'avoir de la fièvre. Cette sensation ne lui était pas étrangère. John avait grandi dans un environnement où le paludisme était endémique. C'est à cela qu'il pensa, naturellement. A Segbwema, comme dans presque toute l'Afrique, le paludisme est le premier diagnostic qui vient à l'esprit pour expliquer les poussées de fièvre, les migraines, les douleurs musculaires. C'est vrai même pour des adultes qui devraient être immunisés après avoir été piqués toute leur vie par des moustiques infectés. John envoya un mot à l'école pour prévenir qu'il était malade et qu'il prenait sa journée. Il prit de l'aspirine et quatre tablettes de chloroquine (le traitement normal, à l'époque, contre le paludisme) et se remit au lit. L'après-midi, il se sentit un peu mieux, non sans remarquer que la douleur s'était installée au bas du dos et qu'il avait mal à la gorge.

Le soir, son état empira. La température grimpa, l'angine redoubla, de même que les douleurs qui assaillaient ses muscles. Il se dit que ce n'était peut-être pas le paludisme, après tout. Quelque chose n'allait pas. Le lendemain, la fièvre avait encore monté, les douleurs avaient empiré. John Kamara se rendit en consultation au Nixon Memorial Hospital, à Segbwema. Il fut examiné par le docteur Isabelle King, qui sut immédiatement ce qu'il avait.

C'était la fièvre de Lassa.

A l'issue de l'enquête sur Ebola au Zaïre, en novembre 1976, je suis retourné sur le site du projet que j'avais commencé à organiser à Kenema, en Sierra Leone. Je devais reprendre le travail là où je l'avais laissé. Ma mission consistait principalement à établir un programme à long terme pour étudier la fièvre de Lassa. Mais il fallait d'abord résoudre deux problèmes essentiels. Trouver un logement et installer mon laboratoire. J'examinai le bâtiment que le gouvernement avait mis à ma disposition. J'avais du pain sur la planche. Il fallait avant tout installer le circuit électrique. Le toit fuyait, et il avait grand besoin d'être repeint. Je devais aussi récupérer l'équipement que j'avais fait venir d'Atlanta. Il était arrivé en Sierra Leone, vraisemblablement en bon état, mais il était encore entreposé au port. J'espérais que tout était intact. Moi excepté, personne dans ce pays n'aurait su quoi en faire — mais on ne sait jamais. En Afrique, surtout dans les pays les plus pauvres, il n'est pas un objet qui ne puisse être « recyclé », parfois de manière qui défie l'imagination. Par exemple, les épaves de voitures abandonnées sur le bord des routes sont vite nettoyées, aussi proprement que des carcasses dans le désert. Je devais descendre au port pour surveiller le chargement sur les camionnettes. Quelque chose aurait pu être endommagé ou « oublié » dans l'entrepôt. Au port, on m'assura que tout était en ordre, mais que je n'étais pas autorisé à inspecter la cargaison. Deux jours plus tard, je reçus un message urgent. Les portes des camionnettes que j'avais louées étaient trop étroites pour laisser passer les caisses. Je dus me mettre à la recherche de véhicules ouverts, plus larges, pour transporter mon matériel à Kenema. Ce qui fut fait, au prix de quelques nuits de sommeil.

J'avais le matériel. Pour m'en servir, il me fallait de l'électricité. J'avais acquis une certaine compétence en ce domaine à l'époque où j'étais professeur au Zaïre, mais je n'avais pas le temps de me charger moi-même de ce travail. J'engageai donc un électricien, en me disant que je pourrais le surveiller pour être sûr que le travail soit fait dans les règles. Quand il me déclara qu'il avait terminé, j'inspectai les connexions et le câblage. Cela me semblait parfait. Le grand moment était venu. Est-ce que ça fonctionnait ? Je branchai un microscope sur le secteur... et reçus une décharge de 110 volts. C'était la preuve douloureuse que le courant passait là où il ne devait pas. Je branchai deux ou trois autres petits appareils. Même résultat. Le problème devait se situer à la source. L'électricien m'assura qu'il avait suivi mes instructions à la lettre. Des picotements dans les doigts, je réfléchis.

Flairant un problème à la masse, je jetai un coup d'œil à l'intérieur des boîtes à fusibles. Aucun des fils de terre n'était relié, en effet. L'électricien avait mis le neutre et l'alternatif à leur place, mais il s'était contenté d'entortiller les fils de terre. Je lui expliquai à quoi ils servaient, et ce qu'il fallait en faire. Il se hâta de régler le problème.

Mon labo était plus ou moins en état de fonctionner. Je devais constituer l'équipe qui s'en servirait. J'avais quatre postes à pourvoir. Vu les conditions dans lesquelles nous allions travailler, il ne me fallait pas seulement des professionnels qualifiés. Il fallait qu'ils soient immunisés. Immunisés contre Lassa. J'avais l'intention de me pencher sur le *Mastomys natalensis*, un rat de brousse de taille moyenne, à mi-chemin de la souris et du rat américain ordinaire. Ces rongeurs sont porteurs du virus. Ils sont contaminés à l'état de fœtus et, sans jamais contracter eux-mêmes la maladie, ils excrètent le virus dans leur urine. Le virus se reproduit joyeusement dans le rat pendant toute la vie de ce dernier. Il parvient on ne sait trop comment à esquiver ses réactions immunes. La persistance de l'infection est un des mécanismes dont se servent les virus pour maintenir leur espèce en circulation, où qu'ils soient. Ils peuvent être diaboliquement rusés. Des gens très doués ont consacré leur vie à étudier certains d'entre eux — comme le VIH — sans les percer à jour ni trouver le moyen de soigner ou prévenir l'infection.

A l'époque, la meilleure protection pour qui voulait étudier la maladie était l'anticorps produit lors d'une précédente exposition au virus. Cela n'empêchait pas d'être de nouveau contaminé, mais vous aviez toutes les chances d'en réchapper sans être gravement atteint. Je devais éviter à tout prix que mon escouade antirongeurs ne soit infectée. Ces gens allaient manipuler des rats « chauds » excrétant des virus en quantité. C'est le travail le plus dangereux du monde. La question me préoccupa quelque temps, mais je n'avais pas à m'inquiéter outre mesure. Il n'était pas difficile de trouver des porteurs d'anticorps contre le virus de Lassa. Le problème, c'était que mes futurs collaborateurs devaient posséder des anticorps *et* être compétents. Dans l'est de la Sierra Leone, très peu de gens avaient plus de deux ans d'école derrière eux. Les postulants les plus qualifiés n'avaient pas dépassé le collège, et savaient tout juste lire et écrire. Sauf la fonction publique (où la plupart des postes étaient distribués par copinage), le seul domaine qui offrait du travail était l'agriculture — et personne n'avait besoin d'aller à l'école pour cela... Mon choix était donc limité. Il me fallait aussi des gens qui parlent le mende (la langue de la région) et le krio (la lingua franca la plus largement utilisée). Une partie du travail, enfin, exigeait un minimum de connaissances médicales. Je compris très vite que je ne trouverais personne remplissant toutes ces conditions. Mes premiers efforts pour trouver des médecins aptes à travailler sur le projet se soldèrent par un échec absolu. Rien de surprenant. Il n'y avait aucune école de médecine en Sierra Leone. Les praticiens se divisaient en deux catégories : ceux qui étaient formés en Occident, et ceux qui étaient formés en Union soviétique. Pour autant qu'ils reviennent en Afrique, les premiers ouvraient des cabinets lucratifs à Freetown, ou bien travaillaient pour le gouvernement. Appuis politiques, plan de retraite raisonnable et riche clientèle privée l'après-midi et le soir. Ils s'installaient très rarement à la campagne.

La plupart des médecins formés en URSS, quant à eux, rejoignaient dès leur retour au pays le système de médecine publique. On les envoyait très vite dans les zones rurales. Il fallait en principe accomplir son internat à Freetown avant de partir en province. Mais il semblait que cette expérience ne servait qu'à faire le tri en fonction de leur degré d'incompétence. L'hôpital local était plein de ces médecins incapables, souvent des anciens élèves de l'université Patrice Lumumba de Moscou, où l'endoctrinement idéologique occupait plus de place dans les programmes que les cours d'anatomie. Un pourcentage ahurissant de ces docteurs formés à la russe valaient à peine mieux que des bouchers. Ils exerçaient leur profession sur une clientèle peu méfiante, sans être sérieusement contrôlés. Il ne fallait pas longtemps au paysan le plus illettré pour comprendre qu'il avait intérêt à éviter autant que possible les hôpitaux publics.

La plupart du temps, malheureusement, il n'y avait pas d'alternative. Pour rallier un hôpital sérieux tenu par des missionnaires, un malade devait parfois parcourir des dizaines de kilomètres de routes effroyables dans un *poda-poda* — une de ces petites camionnettes bleues faisant office d'autocar et de camion de transport, toujours bourrées de gens, d'objets et d'animaux serrés comme des sardines.

Malgré l'absence de bons médecins, je reçus une foule de candidatures. A l'échelle de Kenema, je devenais en effet un gros pourvoyeur d'emplois. Le ministère de la Santé me dépêcha plusieurs candidats — un groupe bigarré dont tous les membres (dénués par ailleurs de toute qualification) avaient un proche parent au ministère. On s'attendait à ce que j'engage tous ceux qu'on m'envoyait. Les heureux lauréats étaient supposés distribuer des pourcentages à leurs « parrains ». Je me trouvais dans une situation délicate : je savais qu'il serait impossible de démarrer mon projet sans la coopération du ministère.

Je résolus le problème en recrutant plus de monde que je n'avais besoin. J'en pris quelques-uns parmi les candidats du ministère. Pour le reste, je choisis des gens qui répondaient aux conditions définies. Je les informai que tous seraient soumis à une période d'essai, durant laquelle je me réservais le droit de choisir les plus compétents d'entre eux.

C'est ainsi que mon travail à Kenema débuta par un cours de formation à l'usage de mes nouveaux collaborateurs. Je leur fis faire des exercices, puis je les soumis à des examens pratiques et écrits. A l'issue de ce processus de sélection naturelle, je me suis retrouvé avec un groupe de jeunes gens capables de devenir des techniciens corrects. Ils étaient pour la plupart diplômés de collèges locaux, et n'avaient pas beaucoup d'expérience pratique. C'était sans doute aussi bien. Ils n'avaient pas eu le temps de contracter de mauvaises habitudes. Je leur expliquai leur travail, en commençant au niveau le plus élémentaire.

En dépit de toutes ces difficultés, je finis par dénicher plusieurs collaborateurs talentueux et dévoués, dont quelques-uns resteraient à nos côtés treize ans et plus. John Kande était l'un d'eux.

Il parlait couramment plusieurs langues. Mais c'est surtout sa connaissance du limba, la langue des « cueilleurs » de vin de palme, qui le rendait populaire : elle permettait à l'équipe de disposer chaque soir de sa dose de nectar frais. (Le vin que l'on boit le soir doit avoir été récolté le matin même. Une journée de fermentation lui donne une teneur en alcool suffisante pour animer la soirée. Dès le lendemain, son goût s'altère pour ressembler à celui du fuel.)

Les dons de persuasion de Kande s'étendaient à ses relations avec les chefs locaux et autres notables qu'il fallait convaincre de l'importance de notre projet. Peu d'hommes peuvent trouver du bon vin de palme sans difficultés. Peu d'hommes sont capables de rallier les chefs de village à leur point de vue. John Kande était le seul à posséder ces deux talents. S'il fallait lui trouver un défaut, ce serait sa tendance à se battre à l'issue d'une longue journée de travail suivie d'une soirée de vin de palme. On le jetait en prison, de temps à autre, pour ivresse et désordre sur la voie publique. C'est alors que son aptitude à se faire des amis prenait toute son importance. Sans se démonter, il faisait prévenir un des chefs de village, ou un ancien. Très vite, quelqu'un se matérialisait pour payer sa caution. Cette tâche incombait souvent au directeur du projet « fièvre de Lassa ».

Pendant les années passées sur le Projet Lassa, Kande devint un expert en manipulation d'animaux. Il s'occupait, avec des résultats exceptionnels, d'un élevage de *Mastomys*. Sa réussite majeure fut la construction du décor pour le tournage d'un documentaire consacré au projet en 1989. Comme il est très difficile de filmer les rats dans leur habitat naturel, il injecta une dose minime d'anesthésique à quelques bêtes non porteuses du virus, qu'il lâcha sur le plateau. Les rats jouèrent brillamment leur rôle et l'équipe put tourner des prises remarquables. Mais Kande, emporté par son zèle, avait injecté des overdoses à plusieurs d'entre eux. Titubant entre les restes de nourriture disposés pour les besoins de la mise en scène, ils avaient l'air d'avoir abusé du vin de palme.

Il ne suffisait pas d'engager une équipe. Je devais aussi la loger. Cela n'alla pas sans problèmes, car nous devions surmonter toutes sortes de préjugés à l'égard des étrangers. Dans cette société, il n'y a pas de maisons à louer, car la simple idée d'héberger un étranger pour la nuit (*a fortiori* pour de longues périodes) est inconcevable. Quiconque n'est pas né au village est un étranger, et les villageois se méfient des étrangers — qui peuvent introduire dans leur foyer des maux innommables. Pourquoi quitterait-on sa propre maison, disent-ils, sinon pour accomplir quelque projet malveillant ? Cette façon de penser, bien entendu, est antérieure à l'exode rural et aux migrations massives en direction des villes. L'attitude vis-à-vis des étrangers s'est considérablement modifiée quand le monde moderne fondé sur le commerce et la mobilité du travail a envahi les recoins les plus éloignés de l'Afrique.

Mais en 1976, les zones du nord de Kenema, où les mines de diamants sont nombreuses, faisaient exception à la règle. On y trouvait des étrangers à foison, venus avec l'espoir de s'enrichir. Les diamants constituent une des rares ressources naturelles de la Sierra Leone et, bien que l'exploitation des mines fût presque exclusivement contrôlée par l'Etat, le commerce attirait les gens qui cherchaient à faire fortune. Ils venaient de toute la Sierra Leone, mais aussi de l'étranger. Des villages naissaient du jour au lendemain. Il suffisait d'une rumeur. « Untel a trouvé un diamant sur le chemin en se promenant dans la brousse. » Un peu plus tard, la zone était dépouillée de ses arbres. Là où il y avait eu une forêt, il ne restait que de grands puits ouverts et des buttes de boue argileuse rouge. Les hommes se tenaient dans l'eau jusqu'à la taille, vêtus de simples pagnes, le corps luisant de sueur, creusant et tamisant dans de grands éclaboussements, âpres au gain. Quelques-uns parvenaient à s'enrichir, mais les diamants finissaient le plus souvent entre les mains des Libanais qui contrôlaient l'essentiel du commerce viable de la région. Ils achetaient autant de diamants qu'ils pouvaient. La plupart des pierres précieuses étaient probablement exportées en fraude.

Mais les villages pouvaient dépérir aussi vite qu'ils étaient apparus. Un bourg se vidait totalement si l'on trouvait un seul diamant au hameau voisin. Ces brusques mouvements de population allaient gêner notre travail sur le terrain quand nous allions tenter de déchiffrer le mouvement de propagation du virus de Lassa. Mais nous n'avions pas affaire à un peuple obsédé par la perspective d'une richesse immédiate. Ces gens souhaitaient simplement être un peu soulagés de leur terrible misère. Rien de tel que l'espoir de gagner quelque argent pour vaincre les préjugés, y compris celui qui empêche d'héberger des étrangers. Il nous a suffi de faire savoir que nous étions prêts à payer des loyers. Quantité de chambres se trouvèrent immédiatement disponibles.

Quand j'eus la certitude que mon équipe était aussi prête que possible, je décidai de lancer officiellement le programme de surveillance de Lassa. Nous étions au début de février 1977. J'étais rentré du Zaïre depuis exactement quatre mois. Mes recrues, avec deux mois d'entraînement, allaient pouvoir affronter de vrais problèmes, de vrais patients. La vraie fièvre de Lassa. Et ils ne manqueraient pas de patients. La fièvre, dans les environs, était omniprésente.

Nous nous attendions à avoir du travail. Pas à en être submergés. Pendant le premier mois, nous avons examiné près de trente patients. A l'époque, j'ignorais encore que Lassa atteint son niveau record durant la saison sèche, en janvier et février. Neuf de ces trente personnes moururent. Pour mes nouveaux collaborateurs, la formation était rude et efficace.

Le dispositif que nous avions mis en place devait nous

permettre de tester nos nouvelles installations et de mesurer la fiabilité de notre banque de données. Nous avions choisi deux établissements que Karl Johnson et moi avions visités, le Nixon Memorial Hospital de Segbwema, et l'hôpital de Panguma. Nous nous proposions d'examiner les patients soupçonnés d'avoir été exposés à Lassa. Les deux hôpitaux étaient administrés par des missions, et étaient considérés comme les meilleurs de la région. Et les villes où ils se trouvaient étaient des foyers de Lassa. Notre but était de mieux comprendre la diversité des signes et des symptômes associés à cette fièvre. Formé pour arracher aux malades des récits circonstanciels, notre personnel avait pour instruction d'enregistrer les migraines, les douleurs musculaires, les angines, etc. Ils s'assuraient que le docteur prenait la température du patient et cherchait les yeux injectés de sang et les saignements aux gencives. Ils cherchaient dans l'urine une présence éventuelle de protéines et de sang. Ils prélevaient des échantillons sanguins qu'ils apportaient à mon laboratoire électrifié et repeint à neuf, et nous nous mettions en quête des anticorps, à l'aide des réactifs que j'avais fait venir du CDC. Nous recommencions des dizaines de fois. Avec la centrifugeuse, nous séparions le sérum jaune du sang. Nous le mélangions avec les réactifs. Et nous observions ce qui se trouvait sous le microscope.

Positif, positif, positif.

On eût dit que nous avions tiré le gros lot. Tous les membres de l'équipe étaient en alerte. Non seulement ils savaient qu'ils avaient intérêt à faire du bon travail, parce que leur avenir sur le projet était en jeu, mais ils étaient emportés par l'excitation du travail. En outre, ils comprirent qu'ils participaient réellement à quelque chose qui comptait. Plus on creusait les histoires de Lassa, plus on rencontrait de tragédies. Mères, pères, enfants emportés par la maladie. Nous allions avoir du travail, en effet.

A l'hôpital de Panguma, la plupart des patients contaminés venaient des mines de diamants. Les religieuses et le personnel laïc étaient dévoués, mais avec la fièvre de

Lassa, le dévouement ne suffit pas. Ils installaient sans vergogne les malades atteints de fièvres infectieuses à côté des autres patients. Il n'y avait pas d'emplacement prévu pour la destruction des aiguilles contaminées. Le désinfectant était rare. Personne ne se donnait la peine de porter des gants, même pour manier des spécimens dangereux. Et les salles communes étaient pleines de malades touchés par Lassa. Nous entreprîmes de convaincre le personnel soignant qu'il serait prudent d'ajouter à leur foi un peu d'eau de Javel fraîche.

Avec l'aide des sœurs, on installa un système d'isolement de fortune. Dans ces régions perdues, il est inutile de parler de systèmes d'aération et de masques respiratoires. Le seul courant d'air que vous pouvez obtenir est celui d'une fenêtre ouverte. Dans une culture qui affectionne les masques rituels, les respirateurs vous donnent l'air d'un démon du mal, ce qui n'est pas sans conséquences désagréables. Même les religieuses irlandaises avaient du mal à admettre la pertinence de nos conseils. Elles étaient tellement submergées par le paludisme, la mortalité infantile, les diarrhées et l'anémie, qu'elles pensaient que l'importance de Lassa était largement exagérée. Il fallut les détromper. Nous découvrîmes que près de 30 % des adultes admis à l'hôpital étaient atteints de cette fièvre. Cette dernière était la première cause de décès chez les adultes. En outre, Panguma avait été le théâtre d'une épidémie qui avait tué des membres de son personnel. Mais les gens ont la mémoire courte, et le personnel étranger est souvent renouvelé. L'hôpital était très loin de disposer d'un nombre suffisant de chambres séparées pour les malades de Lassa. Il nous fallut donc trouver un moyen de les laisser dans les salles communes sans trop exposer les autres patients et le personnel. La solution était simple. Nous avons monté des paravents de toile sur des cadres métalliques à roulettes qui pouvaient être déplacés à la demande. Ils n'arrêtaient pas les virus, bien sûr, mais leur simple présence rappelait à tous, et à tout moment, que la maladie était contagieuse. « Au-delà de ce point : Danger ! »

Nous avons placé une table au pied du lit de chaque

malade de Lassa. On y trouvait un assortiment de masques chirurgicaux et plusieurs paires de gants propres en caoutchouc ou en polyvinyle, ainsi qu'un bol d'eau de Javel. (L'eau de Javel de ménage ordinaire, qui servait à décontaminer les gants et les masques après usage, était un des seuls produits que nous pouvions nous procurer au marché local. Dilué en solution aqueuse à 10 %, c'est un excellent désinfectant.) Après trempage, les gants étaient lavés, puis on les faisait sécher au soleil. Les gants à jeter étaient un luxe inabordable pour ces hôpitaux. En revanche, la main-d'œuvre était bon marché. On engagea donc quelqu'un pour nettoyer les gants. Tant qu'ils n'étaient pas percés, ceux-ci pouvaient servir jusqu'à huit ou dix fois. Grâce à leur fil à linge où séchaient en permanence de nombreuses paires de gants, nos sites étaient repérables de loin. Durant des années, dans diverses circonstances, nous avons maintes fois employé cette technique simple et sans risque. Elle sera même ajoutée aux recommandations de l'OMS pour tous ceux qui travaillent sur les fièvres hémorragiques africaines, et, plus tard, pour ceux qui manipuleront le VIH dans des circonstances similaires.

Par contraste avec l'hôpital de Panguma, avec ses grandes salles spacieuses et bien éclairées, il régnait dans le vieux Nixon Memorial Hospital de Segbwema une atmosphère lugubre et oppressante. L'éclairage était minable, les murs uniformément gris, les sanitaires laissaient à désirer, et l'on y manquait souvent d'eau. L'établissement était envahi par l'odeur des excréments et de l'urine. Comme à Panguma, les salles étaient organisées en fonction de deux critères : le sexe des patients, et la raison de leur présence (médicale ou chirurgicale). Il y avait en outre une salle d'obstétrique et une salle de pédiatrie. Aucun médecin spécialiste, mais l'établissement était le plus important service médical de la région et desservait tous les villages situés dans un rayon de quarante kilomètres. Comme Panguma, le Nixon Memorial ne disposait que de deux chambres séparées — une pour les hommes, une pour les femmes — où l'on pouvait isoler les patients atteints de maladies contagieuses. Mais il y avait trop de cas infectieux pour tenir dans une seule chambre. Une fois de plus, nos paravents de fortune résolurent le problème.

Notre projet ne se limitait pas à contrôler la fréquence de Lassa et à prendre des mesures préventives. Nous devions aussi essayer d'éliminer la source du virus. C'est dans ce but que nous avons constitué notre « patrouille rongeurs ». Outre John Kande, elle comprenait le spécialiste des mammifères John Krebs. Ce dernier, sous la direction d'un homme que j'appellerai Adam Sherrington, était venu des Etats-Unis avec une bourse du NIH. Une rumeur prétendait que la femme d'Adam l'avait quitté pour un hippie, quelques années plus tôt, et que c'était pour cette raison qu'il détestait John Krebs (qui avait, en effet, tous les attributs du hippie). Il aimait prendre des risques, et était impatient de percer les secrets d'un rongeur qu'il connaissait encore très mal. Sur le terrain, il s'épanouissait vraiment — disparaissant pendant des jours pour capturer des rongeurs et y chercher le virus. Son travail était crucial pour nous aider à comprendre les principes qui régissent le monde des rongeurs, surtout lorsqu'il s'agissait des interactions entre le rat et l'homme. Ses recherches lui permirent d'élaborer un scénario crédible de la circulation du virus de Lassa au sein de la population des rats. Ses activités le rendront célèbre au point qu'on le surnommera Docteur Arrata — *le docteur des rats*, en krio.

Malgré son talent, John avait beaucoup de mal à convaincre Adam de la justesse de ses résultats. De fait, l'antipathie de ce dernier à son égard prenait la tournure d'une vendetta. Il lui envoyait sans cesse des notes où il lui reprochait son incompétence et sa malhonnêteté. Pour avoir travaillé quotidiennement avec John, je savais qu'aucune de ces accusations ne se justifiait. En fait, je n'ai jamais connu quelqu'un de plus attentif à vérifier ses données. J'ai compris ce qui se passait le jour où j'ai appris qu'Adam n'avait pas réussi à faire publier les conclusions de ses propres recherches. Cela, plus sa rancune personnelle à l'égard de John, rendait son attitude plus compréhensible. Mais guère excusable. Après tout, des vies humaines étaient en jeu.

Les problèmes internes n'étaient pas les seuls obstacles. Il fallait aussi tenir compte des coutumes locales. Avant de poser ses pièges, l'équipe rongeurs devait toujours consulter les résidents d'un village et leur expliquer la raison d'être du programme. Le rôle de porte-parole incombait à John Krebs, qui emmenait généralement l'autre John — Kande — pour l'assister. Toujours persuasif, ce dernier démontrait aux villageois que, puisque des gens qui leur proposaient de les débarrasser de quelques rats ne pouvaient être que des fous, mieux valait les laisser faire...

Cette étude devait nous apprendre trois choses. Un, quelles espèces de rongeurs étaient les plus répandues dans le village considéré. Deux, combien de rongeurs avaient élu domicile dans chacune des maisons. Trois, combien portaient réellement le virus de Lassa. On commençait par assigner un numéro à chaque maison du village, dont on dressait une carte détaillée. Cela fait, on posait une grille sur la carte, et John choisissait un certain nombre de maisons de manière aléatoire. Le jour prévu, l'équipe faisait son apparition au village, dans une camionnette japonaise jaune immédiatement identifiable. Le symbole de Lassa — l'image superposée d'un virus et d'un rat, à l'intérieur de laquelle on voyait une carte de l'Afrique en miniature — était peint sur la carrosserie. Tout le monde, à des kilomètres à la ronde, connaissait ce logo. Des années plus tard, lorsque nous traverserons les villages, les gens chanteront « Lassa fiva, no good-o [1] »... Les paroles sont celles d'un air populaire que notre équipe pédagogique parviendra à hisser au hit-parade national de la Sierra Leone.

Le groupe cherchait un endroit en bordure du village où il pouvait installer son campement, comprenant le camion et deux tentes (l'une pour l'usage du personnel, l'autre pour y traiter des rats captifs). Les techniciens

1. « Fièv' de Lassa, pas bon ! »

posaient les pièges dans les maisons désignées. Il y en avait deux sortes : les uns tuaient leur victime, les autres la gardaient en vie, ce qui nous permettrait de l'étudier. On en posait en moyenne dix par maison, en fonction du nombre de pièces. Le lendemain matin, à la première heure, l'équipe faisait le tour des maisons. Les rats morts étaient dûment inscrits dans la banque de données, et l'on plaçait les cadavres dans un sac avant de les brûler. On relevait aussi les pièges où se trouvaient des bêtes vivantes. Ils étaient conçus pour être reliés à un sachet de plastique. Lorsque le collecteur libérait le mécanisme, le rat bondissait, persuadé de recouvrer la liberté. A tort : il se retrouvait enfermé dans le sachet, avec pour toute compagnie un morceau de coton imbibé d'anesthésique. Une fois qu'il était endormi, on lui prélevait du sang à l'aide d'une pipette. On analysait son sang, afin d'y repérer la présence éventuelle d'anticorps, voire du virus lui-même. On identifiait l'espèce à laquelle il appartenait, puis on le tuait et on le disséquait. On conservait parfois ses organes pour essayer d'isoler un virus. Toutes les informations fournies par les analyses étaient enregistrées dans une banque de données informatique.

Pour comprendre comment les rats transmettaient le virus, il nous fallut mener une autre étude. Nous devions comparer les rats capturés chez des personnes contaminées à ceux qui venaient des autres maisons. Nous voulions savoir si le fait de capturer des rats diminuait le nombre d'infections dans une maison donnée. Cette étude était menée par Dick Keenleyside, un médecin anglais travaillant avec le CDC. Ce chercheur était torturé par un curieux handicap : une terreur obsessionnelle d'être lui-même infecté. Chaque soir, en rentrant au labo, il se plaignait de maux de gorge. Sa peur n'était pas totalement dénuée de fondement. Après tout, il travaillait en contact étroit avec l'équipe rongeurs. Mais les chasseurs de virus — pas plus que les chasseurs de rats — ne pouvaient pas s'offrir le luxe d'une phobie. Dick vécut en tout cas une mésaventure amusante, à l'aéroport de Londres, alors qu'il retournait aux Etats-Unis.

Il se fit qu'il parla à quelqu'un, dans l'avion, de son

travail sur le projet et de la fièvre de Lassa. Mais il avait mal choisi son confident. A peine avait-il passé la douane qu'il fut arrêté par les officiers — vigilants, un peu paranoïaques et habituellement ignares — des services d'immigration britanniques. Ils décrétèrent qu'il devait être placé en quarantaine à Coppett's Wood. Ce vieil hôpital spécialisé dans les fièvres, au nord-est de Londres, possédait un isolateur réservé aux patients soupçonnés d'être porteurs de fièvres exotiques. Il s'agissait d'un énorme sac de plastique peu commode à manipuler, qui formait au-dessus du lit une tente hermétique. Dans le cas de Dick, un tel dispositif était parfaitement inutile, puisque Lassa — à l'instar de la plupart des fièvres hémorragiques — ne se transmet pas par l'atmosphère. Mais les Anglais, qui avaient eu beaucoup de mal à l'installer et l'avaient payé fort cher, voulaient absolument s'en servir. (Bon nombre d'infortunés passagers se posant à Londres en provenance d'Afrique, avec un mal de crâne et un soupçon de fièvre, se retrouvaient emprisonnés de la sorte.) Dick protesta vigoureusement, et supplia ses geôliers de le laisser contacter le CDC. Il tenta de les convaincre qu'il n'était pas malade. Même la menace de faire une demande d'habeas corpus resta sans effet. L'habeas corpus est une des lois sacrées du droit britannique... Mais pas pour les fonctionnaires de la Santé. Il fallut que le service des quarantaines du CDC persuade son homologue anglais que Dick ne présentait aucun risque pour les îles Britanniques, avant qu'on l'autorise à poursuivre sa route. Il eut de la chance. Les Africains n'étaient pas les seuls à se montrer superstitieux et « déraisonnables » en face d'une maladie virale.

Mais il n'y avait pas que Lassa pour nous poser des problèmes. La politique allait s'en mêler, comme partout où nous allons. La plupart des tensions politiques de la Sierra Leone découlaient d'une vieille querelle entre les deux tribus les plus importantes, les Mende (est et sud du pays) et les Temne (nord et ouest). Comme les deux principaux partis appuyaient leur pouvoir respectif sur ces tribus, les conflits ethniques avaient toutes les apparences de disputes politiques. Des élections générales s'étaient déroulées fin 1976 et début 1977. Mais Siaka Stevens, chef du parti d'obédience temne, l'APC[1], était parvenu à truquer le scrutin, dont il s'était proclamé le grand vainqueur. Il se mit en tête de destituer le président en titre. Ce coup d'Etat entraîna en divers endroits du pays une série d'escarmouches qui se transformèrent parfois en batailles rangées. Plusieurs de ces affrontements eurent lieu à Kenema et à Bo, les capitales des provinces de l'Est et du Sud.

A Kenema, qui comptait à l'époque près de 25 000 habitants, un accrochage fit douze morts. La ville se trouvait dans le pays mende. On imposa dans toute la province un couvre-feu qui nous affecta directement. Nous n'avions pas le droit de rester hors de la ville après six heures du soir. Comme c'était prévisible, le couvre-feu ne parvint qu'à exacerber l'animosité populaire à l'égard du gouvernement dominé par les Temne, surtout dans les provinces restées fidèles au parti d'opposition. Pour nous, ce fut une véritable calamité. Il fut instauré au moment où notre projet démarrait, et dura quatre ou cinq mois. Comme nous commencions à peine à être connus dans la province, nous étions souvent importunés, à des points de contrôle, par des hommes en uniforme. Ce pouvaient être des militaires, ou des membres de milices paramilitaires, ou bien des hommes sans affectation précise. Il n'était pas rare de tomber sur un soldat armé jusqu'aux dents et complètement ivre, qui s'inquiétait moins de la loi ou de la politique que de la somme qu'il allait extorquer au chauffeur et à ses passagers. Quiconque possédait une arme profitait du désordre pour exploiter la situation à son avantage.

A chaque fois que je prenais la route pour me rendre à l'un de nos hôpitaux, le Nixon Memorial ou Panguma, je devais être sûr d'être de retour à Kenema avant six heures. Comme les hôpitaux se trouvaient à quarante kilomètres et que je partais toujours à la dernière minute,

1. *All People's Congress.*

cela me valut quelques voyages épouvantables sur des routes en « tôle ondulée » agrémentées de milliers de nids-de-poule. Il était impossible de couvrir une telle distance en moins d'une ou deux heures de voiture. Nous nous demandions toujours si nous n'allions pas tomber sur un soldat assez imbibé de vin de palme pour nous tirer dessus. Nous eûmes assez de chance pour qu'aucun des membres du projet ne soit agressé. Mais il arriva de temps en temps qu'on arrête certains d'entre eux, sans qu'ils aient rien fait de mal. On pouvait arrêter quelqu'un sous des prétextes dérisoires, ou sans aucun prétexte du tout. On pouvait le prendre pour quelqu'un d'autre. Ou bien il exprimait son mécontentement quand il se faisait arrêter, au risque de provoquer une réaction violente. Lorsque cela se produisait, nous devions trouver les personnes aptes à négocier la libération de notre collègue.

Le pays finit par sortir de l'impasse où il s'était enfermé. Par la violence. Au lendemain d'une violente bataille entre les forces temne et mende, à Bo, qui fit plus de trois cents morts (Mende pour la plupart), on trouva un compromis. Comme le président appartenait à une minorité ethnique (alliée aux Temne), il fut décidé qu'on désignerait deux vice-présidents, un Mende et un Temne. Dès que l'accord fut conclu, le couvre-feu fut levé. Mais la fin de la crise politique n'amena pas la disparition des barrages routiers. En fait, ils restèrent jusqu'à la fin de notre séjour une source permanente de tracas. Il était impossible de deviner où l'on serait arrêté. Les barrages, désormais partie intégrante de la tradition locale, n'étaient jamais à la même heure au même endroit. Quelque commandant pouvait avoir décidé d'en établir tel ou tel jour, ou peut-être était-ce l'initiative d'un individu qui ne voyait pas pourquoi il devrait consulter qui que ce fût. En fait, l'établissement de barrages routiers devint un véritable sport national, ouvert à tous et à tous les âges. On rencontrait souvent un groupe de gamins misérables autour d'un barrage de fortune consistant en un simple trou creusé au milieu de la route. La terre qu'ils en avaient extraite était entassée à deux pas de là. Quand vous vous arrêtiez, les enfants se dirigeaient vers vous et vous demandaient de l'argent pour « réparer la route ». C'est ainsi que la Sierra Leone éduquait ses enfants.

10

Du recensement et des centrifugeuses

Pour mesurer l'implantation de la fièvre de Lassa dans la zone des villages, nous avions besoin d'un recensement précis de la population. En d'autres termes, nous ne pouvions calculer le pourcentage d'habitants contaminés sans en connaître le nombre total. Habituellement, ces informations sont disponibles aux services de l'état civil. Mais, dans la Sierra Leone orientale, personne n'avait organisé de recensement depuis le départ des Britanniques, vingt ans plus tôt. Nous avons dû faire le nôtre. Cela consistait à passer d'une maison à l'autre, dans les villages où nous opérions, et à relever le nombre, l'âge et le sexe des habitants. La plupart des maisons se constituaient de trois ou quatre pièces aux murs et aux sols de torchis. Le roseau et le chaume traditionnels des toits étaient remplacés par la tôle ondulée (un de ces cadeaux douteux de l'homme blanc à l'Afrique).

Nous savions que les maisons étaient surpeuplées. Mais nous n'étions pas préparés à ce que nous allions découvrir. Dans les villages proches des mines de diamants en activité, chaque habitation pouvait abriter quarante ou cinquante personnes. Ce n'était possible que parce que les mineurs travaillaient en équipes. Lorsque les uns se trouvaient à la mine, les autres dormaient, alignés sur toute la largeur de la maison. Les équipes se relayant toutes les douze heures, les maisons étaient occupées vingt-quatre heures sur vingt-quatre. C'était tout à fait différent de la vie quotidienne des paysans pauvres, dont la maison restait vide toute la journée, pendant les travaux des champs. On s'en doute, ces comportements avaient des incidences totalement différentes sur le taux de contamination par la fièvre de Lassa. Il était beaucoup plus élevé dans les villages de mineurs.

Jusqu'à quel point ? Difficile à dire. Etudier les habitants de ces villages était un cauchemar de sociologue. A chaque fois qu'un mineur retournait dans son village d'origine, ses rêves de fortune anéantis par la dure réalité de l'expérience, un nouveau venu prenait sa place. Les calculs nous montrèrent que la population d'un village pouvait doubler (ou baisser de moitié) en quelques semaines. On trouva quelques beaux diamants dans un village voisin de Segbwema, dont la population passa du jour au lendemain de 2 500 à 5 000 âmes. Les mineurs creusèrent le sol meuble avec une telle frénésie qu'une galerie s'effondra. Quinze à vingt personnes y laissèrent leur vie. Le bilan précis ne fut jamais établi, car on ne retrouva pas tous les corps. De plus, bon nombre de mineurs étant entrés clandestinement dans le pays, aucun parent ne venait s'enquérir de leur sort. Au lendemain de la catastrophe, le village se dépeupla à nouveau. Les gens étaient convaincus que quelqu'un avait jeté un mauvais sort sur les environs.

Etudier l'incidence de Lassa était une chose. Mais que faire des gens contaminés ? Chaque jour, nous devions faire face à cette question. Nous répertorions les patients l'un après l'autre, et ils nous imploraient de les aider. Nous étions de plus en plus désespérés par notre impuissance.

C'est alors que nous sommes tombés sur John Kamara, l'aimable professeur de Segbwema. Après l'avoir examiné, nous lui avons administré le traitement habituel : drogues pour faire baisser la fièvre et perfusions pour l'empêcher de se déshydrater. Il était en proie à des douleurs terribles. Il ne pouvait plus déglutir.

Aucune position ne lui apportait le confort, et il avait perdu le sommeil. Le huitième jour, son cou et son visage commencèrent à enfler. C'était un spectacle horrible. L'œdème des tissus conjonctifs cutanés provoque des gonflements au point de rendre le patient méconnaissable. John était toujours capable de répondre à nos questions, mais ses réponses étaient souvent déplacées. Il présentait une encéphalopathie — son cerveau était touché. Nous savons aujourd'hui que ce symptôme terrible annonce toujours les convulsions et la mort. Mais à l'époque, nous n'avions pas conscience de son caractère inéluctable.

Sa femme est restée à ses côtés durant toute sa maladie. Il était impossible de savoir si elle était elle-même contaminée, mais nous nous assurions qu'elle portait une blouse et des gants, comme les membres de notre personnel. Elle était affolée, naturellement. Nous faisions de notre mieux pour la rassurer, sans parvenir à la calmer. Elle voyait le visage de son mari. Elle comprenait ce qui se passait. Elle voyait la peur dans ses yeux. Elle nous suppliait de faire quelque chose. N'importe quoi.

A notre connaissance, un seul traitement pouvait être efficace. Peut-être aurait-il de l'effet sur John Kamara.

C'était pour pouvoir administrer le traitement par le plasma que j'avais récupéré les grandes centrifugeuses au CDC. J'avais eu beaucoup de mal à les faire venir en Sierra Leone puis, par la route, jusqu'au nord du pays. Le traitement consistait à prendre du sang à un patient qui avait survécu à la fièvre de Lassa, puis à séparer les globules rouges (qu'on réinjectait au donneur). Il fallait ensuite recueillir le plasma contenant les anticorps et l'injecter dans les veines du patient. Ce traitement au sérum immun se fondait sur le succès d'une thérapie testée sur les victimes d'une fièvre hémorragique d'Amérique du Sud. Le virus de Junin (qu'on n'a jamais vu ailleurs qu'en Argentine) est lui aussi véhiculé par les rats. Le taux de mortalité de la maladie qu'il entraîne est élevé, et la maladie est assez semblable à la fièvre de Lassa. Le plus important, c'est que Junin est un arénavirus, donc un proche cousin de Lassa. Si le traitement agit sur Junin, pensions-nous, pourquoi pas sur Lassa ?

La séparation du plasma posa un grave problème. Au moment des essais, je m'aperçus que le câblage des centrifugeuses n'était pas correct. Je m'en voulus de ne pas l'avoir vérifié avant de quitter Atlanta — mais pourquoi l'aurais-je fait ? — et de n'avoir pas pris le temps de le faire par la suite. Où allais-je pouvoir trouver, en Sierra Leone, quelqu'un qui sache se servir d'une centrifugeuse à plasma — et *a fortiori* qui soit capable de la réparer ? Je ne m'étais pas attendu à rencontrer, dès le premier mois, autant de malades de Lassa. Nous pensions nous mouiller les pieds, et nous nous trouvions brusquement noyés sous une chute d'eau.

Je me trouvais donc dans une situation terrible. Sans plasma, j'étais incapable d'administrer notre traitement. Est-ce que j'allais devoir rester là, les bras croisés, à regarder mourir John Kamara ?

Cette tragédie personnelle me donna un coup de fouet. Si je voulais faire impression, je devais agir, et le faire en contact plus étroit avec les patients. J'avais établi notre quartier général à Kenema parce que l'endroit se trouvait à mi-chemin des deux principaux hôpitaux de la région (celui de Panguma et le Nixon Memorial), et parce qu'il était accessible par la route de Freetown. Je devais mettre sur pied un système qui permettrait aux laboratoires des hôpitaux de travailler sur la fièvre de Lassa. De cette façon, je serais sûr qu'une partie au moins du travail fondamental serait effectuée sur place. Mais avant de faire quoi que ce soit à Panguma ou à Nixon, je devais faire fonctionner les centrifugeuses.

Je découvris que le technicien qui les avait câblées pour l'alimentation en 220 volts avait omis d'insérer le minuteur dans le circuit. Or, le système était conçu pour ne démarrer que lorsqu'on enclenchait le minuteur. Pas de minuteur, pas d'action. Il me fallut une journée pour comprendre le problème, et encore une pour réparer les appareils. Je ne pouvais pas faire venir un électricien. L'électricien de service, c'était moi.

L'épreuve suivante consistait à transporter une de ces

vieilles centrifugeuses à chacun des deux hôpitaux. Chacune pesait près de trois cents kilos, et nous ne disposions d'aucun véhicule capable de les porter. En outre, elles étaient réfrigérées. Il fallait que les compresseurs soient attachés assez solidement pour que les tubes de cuivre qui les reliaient aux serpentins de refroidissement ne risquent pas de se briser. Si les tubes cassaient, les fluocarbures s'échapperaient. Non seulement cela contaminerait l'atmosphère, mais le système de réfrigération serait hors d'usage. On se mit à la recherche de véhicules assez solides pour emporter notre précieuse cargaison sur les routes en tôle ondulée... Une fois qu'on eut trouvé les camions, et au prix de beaucoup d'huile de coude, nous parvînmes à y hisser nos appareils. Nous les attachâmes simplement avec des cordes, en assujettissant les compresseurs le mieux possible, et nous les emportâmes à Panguma et au Nixon Memorial. Nous n'avions plus qu'à croiser les doigts.

Les appareils arrivèrent enfin à destination, mais nous n'étions pas au bout de nos peines. La centrifugeuse du Nixon Memorial refusait de refroidir. Ce fut le pire de mes cauchemars. Il n'y avait aucun spécialiste en réfrigération dans les environs de Segbwema — même s'il y en avait eu, il n'aurait eu aucune expérience des centrifugeuses.

Avant mon départ du CDC, un technicien m'avait expliqué comment réparer un réfrigérateur et recharger le liquide refroidisseur. En espérant que le principe était le même pour le frigo et une centrifugeuse, je démontai l'appareil une fois de plus. Je découvris que les tubes de cuivre du compresseur étaient brisés à l'entrée des serpentins. Il fallait les découper, les remettre en forme, les replacer au bon endroit. Puis expulser l'air du compresseur, à l'aide de la pompe à vide du laboratoire. Il fallut plusieurs heures pour baisser la pression et relier le bidon de liquide refroidisseur pour recharger les serpentins. Tout *semblait* en ordre. Mais je ne savais pas encore si la température descendrait assez bas pour refroidir la centrifugeuse. J'attendis. Quand je vis le givre se former à l'intérieur du tube, je sautai de joie. Nous allions pouvoir commencer. Question suivante : est-ce que le plasma agirait ?

Les centrifugeuses fonctionnaient. Nous devions régler le problème des communications et celui de l'approvisionnement. Nous n'avions pas de téléphone en état de fonctionner, et le système électrique était si fantasque que nous devions nous reposer sur une génératrice de secours. Si nous voulions de l'électricité, nous devions la produire nous-mêmes. Si nous voulions communiquer, nous devions tourner la manivelle de notre radio à ondes courtes. Les laboratoires de Panguma et de Segbwema avaient tout juste assez d'électricité pour s'alimenter quelques heures par jour. La salle d'opération avait priorité, de sorte que les labos devaient souvent se passer d'une alimentation minimale. En outre, les génératrices avaient tendance à tomber en panne et les pièces de rechange n'étaient pas facilement disponibles, c'est le moins qu'on puisse dire. En empruntant à gauche et à droite, je parvins à rassembler assez d'argent pour acheter une petite génératrice Honda pour chacun de nos labos. En matière d'énergie, rien ne vaut l'autonomie.

La ligne de transport fut plus difficile à établir. Normalement, nous comptions sur l'ambassade des Etats-Unis à Freetown pour faciliter le transport des fournitures et de l'équipement depuis le CDC, et faire en sorte que le matériel passe la douane et soit transporté sans anicroche vers le nord du pays. Parmi les produits les plus importants, il y avait les réactifs nécessaires pour diagnostiquer la fièvre de Lassa. Le premier envoi du CDC parvint à Dakar, au Sénégal, sur un vol de la Pan Am. Et il disparut à jamais, quelque part dans cette ville. C'est la seule fois que cela nous arriva. Nous avons retenu la leçon. Il nous fallait une route plus fiable. La KLM avait un vol hebdomadaire, le jeudi soir, pour l'aéroport de Lungi, au nord de Freetown — de l'autre côté de l'estuaire, au milieu des mangroves. La compagnie hollandaise accepta d'acheminer notre matériel d'Atlanta (où elle avait un service quotidien) via Amsterdam, et de remporter nos échantillons de Freetown à Atlanta, par le même chemin. Nous n'avions aucune possibilité d'isoler le virus sur place. Ce travail nécessite des cultures de cellules qui exigent elles-mêmes des conditions d'exécution parfaitement stériles. Certes, on pouvait manipuler des échantillons cliniques contenant du virus sur une paillasse en plein air. Les faire se développer, à haute concentration, en culture de cellules et dans un laboratoire convenable, n'était possible qu'au CDC.

Quand on travaille sur un virus, l'expérience ultime consiste à l'isoler. Il ne s'agit pas seulement de déceler la présence du virus dans un échantillon de sang ou de tissu. Il faut aussi déterminer en quelle quantité il s'y trouve. Pour dresser la carte de la propagation d'une maladie afin de mieux nous y attaquer, il nous fallait isoler le virus sur plusieurs échantillons par patient. Et il ne suffisait pas de congeler les échantillons dans un congélateur ordinaire et de les expédier dans de banales glacières. Si nous voulions qu'ils « tiennent » jusqu'à Atlanta, il nous fallait de la neige carbonique. Or, il n'y en avait pas à Kenema. Il n'y en avait même pas à Freetown. La source la plus proche était Abidjan, en Côte-d'Ivoire — un peu plus bas sur la côte atlantique. Nous tentâmes d'établir une liaison avec l'ambassade américaine à Abidjan, qui fit du mieux qu'elle put pour nous venir en aide. Mais, à l'arrivée, les deux premières boîtes étaient vides... La neige carbonique s'était totalement sublimée. Il ne restait plus qu'un peu de dioxyde de carbone. Il était clair que la filière ivoirienne ne nous mènerait nulle part.

Nous décidâmes de nous tourner une fois de plus vers nos amis de la KLM, qui se révélèrent aussi efficaces que d'habitude. A condition que nous la leur commandions d'avance, ils pouvaient nous apporter, par le vol du jeudi soir, de la neige carbonique d'Amsterdam. Cela nous donnait le temps d'emballer nos échantillons afin qu'ils soient prêts à être embarqués le lendemain matin vers Atlanta (via Amsterdam et Chicago). Il ne restait plus qu'à mettre sur pied, avec l'ambassade, un système pour faire passer nos colis sur le ferry de Freetown, et les faire traverser dans l'autre sens avant que tout ne soit fondu. Il fallait être sûr d'arriver à temps à Freetown pour ne pas manquer le départ de l'avion. Cela nous valut quelques nuits du jeudi au vendredi plutôt fiévreuses... Nous finîmes par garder de grands congélateurs dans la cave de l'ambassade. Nous pouvions y déposer nos précieux échantillons, rassurés à l'idée qu'ils étaient branchés sur l'énorme générateur de l'ambassade. Nos collègues du Département d'Etat ne semblaient pas s'inquiéter outre mesure de devoir offrir l'hospitalité au virus de Lassa. Le vendredi après-midi, après le décollage de l'avion de la KLM qui emportait nos paquets, nous allions tous nous écrouler sur la plage de Freetown — une des plus belles du continent.

L'essentiel de nos opérations n'aurait pu être mené à bien sans l'aide du Département d'Etat. J'ai travaillé avec des ambassades et des consulats américains dans quinze pays au moins, et sur quatre continents, et j'ai toujours pu compter sur leur collaboration.

Mais peu importe ce que nous avons fait, peu importe le nombre de problèmes que nous avons finalement résolus. Nous n'avons pas été assez rapides pour sauver John Kamara. Il souffrait sans répit de la fièvre et de douleurs insupportables. Nous voulions garder l'espoir. Un espoir qu'autorisait seule notre méconnaissance de Lassa. Au huitième jour de sa maladie, son regard, jadis clair et pénétrant, était devenu terne et résigné — ou c'est ce qui me semblait. Et en y regardant de près, je pouvais en voir le blanc traversé de flamboyantes taches rouges. Ses yeux saignaient.

La femme de John était incapable de supporter cela. Elle se levait, s'éloignait de son lit en courant, et revenait après quelques minutes pour lui tenir la main et essayer d'apaiser sa douleur.

Le neuvième jour, John Kamara commença à traverser en alternance des périodes de simple trouble et de délire total. Notre connaissance de la maladie était encore très limitée, mais nous doutions que beaucoup de patients puissent survivre à cette étape. Il nous fallut admettre que nous étions en train de le perdre. Sa femme semblait partager notre pressentiment. Elle devint étrangement calme, dès lors qu'elle avait accepté l'inévitable. C'était un de ces moments, dans la pratique médicale, qui ramènent les médecins à l'humilité. Cela nous rappelle que nous sommes de bien piètres divinités.

John sombra dans un coma profond. Son corps fut bientôt ravagé par une série de crises d'épilepsie. Le virus proclamait sa victoire sur son cerveau. Puis ce fut l'état de choc, impitoyable, une pression artérielle inimaginable. Enfin, son cœur et ses poumons flanchèrent.

Tous ceux de Segbwema vinrent le pleurer, lui qui avait été leur modèle, leur professeur vénéré. Ils se demandaient dans quel monde ils vivaient, qui était capable de les priver d'un homme aussi bon. Comment sa femme allait-elle s'en sortir seule, avec deux petits enfants à élever ? Qui allait s'occuper de ses parents ? Et qui allait enseigner à ses étudiants ? Qui les conseillerait, qui les aiderait à préparer l'avenir de leur pays ? Autour de moi, la seule réponse était le silence.

11

La pastille magique

Ma bataille pour faire venir l'équipement d'Atlanta commençait à porter ses fruits. J'avais l'assurance, désormais, d'être approvisionné régulièrement en réactifs. Nous étions très proches de notre objectif : traiter nos malades avec du sérum immun. Nous devions tout d'abord examiner les patients qui avaient survécu à la fièvre de Lassa, à Panguma ou à l'hôpital de Segbwema. Ceux qui avaient le taux le plus élevé d'anticorps contre le virus de Lassa nous intéressaient au premier chef, car nous pensions que leur plasma serait plus efficace. Nous devions aussi trouver des gens qui avaient suffisamment recouvré la santé pour pouvoir donner leur sang sans danger pour eux-mêmes. Bien entendu, il fallait espérer qu'ils n'hébergeaient plus le virus. Pour être raisonnablement certains que le plasma ne présentait aucun risque, nous choisissions des patients qui n'étaient plus malades depuis trois ou quatre mois au moins. Lassa n'était pas le seul virus qui nous inquiétait. Nous cherchions aussi la présence de l'hépatite B dans leur sang, cette hépatite mortelle transmise par le sérum.

C'était la fin des années soixante-dix. Nous ne connaissions ni le VIH ni le sida, et nous n'imaginions pas que d'autres virus, à part l'hépatite B, puissent se propager par le sang. Nous ne savions rien de l'hépatite C. Dans le cas contraire, nous aurions été moins enthousiastes à utiliser le plasma de nos malades comme nous le faisions[1]. Certes, le traitement présentait des risques. Mais pas moins que la fièvre de Lassa. Pendant le premier mois de notre enquête, outre John Kamara, nous avons vu mourir huit patients. Nous devions trouver le moyen d'agir.

La collecte du plasma fut un véritable cauchemar de logistique. Tout d'abord, il fallut rassembler les donneurs éventuels, ce qui n'était pas tâche facile, vu qu'ils avaient tous regagné leurs villages respectifs. S'il s'agissait de mineurs itinérants, nous pouvions ne jamais retrouver leur trace. Une fois que nous avions localisé la personne que nous cherchions, nous devions la persuader de nous donner son sang, puis lui fournir un moyen de transport et de la nourriture pour la journée. En guise d'encouragement, nous offrions aux donneurs l'équivalent de deux semaines de supplément de fer et un kilo de riz. Pour un seul don de sang, l'ensemble du processus pouvait occuper une équipe pendant toute une journée. Nous avons vite compris que ce programme allait nous coûter une fortune.

Le simple fait d'expliquer aux futurs donneurs ce qu'est le don du sang, et pourquoi nous en avions besoin, exigeait beaucoup de subtilité. Cette idée était totalement étrangère à l'éducation et à l'expérience de ces hommes et de ces femmes. La plupart des patients étaient des villageois illettrés qui ne connaissaient de la médecine que les poudres et les potions dont les gratifiaient leurs sorciers. Si elles restaient sans effet, ils se mettaient en quête d'un hôpital, et la magie du docteur

1. Lorsque nous sommes allés à la recherche du VIH en Sierra Leone, une dizaine d'années plus tard, nous ne l'y trouvâmes pas — sauf chez deux ou trois prostituées de Freetown et quelques étudiants de retour d'Union soviétique. Le sida pénétrait tout juste en Sierra Leone, en provenance d'Afrique centrale. Il est donc raisonnable de penser que dans les années soixante-dix le VIH était encore presque ou totalement absent des provinces de l'Est. Aujourd'hui, bien sûr, les choses ont bien changé.

blanc se substituait à la magie du sorcier. Il nous fallait prévoir des explications très simples. Encore une pierre d'achoppement : dans toutes les régions de l'Afrique, la foi dans la médecine locale et la magie se cache toujours sous la surface. Beaucoup de gens pensent que le sang possède des pouvoirs magiques qui peuvent être utilisés contre eux. On chuchotait que « l'homme blanc buvait du sang ». Il fut même question de cannibalisme, et la rumeur prétendit que nous composions des potions magiques pour anéantir nos ennemis. Ou bien nous eûmes de la chance, ou bien nos collaborateurs étaient extraordinairement convaincants. Contre toute attente, nous parvînmes à persuader près de la moitié des anciens malades de coopérer.

Après avoir séparé le plasma de leur sang, nous réinjections leurs globules rouges aux donneurs. C'est là que résidait la vraie surprise. La différence entre ce que nous leur avions pris et ce que nous leur rendions était invisible. Ils étaient donc presque sûrs que nous étions en train de les entraîner dans quelque sorcellerie. Je me demande si cela renforçait vraiment leurs soupçons (étions-nous en train de les duper, de leur jeter des sorts ?), ou si nos pouvoirs magiques supérieurs nous valaient un respect accru. Il y avait sans doute un peu des deux.

Ce n'était pas seulement la collecte du plasma qui mettait nos ressources collectives en péril. Le processus dans son ensemble nous prenait beaucoup trop de temps. Comme il n'existait pas de banque du sang en Sierra Leone, nous prenions le sang en fonction des besoins, généralement à un parent ou un ami du patient. Mais même ainsi, c'était loin d'être gratuit. Comment pouvions-nous implanter notre système de traitement au plasma, sans disposer de la moindre source permanente de fonds ? Nous n'avions pas l'intention de faire bénéficier quelques patients de soins coûteux, et de laisser les autres sans une chance d'en profiter. Idéalement, notre traitement devait être simple, commode et bon marché. Nous étions incapables d'imaginer comment employer le plasma sur une grande échelle, quelle que soit la forme sous laquelle il se présenterait. Mais c'était tout ce que nous avions. Déterminés à découvrir quelque chose d'utile, nous nous obstinâmes.

Ce que nous cherchions, c'était un médicament simple. La pénicilline de la fièvre de Lassa, en quelque sorte. Mais rarissimes sont les médicaments que l'on peut utiliser sans danger contre les virus. La plupart des composés antiviraux, en effet, sont hautement toxiques. Et ils présentent souvent le grave inconvénient de tuer les cellules hôtes en même temps que le virus lui-même. En outre, notre traitement devait être très stable, et le rester assez longtemps pour qu'on puisse le transporter jusqu'à des zones éloignées, dans des conditions difficiles, le jour où l'on en aurait besoin. Nous ne cherchions rien de moins qu'un médicament miracle...

C'est alors que nous reçûmes une lettre de Karl Johnson. Il avait pris l'habitude de m'envoyer des billets et télégrammes laconiques qui bouleversaient mon existence en une ou deux phrases. D'abord Ebola. Puis ceci.

Il nous signalait l'existence d'un médicament relativement nouveau mis au point à l'université de l'Utah. La ribavirine. Ce produit s'était montré efficace contre certains virus à ARN [1]. Lassa appartient à cette catégorie. L'ADN est le schéma directeur de la vie elle-même, le matériau génétique qui ordonne aux cellules de se transformer en mains ou en yeux, ou en tiges et en feuilles. L'ARN est le messager qui porte l'information du gène au ribosome — une petite particule ronde, une sorte d'usine à protéines produisant les anticorps, les hormones et les enzymes qui donnent la vie. Néanmoins, un certain nombre de virus utilisent l'ARN non comme messager, mais comme leur propre matière première génétique. Les virus sont à cet égard des organismes uniques. Ce qui rendait la ribavirine si intéressante, si prometteuse, c'est qu'elle semblait contrecarrer le virus dans sa production de protéines à partir de son propre ARN génétique.

Karl était déjà en train de tester ce produit contre le virus de Lassa dans des tissus en culture. Il ajoutait que

1. ARN : acide ribonucléique. ADN : acide désoxyribonucléique.

Peter Jahrling menait des expériences similaires à l'USAMRIID[1] : il contaminait des singes avec le virus et les soignait à la ribavirine. En termes de sécurité, le produit semblait donner des résultats encourageants, y compris pour son application à l'homme : on l'avait déjà utilisé avec succès pour soigner des pneumonies virales aiguës chez des enfants. Et surtout, il était facile à fabriquer, virtuellement bon marché, et stable à température ambiante. Peut-être pas à la température ambiante de la Sierra Leone, mais nous pourrions le mettre au frigo.

Je me dis que cela pourrait bien être la baguette magique que je cherchais. J'étais très excité. Je savais pourtant que nous ne pouvions pas lancer notre étude de traitement avant de connaître les résultats des expériences de laboratoire. Mais nous n'allions pas rester les deux pieds dans le même sabot en attendant des nouvelles de Peter et de ses singes. Par ailleurs, nous ne pouvions utiliser le nouveau produit et le plasma sans l'autorisation des commissions réglementaires de la Sierra Leone et des Etats-Unis. Cela prendrait du temps. Nous devions nous en occuper au plus vite.

Il fallait élaborer un protocole décrivant notre projet en détail. A Atlanta, Karl et sa femme, Patricia Webb, épidémiologiste au service des Agents pathogènes spéciaux du CDC, assumaient leur part de cette corvée. Le protocole devrait être approuvé par la Commission nationale d'éthique de la Sierra Leone, par la Commission pour les applications à l'être humain (HSRC) du CDC, et la FDA[2]. Ce n'était pas une mince affaire. Le protocole devait justifier le projet de façon claire et détaillée, et donner un tableau précis de la manière dont l'étude serait conduite. Il devait aussi décrire les procédés utilisés pour obtenir l'« accord en connaissance de cause » des patients. En aucun cas ceux-ci ne devaient être des cobayes.

1. *US Army Medical Research Institute of Infections Diseases :* Institut de recherche médicale contre les maladies infectieuses de l'armée américaine.

2. *Food and Drug Administration.*

C'est là que les choses se compliquaient. Un « accord en connaissance de cause » ne peut être donné que par un participant qui comprend parfaitement de quoi il retourne. Or, la plupart de nos patients étaient illettrés, et ne parlaient qu'un dialecte local. Et la moitié d'entre eux nous soupçonnaient de nous livrer à la sorcellerie, bien qu'ils fussent trop polis pour le dire. Comment expliquer une procédure médicale compliquée, dans un tel contexte ? La traduire en mende ? Mais les dialectes tribaux, y compris le mende, ne possèdent pas de mots pour décrire des concepts comme « expérience clinique » ou « réactions défavorables ».

Puisqu'il était impossible d'en faire une traduction exacte, nous avons dû simplifier les concepts en utilisant des mots capables d'en véhiculer le sens. Il fallait faire comprendre à nos futurs patients que la ribavirine était un nouveau médicament, encore jamais utilisé contre la fièvre de Lassa. Au moins pouvions-nous leur assurer qu'il était sans danger pour l'homme. Nous devions aussi leur dire qu'il n'existait aucun traitement contre Lassa, et que c'était là le seul moyen dont nous disposions pour en trouver un. Nous ne pouvions leur donner aucune garantie. Pour leur expliquer tout cela, nous devions nous reposer sur le talent des interprètes. Comme la plupart des patients étaient incapables de signer de leur nom, nous leur demandions de poser l'empreinte de leur pouce et un X au bas du formulaire pour « accord en connaissance de cause ». Cela signifiait qu'on le leur avait lu, qu'ils avaient une vague idée de ce que nous attendions d'eux, et qu'ils nous autorisaient à faire un essai.

La Commission nationale d'éthique de la Sierra Leone eut moins de problèmes que le HSRC pour adopter nos procédures d'« accord en connaissance de cause ». Ses membres connaissaient leurs compatriotes, après tout. Ils savaient ce qui était possible et ce qui ne l'était pas. Ils comprenaient aussi le désespoir des malades atteints de la fièvre de Lassa. Cette commission avait été créée par le docteur Marcella Davies, directrice de la Santé publique, à l'époque, au ministère de la Santé. Son successeur, Belmont Williams, se trouvait à sa tête lorsqu'elle donna son agrément définitif à notre protocole. Le CDC exigeait dans tous les cas l'agrément de la commission d'éthique du pays concerné — peu importe si une telle structure n'existait pas en Sierra Leone. Fort heureusement, Belmont Williams possédait un esprit éclairé et un sens de l'organisation fort développé. C'était une Krio. Ses ancêtres étaient des esclaves échappés des Etats-Unis, qui avaient essayé de s'installer en Nouvelle-Ecosse, avant d'estimer que le climat y était trop froid. Ils finirent par revenir en Sierra Leone et se fixèrent à Freetown. Leurs descendants constituent le groupe le plus instruit et le plus évolué du pays. C'est leur dialecte qui en est devenu, au bout d'un siècle, la lingua franca. Le docteur Williams avait fait ses études de médecine à Bristol, dans une excellente faculté de l'ouest de l'Angleterre. Non seulement elle était compétente et efficace, mais elle appuya notre projet de tout son poids. A notre demande, elle constitua un groupe de médecins respectés qu'elle baptisa Commission nationale d'éthique. Elle leur soumit notre protocole et leur demanda leurs commentaires. Ils eurent peu de questions, et notre protocole ne leur posa aucun problème sérieux.

Le fait que ce pays comptât si peu de scientifiques qualifiés nous valut, à nous et au HSRC, des difficultés supplémentaires. Nous devions être certains que nos procédures étaient non seulement correctes, mais qu'elles ne faisaient rien pour exploiter l'ignorance de personnes illettrées. Il ne pouvait y avoir le *moindre soupçon* que nous tentions de profiter d'eux. Ce problème est l'un des plus délicats de la recherche médicale, surtout dans les pays en développement : comment informer une population sans instruction sur les objectifs d'une étude et sur les risques qu'elle implique ?

La Commission d'éthique admit notre procédure pour obtenir l'« accord en connaissance de cause » comme la seule possible, en ces circonstances. Mais le HSRC eut du mal à accepter l'idée que nous allions utiliser des patients illettrés dans une expérience clinique. Aucun de ses membres n'avait jamais travaillé dans un endroit aussi éloigné que la Sierra Leone (dont ils ignoraient sans doute l'emplacement exact). Leur méconnaissance était un handicap, et ils se référaient à des précédents établis sur la base de leur expérience dans de modernes hôpitaux américains. Le problème se présentera à nouveau à l'époque du VIH — surtout en Afrique et en Asie : il arrivera souvent que des médecins cachent à leurs patients un diagnostic de sida ou de séropositivité, sous prétexte qu'il n'existe aucun remède à la portée de leurs malades, et que leurs familles risquent de les abandonner si elles apprennent la vérité.

Après avoir enfin obtenu l'agrément du HSRC, il fallut s'attaquer à la FDA. Comme la ribavirine n'avait jamais encore été utilisée contre la fièvre de Lassa, nous avions besoin d'une autorisation spéciale de l'agence. Nous nous attendions à l'obtenir sans trop de difficultés, car la ribavirine absorbée par voie orale avait déjà été testée sur une grande échelle (dans des expériences prévues pour étudier son effet sur d'autres maladies) et s'était révélée sans danger pour l'homme. La FDA est seule compétente pour donner le feu vert à l'utilisation de médicaments aux Etats-Unis, mais elle remplit *de facto* la même fonction dans de nombreux pays — tous ceux qui, faute de services et de moyens d'expertise *ad hoc*, s'alignent sur ses recommandations et ses décisions.

En novembre 1978, nous avions enfin les permissions nécessaires. Les résultats de laboratoire (les cultures de tissus de Karl, les singes de Peter et les tests de la FDA) montraient que la ribavirine était potentiellement efficace contre le virus de Lassa et qu'elle entraînait peu, voire pas du tout d'effets secondaires nocifs. Nous possédions également du plasma prêt à l'emploi. Nous étions au travail depuis dix-huit mois, et nous avions appris un certain nombre de choses fondamentales sur la fièvre de Lassa. Nous savions qu'elle était responsable de 10 à 15 % des admissions en hôpital de la région. Nous savions surtout que son taux de mortalité en hôpital s'envolait à hauteur de 16 %. Nous avions appris à mieux prévoir qui pouvait survivre à la maladie et qui succomberait. Les patients admis avec un taux d'enzymes hépatiques élevé couraient les plus grands risques.

Nous nous sommes mis au travail. Notre première tâche consistait à trouver une méthode pour décider qui recevrait de la ribavirine par voie orale et qui aurait droit au plasma, selon les critères définis dans notre protocole. Tout patient dont les enzymes hépatiques dépassaient le niveau critique serait soumis à l'un des deux traitements. A ce point, nous ne savions pas du tout lequel serait le plus efficace — ni même si l'un des deux serait efficace. Habituellement, les expériences cliniques exigent un « groupe témoin ». Il s'agit de patients qui reçoivent un placebo (une simple solution d'eau sucrée, mais qui ressemble au médicament). Ce groupe sert à « aveugler » les chercheurs, afin que leur enthousiasme (ou leurs préjugés) ne risque pas d'influencer les patients ou d'affecter les résultats. Il fournit un indice de référence auquel on compare les effets du véritable médicament. Le problème, avec un tel système, est que la moitié des patients sont privés de traitement réel. Dans le cas de la fièvre de Lassa, nous savions que la plupart d'entre eux seraient condamnés à mort. Comme les résultats de laboratoire étaient prometteurs, nous avions décidé de nous passer de groupe témoin.

Il allait donc falloir faire preuve d'imagination. Nous ne savions absolument pas si le plasma agirait, et nous ignorions si la ribavirine ferait de l'effet. Après tout, personne n'était parvenu à soigner une infection virale fulminante en tuant directement le virus dans le corps du malade. Nous avons divisé les patients, au hasard, en deux groupes. Aux uns, on injecterait notre précieux plasma immun. Les autres se verraient administrer la ribavirine, notre candidat au statut de médicament miracle. Nous commençâmes avec deux unités de plasma en perfusion intraveineuse pour les uns, et des capsules de ribavirine pour les autres. Les infirmières avaient pour instructions de rester aux côtés de leur patient jusqu'à ce qu'elles soient certaines qu'il avait bien avalé ses cachets. S'il avait la gorge trop irritée, il fallait en dissoudre le contenu dans de l'eau. S'il vomissait, il fallait essayer de lui en donner une autre dose. Les enfants de moins de quinze ans étaient exclus de l'étude. (Plus tard, nous mènerions une étude séparée pour les enfants.) Et nous avions exclu les femmes enceintes, par crainte d'effets nuisibles sur le fœtus.

Les enjeux étaient élevés. Nos patients étaient émouvants, lorsqu'ils exprimaient le soulagement et la gratitude. Au moins tentions-nous quelque chose. Je retenais mon souffle. Mais ce fut une déception. Pour ce qui concerne le plasma, en tout cas.

Les patients continuaient à affluer. Ils venaient nous consulter à différents stades de la maladie. Ils étaient souvent trop mal en point pour donner eux-mêmes leur consentement. Nous nous adressions alors à leur famille. Nous ne renvoyions jamais quelqu'un qui désirait être soumis au traitement, quelle que soit l'évolution du mal. Certains arrivaient avec des fièvres violentes, des migraines atroces, des douleurs insupportables et des gorges enflammées, des exsudats de pus visibles sur les amygdales. C'étaient les symptômes caractéristiques du début de la maladie. D'autres étaient déjà la proie de vomissements incontrôlables, ils perdaient la tête, leurs mains et leur langue tremblaient. D'autres encore saignaient des gencives et des intestins. Ils vomissaient du sang. Ils saignaient du rectum ou du vagin. Certains avaient la tête et le cou enflés de manière grotesque, et une pression artérielle extrêmement basse. Autant de symptômes significatifs d'une maladie avancée.

Mais le pire, c'étaient les patients avec des crises d'épilepsie, et ceux qui sombraient dans le coma. Presque tous ceux qui avaient dépassé la phase initiale pour atteindre le stade des vomissements, de la confusion mentale et des hémorragies allaient mourir. D'après notre expérience, personne ne survivait au stade des crises.

Pendant près de deux ans, nous poursuivîmes notre traitement expérimental au plasma. Mais les patients mouraient toujours, les uns après les autres. L'équipe était gagnée par le découragement. Nous avions travaillé dur, nous avions investi beaucoup d'espoir. Nous commencions à croire que nous n'aurions rien pu faire pour John Kamara, même si nous avions eu le temps de lui donner du plasma.

Mais il s'agissait d'une expérience clinique. On n'est pas supposé préjuger des résultats d'une expérience clinique. On procède, c'est tout. Quand on a fini, on examine les résultats. Ce sont eux qui décident de notre réussite ou de notre échec.

Et il y avait le groupe de patients soignés à la ribavirine. J'avais l'impression qu'ils récupéraient. Beaucoup mouraient. Mais l'état de certains patients, que nous nous attendions à voir disparaître, s'améliorait réellement. Etait-ce l'effet de la ribavirine, ou seulement de la chance ? La seule façon de le savoir était d'analyser les résultats de l'étude. Et à l'ère préinformatique, cela ne pouvait se faire qu'au CDC. Nous transmettions toutes nos données à Atlanta avec les échantillons de virus isolés.

Dès mon retour là-bas, en 1979, après avoir passé trois ans sur le projet, j'entrepris d'analyser les résultats. Je devais d'abord apprendre à me servir du nouvel ordinateur qu'on avait installé au CDC pendant mon absence. Après m'être longtemps battu contre les données et contre les gourous de l'informatique, je finis par comprendre ce que je faisais. Les résultats furent encore une fois décevants. Les premières analyses montraient qu'aucun des deux traitements n'était efficace. Si l'on considérait les chiffres, froids et abstraits, la ribavirine elle-même semblait peu efficace.

Mais je n'allais pas renoncer si facilement. Je me disais qu'il devait y avoir une autre manière de considérer les résultats. Je procédai à de nouvelles analyses. Je décidai de changer d'approche. Je commençai par séparer les patients en deux catégories. Ceux qui étaient encore au début de la maladie quand nous avions commencé le traitement, et ceux qui se trouvaient déjà en phase finale. Dans nos premières analyses, nous n'avions pas tenu compte du moment de l'admission à l'hôpital. A quel moment le patient était-il tombé malade, et à quel moment était-il venu demander de l'aide ? Je devais prendre en considération le temps qui s'était écoulé entre le début de la maladie et le moment où nous avions commencé à administrer de la ribavirine.

Pour le plasma immun, quelle que soit la méthode de calcul, le résultat était le même. Dans tous les cas de figure, le plasma ne servait à rien. Les patients mouraient au même rythme, quel que soit le stade de la maladie. Avec la ribavirine, en revanche, je décelai un soupçon de réussite, une faible lueur, peut-être une petite fraction du miracle que nous appelions de nos vœux. Lorsqu'un patient était admis dans les six ou sept premiers jours de sa maladie, la ribavirine augmentait ses chances de survie. Si le mal était déclaré depuis plus d'une semaine, les capsules avaient moins d'effet. Nous étions sur une piste.

Mais les écarts étaient infimes. Il nous fallait d'autres essais. D'autres questions méritaient d'être posées. En augmentant les doses, à un stade antérieur de la maladie, ne pouvait-on pas améliorer les résultats ? En administrant le médicament par voie intraveineuse, ne pourrions-nous pas atteindre plus facilement les endroits où se cachait le virus, comme le foie et la rate ? En un mot, le produit ne serait-il pas plus efficace par voie intraveineuse (IV) ?

C'était cela. Il fallait administrer la ribavirine en IV. Mais cela soulevait un ou deux problèmes. Nous allions devoir repasser par l'ensemble du processus d'agrément. Il fallait aussi trouver le moyen d'obtenir de la ribavirine intraveineuse en quantité suffisante. Elle n'était fabriquée qu'au Mexique, et la FDA ne nous autoriserait pas à l'utiliser : l'agence insiste en effet pour que les médicaments soient produits selon certains critères qui ne pouvaient pas être garantis au Mexique.

Il fallut cette fois rédiger un super-protocole et prévoir toutes les questions requises pour obtenir l'agrément de la FDA. Il nous fallut huit mois pour passer toutes les étapes de la procédure. Mais nous fûmes récompensés par une réaction prompte et positive de la part de la FDA. De nombreux éléments jouaient en notre faveur. D'abord, nous avions prouvé que le médicament était efficace, au moins modestement, sous sa forme orale. Ensuite, nous avions prouvé qu'il n'était pas toxique. Le problème de la disponibilité du produit restait un obstacle. Mais on parvint finalement à convaincre des fabricants américains d'en faire une préparation exclusive pour notre étude.

En 1982, nous étions prêts à traiter les patients avec la ribavirine par voie intraveineuse. Cette fois encore, pour des raisons humanitaires, on se passa du groupe témoin. La ribavirine par voie orale avait fait de l'effet. Maintenant que c'était pour de bon, nous ne pouvions laisser personne de côté... Après mon retour à Atlanta, Patricia resta en Sierra Leone. Elle me remplaça au poste de directeur du projet, même si je continuais à y faire de fréquents voyages. Elle avait collaboré à plusieurs études sur le terrain, en Bolivie et en Amérique centrale. Elle était très douée pour l'organisation, ce qui était un atout essentiel dans un pays où le chaos était la norme. Elle fit une forte impression sur le laboratoire de campagne, comme cela avait été le cas au CDC. Elle prit la décision de transférer le laboratoire principal de Kenema au Nixon Hospital de Segbwema. Avec les fonds que j'avais économisés, elle mit en place les installations qui allaient nous permettre d'isoler le virus sans devoir continuer à envoyer les échantillons à Atlanta.

C'est donc à Segbwema, sous la houlette de Patricia, que nous allions tenter pour la première fois d'administrer la ribavirine par voie intraveineuse. L'étude continua sous la direction de son remplaçant, Curtis Scribner.

Les patients affluaient. Mais nous devions refréner notre optimisme. Je vis un garçon, Ahmadu, amené par son père. Un gamin dégingandé, de seize ou dix-sept ans. Le père et le fils avaient voyagé durant trois heures sur le *poda-poda* de Panguma. A ce moment-là, nous ne traitions plus les patients à Panguma. L'hôpital avait connu trop de changements de direction — y compris une sœur supérieure qui avait vaincu la fièvre de Lassa en décrétant qu'elle n'existait pas.

Le père déclara que lorsque son fils était tombé malade, ils avaient rendu visite au sorcier. Deux ou trois jours — et nombre de potions, d'incantations et de poudres magiques — plus tard, son état avait empiré de manière significative. Le père était désespéré. Ahmadu était son fils unique. « Allons à Segbwema », décida-t-il.

Le père déposa l'adolescent sur le vieux banc, devant le laboratoire. Un technicien, James Masserly, lui fit une prise de sang. Coolbra, l'infirmier en chef, posa aux membres de la famille les questions requises. Quand les formulaires furent remplis, on demanda au père de porter le garçon dans la salle commune. Il l'enveloppa dans un linge de coton tissé à la main, décoré d'un motif géométrique noir et blanc. C'est tout ce qu'il avait pour couvrir sa nudité.

Pendant ce temps, au labo, James fit deux tests. L'un, au spectrophotomètre, pour calculer le taux d'enzymes hépatiques. L'autre, au microscope à fluorescence, pour mesurer le nombre de virus présents dans l'organisme du jeune homme. Le spectrophotomètre annonça un taux d'AST de 325. L'AST, ou aspartate-aminotransférase, est une enzyme hépatique dont le taux est normalement inférieur à 40. Nous savions qu'un taux de 150, avec la fièvre de Lassa, signifie que le patient est assuré de voir son mal s'aggraver, puis de succomber. Le taux d'AST d'Ahmadu était plus du double de ce chiffre. C'était de très mauvais augure.

James alla dans la salle des microscopes. Ils se trouvaient dans une drôle de cabine, construite avec de vieilles caisses de bois. Ses rideaux aux couleurs vives, « empruntés » à l'une des résidences du personnel, lui donnaient l'air d'une baraque de chiromancienne. Mais ils n'étaient pas seulement décoratifs. La fluorescence est plus facile à observer dans l'obscurité.

La ressemblance avec une cabane de chiromancienne n'était peut-être pas fortuite. Car James Masserly était bel et bien en train de déchiffrer l'avenir du garçon. Sous l'œil du microscope — un cadeau du gouvernement allemand —, les cellules de l'enfant, fixées et colorées à la fluorescéine, étaient devenues brillantes sous l'effet de la lumière. James constata que les virus étaient encore peu nombreux : Ahmadu n'était qu'au début de la maladie. Mais avec un taux d'AST aussi élevé, il fallait agir sur-le-champ. Il émergea de la cabine et annonça à Coolbra ce que celui-ci, en infirmier expérimenté, avait compris en regardant simplement le gamin.

— Il lui faut des soins.

Coolbra s'empara sans attendre d'une ampoule de ribavirine et du matériel pour l'injection. En dépit de la chaleur impitoyable de l'après-midi, il courut vers la salle commune. Il ne vit aucune amélioration. Allongé sur un lit, le garçon était en sueur. Il venait de vomir, et il avait encore du sang dans la bouche. Quand Coolbra le retourna, il fit entendre un grognement. L'infirmier chercha la veine, enfonça l'aiguille, installa la perfusion. Il aspira la ribavirine de l'ampoule et transféra lentement le liquide dans le goutte-à-goutte. Puis il se tourna vers le père, qui l'observait dans un silence inquiet. Il lui recommanda de ne pas se souiller avec le sang de son fils. Il lui donna des gants, lui montra la solution d'eau de Javel et lui expliqua comment s'en servir. Puis il s'éloigna. Il ne pouvait pas s'attarder plus longtemps. Il avait quatorze autres malades atteints de fièvre de Lassa à voir.

La perfusion devait être répétée toutes les six heures. L'état du garçon ne s'améliorait pas. Il approchait du stade final, mortel, de la maladie. Deux jours passèrent. Le matin du troisième, Patricia fit sa ronde. Elle avait été particulièrement occupée, et elle arriva près du lit d'Ahmadu plus tard que d'habitude. Mais il n'était pas là. Son lit était vide.

La place voisine était occupée par un vieil homme qui buvait du thé. Consternée, Patricia se tourna vers lui.

— Où est Ahmadu ?

Il n'était pas rare que la famille emporte un patient durant la nuit, lorsqu'elle estimait qu'il risquait de trépasser. Mourir loin de chez soi portait malheur.

Le vieillard sourit gaiement, avala une gorgée de thé et fit un geste en direction de la fenêtre sans vitre. Patricia aperçut le garçon, assis au pied d'un arbre, son goutte-à-goutte à côté de lui. Trois membres de sa famille le pressaient d'avaler la nourriture qu'ils lui avaient préparée.

— Vous *deh* les voir. Alors il *deh* manger, dit le vieil homme.

C'était incroyable. Le garçon aurait dû être mort.

Nous soignâmes plus de mille cinq cents patients atteints de fièvre de Lassa. La mortalité fit une chute spectaculaire, passant de 16 % à moins de 5 %. Le temps passa, et le nouveau traitement devint célèbre dans tout le district. A chaque fois que j'étais en déplacement avec le « camion de Lassa », les gens sortaient de chez eux et nous arrêtaient pour nous serrer la main. Je ne pouvais me rappeler tous les visages, mais je n'avais aucun mal à les identifier. C'étaient les gens à qui la ribavirine avait sauvé la vie.

En 1985, les résultats de notre étude fournirent la preuve indiscutable que la ribavirine par voie intraveineuse réduisait le taux de mortalité de manière significative, surtout si elle était administrée dans les sept premiers jours de la maladie. Nous avions démontré qu'elle faisait tomber rapidement la quantité de virus dans le sang. La publication de nos résultats dans le *New England Journal of Medicine* consacrait une « première » historique. Nous avions réussi à traiter une infection virale fulminante avec un médicament. Beaucoup de gens ont contribué à cette étude capitale. Les docteurs Isabelle King, Patricia Webb, Curt Scribner, Bob Craven et Diane Bennett, entre autres, fournirent un travail essentiel, les quatre derniers ayant successivement assuré la direction du projet.

Et les échecs ? La plupart du temps, il s'agissait de patients à un stade trop avancé de la maladie lorsqu'ils se présentaient à l'hôpital. Le virus avait provoqué trop de dégâts pour que la ribavirine pût agir. Il fallait chercher d'autres moyens de les soutenir.

Il y avait un autre groupe, que nous ne savions comment traiter. Une population qui présentait un problème particulier. Dans leur cas, ce n'était pas une seule vie, mais deux existences qui étaient en jeu.

12

Kadiatu

A vingt-deux ans, Kadiatu était mère de deux enfants. Elle était à nouveau enceinte de six mois. Elle vivait à Tongo Field, l'une des plus importantes zones de mines de diamants du pays. Son mari était mineur. Outre la famille de Kadiatu, la maison qu'ils occupaient abritait plus de vingt personnes, des mineurs pour la plupart. Comme tout le monde dans la région, Kadiatu et son mari étaient des immigrés, attirés dans la province de l'Est par le mirage de la fortune.

Kadiatu n'avait subi aucun examen prénatal, ni en cabinet privé ni à l'hôpital. Mais elle n'était pas inquiète. Ses deux accouchements précédents s'étaient déroulés sans problèmes. Il n'y avait aucune raison que cela se passe différemment, cette fois-ci. Elle était jeune et forte, et semblait en bonne santé. Ses conditions d'existence étaient moins difficiles que celles de beaucoup de gens. Comparée à l'agriculture, après tout, la mine procurait des revenus élevés. Il est vrai que sa maison était surpeuplée, mais elle était plutôt spacieuse, et, comme la plupart des hommes étaient des mineurs prospères, on n'avait aucun mal à accumuler des réserves de nourriture, qu'on entassait dans la charpente de la maison de torchis, sous le toit de tôle ondulée. Il y avait beaucoup de rats, bien sûr. Mais des rats, il y en avait partout. Rien d'anormal à cela.

Un matin, Kadiatu s'éveilla un peu faible et fiévreuse. Elle avait mal à la tête. Ses muscles lui faisaient mal. Mais elle ne pouvait rester au lit. Elle avait beaucoup trop à faire. Elle devait préparer le thé du matin, nourrir les enfants et s'assurer que les hommes avaient assez mangé avant de partir à la mine. Mais, ce matin-là, elle fit le ménage avec moins d'énergie que d'habitude. Quand elle eut fini, elle se sentit épuisée et dut s'allonger sur la paillasse qu'elle partageait avec son mari et ses deux enfants. Elle s'enfonça dans un sommeil agité.

Quand elle s'éveilla, elle brûlait de fièvre. Son corps était déchiré par une douleur qui se concentrait dans le bas de son dos. Elle n'avait même pas la force d'aller chercher de l'eau — le puits se trouvait à près de cinq cents mètres de là —, et elle demanda à l'une de ses cousines d'y aller à sa place. Qu'allait-elle faire pour dîner ? Elle n'avait pas la force de décortiquer le riz ni de préparer le manioc. En fait, elle n'aurait jamais le temps de faire le nécessaire avant le retour des hommes. Par bonheur, il y avait d'autres femmes dans la maison, disposées à la soulager de ses corvées du jour. Elle se sentirait certainement mieux le lendemain, tout redeviendrait normal. Elle avait déjà eu des tas de fièvres et de frissons semblables à ceux-là. Ça ne durait guère plus d'un jour ou deux. Tout le monde y avait droit. Sans doute s'agissait-il d'un accès de paludisme.

Sa température resta élevée toute la nuit. Abdul, son mari, s'inquiéta suffisamment pour faire venir le pharmacien. Il n'était pas difficile d'en trouver à proximité. La mine apportait une relative prospérité à la contrée, et les gens avaient de l'argent pour payer des remèdes et des piqûres. Le pharmacien faisait office de médecin, car il n'y en avait pas au village. Il donna à Abdul quatre comprimés de chloroquine contre le paludisme. Il insista pour que Kadiatu les prenne immédiatement.

La jeune femme était encore capable d'avaler les pilules. Mais elle eut du mal à les garder. Elle avait la nausée. Le lendemain, convaincu que sa femme irait mieux dès que les comprimés feraient de l'effet, Abdul partit au travail comme d'habitude. Le soir, il comprit que quelque chose n'allait pas. La fièvre n'était pas tombée. Il semblait même — si c'était possible — qu'elle fût encore plus élevée. Kadiatu souffrait d'un terrible mal de gorge. Elle avait vomi. Elle lui dit qu'elle avait trop mal pour déglutir, et qu'elle était incapable de garder la moindre cuillerée d'eau. Abdul décida de la conduire le lendemain à l'hôpital de Panguma.

Il se demanda de quel péché Dieu pouvait bien le punir. Comme la plupart des membres de la tribu des Fula, Abdul était un fervent musulman. Ne priait-il pas au moins une fois par jour ? N'allait-il pas à la mosquée le vendredi après-midi ? Si Dieu le voulait, en tout cas, il conduirait sa femme chez le médecin dès le lendemain. Le docteur connaissait la science de l'homme blanc. Il saurait quoi faire, et Kadiatu se rétablirait.

Au petit matin, Abdul aida sa femme à se préparer et l'emmena prendre le premier *poda-poda* pour Panguma, à quarante kilomètres de là. Il s'agissait d'une camionnette Nissan dont l'arrière était équipé de banquettes de bois. Abdul parvint à obtenir deux places près de la cabine. Il se disait que le voyage serait plus confortable que sur une banquette latérale.

Kadiatu était à l'agonie. La douleur semblait venir de partout, s'acharnait sur son dos, s'insinuait dans son ventre. Elle avait la nausée, et sa gorge était tellement douloureuse qu'elle ne pouvait même plus avaler sa salive. Elle avait toujours l'impression de brûler, mais une nouvelle sensation était apparue. Des crampes dans son ventre. « C'est impossible, se dit-elle. C'est beaucoup trop tôt. C'est pour dans deux mois au moins. »

A chaque cahot, la douleur la transperçait. Vingt-quatre passagers s'entassaient maintenant à l'arrière du véhicule, sans compter les quatre perchés sur le toit, avec tous les colis de vivres, plus une chèvre et quelques poulets. Finalement, ce fut plus qu'elle n'en pouvait supporter. Kadiatu se mit à vomir, cacha son vomi dans les plis de sa robe. Le chauffeur ignorait ce qui se passait. De toute façon, il ne se serait pas arrêté. La vie est dure pour tout le monde. Il faut aller de l'avant. Kadiatu resta silencieuse. Elle ne voulait pas prendre le risque de retarder leur arrivée à Panguma.

Les voyageurs continuèrent leur périple sur la route accidentée qui menait à Panguma, contraints de respirer la puanteur de la sueur et du vomi. A cause des arrêts, des délais de chargement et de déchargement, le trajet dura trois heures.

Ils arrivèrent enfin à Panguma. Incapable de rester assise, Kadiatu s'était affaissée sur son mari. Le chauffeur accepta de les déposer devant l'hôpital. Sans l'aide de personne, Abdul porta sa femme à l'intérieur. Kadiatu perdait peu à peu conscience de ce qui l'entourait. Mais elle savait que ses crampes, finalement, n'étaient pas les contractions de l'accouchement. Les sœurs s'occupèrent d'elle immédiatement, avec gentillesse. Elles l'emmenèrent à la maternité, où une sage-femme l'examina. Quelques mots lui suffirent pour comprendre que Kadiatu souffrait de la fièvre de Lassa. En général, c'est une terrible maladie. Pour une femme en état de grossesse avancée, c'est une catastrophe. La sage-femme savait d'expérience que l'être qui se développait dans le sein de Kadiatu n'avait aucune chance de survivre.

Elle avait reçu une bonne formation et était compétente. Elle entreprit d'isoler Kadiatu, sans attendre, derrière des paravents de fortune constitués d'un drap tendu sur un cadre. Ce dispositif rappellerait au personnel et aux autres patientes qu'il y avait là une malade infectée par le dangereux virus de Lassa. Mais c'était tout. Personne ne portait ni gants ni masques.

La douleur s'était emparée de Kadiatu. Il n'y avait plus rien d'autre que la douleur. Douleur dans l'abdomen, douleur dans le dos, douleur fulgurante dans les muscles et à la gorge. Elle était incapable de penser à autre chose. Pourquoi devait-elle endurer cela ? S'il fallait en croire le thermomètre qu'on avait glissé sous son aisselle, elle avait 40 °C de fièvre. Il était impossible de prendre la température sous la langue, car il arrivait que le patient brise le thermomètre avec ses dents. Quant à la prise de température rectale, c'était une pratique culturellement inacceptable, surtout dans une salle commune. La température à l'aisselle est un peu plus basse que la température intérieure du corps. Avec 40 °C à l'aisselle, Kadiatu courait un grave danger.

Les heures passèrent. Le vagin de Kadiatu commença à saigner. Les contractions s'atténuèrent. Puis elles cessèrent. Les battements du cœur de son bébé ralentissaient. La sage-femme estima que Kadiatu n'était enceinte que de vingt-sept semaines. Le bébé était encore très petit. Il avait très peu de chances de survivre. Il n'existait dans le pays aucune unité postnatale capable de prendre en charge les prématurés. Alors, ils mouraient, simplement. C'est pour cette raison que la sage-femme était peu disposée à déclencher l'accouchement.

L'état de Kadiatu continuait à se dégrader. Ses mains et ses pieds étaient froids et moites. Sa pression artérielle chutait. Elle entrait en état de choc. Sa respiration était difficile, saccadée. Ses poumons se noyaient (le syndrome de détresse respiratoire ARD qui accompagne si souvent les fièvres virales hémorragiques). Son pauvre mari, qui veillait à ses côtés, avait l'impression qu'elle devait se concentrer sur sa respiration à l'exclusion de tout le reste. Elle n'avait plus conscience de sa présence, ni de ce qui l'entourait.

Elle avait besoin de sang. Abdul offrit de donner le sien, bien entendu, mais son groupe B+ n'était pas compatible avec le groupe O+ de Kadiatu. Il n'y avait pas de banque du sang. Il fallait trouver un parent ou un ami du bon groupe sanguin, qui acceptât d'en donner. Ou bien dénicher un étranger disposé à rendre service. Abdul et Kadiatu s'étaient éloignés de la plus grande partie de leur famille lorsqu'ils étaient venus dans la région des mines. Mais Abdul connaissait beaucoup de monde à Panguma. Il se précipita. Il se disait qu'il trouverait quelqu'un appartenant au bon groupe sanguin, qui accepterait de donner son sang à sa femme agonisante. Cela lui prit trois heures, mais il finit par revenir à l'hôpital avec un ami qui pensait être du groupe O. On allait pouvoir vérifier son groupe sanguin, et — si tout allait bien — organiser une transfusion.

Kadiatu était dans un coma profond, et en état de choc. (Celui-ci se caractérise notamment par une pression artérielle si basse qu'elle est presque indécelable. Le cerveau et les reins, qui ne reçoivent plus assez d'oxygène, commencent à flancher.) Elle continuait à se vider de son sang. L'hémorragie était lente et peu abondante, mais elle s'amplifiait régulièrement. La sage-femme n'entendait plus le cœur du fœtus.

Elle estima que le moment était venu d'aller chercher sœur Eileen, la religieuse irlandaise qui dirigeait l'hôpital. Celle-ci n'eut besoin que de quelques secondes pour prendre une décision. Il fallait déclencher l'accouchement sans attendre. Le bébé était sans doute déjà mort, et à moins qu'ils ne parviennent à l'extraire du corps de sa mère, celle-ci ne lui survivrait pas. Le seul espoir résidait dans leur aptitude à mettre au monde l'enfant à temps. Sœur Eileen ordonna aux infirmières de mettre Kadiatu sous perfusion, et de lui donner du sang neuf dès le retour d'Abdul.

On lui fit une piqûre de pitocine pour provoquer la délivrance, puis on l'emmena d'urgence dans la salle d'accouchement, où l'on pouvait la surveiller de plus près. On la remit sous perfusion, afin d'augmenter sa pression artérielle. Cela eut pour effet d'accélérer sa respiration. La sage-femme remarqua, non sans inquiétude, que ses lèvres bleuissaient.

Abdul fit irruption dans la salle d'accouchement, à bout de souffle, avec l'unité de sang frais qu'on venait de prendre à son ami. On vérifia qu'il était compatible. Il n'y avait pas de temps à perdre. Le rythme des contractions se précipitait. Personne, dans la salle, ne disait mot du bébé. Tout le monde savait qu'il était mort. Dieu merci, Kadiatu était inconsciente de ce qui se passait.

Le fœtus apparut, trempé d'un mélange de liquide amniotique et de sang, petite chose grise et immobile. Les infirmières l'enveloppèrent promptement dans un drap et retournèrent vers la mère. La sage-femme avait été si absorbée qu'elle avait oublié d'enfiler une paire de gants avant l'accouchement.

Dans l'heure qui suivit, la température de Kadiatu

chuta brutalement. Elle n'était plus que de 35 °C. Sa respiration s'accéléra encore, ses lèvres étaient toujours bleues, ses mains et ses pieds plus froids que jamais. La sage-femme nota que ses bras et ses mains étaient en proie à des convulsions. C'était un symptôme inquiétant. Quelques minutes plus tard, Kadiatu fut victime de plusieurs crises d'épilepsie généralisées. Elle cherchait son souffle, et lâchait des grognements rauques en avalant quelques maigres gorgées d'air.

Elle ne pouvait plus se battre. Elle n'avait plus de forces. La fièvre et la tension de l'accouchement lui avaient pris celles que la douleur n'avait pas emportées. L'état de choc entraînait la défaillance cardiaque. Peu à peu, son corps s'immobilisa. Elle soupira plusieurs fois, puis ce fut fini. Les infirmières la recouvrirent avec un drap et quittèrent la pièce, exténuées.

Il revint à la sage-femme d'annoncer la nouvelle à Abdul. Il eut du mal à l'accepter. Comment aurait-il pu ?

Etait-ce vraiment là la volonté de Dieu ? En confiant sa femme aux docteurs blancs, il croyait la sauver. En outre, il avait dépensé beaucoup d'argent. Elle était tout de même morte. Et il lui fallait dépenser encore plus pour ramener son corps à Tongo Field afin qu'elle soit enterrée avant le crépuscule, conformément à la coutume des musulmans. Qu'allait-il faire de ses petites filles ? Ses parents n'habitaient pas en Sierra Leone. Il n'y avait plus personne pour préparer leurs repas, personne pour aller chercher l'eau. Personne pour se charger des tâches domestiques comme Kadiatu le faisait si bien et si gentiment. Il était désolé, perdu, très seul. Il se dit qu'il devrait peut-être rejoindre sa famille, en Guinée. Mais que pourrait-il y faire ? Il n'y avait pas de travail, là-bas. Il n'y avait rien à faire pour un homme qui ne savait ni lire ni écrire.

Michael Price était un médecin généraliste anglais. Il était venu en 1985 pour travailler à l'hôpital de Segbwema. Il était motivé à la fois par son goût de l'aventure, ses convictions religieuses et un besoin de se rendre utile.

C'était un homme tranquille et discret, aussi à l'aise dans une clinique, une salle d'opération ou une salle d'accouchement. Il était frustré, ces derniers temps. Quoi qu'il fît, il continuait à perdre ses patientes, comme Kadiatu. Pourquoi, se demanda-t-il, Lassa frappe-t-il les femmes enceintes avec une telle virulence ? Et que pouvait-on y faire ? Il se pencha sur le problème.

Nous avions établi que neuf fois sur dix les fœtus de femmes contaminées durant leur grossesse mouraient *in utero*. Nous savions aussi que le placenta était un terrain extrêmement favorable au développement du virus. En fait, les études du CDC avaient montré que c'était dans le placenta des mères contaminées que l'on trouvait les plus hautes concentrations de virus de Lassa. A la lumière de ces découvertes, Michael décida qu'à chaque fois qu'il verrait un cas d'avortement septique[1], il chercherait la présence du virus Lassa. Il étudia une série de cas plus anciens de fièvre en fin de grossesse, et d'autres cas où le fœtus n'avait été perdu ni par une fausse couche spontanée ni par un avortement thérapeutique.

Il constata que de nombreuses patientes, chez qui l'on avait diagnostiqué une infection bactérienne, le paludisme ou la typhoïde étaient en fait infectées par le virus de Lassa. C'était une découverte importante, qui posait un problème plus important encore. Michael redoubla d'efforts. Il offrit à chaque femme enceinte des soins gynécologiques qu'elle n'aurait reçus nulle part ailleurs. Si elle avortait naturellement, il l'amenait en salle d'opération et lui nettoyait l'utérus pour arrêter l'hémorragie. Parfaitement conscient des risques qu'il courait, il portait toujours deux paires de gants.

Il parvint à des conclusions étonnantes. Durant les six premiers mois de grossesse, les femmes contaminées réagissaient aussi bien que celles qui n'étaient pas enceintes. Elles perdaient souvent leur bébé, mais en général elles survivaient. Ce n'est que plus tard, après la vingt-sixième ou vingt-huitième semaine de grossesse, que le tableau changeait du tout au tout. Presque tous les bébés mou-

1. Fausse couche d'une femme souffrant d'une fièvre bactérienne.

raient, beaucoup plus de femmes succombaient. L'étude de Michael répertoriait soixante-douze cas. Presque toujours, les bébés étaient perdus, ce qui n'était pas une surprise. En revanche, il était remarquable que lorsque la mère était débarrassée du bébé (spontanément ou par avortement provoqué), elle avait beaucoup plus de chances de survivre que si elle le gardait en elle.

Les chiffres étaient indiscutables. Les chances de survie du fœtus étaient inférieures à 10 %. Les chances de survie de la femme, si le fœtus avait été expulsé de l'utérus, étaient supérieures à 50 %. Pour leur sauver la vie, on prit bientôt l'habitude de faire avorter les femmes contaminées. Il y avait peu d'exceptions. Dans certains cas, Michael effectua une césarienne sur des femmes contaminées. Il lui arriva de sauver le bébé. Le traitement connut un tel progrès que si Kadiatu était tombée malade trois ans plus tard (et si elle avait été soignée par Michael Price), elle aurait eu une chance de sortir vivante de l'hôpital.

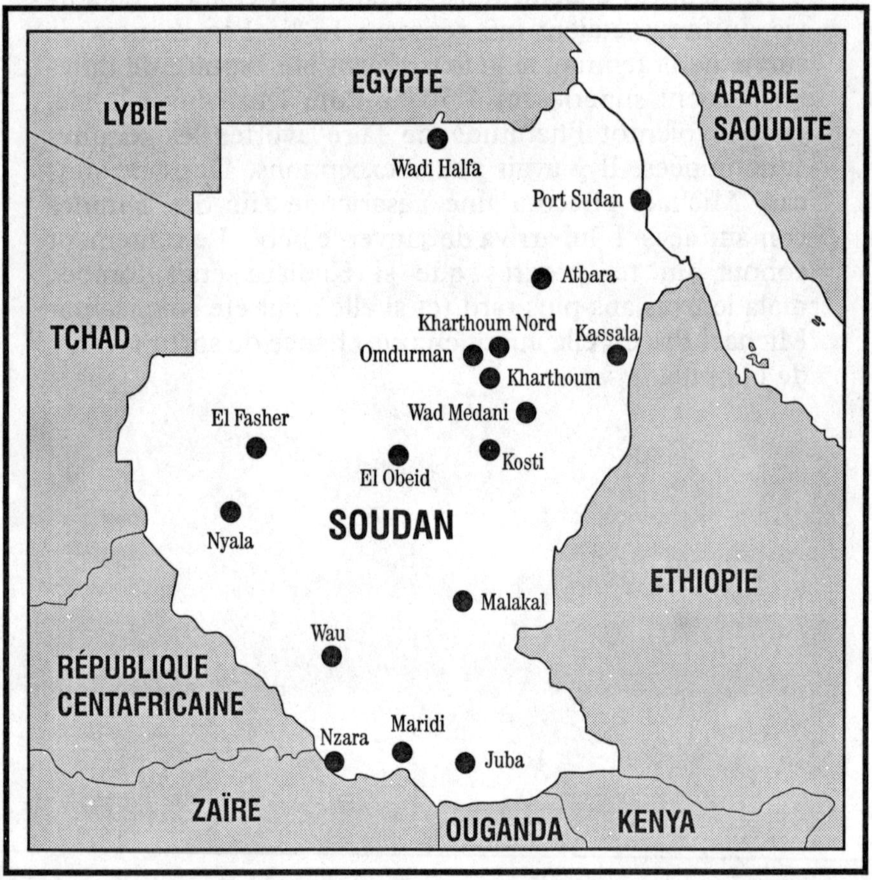
EGYPTE
LYBIE
ARABIE SAOUDITE
Wadi Halfa
Port Sudan
Atbara
TCHAD
Kharthoum Nord
Kassala
Omdurman
Kharthoum
Wad Medani
El Fasher
Kosti
El Obeid
Nyala
SOUDAN
ETHIOPIE
Malakal
Wau
RÉPUBLIQUE CENTAFRICAINE
Maridi
Nzara
Juba
ZAÏRE
OUGANDA
KENYA

13

Retour à Nzara

Fin juillet 1979, après avoir passé trois ans en Sierra Leone, je retournai à Atlanta, prêt à retrouver ma vie de famille et mon travail au CDC. Mais je n'en eus pas le temps. Je reçus comme une gifle l'annonce d'une nouvelle épidémie qui pouvait être due à Ebola. La nouvelle émanait du siège de l'OMS à Genève. Les informations étaient très fragmentaires. Tout ce que nous savions, c'est que cela se passait de nouveau à Nzara — ce même Nzara où Ebola avait fait surface en 1976 —, le Nzara que j'avais rallié jadis en venant du Zaïre. Il était aussi question de la ville voisine, Yambio. Nous apprîmes que plusieurs victimes avaient déjà succombé. Combien de personnes étaient effectivement contaminées ? Personne n'en avait la moindre idée. A Khartoum, la capitale soudanaise (très loin au nord de Nzara), le gouvernement avait une fois de plus décrété une quarantaine et interdit les déplacements dans la région. Autant de mesures qui empêchaient l'information de circuler et imposaient des souffrances inutiles à la population. Khartoum, en effet, avait aussi institué un embargo total qui proscrivait le transport des marchandises à destination et en provenance de la zone affectée.

Forts de nos expériences passées avec cette maladie

fulminante et mortelle, nous savions qu'il fallait réagir rapidement. Cela voulait dire que notre équipe devrait décoller moins de vingt-quatre heures après avoir reçu l'alarme. L'appel de l'OMS nous était parvenu le jeudi soir. Nous avions presque une journée pour nous préparer et prendre le vol de Genève du vendredi soir. Nous aurions le temps de rencontrer nos collègues à l'OMS le samedi matin. Mais nous devions résoudre quelques problèmes. Notre lieu de destination n'était pas le moindre. Nous ôtâmes la poussière de nos vieilles cartes de cette région lointaine, pour essayer de savoir où se trouvait Yambio par rapport à Nzara.

Les choses se compliquaient du fait que nos collègues les plus compétents se trouvaient à Johannesburg. Comme par hasard, ils participaient à une conférence importante sur les fièvres hémorragiques. A Atlanta, nous n'étions qu'une poignée. Moi-même, et tous ceux que j'allais essayer de recruter pour se joindre à la mission.

Je m'adressai à Lyle Conrad, chef de la division logistique au bureau du Programme épidémiologie. Il avait participé à la première enquête sur Lassa, au Nigeria en 1969, et était bien placé pour comprendre l'urgence de la situation. Je lui demandai s'il connaissait quelqu'un possédant les compétences requises pour m'accompagner. Ce ne serait pas une sinécure. Mon assistant devrait avoir l'esprit aventureux, être capable de s'adapter et de supporter des conditions de travail rudimentaires, voire dangereuses. Il devait aussi être disponible sur-le-champ.

Je connaissais Lyle Conrad depuis des années. Quelle que fût la course, il avait toujours un cheval prêt au départ. Il possédait aussi un talent mystérieux pour convaincre les gens de faire ce qu'il voulait leur faire faire. Lui et moi savions parfaitement ce qui pouvait se passer en cas de mauvais choix. En 1976, un officier de l'EIS en route pour le Zaïre avait décidé, au-dessus de l'Atlantique, que les fièvres hémorragiques ne lui convenaient pas. Il fit demi-tour. C'était son droit le plus strict. Rien dans son contrat ne l'obligeait à se mesurer à un virus chaud de type Ebola. Il était simplement dommage qu'il ait attendu si longtemps avant de nous faire part de ses appréhensions. Une autre fois, j'avais eu besoin de quelqu'un qui fût capable de me relayer pour l'étude sur Lassa que j'avais organisée en Guinée. Je demandai au CDC de m'envoyer quelqu'un parlant le français. Ils m'envoyèrent un officier de l'EIS de seconde année. Je le rencontrai au ministère de la Guerre à Conakry. Il portait un T-shirt, un short de cuir et des bottes. Un grand couteau pendait à sa ceinture. Il s'avéra que c'était un marxiste enragé. Ou bien il avait lu trop de livres, ou bien l'excentricité politique était une maladie de famille : j'appris par la suite que sa sœur militait dans un mouvement trotskiste londonien. La Guinée se trouvait alors sous la coupe d'un régime cryptocommuniste qui se donnait beaucoup de mal pour que l'économie et le progrès social du pays restent les plus bas d'Afrique de l'Ouest — ce qui n'était pas peu dire. Mon nouveau collaborateur devait croire qu'il venait de pénétrer au paradis marxiste. Le ministre de la Santé, tout fringant dans son costume trois pièces, l'examina et lui demanda s'il avait l'intention de travailler dans les villages, ou s'il partait en guerre. Apparemment, la pureté idéologique ne put remplacer la compétence, ou peut-être n'était-ce qu'une question de style vestimentaire. A la moitié de la mission, le gouvernement lui demanda de quitter le pays, et les Guinéens achevèrent le travail eux-mêmes.

Nous ne pouvions nous permettre de perdre du temps et de l'argent en commettant ce genre de bévue. Nous devions être certains de choisir un homme sérieusement motivé. Lyle ne m'a pas déçu.

— Joe, me dit-il avec son accent du Midwest, j'ai exactement le type qu'il vous faut. C'est un alpiniste, rien ne lui fait peur. Il fera un boulot formidable. Il s'appelle Roy Baron. Il a travaillé aux vaccinations.

Les seuls sommets que je voulais lui faire franchir étaient mentaux, mais ça me semblait parfait. Jusqu'à ce que Lyle ajoute :

— Au fait, il n'est jamais allé à l'étranger, alors veillez sur lui.

Il s'avéra qu'il n'avait jamais collaboré non plus à une

enquête importante. Conformément à la tradition de l'EIS, il devait apprendre sur le tas. Mais il avait la bénédiction de Lyle, et cela me suffisait.

Notre première tâche consistait à rassembler le matériel dont nous avions besoin. Aux Agents pathogènes spéciaux, lorsqu'il s'agissait d'organiser une mission dans une région lointaine, nous disposions d'une arme secrète : Helen Engleman. Cette femme imposante inspirait une véritable terreur à bon nombre de techniciens. Avant d'entrer au CDC, elle avait servi dans les Marines. Helen régnait sur son domaine depuis son fauteuil pivotant, entre un téléphone et une pile de grands cahiers pleins de chiffres et de notes qu'elle était la seule à pouvoir déchiffrer. Son bureau était toujours noyé dans un nuage de fumée, ses cendriers toujours pleins à ras bord. Sa grosse voix de basse en imposait à tous, y compris à ses supérieurs. On ne la contrariait qu'à ses risques et périls.

C'était une organisatrice méticuleuse. Elle était capable d'entasser plus de choses dans une malle que la plupart des gens dans une camionnette. Non seulement elle s'occupa de l'équipement de base (aiguilles, seringues, réactifs, plaques de microscope et ampoules pour les échantillons), mais elle s'assura qu'on n'oubliait pas les objets indispensables à un travail de fortune en Afrique : ruban adhésif, crayons-feutres, papier, stylos et crayons. Elle parvint à faire tenir notre attirail dans deux caisses. Toutefois, nous n'avons pas pris le laboratoire portable que j'avais utilisé lors de la première épidémie Ebola au Zaïre. Nous savions désormais que le plus grand risque venait des injections, pas de la transmission atmosphérique. Cette encombrante boîte à gants, dès lors, était un poids mort. Nous allions procéder comme en Sierra Leone pour le projet Lassa : sur une table ouverte, avec les précautions élémentaires pour ne pas s'infecter. Nous avons négligé d'emporter des lampes de poche, croyant naïvement que nous pouvions en trouver n'importe où. J'aurais dû savoir que c'était faux.

Cette fois encore, nous n'avions pas le temps de demander des visas soudanais. L'OMS fit en sorte que nous recevions, à notre arrivée en Suisse, des passeports de l'ONU en règle. Le vendredi après-midi, nous avons pris un vol pour New York, puis une correspondance pour Genève. Je n'avais qu'une terreur : que nos bagages se perdent quelque part sur la route et que nous nous retrouvions au milieu du Soudan sans provisions, sans rien à nous mettre à l'exception de ce que nous avions sur le dos. Mais nous eûmes de la chance. Nos bagages ne s'égarèrent point. Pour une raison inconnue, on nous fit même voyager en première classe. Nous eûmes droit à un excellent dîner. Sans doute le meilleur que j'aie jamais eu à bord d'un avion.

Mais nous avions du mal à l'apprécier. Nous ne pouvions nous défaire de l'impression que c'était peut-être notre dernier repas.

Le lendemain matin, à Genève, nous nous rendîmes au siège de l'OMS pour y recevoir nos instructions. Nous ne disposions que de deux ou trois heures, car le vol Swissair de Khartoum décollait dans l'après-midi. Nous devions être de retour à l'aéroport à trois heures. Le quartier général de l'ONU se dresse, monumental, au milieu d'un vaste parc minutieusement entretenu. Nous dépassâmes une série d'immeubles blancs, puis le taxi nous déposa au fond d'une allée en cul-de-sac. L'OMS est un dédale infini de couloirs et d'escaliers mécaniques, où le visiteur a l'impression qu'il pourrait se perdre et errer pendant des jours et des jours. La division Maladies contagieuses se trouvait au quatrième. Nous y fûmes accueillis par le chef de la section Virus, Paul Bres, et son collègue Fakhry Assad. Les deux hommes n'auraient pu être plus différents. L'un était aussi français que l'autre était égyptien. Paul était calme et mesuré, Fakhry était enthousiaste et exubérant. Je n'avais jamais rencontré Paul Bres, mais je le connaissais de réputation. Il avait fait partie du groupe de recherche du Soudan, en 1976. Je ne crois pas qu'il soit jamais descendu jusqu'à Nzara. Mais il savait dans quoi nous nous engagions. Ce quinquagénaire aux cheveux gris coupés ras avait un style conservateur et des manières condescendantes, comme il convient à un ancien colonel des services de liaison de l'armée française. Il avait consacré sa vie aux recherches sur les arbovirus (les virus transmis par les arthropodes), notamment celui de la fièvre jaune. Cette piste l'avait mené dans toute l'Afrique occidentale, et il s'était trouvé mêlé à quelques-unes des premières chasses au virus Lassa au Nigeria. Il considérait, à juste titre, qu'il entretenait la tradition forgée par les Français dans le domaine de la médecine tropicale. Comme la plupart des traditions, celle-là avait ses faiblesses. Son modèle était militaire et ne laissait pas beaucoup de place à la souplesse — même sur le terrain, où elle joue pourtant un rôle essentiel. Cela ne signifie pas qu'elle manquait de points forts. Le modèle autoritaire offrait une garantie : les recherches étaient exceptionnellement bien organisées. A cet égard, il était dommage que les Français ne fussent pas, à l'époque, présents au Soudan.

A l'opposé, Fakhry Assad était vif et démonstratif, avec un formidable sens de l'humour et un rire retentissant. Il avait un esprit merveilleusement positif et une curiosité sans limites. Son désir infatigable d'apprendre le distinguait de Paul, qui se comportait comme s'il n'existait rien qu'il ne sache déjà. Leurs différences s'étendaient à leur manière de s'habiller. Paul préférait les vêtements sombres. Fakhry semblait attifé pour le carnaval : les couleurs vives de sa chemise étaient rehaussées par le foulard incroyable qu'il portait en guise de cravate. Fakhry est un des hommes les plus délicieux avec qui il m'a été donné de travailler. Il allait devenir un organisateur grandement efficace de la recherche sur les fièvres hémorragiques à l'OMS.

Mais nous n'avions encore jamais travaillé ensemble, et l'on s'observa d'abord prudemment. Paul et Fakhry nous dirent ce qu'ils savaient. Puis ils me demandèrent mon opinion, car je connaissais déjà la zone de Nzara.

— Si j'en crois mon expérience, nous allons sans doute trouver pas mal de cas largement disséminés, et rien ou presque pour favoriser notre diagnostic ni limiter la propagation du virus. En isolant la région, le gouvernement ne fait que nous compliquer la tâche.

Nous étions tous d'accord sur deux points : nous manquions d'informations pour mesurer l'étendue de l'épidémie, et l'isolement forcé de la zone ne faciliterait pas le transport de notre matériel. Paul et Fakhry se demandaient quelle était la meilleure façon de nous expédier au sud du Soudan avec notre équipement. Ils exprimèrent certaines inquiétudes sur le représentant de l'OMS à Khartoum. L'homme se faisait une idée exagérée de sa propre importance, et il fallait l'approcher en douceur, avec le savoir-vivre approprié et un maximum de pompe. Ils craignaient qu'il ne fût un obstacle plus qu'une aide véritable.

Après l'épidémie de 1976, l'OMS avait pris la précaution de stocker du matériel dans la perspective d'une expédition similaire. On nous fit visiter les magasins, où l'on nous montra notamment une réserve de tenues de protection en papier et d'ustensiles en matière plastique. Nous trouvâmes aussi plusieurs masques de protection biologique — des choses horribles et inconfortables dans le style des masques à gaz de la Seconde Guerre mondiale. Mais nous les acceptâmes obligeamment, avec le reste du matériel de protection. Tout cela alla rejoindre ce que Helen avait déjà emballé. Puis, sans perdre de temps, nous courûmes à l'aéroport pour attraper l'avion de Khartoum.

Grâce à notre expérience de 1976, nous savions que nous ne devions pas exclure la possibilité qu'un membre de notre équipe soit contaminé par Ebola au fin fond du Soudan. Nous prîmes des dispositions avec l'ambassade de Belgique à Khartoum et le PNUD[1] pour qu'ils contactent le CDC, le cas échéant. On estima que la meilleure solution, si une évacuation était nécessaire, consistait à faire venir un avion d'Europe. Il pourrait faire escale au Caire pour y prendre un isolateur portatif avant de venir au Soudan. L'isolateur empêcherait que notre malade ne transmette l'infection à ceux qui l'approchaient. Nous étions raisonnablement certains d'avoir

1. Programme des Nations unies pour le développement.

pris les précautions suffisantes. La suite des événements allait nous montrer que nous nous trompions.

En arrivant à Khartoum, on s'apprêta à affronter le fonctionnaire solennel et borné contre lequel Paul et Fakhry nous avaient mis en garde. A notre grand soulagement, il était absent. Nous fûmes accueillis par son assistant, un type assez agréable, qui nous informa que tous les vols de Nzara avaient été annulés à cause du cordon sanitaire imposé par le gouvernement. Les vols vers le sud étaient limités, et le dernier avion pour Juba, la ville la plus proche de Nzara, décollait deux heures plus tard. Impossible de savoir si nous aurions une autre possibilité de partir dans un délai proche. Il fallait prendre une décision. Nous avions cru que nous resterions assez longtemps à Khartoum pour rassembler des informations sur l'épidémie et nous faire expliquer la situation politique. Finalement, je pris la décision de partir seul à Juba pour tâter le terrain. Là-bas, je chercherais un moyen de me rendre à Nzara. Roy restait à Khartoum, où il devrait s'occuper des tenues de protection que l'OMS tenait à notre disposition. Il se tiendrait prêt à me rejoindre à Nzara.

Sudan Air passe difficilement pour une bonne compagnie aérienne, même au regard de lignes aussi obscures qu'Air Sénégal, Air Brousse (Zaïre) et les anciennes Sierra Leone Airways. Mais rien ne prépare le malheureux passager à l'angoisse et à la panique que provoque un voyage sur ses lignes. Décoller est un miracle, à peine plus probable que le fait d'atterrir sain et sauf. Qu'il me suffise de dire que sur le vol de Juba ma terreur était telle qu'elle me fit oublier momentanément l'épidémie.

Au bout de deux heures exténuantes, l'avion se posa enfin sur une piste goudronnée criblée de trous. Un grand hangar miteux recouvert de tôle faisait office de terminal. On apercevait quelques rares silhouettes, et une ambiance désolée régnait sur l'endroit. L'avion se mit immédiatement en position pour repartir à Khartoum, sans embarquer de passagers. Les pilotes n'avaient aucune envie de s'attarder.

Bien que Juba se trouve juste au-dessus de l'équateur,

je ne m'attendais pas à y trouver une chaleur aussi intense. Dans cette fournaise, mettre un pied devant l'autre était un exploit.

Avant de partir à Nzara, je voulais demander aux gens des Nations unies à Juba ce qu'ils savaient de l'épidémie. Le lendemain matin, je me rendis aux locaux du PNUD — quelques maisons de stuc aux toits de tôle entourant une piscine. Avec cette chaleur débilitante, beaucoup de gens se trouvaient autour de l'eau. La plupart des employés visibles étaient scandinaves ou français. Leur poste n'était pas une sinécure, et ce n'était pas seulement la faute de la chaleur. Cette partie du Soudan connaissait des troubles permanents. La population se trouvait sous la menace des soldats renégats. Les pénuries étaient un phénomène presque chronique, et il était très difficile de trouver de la nourriture. Mais la situation, me dit-on, aussi mauvaise fût-elle, était bien meilleure qu'à l'ouest du pays.

Je commençai par leur demander s'ils avaient recensé des cas d'une maladie ressemblant à Ebola. Aucun de mes interlocuteurs n'en avait vu à Juba. Les missionnaires allemands et scandinaves que j'interrogeai avaient entendu dire qu'il se passait quelque chose à l'ouest, mais ils ne savaient pas exactement quoi. Je compris que je n'en tirerais pas grand-chose. Ce n'était pas étonnant, puisque les transports étaient interrompus et qu'il n'existait quasiment aucun système de communication. J'allais me mettre à la recherche d'un moyen de rallier Nzara, lorsque Roy Baron fit son apparition. Il était venu à Juba à bord d'un avion de la police qu'il était parvenu, Dieu sait comment, à réquisitionner auprès de fonctionnaires de Khartoum. J'étais impressionné. Lyle avait eu le nez fin. Roy était un voyageur-né, et il se révélerait un enquêteur malin et débrouillard. J'avais de la chance de l'avoir à mes côtés. Les pilotes de la police nous conduiraient à Nzara, ce qui était une excellente nouvelle. Sans cela, nous aurions eu droit à un long voyage inconfortable par la route à bord d'un camion de l'ONU. Ou, pire, il nous aurait fallu circuler dans un véhicule collectif au milieu des chèvres et des poules. Nous aurions dû zigzaguer, ou négocier à chaque barrage routier mis en place par les autorités pour faire respecter le cordon sanitaire.

Le problème du transport étant réglé, rien ne nous empêchait de partir à Nzara. Il fallait faire vite. Depuis qu'ils avaient entendu parler de l'épidémie, les pilotes étaient nettement moins enthousiastes à l'idée de continuer. Mais ils acceptèrent tout de même. On arriva enfin à Nzara, où l'on se mit en quête d'un logement. Puis nous nous sommes rendus à Yambio pour examiner les patients soupçonnés d'être contaminés par Ebola. Dans la case délabrée qui tenait lieu d'hôpital, nous travaillions à genoux, éclairés par une simple lanterne à essence. Nous commençâmes nos examens et nos prises de sang. Je passai la nuit à séparer le sérum, pour que les pilotes puissent emporter les précieux échantillons le lendemain matin et les faire expédier à Atlanta.

La première partie de notre travail était achevée. Nous allions poursuivre notre enquête et chercher un moyen d'interrompre la progression de la maladie. Je fus victime de mon accident moins de quarante-huit heures après notre arrivée. La vieille femme était arrivée un peu plus tôt dans la journée. Dans la zone d'où elle venait, on avait repéré un cas avéré d'Ebola. Elle avait une forte fièvre et elle délirait. Elle était en proie à des crises d'épilepsie. Je m'étais agenouillé pour lui faire une prise de sang. Au moment où j'allais tirer le piston de la seringue, elle donna un violent coup de côté. L'aiguille glissa, perça mon gant et me piqua le pouce.

Si l'on se pique avec une aiguille pleine de virus Ebola, les chances de survie sont pratiquement nulles. Je poursuivis mon travail. Que pouvais-je faire d'autre ? Le soir, Roy installa un goutte-à-goutte pour m'injecter du plasma immun de convalescent d'Ebola, que nous avions nous-mêmes apporté. Peut-être étais-je contaminé. Peut-être pas. C'était la seule chose que nous puissions faire.

Nous saurions bien assez tôt si j'étais infecté. Nous nous concentrâmes sur notre étude. Nous étions poussés par une urgence accrue, car nous ne savions ni l'un ni l'autre de combien de temps je disposais. Si je tombais malade, je devrais arrêter, et l'enquête serait interrompue. Le virus — celui-là même qui était peut-être en train de se multiplier dans mon sang, à un rythme exponentiel — continuait à se propager autour de Nzara. Si je ne pouvais rien faire pour l'arrêter en moi, je décidai que rien ne m'empêcherait d'essayer d'arrêter sa progression.

Cette fois, j'étais déterminé à être capable de reconnaître Ebola, grâce aux réactifs que Helen avait si soigneusement emballés. Mais j'avais besoin d'un équipement spécialisé. J'eus la chance de retrouver un vieil ami, que j'avais connu en 1976 : Simon Van Nieuwenhove. Durant nos recherches sur l'origine de l'épidémie qui frappait le Zaïre, c'est lui qui avait pris la route du sud. Il travaillait toujours dans la région. Ce Belge corpulent me faisait penser à un prospère bourgeois flamand du XVIe siècle en train de poser pour son portrait. Malgré son air détendu, il était en proie à une idée fixe. Il n'avait de cesse que de parvenir à enrayer la maladie du sommeil. (Cette très grave affection, endémique sur le continent africain, est provoquée par un trypanosome, un parasite unicellulaire qui s'introduit dans le sang et le cerveau. A certains égards, ce mal n'est pas sans ressembler au paludisme — sauf qu'il n'est pas transmis par un moustique, mais par un insecte particulièrement dangereux, la mouche tsé-tsé.) Simon recherchait la simplicité. Il menait une vie solitaire, assisté par une équipe d'Africains dévoués. Très généreusement, il mit une pièce à notre disposition dans le petit bâtiment où se trouvait son propre laboratoire. Cela ne le gênait pas de nous voir introduire le virus Ebola dans ses locaux. Il vivait depuis trop longtemps au milieu des dangers de l'Afrique pour s'en inquiéter. En outre, il avait confiance en nos compétences. Son labo présentait l'avantage d'être alimenté en électricité par une génératrice à essence, et il possédait un réfrigérateur à kérosène — luxe imprévu qui nous épargnait la corvée de tourner la manivelle pour séparer le sang. Le réfrigérateur remplissait parfaitement cette fonction. Au lieu de séparer le sérum ou le plasma à la centrifugeuse, nous laissions l'échantillon reposer toute la nuit dans le frigo. Au matin, les globules rouges coagulés se trouvaient au fond du tube. Il suffisait de retirer le sérum doré reposant à la surface. Il fallait simplement ne pas oublier qu'il pouvait être chargé de virus.

Chaque matin commençait de la même façon. Je me rendais au labo, et je transférais le sérum dans les ampoules adéquates pour l'analyser. Pour ce faire, j'utilisais un test d'immunofluorescence. Helen nous avait préparé quelques lames sur lesquelles se trouvaient des cellules infectées par Ebola, inactivées par irradiation gamma. Je plaçais quelques gouttes de sérum sur les lames, j'y ajoutais un marqueur fluorescent en y ajoutant encore une goutte de liquide, et j'examinais le tout au microscope. Si ça brillait d'un éclat vif, c'était positif. Normalement, je devais attendre jusqu'au soir avant d'examiner les plaques. Mais, vu les circonstances, il fallait réaliser les tests au plus vite pour savoir qui était positif. Je sortis tous les échantillons du frigo, puis je les étudiai un à un. J'essayais de me concentrer aussi objectivement que possible sur mon travail. Mais je cherchais le nom d'une patiente en particulier. Quand la lame que j'attendais fut devant moi, je la posai de côté.

Enfin, après avoir déchiffré toutes les autres, je me décidai à oser regarder la dernière plaque. C'était le sang pris à la vieille femme, à l'hôpital de Yambio. Si la lame brillait d'un éclat vif avec le colorant jaune, j'étais contaminé. Mais, même si le test était négatif, cela n'impliquait pas que j'étais sain et sauf. La vieille femme pouvait en être encore au début de la maladie, et n'avoir pas développé d'anticorps. Il fallait espérer qu'elle vive assez longtemps pour que je puisse lui prendre un autre échantillon. Mon cœur battait. Je pensai à Shannon, ma femme, et à mes trois enfants. Il est vrai que j'avais une assurance classique de fonctionnaire, mais je ne souhaitais à personne de n'avoir que cela pour vivre. « Pour leur bien, pensais-je, il ne faut pas que je sois contaminé. »

Après avoir un peu hésité, j'ajustai la source lumineuse puis je glissai la lame sous le microscope. J'actionnai les boutons pour la mise au point, pour voir nettement les cellules. C'était tout ce que je pouvais faire pour rester concentré. « Fais comme si le sérum venait de quelqu'un d'autre, me disais-je. Comme si cela n'avait rien à voir avec toi. »

J'ajustai le microscope. Les cellules commencèrent à prendre forme. Celles qui défilaient sous mes yeux étaient grises, vertes et noires. J'apercevais très clairement leurs contours, leur noyau. De petites taches fluorescentes apparaissaient çà et là. Rien de significatif. Je savais que je les avais correctement nettoyées. Je vérifiai le contrôle positif. Il était jaune clair. Ma patiente était négative. C'était évident.

Sauvé. Du moins jusqu'à ce que je prenne un autre échantillon de sérum, le lendemain... Je devrais vérifier chaque jour. Entre-temps, mon travail devait avancer.

Une de mes priorités était de dénicher les gens qui avaient déjà contracté le virus Ebola, et essayer de limiter leurs contacts avec les membres de leur famille. La meilleure méthode consistait à mettre sur pied un système pour repérer les victimes dès le début de la maladie, avant que le taux de virus ne soit trop élevé et qu'ils ne deviennent plus contagieux. C'était beaucoup plus facile à dire qu'à faire. Dans un pays riche, un malade se fait hospitaliser. Pas au Soudan, où l'hôpital est considéré comme un endroit où l'on vient pour mourir. Pire encore : l'épidémie avait causé une telle panique qu'on interdisait aux familles de veiller leurs malades pendant leur agonie. Pourquoi condamner nos parents à mourir dans la solitude ? Une fois de plus, j'étais impressionné par l'importance que les Africains accordent aux rituels mortuaires. L'emplacement précis des funérailles posait aussi un problème délicat. Si elles n'avaient pas la promesse que l'hôpital leur restituerait le corps dans des conditions qui lui garantissaient des obsèques convenables, les familles étaient peu disposées à confier leur parent à un tiers.

Il était évident que nous n'arriverions à rien sans la coopération des familles. Nous décidâmes de les encourager à agir comme elles l'avaient toujours fait, mais en les pressant de prendre quelques précautions élémentaires. Allez-y, disions-nous, occupez-vous de votre mari, ou de votre fille. Nous savons que c'est important pour vous. Mais s'il vous plaît, n'oubliez pas vos masques, vos gants et vos tabliers chirurgicaux ! Nous prenions le matériel sur nos propres stocks, et nous nous assurions qu'ils savaient comment s'en servir. Pour faciliter les choses, nous décidâmes de mettre un ou deux aides soignants à la disposition de chacune des familles. En assumant la responsabilité de s'occuper des leurs, elles pouvaient réduire le nombre d'individus exposés au virus et anéantir ainsi un de ses principaux moyens de transmission. Et les traditions familiales étaient respectées. Alain Georges procéda de la même façon, au Gabon en 1996, durant l'épidémie d'Ebola chez des jeunes gens qui avaient manipulé de la viande de chimpanzé.

Restait le problème des obsèques. Nous savions que pendant les cérémonies funéraires traditionnelles, les parents du défunt se trouvaient en contact intime avec le cadavre. Sans ces coutumes, les épidémies de 1976 (au Soudan et au Zaïre) se seraient propagées beaucoup moins vite. Mais nous ne pouvions pas empêcher l'usage qui veut qu'on purge le cadavre de son urine et de ses selles. Ensevelir un corps sans avoir fait cela était considéré comme une offense grave. Le mieux que nous pouvions faire, c'était de nous assurer que personne n'était contaminé en sacrifiant à ces rites. Pourquoi ne pas procéder comme dans les hôpitaux ? Après tout, le niveau de contact intime est quasiment le même. Seulement, au lieu d'une barrière pour les soins, ce serait une barrière pour l'embaumement.

Nous avons défini une série de mesures d'hygiène à respecter durant la préparation des corps pour les funérailles. Puisque nous allions devoir superviser ces rituels, il fallait en connaître parfaitement le déroulement. En échange de leur coopération, nous assurâmes aux familles que le corps de leur bien-aimé, s'il décédait à l'hôpital, leur serait restitué. Ce compromis reçut un accueil largement positif. C'était gratifiant, sinon vraiment étonnant. Après tout, les gens avaient peur d'Ebola, ce qui était compréhensible. Il pouvait sembler bizarre et peu commode de devoir porter un masque et une blouse, mais c'était un prix peu élevé pour éviter d'être contaminé. En outre, le costume (quels que soient le style et les motivations) tenait une place importante dans leur culture.

Notre stratégie porta presque immédiatement ses fruits. Des patients de plus en plus nombreux — peut-être contaminés — venaient subir des examens et des analyses de sang. Mais pas tous. Quoi que nous fassions, nous étions incapables de soulager les angoisses de tous. Ceux qui ne venaient pas spontanément, il fallait aller les chercher dans la brousse et les convaincre de venir avec nous pour subir un traitement qui soit contrôlé à la fois par nous et par leur famille.

Dans la zone de Nzara et Yambio, la majorité des gens vivent dans des quartiers familiaux auxquels on accède par des sentiers tortueux, à travers la brousse où pousse presque exclusivement de l'herbe à éléphants de trois mètres de haut. Il n'existait bien entendu ni cartes ni plans, et nous devions disposer d'un guide. Même quand nous trouvions notre destination, nous ne savions jamais comment nous serions reçus : beaucoup de familles n'avaient pas envie de laisser des étrangers emmener leurs malades à l'hôpital. Il fallait découvrir qui était parent de qui. Un homme pouvait avoir plusieurs épouses. Une femme désignait quelqu'un comme étant son frère. Nous prenions note. Puis elle désignait un autre homme : « Oui, c'est mon frère », et l'on prenait note, consciencieusement. On l'interrogeait sur un troisième homme, et elle disait : « Oui, c'est mon frère. » On se retrouvait bientôt avec une longue liste de frères — jusqu'à neuf ou dix. On commençait à avoir des soupçons. Même pour une grande famille, cela faisait beaucoup de frères. Il nous fallait quelque temps pour comprendre que sa conception du frère était différente de la nôtre. Dans maintes cultures, qualifier quelqu'un de frère ou de sœur est un moyen de signifier que la personne en question est assez importante à vos yeux pour recevoir l'amour et le respect qu'on réserve d'ordinaire aux membres de la famille. Cette manière de conférer un statut honorifique est sans doute sympathique, mais elle ne simplifie pas le travail de qui cherche à définir un groupe (une « cohorte ») dans une étude épidémiologique.

Roy Baron, le docteur Omran Zuberi du ministère soudanais de la Santé et moi-même, nous nous dispersâmes pour chercher les victimes avant qu'elles ne transmettent leur maladie à leurs proches. L'infirmier africain qui me guidait dans la brousse s'avéra fort compétent pour localiser les malades. Comme il venait lui-même d'un quartier, il s'entendait bien avec beaucoup de monde, et il connaissait leurs habitudes. Il était particulièrement habile à déceler si quelqu'un essayait de nous mener en bateau. Il usait des mêmes techniques qu'un détective new-yorkais. Il demandait à son interlocuteur s'il connaissait des cas suspects, puis me traduisait la réponse du zande.

— Cet homme dit que nous devrions aller par là-bas. Vers l'ouest. Nous y trouverons peut-être une femme atteinte par Ebola.

— Parfait. Allons-y.

Mais l'infirmier secouait la tête et me lançait un regard. Pas si vite.

— Cet homme ment, monsieur. Voyez la façon dont il remue les yeux.

— Très bien. Il n'y a donc pas de femme malade.

— Non, non, non ! Une femme est malade, monsieur, sans aucun doute. Mais elle ne vit pas là où il dit, mais par ici, vers l'est.

Je lui demandais comment il avait compris, mais il se contentait de me dire en souriant :

— Alors, qu'est-ce qu'on fait, on reste plantés là ?

C'est son intuition qui nous amena un après-midi dans un quartier qui m'apparut comme un mirage, dans les hautes herbes. Le quartier est constitué d'un groupe de cases en brique couvertes de chaume. Elles forment un cercle autour d'un espace dégagé dont le sol est soigneusement balayé. Au centre, on aperçoit souvent des femmes en train de battre le maïs dans un grand mortier de bois, à l'aide d'un pilon de deux mètres de long. D'autres préparent quelque spécialité indigène. Des enfants courent en tous sens au milieu des poules et autres animaux domestiques. Des volutes de fumée s'élèvent du feu de bois où repose un gros chaudron à la panse noircie. Un protocole rigoureusement hiérarchisé régit la distribution des cases : le patriarche occupe la première, son fils aîné et sa famille la seconde, le deuxième (par rang d'âge) la suivante, et ainsi de suite.

Notre apparition provoqua un certain remue-ménage. Ils savaient parfaitement pourquoi nous étions là. L'infirmier se dirigea vers l'un des hommes et lui parla en zande.

— Il y a des malades, ici ?

L'autre secoua la tête. Tout le monde allait bien. Je n'avais pas besoin d'interprète pour comprendre sa réponse.

— Il ment, décréta mon guide, aussi péremptoire que d'habitude. C'est évident.

Il continua à tourner autour de l'enclos où se trouvait un groupe disparate de poulets et de chèvres (ou peut-être de moutons, car en Afrique il est très difficile de les reconnaître), sous la surveillance d'un petit garçon. L'infirmier se tourna vers ce dernier et lui demanda s'il connaissait une femme qui était très malade. Le gamin jeta un regard inquiet par-dessus son épaule. Mon guide répéta sa question. Les yeux du garçon tournèrent et finirent par s'arrêter sur la case qui se trouvait juste à notre droite. Nous savions où il fallait aller.

Une jeune femme, à qui je donnai une vingtaine d'années, avait été transférée de son propre quartier à celui-ci car elle y avait de la famille. C'était une manière de cacher les malades aux autorités, afin qu'on ne les emmène pas. Personne ne nous barra le chemin. Elle était étendue sur une natte, le visage et les membres luisants de sueur. Elle avait la fièvre et délirait. J'appris qu'elle était malade depuis quatre ou cinq jours.

Avec Ebola, il n'y avait pas grand-chose à faire pour

stopper le processus. Le seul traitement possible était le plasma immun. Serait-il efficace ? Nous n'en savions rien, mais nous n'avions rien d'autre. (La ribavirine est inopérante contre Ebola.) Donner du plasma à quelqu'un qui était déjà malade était le meilleur moyen de savoir si nous pouvions agir. Je découvrirais peut-être, aussi, si cela pouvait marcher pour moi. Cette fille avait un énorme handicap. Au quatrième ou cinquième jour, le mal était très avancé, et probablement difficile à traiter.

Il fallut un moment pour convaincre sa famille de nous la confier. Nous dûmes promettre que nous ne les empêcherions pas de lui rendre visite à l'hôpital. Et nous nous engagions, si elle mourait, à faire en sorte que son corps leur soit restitué pour les rites funéraires appropriés.

Restait à la transporter à l'hôpital. Même si nous avions disposé d'un véhicule, il n'aurait jamais pu avancer dans l'herbe à éléphants. Nous devions la porter nous-mêmes. Avec mon optimisme habituel, je calculai qu'il nous faudrait trois quarts d'heure pour la porter jusqu'à la route la plus proche — ou ce qui pouvait passer pour une route. On envoya un messager pour qu'il fasse venir la camionnette au lieu dit. Je mobilisai deux membres de sa famille pour nous aider à porter le brancard.

Ce ne fut pas une partie de plaisir. La chaleur était implacable, l'humidité encore plus terrible. La nuit allait tomber. Il fallait atteindre la route avant d'être surpris par l'obscurité. Je n'avais aucune envie de passer la nuit dans cette herbe. Nous pouvions nous retrouver face à face avec Dieu sait quoi. Et notre malade devait recevoir le plasma au plus vite. Il nous fallut deux fois plus de temps que prévu. Quand nous avons atteint la route, c'était le crépuscule. Dieu merci, la fille était pratiquement dans le coma, et elle ne sentait rien. La camionnette était là, qui nous attendait.

Dès notre arrivée à Yambio, nous l'avons installée dans une chambre séparée. La pièce était inconfortable, mais nous n'y pouvions rien. Il n'y avait ni ventilation, ni fenêtres. Rien que cet air confiné et cette chaleur paralysante.

J'enfilai une tenue de protection, un masque et une double paire de gants. Le docteur Omran proposa de m'aider à installer la perfusion. Mais il commit une erreur : plutôt qu'un masque chirurgical, il préféra utiliser un de ces masques à gaz qui ont un taux d'échange d'air très bas et s'embuent d'autant plus facilement. Quand votre débit respiratoire s'accélère, vous produisez beaucoup plus de dioxyde de carbone... Rien ne vaut une bonne panique pour embuer un masque. Mon collègue était très nerveux. Et je ne pouvais pas le soulager en lui faisant croire qu'il ne courait aucun risque.

Il se plaignit soudain de la chaleur. Je levai les yeux vers lui : je ne voyais plus son visage sous le masque. Nous étions précisément en train d'installer la perfusion pour administrer le plasma, à la faible lueur de la lampe à kérosène. Le support du goutte-à-goutte était un simple montant de bois cloué sur deux bâtons en croix tenant lieu de socle. Un clou fixé au sommet retenait le crochet où nous suspendions le flacon. Cela ressemblait tout à fait à un crucifix.

Omran murmura soudain qu'il se sentait mal. Je lui conseillai de sortir et d'ôter son masque. Il ne revint pas. Seul, je finis de mettre en place le goutte-à-goutte. La jeune femme délirait toujours. Aucun moyen de communiquer. Elle était absolument trempée de sueur, mais son corps était glacé. Sa tension artérielle était presque imperceptible.

Je savais qu'il était très dangereux de donner trop de fluides aux malades : le virus rend leurs membranes si perméables qu'on risque de noyer leurs poumons. Mais, en la circonstance, je sentais que je n'avais pas le choix. Il était évident que j'étais en train de la perdre. Je devais faire remonter sa tension. Une perfusion de fluides y contribuerait peut-être. On m'avait dit qu'elle n'avait pas absorbé le moindre liquide depuis plus de vingt-quatre heures.

Est-ce que le plasma agirait ? Et dans l'affirmative, serait-il efficace dans un cas aussi avancé ? Il aurait fallu que je la voie plus tôt. Mais j'ignorais si le traitement agissait, quel que soit le stade de la maladie. Je ne connaissais qu'un seul précédent : ce qui était arrivé à Geoff Platt, qui s'était infecté avec le virus Ebola, au Zaïre en 1976. On lui avait administré du plasma immun en Angleterre, et il avait survécu. Mais on lui avait donné aussi de l'interféron et des soins médicaux de première qualité. Impossible de savoir à quoi il devait finalement sa guérison. Quant à nous, nous n'avions pas le choix. Nous n'avions que le plasma. J'en donnai deux unités à ma patiente. Ça ne servirait peut-être à rien. Mais cela ne pouvait pas lui faire de mal. Après tout, j'avais déjà effectué sur moi-même le test de sécurité.

Ironiquement, un des effets du plasma, à court terme, est d'élever le taux d'anticorps. Ce qui signifie que leur présence n'est plus un bon indicateur pour le diagnostic. C'est l'anticorps dans le plasma qui est supposé tuer le virus. En d'autres termes : quand vous mesurez les anticorps chez quelqu'un qui a reçu du plasma immun, il est impossible de savoir quelle est leur origine. Nous avions déjà pris du sang à cette fille avant de lui injecter le plasma immun, et nous n'avions détecté aucun anticorps contre Ebola. Cela pouvait vouloir dire deux choses : ou bien elle était encore au début de la maladie (ce qui était bien), ou bien elle n'était pas contaminée par Ebola (ce qui était encore mieux). Mais pour moi cela ne faisait aucun doute. La pauvre fille hébergeait le virus.

Le lendemain, quand je testai ses anticorps, j'eus la joie de découvrir qu'ils étaient en légère augmentation. Ils étaient désormais visibles dans son plasma à la dilution 1 : 8. C'était la bonne nouvelle. Au moins avait-elle une arme à opposer au virus. La mauvaise nouvelle, c'est qu'elle saignait autour des gencives. Et il y avait des traces de sang dans ses selles. A ce stade, seul un miracle pouvait la sauver.

Le miracle n'eut pas lieu. Elle mourut deux jours après que nous l'eûmes sortie de la brousse avec tant de difficultés. Si le plasma était efficace, il n'en avait rien montré.

« Et moi ? me demandais-je. Suis-je en train d'incuber cette horrible maladie ? »

J'avais des raisons d'espérer. L'état de la vieille femme, dont le sort était lié au mien, avait évolué. Elle pouvait s'asseoir et bavarder gentiment. Elle n'avait plus l'air d'être infectée. Elle allait beaucoup trop bien. Beaucoup trop enjouée. Les rares malades que j'avais vus se rétablir n'avaient pas été capables de s'asseoir et de se détendre si vite. Je me dis qu'elle avait eu tout autre chose. C'est donc avec un espoir immense que j'allai lui prendre un échantillon de sérum. Il était impossible qu'elle fût convalescente. Si elle n'avait pas d'anticorps, c'est qu'elle n'avait jamais eu Ebola. Cette fois, avant d'analyser son sérum, je ne tergiversai pas. J'étais trop impatient de voir à quoi ressemblaient ses globules.

Je décidai que je devais être seul pour effectuer ce travail. En pénétrant dans le labo de Simon, je fis de mon mieux pour garder mon sang-froid. J'avais les paumes moites, et mon cœur battait la chamade. Dans quelques secondes, j'allais connaître le verdict. J'avais vu assez de sérums de contrôle positifs pour reconnaître un résultat négatif sans la moindre hésitation.

Je m'armai de courage. J'examinai la lame. Je vérifiai le contrôle positif, puis le négatif. Tout allait bien. Le test marchait. Une fois de plus, les cellules en contact avec le sérum de la vieille femme étaient vert foncé. Négatif. Elle n'avait jamais eu Ebola, et je n'avais jamais été exposé.

Il est difficile de décrire mon soulagement. J'étais extatique. C'était comme si l'on venait de me rendre ma vie et mon avenir. Après avoir testé les autres échantillons de sérum, je me ruai hors du labo. Je voulais prévenir Roy. J'aurais voulu arroser cela avec une bonne bouteille de scotch. Mais nous avions tout bu le soir de l'accident.

14

L'histoire de Sue

C'était l'été 1983, quelques semaines avant mon départ au Zaïre, où je devais enquêter sur le sida. Je fis la connaissance d'une collègue qui allait apporter dans ma vie des bouleversements inattendus. Le premier à avoir attiré mon attention sur elle était David Simpson, un enquêteur de l'OMS qui avait travaillé sur l'épidémie d'Ebola, au Soudan, sept ans plus tôt. Il m'écrivit pour me parler d'une Britannique qui s'intéressait à la pathogenèse des fièvres hémorragiques virales. Elle s'appelait Susan Fisher-Hoch. Un jour, elle me téléphona. Elle était invitée à Atlanta par la Conférence nationale sur la maladie des légionnaires. Elle présentait le résultat de ses recherches sur la propagation de la bactérie *Legionella pneumophila* dans les systèmes d'alimentation en eau chaude en Angleterre. Ses conclusions suggéraient que, puisque la maladie des légionnaires était apparue dans son pays, elle ne pouvait venir des systèmes de conditionnement d'air. Car on utilise très peu l'air conditionné sur une île aussi froide et humide que l'Angleterre. Sue se proposait donc de chercher les bactéries ailleurs.

Je n'avais pas la moindre idée du rapport qui pouvait exister entre ses travaux et la pathogenèse des fièvres hémorragiques virales. Je n'allais pas tarder à le savoir.

Outre *Legionella*, Sue avait déjà effectué des recherches considérables sur Ebola, au laboratoire de niveau 4 de Porton Down. Elle débordait d'enthousiasme à l'idée d'éclaircir les mystères du virus. A l'entendre parler de ses expériences sur des singes contaminés, je fus horrifié. Elle et ses collègues travaillaient dans des conditions effroyables. Ils n'avaient pour toute protection que des filtres HEPA extra-fins pour décontaminer l'atmosphère, et une garde-robe constituée de pyjamas trop grands et de masques respiratoires. Qu'elle soit parvenue à mener ses recherches à leur terme sans s'infecter relevait du miracle.

Sue menait des expériences d'un type inconnu jusqu'alors. Cela devait intéresser le CDC, parce qu'il existait des similitudes troublantes dans la façon dont Ebola et Lassa agissaient sur le corps humain. Avant même qu'elle ne rejoigne la conférence, nous avions passé un accord : elle viendrait au CDC dès que possible, pour entreprendre une série d'expériences sur la pathogenèse de Lassa. Je lui promis des conditions de travail un peu plus sûres que celles auxquelles elle était habituée.

L'enquête qui m'amena au Soudan en 1976 était indirectement responsable de la passion de Sue pour la virologie. Son intérêt s'éveilla en effet lors d'une conférence que David Simpson donna à Londres en 1978, alors qu'elle achevait sa maîtrise à l'école d'Hygiène et de Médecine tropicale. Cette conférence fut décisive dans la vie de Susan. Mais laissons-la raconter elle-même son histoire.

David travaillait sur les fièvres hémorragiques virales, à Porton Down, le seul labo chaud de Grande-Bretagne. Il poursuivait les recherches qu'il avait entreprises au fond de l'Ouganda. Il était de ceux qui avaient contribué à isoler le virus de la fièvre hémorragique Crimée-Congo, ce qui était sans doute son plus grand titre de gloire. Les fièvres hémorragiques ne m'étaient pas tout à fait inconnues. J'avais entendu parler du mystérieux singe vert de la maladie de Marbourg, sur laquelle David avait aussi travaillé. Et je savais que le virus Ebola ressemblait à celui de Marbourg — filamenteux, lové, entortillé — et qu'il provoquait chez l'homme une maladie mortelle. Il était si énigmatique, si diabolique, qu'il me faisait penser à l'épidémie venue de l'espace que l'on voit dans *le Mystère Andromède*[1]. D'où venait-il ? Pourquoi se conduisait-il avec une telle virulence ? Je voulais en savoir plus. Comment ce virus agissait-il, précisément ? Pourquoi les patients mouraient-ils si vite ?

Je me rappelle clairement la conférence de David Simpson. Il racontait ce qu'il avait vécu durant l'enquête sur Ebola, au Zaïre, en 1976.

> Nous avons fini par nous arrêter, en bout de piste, à l'aéroport de Juba. Tout était prêt pour le déchargement. Le problème, c'était que nous avions trop de matériel. Le gouvernement de Sa Majesté était chaudement partisan des masques respiratoires. Sans doute en vertu d'une tradition qui s'inspirait de l'héroïsme de la RAF durant la Seconde Guerre mondiale. Mais ce qui avait été si utile à nos aviateurs au combat ne convient pas pour se couvrir le visage quand on autopsie un homme tué par Ebola. Vous suez comme un bœuf, vous avez du mal à voir ce que vous faites. Mais nous n'avions pas le choix. Cela ne pouvait être autrement. Aussitôt après s'être posés, les pilotes se sont tournés vers nous : « Voici la taxe d'atterrissage. Vous la paierez de notre part. » Ils nous ont jetés dehors avec tout notre équipement, et ils ont décollé sans attendre.

David avait été l'un des principaux enquêteurs de l'équipe envoyée par l'OMS pour étudier Ebola au Soudan en 1976. C'était un conférencier brillant et séduisant. Mais il avait aussi quelque chose du non-conformiste, de l'homme qui peut traverser la vie grâce à son intelligence et à son charme. Ce dont il ne manquait pas. Il n'a sans doute jamais préparé ses conférences en profondeur, bien qu'elles fussent toujours excellentes.

1. *Le Mystère Andromède (The Andromeda Strain)*, film de Robert Wise d'après un roman de Michael Crichton (1971).

C'était peut-être parce qu'il était irlandais, et qu'il avait ce don proverbial des Irlandais pour la parole, que ses exposés étaient si irrésistibles... Mais ce n'était ni son charme ni son intelligence pénétrante qui m'avaient persuadée d'assister à sa conférence. J'étais intriguée par les chasses au virus qu'il avait menées tout autour du monde.

> Ainsi, nous étions à Khartoum, en train de ronger notre frein sans pouvoir bouger. Nous étions immobilisés. Nous courûmes chez les fonctionnaires concernés, mais ils firent la sourde oreille. Rien à faire, prétendaient-ils. Un cordon sanitaire avait été mis en place autour de Maridi, et aucun moyen de transport ne fonctionnait, ni en provenance ni à destination de cette ville. Tout le monde avait si peur, disait-on, qu'il était impossible de trouver quelqu'un qui acceptât de me véhiculer. Ils ne voulaient pas, ou ne pouvaient pas, nous aider.
>
> Et puis soudain, qui voilà ? *Deus ex machina.* Sinon *Deus*, en tout cas son représentant. L'archevêque de Canterbury en personne venait d'apparaître à Juba ! Avec son propre avion. Il apparut que l'Eglise d'Angleterre avait de nombreux partisans parmi les pauvres types coincés dans le sud du Soudan. Il était en route pour rencontrer ses ouailles. Evidemment, aux yeux du régime, l'archevêque pesait plus lourd que nous. Personne n'essayait de l'empêcher de voler là où il avait envie d'aller. Nous nous sommes donc adressés à l'archevêque. Nous lui avons demandé de nous emmener. Mais bien sûr, nous a-t-il dit, suivez-moi !
>
> Je ne sais toujours pas s'il avait bien compris les possibles implications de l'épidémie, ou s'il avait simplement décidé de les ignorer. Protégé, bien entendu, par sa foi.

David continua de poursuivre son enquête à Maridi. L'hôpital était désert : Ebola avait décimé le personnel. Les survivants se terraient chez eux, mais les cas de fièvre continuaient de se multiplier. Il effectuait ses autopsies en plein air. Il arriva à Nzara, et il finit par escalader le toit d'une cotonnerie pour capturer des chauves-souris, dans l'espoir que l'une d'elles porte le virus. Il en expédia six, dans une caisse, à Porton Down. Le labo ne trouva pas la moindre trace d'Ebola. Mais, pour moi, ce n'était pas le problème. J'écoutais David, et je ne pensais qu'à une chose : *Voilà ce que je veux faire.*

Il m'avait fallu un certain temps pour en arriver là. Et il allait m'en falloir encore pas mal avant d'être associée à une enquête importante. Mais j'étais encore une débutante, à l'époque, et j'allais rencontrer un certain nombre d'obstacles. Plus que je ne pouvais imaginer.

Je suis née en août 1940 à Denby, en Angleterre, pendant le seul bombardement que la ville ait subi durant le long été de cette année-là. A onze ans, on m'envoya dans une pension au nord du pays de Galles. Je vécus cette période comme un véritable exil. J'y passai six années qui furent les plus malheureuses de ma vie. Pour lutter contre la solitude, je dévorai toute la littérature et la poésie qui me tombaient sous la main. J'obtins mon diplôme avec d'excellents résultats en anglais, français et histoire. Mes parents durent s'installer en France, pas très loin de Paris, car mon père allait travailler pour l'OTAN, à Fontainebleau. J'allais pouvoir étudier à la Sorbonne et voyager pour de bon. Je passai deux ans en France et en Italie, où je me découvris une certaine facilité pour les langues et une passion pour les pays étrangers. J'eus beaucoup de mal à me réadapter à l'Angleterre. J'épousai un homme plus âgé que moi qui avait lui-même beaucoup voyagé, surtout en Afrique.

Mais le mariage ne tempéra pas l'effervescence que mes voyages avaient fait naître en moi. A vingt-sept ans, je compris qu'il me fallait agir. Je décidai d'apprendre un métier qu'on disait impraticable pour une femme mariée, surtout si elle a un enfant. Je deviendrais médecin.

En dépit des préjugés, vivaces jusqu'au début des années soixante-dix, contre les femmes qui voulaient faire leur médecine, je suivis des cours de physique, de chimie et de zoologie dans un collège technique. (Je devais atteindre le niveau exigé pour la préparation aux études médicales.) Peut-être pensa-t-on que le travail suffirait à me décourager, et que je renoncerais à suivre le chemin aberrant que je m'étais choisi. De fait, je vécus un premier trimestre très difficile, assise au bout d'une rangée de garçons de quinze ans. Malgré leur manque de maturité, ils avaient deux ans de physique derrière eux — ce qui voulait dire qu'ils connaissaient déjà toutes les réponses.

Mais j'étais déterminée. Je prenais autant de notes que possible. Après les cours, j'allais récupérer ma fille. Je rentrais à la maison pour préparer le dîner et m'occuper de ma famille. Puis je me mettais enfin à mes devoirs. Cela non plus n'allait pas tout seul. En 1967, les calculatrices de poche n'existaient pas, et j'étais trop fière pour avouer que j'avais oublié comment on calcule les logarithmes. Durant tout un semestre, j'ai dû faire de longues séries de divisions et de multiplications — des pages entières, comme la souris dans *Alice au pays des merveilles* —, jusqu'à ce que mon frère ait pitié de moi et me donne une règle à calcul.

Malgré mes handicaps, j'obtins en physique et chimie des résultats suffisamment bons, selon moi, pour espérer entrer facilement en école de médecine. Il y avait des quotas à respecter : le nombre de femmes ne devait pas dépasser 15 % des nouveaux élèves, et la plupart des filles qui réussissaient étaient des postulantes en chimie, fraîches émoulues de riches écoles privées. Mais j'étais persuadée d'y arriver. J'écrivis aux doyens de tous les établissements que je pus trouver. Les réponses étaient toutes semblables. On jugeait que « je ne convenais pas », et une lettre me suggérait même de retourner dans ma cuisine. Entre-temps, je voyais les écoles de médecine s'ouvrir à mes jeunes condisciples mâles — même s'ils avaient des notes inférieures aux miennes — sur la base de leurs talents au rugby.

Dieu merci, il y eut une exception. Dame Frances Gardner, doyenne du Royal Free Hospital, fut assez intriguée pour me convoquer à un entretien. Après cela, elle décida d'accepter ma candidature. Elle le fit clairement contre le vœu des autres membres de la commission d'admission. Mais elle posa une condition absolue. Je devais fournir une lettre de mon mari, où celui-ci s'engageait à ne pas divorcer avant la fin de mes quatre années d'études. Il eut la gentillesse d'accepter.

Dame Gardner était mariée à un nommé George Quist, un des hommes les plus extravagants que j'aie rencontrés. Son nom semblait emprunté à un roman de Dickens. On racontait d'ailleurs qu'il avait servi de modèle à Sir Lancelot Spratt, le médecin excentrique du roman de Richard Gordon, *Doctor in the House*. Il refusait souvent de se laver les mains en salle d'opération (il n'a jamais opéré sans l'avoir fait au préalable, bien entendu). Dès qu'il entrait, il se couvrait d'un grand tablier de plastique. Pour expliquer un point de chirurgie à ses étudiants, il tenait un tampon sanglant avec une grosse paire de forceps, et s'en servait pour dessiner à grands traits sur le devant de son tablier. Comme il était très corpulent, il ne manquait pas d'espace pour sa démonstration.

J'entrai à l'école de médecine avec une angoisse terrible. Je m'attendais à me retrouver au milieu de gamins supérieurement intelligents qui allaient me réduire en miettes. Il y avait aussi le problème des déplacements, qui me prenaient plus de trois heures par jour (nous habitions à quatre-vingts kilomètres de Londres). Mais je considérais que j'étais privilégiée, et je n'eus aucun mal à jongler avec les exigences de la famille et du travail. Je découvris que je pouvais faire la plupart de mes devoirs dans le train. Seul problème : la curiosité des autres voyageurs quand j'ouvrais mes livres d'anatomie, surtout quand j'arrivais aux parties intimes. Un jour, j'ai installé une boîte contenant un squelette dans le filet à bagages. J'étais terrorisée à l'idée qu'elle pouvait tomber, et que son contenu se répandrait dans le train. On m'avait dit qu'un tel incident pouvait me valoir d'être arrêtée en vertu de l'Anatomy Act (une vieille loi qui protège le grand public choqué par les « choses de la médecine »).

Une autre femme de tête eut de l'influence sur ma carrière : Dame Sheila Sherlock, qui me guida durant mon internat. Cette femme majestueuse, exigeante, était surnommée la Reine Jaune, à cause de sa notoriété internationale dans le domaine de l'hépatite (maladie qui provoque la jaunisse). Avec elle, il était simplement hors de question de se tromper. Elle était aussi excentrique que brillante. C'était un personnage digne de Lewis Carroll.

J'eus la chance d'être l'amie de Teresa Tate. Cette jolie fille aux cheveux blond cendré venait d'une famille très riche (elle avait été à l'école avec la princesse Anne). Ce n'était donc pas l'appât du gain qui expliquait sa présence en médecine. Elle était poussée par un vrai désir d'exercer. Elle était impressionnante. Rien ne la décourageait. Lorsque nous faisions équipe, nous étions une force avec laquelle il fallait compter, ce qui faisait grand plaisir à Dame Sherlock. Ce fut la première fois de ma vie que je vis mon patron favoriser les femmes par rapport aux hommes.

Un jour, nous eûmes la brillante idée d'utiliser des crayons de couleur pour les diagrammes des patients : du rouge pour l'hémoglobine, du jaune pour la bilirubine (le pigment qui est à l'origine de la jaunisse). Nous collâmes les résultats au pied des lits. Dame Sherlock pensa que c'était une bonne idée. Elle en fit part aux internes de deuxième et troisième année. « Eh bien, jeunes gens, s'écria-t-elle, voilà ce qu'il fallait faire ! » Elle les appelait toujours « jeunes gens ». « Au moins, on voit ce qui se passe, maintenant. » Nos collègues grinçaient des dents.

Après mon internat médical, j'ai dû servir six mois comme interne en chirurgie. Cette spécialité ne me convenait pas. J'avais l'impression que les chirurgiens ne réfléchissaient pas beaucoup, qu'ils se contentaient de découper. Et mon centre d'intérêt était ailleurs. Depuis que j'avais travaillé avec Dame Sherlock, que j'avais soigné des patients souffrant d'hépatite, j'étais fascinée par les virus. C'est pourquoi je fus naturellement attirée, dès la fin de ma période de chirurgie, par le Public Health

Laboratory Service[1]. En Grande-Bretagne, c'était l'endroit rêvé pour étudier la virologie.

Le problème était que les virus étaient à l'époque le parent pauvre de la recherche scientifique. La médecine ne les prenait pas au sérieux, car on croyait qu'ils jouaient un rôle peu significatif dans la production des maladies et que, de toute façon, « on ne pouvait rien faire contre eux ». On ignorait encore l'importance de la prévention en matière de santé publique. On attendait que vous tombiez malade, et l'on essayait de vous soigner. Une autre opinion répandue voulait que la médecine moderne ait vaincu les maladies comme la polio. Un collègue me reprocha même mon choix, arguant qu'il était tout à fait « inopportun » de se spécialiser dans les maladies virales. Ce que je devais faire, c'était la bactériologie, comme lui : j'y apprendrais tout ce que je devais savoir pour devenir virologiste. Mais j'étais convaincue qu'il se trompait. Que presque tout le monde se trompait. Mon instinct me disait que la virologie était promise à un brillant avenir.

1. Service clinique de Santé publique (PHLS).

15

Virologie, plomberie, Ebola

En 1978, après avoir achevé ma maîtrise à l'école d'Hygiène et de Médecine tropicale de Londres, je partis pour Oxford. J'entrai au PHLS à l'hôpital Radcliffe. A la première occasion, je demandai à être transférée en virologie, mais il n'y avait pas de place. Déçue, je me tournai vers une autre direction. Je trouvai un poste dans l'équipe de Bob Mitchell. Cet excellent professeur et éminent bactériologiste dirigeait le laboratoire de bactériologie de l'hôpital Churchill. Mon patron était John Tobin, directeur du PHLS et chef de la virologie. Ce sexagénaire dynamique, enthousiaste et drôle était un esprit indépendant. Dès qu'il arrivait quelque chose de nouveau, il était là pour y assister, les yeux écarquillés. Il adorait s'asseoir à la table du labo pour y effectuer lui-même des manipulations. Il était heureux d'adopter quiconque voulait s'engager et travailler avec lui. Je faisais partie des volontaires. Il fut le premier à m'enseigner la virologie.

— En virologie, disait-il, peu importe ce que vous faites, à condition que vous le fassiez vite.

Nous préparions des cultures de cellules, et nous devions faire très attention à ne pas les contaminer avec des bactéries ou des champignons. Le conseil de John était judicieux : la vitesse paie. Nous pratiquions des tests faisant appel à des anticorps fluorescents (selon une technique appelée immunofluorescence, ou IFA) pour détecter un organisme récemment découvert, *Legionella pneumophila*. John Tobin n'était pas difficile. Peu lui importait que *Legionella* ne soit pas un virus. L'important, c'était qu'il soit nouveau. En tout cas, l'IFA est beaucoup plus utilisée par les virologistes que par les bactériologistes. Elle permet d'identifier et de mesurer les anticorps ou les antigènes d'organismes infectieux. Le colorant fluorescent aide à visualiser l'organisme recherché, qui émet une brillance jaune quand il est exposé à certains rayons ultraviolets. Les antigènes sont des substances que le corps perçoit comme des envahisseurs « étrangers ». Ils comprennent aussi bien les virus, les toxines et les bactéries, que le sang incompatible et les organes greffés. Leur présence dans le corps stimule le système immunitaire, qui fabrique à son tour des anticorps pour se protéger. Sans ce mécanisme, l'être humain aurait disparu depuis longtemps de la surface de la terre. La *Legionella* était un germe fort célèbre, à l'époque. Il était responsable d'une mystérieuse épidémie de pneumonie mortelle qui avait éclaté en 1976 à Philadelphie, parmi les participants d'un congrès de l'American Legion : la maladie des légionnaires, ou légionellose. Bien que deux ans déjà se fussent écoulés, John était le premier à travailler sur cette bactérie en Angleterre. Bob Mitchell était lui aussi très impliqué dans cette étude. Nous allions travailler tous trois de concert pour essayer d'en savoir plus sur la maladie.

Nos recherches se déroulaient presque exclusivement après les heures normales de travail. Vers cinq heures du soir, au moment où les techniciens s'apprêtaient à rentrer chez eux, John venait me chercher : « Allons-y, Sue, c'est l'heure de nos fluorescences ! » D'aucuns auraient pu croire à une invitation galante. Mais je répondais avec enthousiasme. J'abandonnais la routine quotidienne et je sortais les cultures, sur lesquelles je travaillerais tard dans la soirée. La raison principale de ces « heures supplémentaires », c'était que les techniciens étaient mécontents et inquiets. Est-ce que nous nous rendions compte ? Nous mettions leur vie en danger en manipulant des organismes inconnus hautement pathogènes. Et peu d'organismes, disait-on, sont aussi pathogènes que *Legionella.* Ce fut le début de mes activités au niveau 4. Je manipulais des choses que les gens trouvaient trop dangereuses !

Pourtant, le danger ne m'inquiétait pas. Je me disais que je ne risquais rien tant que je respectais l'organisme sur lequel je travaillais, et que je prenais un certain nombre de précautions raisonnables. En outre, j'avais confiance en John. Il travaillait depuis longtemps sur les micro-organismes, et il savait comment s'y prendre.

Nos travaux sur *Legionella* commencèrent à porter leurs fruits. John et moi fûmes invités à prendre la parole devant l'équipe clinique des maladies respiratoires. Nous expliquâmes ce que nous savions de la maladie, en insistant sur ses symptômes. Les médecins prenaient souvent la légionellose pour une pneumonie classique, et restaient confondus devant l'état de leurs patients. Nous étions persuadés qu'elle était beaucoup plus répandue qu'on ne le croyait. Et nous avions raison. La maladie que nous observions sous nos microscopes allait bientôt se manifester jusque dans les salles communes de l'hôpital Churchill. L'homme qui allait nous alerter se trouvait dans notre public, ce jour-là. C'était un jeune interne, Martin Muers.

Quelques jours après notre exposé, il me téléphona. Il appelait de l'hôpital Radcliffe, juste un peu plus bas, dans la vieille ville, au cœur de l'université d'Oxford.

— Je m'apprête à effectuer une bronchoscopie sur une patiente à qui on a greffé un rein... Je crois bien qu'elle est atteinte de légionellose. De quoi avez-vous besoin pour faire une analyse ?

— J'aimerais que vous préleviez un échantillon de tissu, le plus profondément possible dans les poumons. Tout ce que vous pourrez extraire sans le contaminer en le remontant.

Au bout du fil, il y eut un silence. Martin était sans doute en train de se demander comment il allait procéder. Je fis quelques suggestions.

— D'accord, dit-il. Je vais voir ce que je peux faire.

Une heure passa. Il était tard, les techniciens du labo étaient déjà rentrés chez eux. Par la fenêtre, je vis Martin monter la côte à bicyclette. Il apportait un tube pour centrifugeuse stérile de dix centimètres cubes, contenant trois prélèvements par fibroscopie. Parfait. Exactement ce que j'avais demandé.

En attendant de savoir qu'en faire, je mis le flacon en sécurité dans l'armoire à pharmacie. Ce dont j'avais besoin se trouvait quelque part à l'intérieur des tubes. Mais comment l'en sortir ? Je ne pouvais pas me contenter de le découper, au risque de le contaminer. Toutes les bestioles venues de l'appareil respiratoire et qui s'étaient répandues le long du tube auraient recouvert mon *Legionella*, et je l'aurais perdu. L'orifice du tube était très étroit. Je n'avais rien d'assez fin pour y pénétrer. La substance qui se trouvait au fond était trop visqueuse pour être aspirée avec une aiguille hypodermique et, de toute façon, la sonde était plus longue que les aiguilles dont je disposais. J'avais besoin d'un ustensile fin, long et stérile.

J'ai dû le fabriquer moi-même. Je fis chauffer une pipette sur un bec Bunsen. Quand elle commença à rougir, j'étirai le verre jusqu'à ce qu'il soit aussi fin que possible. Je dus recommencer plusieurs fois et jeter pas mal de verre brisé avant de réussir. Finalement, je disposais d'un tube de verre assez fin pour entrer dans le tube à bronchoscopie. Je me dirigeai vers l'armoire, j'actionnai les ventilateurs pour aérer la pièce et enfilai une paire de gants. J'ouvris le flacon, j'en sortis avec précaution un des tubes avec des forceps stériles. Je l'ouvris avec des ciseaux. Puis j'introduisis ma fine pipette de verre. Je l'enfonçai, doucement. Cela marchait.

Je parvins à extraire quelques gouttes d'une matière gluante. Je la disposai sur le milieu de culture spécial *Legionella* que Bob Mitchell et moi avions préparé le jour même. Il s'agissait d'une mixture rougeâtre, une sorte de gélose à demi solide contenant des substances nutritives, notamment du fer, des vitamines et un peu de sang. Si cette chose gluante s'entourait d'un halo sombre, nous saurions que nous étions sur la piste de *Legionella*.

Trois jours plus tard, le résultat semblait décevant. Au moins eus-je le plaisir de vérifier qu'il n'y avait eu aucune contamination. Mais Bob Mitchell, plus expérimenté que moi, était capable de voir ce qui m'échappait. Il remarqua que quelque chose avait changé dans le milieu de culture. A l'œil nu, ce n'était pas grand-chose — rien qu'un léger brunissement sous la goutte de mucus. Il souleva la plaque et me la montra en l'éclairant par-dessous, à travers la gélose. C'était cela ! On discernait tout juste un minuscule halo, autour d'une imperceptible tête d'épingle de *quelque chose* qui se trouvait sous le mucus. C'était ce que nous cherchions. Le premier échantillon de *Legionella* jamais isolé hors des Etats-Unis, après avoir été prélevé sur un patient vivant. Nous appelâmes Martin, aux anges.

— Félicitations ! m'écriai-je. Vous aviez raison ! C'est bien *Legionella*. Soignez votre patiente à l'érythromycine.

C'était le médicament recommandé contre la légionellose.

Il fallait découvrir comment cette patiente avait été contaminée. Une enquête approfondie permit d'avancer que cela s'était passé dans un bloc-douche, au service des greffes rénales, où nous avons trouvé la même souche de *Legionella*. La patiente a été soignée à l'érythromycine et, ce dont je me réjouis, elle a guéri.

Quelques mois plus tard, je partais au St. George's Hospital, au sud de Londres, district de Tooting, pour y effectuer un véritable travail de virologie. Mais la maladie des légionnaires me poursuivait, tel un implacable soupirant. Ou peut-être l'avais-je amenée avec moi. Un jour, alors que je travaillais à la mise sur pied du service virologie à l'hôpital de district de Kingston-upon-Thames, Malcolm Smith, le technicien bactériologiste en chef, vint me voir. Il s'ennuyait, déclara-t-il. Il n'avait rien à faire qu'assurer la routine.

— Avec cette virologie qui prend son essor, j'aimerais bien qu'on me donne à faire quelque chose de nouveau.

Je lui apportai donc ma propre souche de *Legionella* et les réactifs que John Tobin m'avait donnés, ainsi que le milieu de culture que j'avais sorti de Churchill en contrebande. Il fallait être discret, car les gens étaient terrifiés à l'idée de se trouver à proximité de *Legionella*. Pas Malcolm. Je lui montrai le tube, et son contenu mortel.

— Eh bien, voilà. Préparez les agents réactifs, et voyez si vous pouvez nous trouver un cas de légionellose.

Deux semaines plus tard, je participais à une réunion à l'hôpital de Kingston, lorsque la porte s'ouvrit brusquement. Tout le monde s'interrompit. Malcolm était là, un large sourire aux lèvres.

— J'en ai trouvé un ! s'exclama-t-il, triomphant.

— Un quoi ? lui demandai-je.

— Un cas de légionellose !

Il agitait un morceau de papier.

C'était un rapport de labo. Malcolm avait cultivé l'organisme que je lui avais donné, il avait préparé des lames et analysé le sérum d'un patient atteint d'une pneumonie. Le test révélait un taux élevé d'anticorps contre *Legionella*. Il avait examiné un certain nombre de formulaires de demandes d'analyses en labo, jusqu'à ce qu'il trouve un cas dont la description rappelât la maladie des légionnaires. Puis il avait appelé l'interne en charge de ce malade pour lui faire part de sa découverte. Et l'interne lui avait demandé :

— La maladie des légionnaires ? Qu'est-ce que c'est que ça ?

— Peu importe, avait répliqué Malcolm. Faites-moi simplement envoyer un peu de sérum.

Je pris immédiatement contact avec Chris Bartlett du Centre de surveillance des maladies contagieuses, au siège du PHLS, au nord de Londres. C'était un des rares épidémiologistes en activité en Angleterre. L'année précédente, à Oxford, j'avais beaucoup entendu parler de lui. Quand il apprit la nouvelle, il se montra aussi excité que moi, mais il s'efforça de rester calme. Un cas isolé, après tout, ne constitue pas une épidémie. Nous décidâmes de rassembler autant d'informations que possible sur ce cas, et de poursuivre nos recherches.

Une semaine plus tard, à Kingston, Malcolm réapparut dans mon bureau. Il arborait le sourire que je connaissais bien.

— J'en ai trouvé deux autres ! s'écria-t-il, très fier de lui.

Il s'avéra que les trois patients avaient été contaminés dans le nouveau bâtiment de notre hôpital. Le cercle se resserrait.

— Parfait, Malcolm. Je crois que nous l'avons, notre épidémie.

Je rappelai Chris Bartlett. Cette fois, il n'hésita pas une seconde :

— J'arrive !

Je me transformai en détective. Quelle était l'origine de l'épidémie ? Quels en étaient les vecteurs ? Je compris vite qu'une enquête épidémiologique impliquait autre chose que des cultures de tissus et des agents pathogènes. Ça pouvait aussi impliquer les sciences du bâtiment. J'allais devoir m'initier au fonctionnement du réseau de plomberie d'un hôpital. Première constatation : il n'y avait dans les parages aucun système de conditionnement d'air. Les Américains prétendaient que *Legionella* venait de l'air conditionné. Mais nous n'en avions pas. Retour au tableau noir. Un homme était chargé de me guider dans le labyrinthe des plans et de la technologie qui président au fonctionnement d'un hôpital : un technicien nommé David Harper. Il aurait tout fait pour Chris, Malcolm et moi. Si j'avais envie d'examiner un quelconque segment de la tuyauterie, il disait simplement : « Okay, Doc ! » et hissait sa grande carcasse sous les conduites pour attraper le morceau où je voulais prélever un échantillon d'eau. J'appris que la conception d'un grand immeuble public doit beaucoup au hasard. Le bâtiment était neuf, mais tout n'était pas conforme aux règlements. De retour à nos plans, nous constations qu'une bonne partie de la tuyauterie n'allait pas où elle était supposée aller. Les techniciens étaient aussi surpris que moi. David explora donc le système, avec nous à sa remorque, récoltant çà et là des échantillons, partout où nous pensions trouver de l'eau stagnante.

Afin de repérer la présence des bactéries, nous prélevions des échantillons d'eau dans des bidons de vingt-cinq litres. Ces récipients étaient très lourds. Il nous fallait un moyen de transport, et, dans un hôpital, rien n'est plus facile à trouver que des fauteuils roulants. Nous détournions tous ceux qui nous tombaient sous la main. Nous tâchions d'être discrets (nous ne voulions alerter ni le personnel soignant ni les patients sur nos activités réelles) mais les vols de fauteuils, même pour des durées limitées, ne passaient pas inaperçus.

— Hé, vous, rapportez ça ! criait-on derrière nous.

Nous faisions la sourde oreille, et disparaissions en vitesse.

Il n'était pas facile d'isoler les micro-organismes de leur milieu aqueux. Mais Malcolm fit un travail magnifique. Pour commencer, il fit passer le contenu de nos réservoirs à travers un simple filtre. Puis il injecta à des cobayes un peu de la substance qui s'était déposée sur la membrane du filtre, pour voir s'ils montraient les symptômes de la légionellose. A l'époque, c'était le seul moyen de procéder.

Mais pourquoi cet intérêt subit pour la plomberie ? C'est très simple. Les chercheurs américains avaient accusé les dispositifs de conditionnement d'air d'être à l'origine de la légionellose. A Oxford, nous avions montré que *Legionella* pouvait aussi se trouver dans une douche, mais sans fournir de preuves directes. (Nous avons bien découvert un système de ventilation, à l'usage des salles d'opération, mais aucun de nos trois patients n'était passé en chirurgie.)

Le premier contaminé était un étudiant, venu d'Edimbourg par le train, qui avait pris un emploi de vacances à l'hôpital. Il était préposé au nettoyage des sols. Il avait travaillé au dernier étage, où l'on laissait les fenêtres ouvertes. Il avait donc pu être exposé aux émanations du système de ventilation installé sur le toit. Il était aussi possible qu'il ait été contaminé dans le train. Hypothèse intéressante, mais que rien ne vint corroborer. Quand d'autres personnes contractèrent la maladie, il s'avéra qu'aucune d'elles ne s'était approchée du système de ventilation. L'hypothèse dut être abandonnée. On recensa finalement douze cas. La plupart avaient été contaminés dans l'hôpital. Quatre d'entre eux moururent. Il y avait un bébé parmi les victimes. Officiellement, c'était le premier nouveau-né atteint de la maladie des légionnaires. C'est sa mère, d'ailleurs, qui avait établi le diagnostic. L'enfant avait été hospitalisé, puis on l'avait rendu à ses parents. Un peu plus tard, la famille partit en vacances. Le bébé contracta une pneumonie. On l'hospitalisa de nouveau, cette fois dans une petite station de la côte sud de l'Angleterre. Aucun docteur ne comprenait ce qui n'allait pas. Finalement, la maman suggéra : « Se pourrait-il que ce soit ce truc de légionnaires ? » La publicité a parfois du bon.

Après m'être familiarisée avec les mystères de la construction, j'eus l'occasion de m'initier à l'aérobiologie. Il s'agit d'une sorte d'archaïsme, un souvenir de 1939-1945 — de l'époque où la question de la guerre biochimique et des masques à gaz était d'actualité. Nous voulions savoir si notre insaisissable agent pathogène était présent dans l'air ambiant. On fit venir de Porton des experts de la Seconde Guerre mondiale, qui mesurèrent des échantillons d'atmosphère. Depuis trente ans, leurs méthodes n'avaient pas beaucoup évolué. Ils avaient une jolie petite machine qui faisait des bulles au sommet du toit de l'hôpital. Ils voulaient savoir si elles flotteraient par les fenêtres des étages supérieurs, où leur apparition serait enregistrée par un système de détection très élaboré. Il s'agissait, semble-t-il, de mesurer le courant d'air. Mais il y a trop de vent en Angleterre pour que l'expérience fût concluante.

Comme un membre de la famille d'un des patients décédés travaillait pour une station de télévision locale, des informations concernant l'épidémie ne tardèrent pas à circuler. La station diffusa un entretien avec un des médecins. En simulant une conversation amicale, le reporter le sonda, lui posa des questions pièges, voulut à toute force lui faire dire pourquoi il était « si mal préparé ». Des fragments de réponse furent exploités hors de leur contexte, suggérant que le médecin disait exactement le contraire de ce qu'il exprimait. A un moment, par exemple, il s'essuya le front dans un geste de fatigue. Le montage laissa croire qu'il prenait un air coupable, en réponse à une question sur la négligence médicale.

Les comptes rendus dans les médias amenèrent des parents de malades, scandalisés, à organiser un meeting devant l'hôpital. Mais la manifestation tourna court. La pluie était au rendez-vous, et une douzaine de personnes seulement se rassemblèrent. Chris Bartlett et moi dûmes tout de même nous défendre devant le coroner, et tenter d'expliquer pourquoi les patients étaient morts. Nous jurâmes que l'hôpital avait assumé toutes ses responsabilités. Nos médecins avaient correctement établi leur diagnostic et soigné les patients, et nous avions eu fort à faire avec l'origine de l'infection. Le drame étant, bien entendu, que si nous n'avions pas formulé de diagnostic, personne ne nous aurait rien reproché. Car personne n'aurait jamais connu l'existence de la légionellose. Les cas incriminés auraient simplement été classés sous l'étiquette « pneumonie d'origine inconnue ». C'est là un des risques encourus lorsqu'on travaille sur les nouvelles maladies.

Il y eut aussi une certaine panique au sein de l'équipe. Chris et moi avons dû répondre aux inquiétudes avec assurance. Nous fîmes de notre mieux pour les convaincre qu'ils ne couraient aucun risque à s'occuper de leurs patients dans le bâtiment de l'hôpital. Peu à peu, ils surmontèrent leurs peurs. Le personnel soignant et les patients comprirent que nous essayions vraiment de faire quelque chose, ce qui contribua à leur redonner confiance. Mais nous ne pouvions rassurer tout le monde. Certains nous tenaient encore pour responsables de la maladie — sous prétexte que nous l'avions repérée !

Malcolm, entre-temps, continuait à cultiver la *Legionella* prélevée dans les échantillons d'eau que nous lui apportions. Mais le résultat des analyses ne nous permettait pas encore de localiser la source de l'infection.

Un soir, David Harper, de permanence au service technique, reçut une plainte des infirmières qui n'avaient pas assez d'eau chaude dans les salles de soins. Il se rendit à la chaufferie pour voir ce qu'il pouvait faire. Ce local alimentait tout l'hôpital en eau chaude. Il y avait là trois grandes cuves cylindriques. Un seul de ces « calorifères » était branché et produisait de l'eau chaude. Le second était vide, dans l'attente d'une réparation. Le troisième, plein d'eau stagnante, était prêt à l'emploi. David l'enclencha pour augmenter la production d'eau chaude. Tandis que la température montait, le liquide s'agitait, sous l'effet de divers flux et reflux. Des courants se formaient dans la cuve, avant que l'eau ne soit expédiée dans le système d'eau chaude de l'hôpital.

Quelques jours plus tard, David Harper contracta une pneumonie. On l'hospitalisa. Nous soupçonnions la légionellose, sans aucune certitude. On le soigna à l'érythromycine, et son état commença à s'améliorer. Cloué au lit, condamné à réfléchir, il se creusa la cervelle pour essayer de résoudre le mystère qui le narguait depuis le début. Soudain, il eut une inspiration.

C'était un samedi matin : il n'y avait personne alentour. Cela lui convenait parfaitement. Il ne voulait rien dire avant d'avoir vérifié son intuition. Dès qu'il se sentit assez bien pour se lever, il s'habilla et se rendit à la chaufferie. Il repéra le calorifère qu'on avait laissé ouvert pour un examen de routine. Il se pencha à l'intérieur. Il préleva un peu de la substance épaisse, pleine de tartre et d'eau qui s'était déposée au fond, et la mit dans un bocal stérile qu'il expédia à Malcolm.

Il avait tapé dans le mille. Le sédiment contenait une très grande quantité de *Legionella*. En fait, c'était de la *Legionella* presque à l'état pur... Il était là depuis le début, dans le système d'eau chaude de l'hôpital. L'intuition de David, c'était que la bactérie prospérait dans les cuves — *Legionella* vivait dans l'eau, après tout —, bien au fond, là où la température de l'eau n'était jamais assez élevée pour la tuer. Et quand il nous revint que deux cas de légionellose s'étaient déclarés la nuit où il avait mis en service le calorifère plein d'eau stagnante, nous fîmes une découverte capitale. C'est David lui-même, en agitant les saletés au fond de la cuve, qui avait permis à la bactérie de passer dans le système d'eau chaude. Nous savions qu'au moins un des patients contaminés avait pris une douche ce soir-là. Il ne se doutait pas qu'il se lavait avec du concentré de *Legionella*.

Nous menâmes plusieurs expériences pour trouver un moyen d'empêcher ce genre d'accident de se répéter. Est-ce qu'on pouvait stériliser les cuves et tuer tous les organismes qu'elles abritaient ? Nous décidâmes de faire un essai : amener le contenu d'une cuve à ébullition et examiner ce qui se passait. Tandis que l'eau chauffait, nous mesurions la température sur la paroi, à l'extérieur de la cuve. Quand je vis l'aiguille approcher de 100 °C, je dus réprimer un mouvement de panique. Ces cuves n'étaient pas conçues pour supporter des températures aussi élevées. J'étais terrifiée en pensant à David, qui rampait sous la citerne avec ses sondes thermiques. L'aiguille montait toujours. J'étais convaincue que tout allait exploser, qu'il périrait noyé sous un déluge d'eau bouillante. Je retins mon souffle. Mais tout se passa bien. Contrairement aux bestioles perfides qui se trouvaient au fond des cuves, nous avons survécu à l'expérience.

Durant notre enquête, on s'assura les services de Jenny Colborne, du Service hydrographique des eaux de la Tamise. Elle utilisait un appareil pour mesurer combien les tuyauteries étaient favorables à la prolifération bactériologique. Ce qui semblait sans intérêt... jusqu'au moment où l'on introduisit la *Legionella* dans la machine. La bactérie se développait joliment sur certaines parties de la plomberie, comme les joints et les enduits de calfatage. Jenny découvrit que lorsqu'on ouvre un robinet ou une pomme de douche qui n'ont pas été utilisés depuis quelque temps, la première eau qui s'écoule est gorgée de *Legionella*. Désormais, nous avions une idée assez précise de la façon dont les gens étaient contaminés. Cela venait du service d'eau potable. Pour empêcher le phénomène de se reproduire, on mit au point une série de mesures de protection — javelliser l'eau froide, monter l'eau chaude à très haute température — visant à empêcher les organismes indésirables de s'y épanouir.

Mon travail épidémiologique sur la *Legionella* fournit

le sujet de ma thèse de doctorat, soutenue à l'université de Londres en 1981. A l'époque, je venais aussi de remplir les conditions pour entrer en qualité de virologiste au Royal College of Pathologists. Ma vie prenait une nouvelle direction. J'ignorais encore à quel point.

En 1981, je rendis visite à David Simpson, à Porton Down, pour lui demander du travail. Nous demandâmes une bourse au Welcome Trust, qui me permettrait de devenir chercheur en virologie à temps complet. C'est grâce à cette bourse que je pus travailler à l'étranger pour la première fois. Une étude sur la rage était en cours en Thaïlande. Je fus invitée à m'y joindre pendant trois mois. L'équipe de savants dirigée par David et Mary Warrell avait défini un programme de recherches à l'université Mahidol de Bangkok. Mary est virologiste et spécialiste de la rage. Nous nous connaissions pour avoir travaillé ensemble à Oxford avant son départ pour la Thaïlande. Les Warrell tentaient de savoir si l'on pouvait soigner la rage avec l'interféron — une protéine protectrice naturelle que le système immunitaire produit pour lutter contre les virus. Personne n'avait jamais survécu à cette maladie, mais David pensait qu'avec des soins cliniques corrects et l'aide d'agents antiviraux, ce n'était pas impossible.

Il est très difficile de travailler avec des hommes malades de la rage. Un de nos patients, surtout, me fit une impression durable. Il se trouvait déjà à un stade avancé de la maladie. Je fus frappée par son regard terrifié. Cet homme savait exactement ce qui lui arrivait. Mais nous étions impuissants. Le traitement à l'interféron échoua, et il mourut. Moi, j'avais rencontré mon premier vrai virus.

Mary s'était installé un laboratoire de virologie. Nous isolions le virus de la rage à partir de biopsies du cerveau prélevées sur les patients, puis nous l'injections à des souris. Travailler avec les rongeurs ne me dérangeait pas. Mais j'avais un problème avec les serpents. Une véritable phobie. Hélas, David était fasciné par les problèmes liés aux morsures, et il poursuivait des recherches sur le venin. Le labo ne disposait que de deux animaleries : une pour la collection de serpents de David, une pour les lapins. Ces derniers (contrairement aux serpents) peuvent attraper la rage. On décida donc de caser les souris contaminées dans la salle des serpents. Comme j'avais besoin de mes souris, je devais m'y rendre deux fois par jour. Je me levais chaque matin en proie à la terreur, en pensant que j'allais devoir entrer dans la cabane, sur le toit de l'immeuble, qui nous servait de ménagerie. Il ne s'agissait pas de banals serpents venimeux. Il y avait d'énormes cobras, qui me rendaient bien la répulsion que je nourrissais à leur égard. Dès qu'ils me voyaient, ils se mettaient à siffler et à faire des mouvements brusques dans ma direction. David jura qu'ils n'avaient aucun moyen de s'échapper. Il fit une unique concession à mon aversion : il me dispensa des séances hebdomadaires de cueillette du venin. J'apprendrais plus tard que ses promesses avaient été exagérées. Un jour, un serpent parvint bel et bien à s'échapper, et l'on prit soin de ne rien me dire.

Laissant derrière moi lapins et serpents, je revins en Angleterre pour m'attaquer à un autre virus. Un des plus fascinants. On ne savait presque rien de lui. Il s'appelait Ebola. Ce qui m'intéressait au premier chef, c'était de comprendre comment il pouvait dévaster à ce point le corps humain. Alors que j'allais m'y mettre, au printemps 1983, un événement se produisit qui allait avoir des conséquences durables sur ma vie. Jenny Colborne et moi reçûmes une invitation, accompagnée de billets d'avion pour Atlanta, à participer à la première conférence sur la *Legionella* organisée par le CDC. L'épidémie de l'hôpital de Kingston avait suscité un intérêt considérable, à cause des recherches sur les tuyauteries. Comme nous avions été mêlées de très près à ces travaux, nous étions conviées à venir présenter nos découvertes.

Deux mois avant mon départ, David écrivit à deux personnes, dont il pensait que j'aimerais les rencontrer durant mon séjour aux Etats-Unis. Karl Johnson, qui travaillait à l'USAMRIID. Et le chef du service des Agents pathogènes spéciaux au CDC : un certain Joe McCormick.

Quand je revins de Bangkok pour entamer mes recherches sur Ebola, je savais que j'avais beaucoup à apprendre. Je n'avais jamais travaillé en condition de niveau 4. Le danger lié à la manipulation des virus m'interdirait de demander de l'aide, je le savais, et je devrais acquérir les compétences nécessaires. Je voulais savoir comment le virus agissait. Je devais donc être capable de mener des expériences en rapport à la patho-physiologie de l'infection. (La patho-physiologie est l'étude des mécanismes grâce auxquels un virus provoque une maladie.) Un aspect intéressant est l'action du virus sur les plaquettes du sang et les cellules endothéliales des petits vaisseaux capillaires. Les plaquettes jouent un rôle important dans la coagulation, et on a la preuve qu'elles sont affectées en cas d'infection par Ebola. Les cellules endothéliales tapissent les parois de tous les vaisseaux sanguins. Elles retiennent le fluide et les globules à l'intérieur des vaisseaux. Chez les malades d'Ebola, ceux-ci deviennent poreux et sont incapables de retenir les composants du sang. En un mot, Ebola empêche les plaquettes et les cellules endothéliales de faire leur travail. Il fallait que je découvre pourquoi et comment.

Pour me faire gagner du temps, on m'a envoyée à Guy Nield, qui travaillait au service d'urologie du Guy's Hospital. Il avait fait un travail intéressant sur les plaquettes et les cellules endothéliales en relation avec les maladies rénales, et il voulait m'apprendre certaines techniques que je pensais pouvoir utiliser dans mes recherches. Je dus aussi apprendre à travailler dans un labo de niveau 4, en utilisant les techniques et les instruments les plus simples et les plus fiables, et je dus apprendre à tout faire moi-même. Je me préparais à travailler sur des virus vivants, non sur des virus morts. Les techniques que j'utiliserais se fondaient sur des bio-tests (c'est-à-dire des expériences qui mesurent l'activité fonctionnelle des cellules vivantes). Impossible de tuer les virus sans tuer les cellules. Par conséquent, si je voulais travailler sur des cellules vivantes, il fallait prendre le risque de garder en vie les virus qu'elles hébergeaient.

Au laboratoire de niveau 4 à Porton Down, j'eus la chance d'avoir pour assistant le meilleur technicien de la maison. Geoff Platt était un arbovirologue expérimenté et adroit, un homme très équilibré et d'une compagnie fort agréable. Sans lui, je ne serais jamais venue à bout des expériences sur les singes qui constituaient le cœur de mes recherches. C'était un travail épuisant. Après contamination, les singes étaient les seuls animaux capables de nous fournir une image assez proche de ce qui se passait chez l'homme. Grâce à eux, nous pouvions observer l'évolution de la maladie et mener des tests fort délicats. A l'époque, heureusement, il n'existait aucun patient humain reconnu. Dans le cas contraire, cela se serait produit dans des endroits comme Nzara ou Yambuku, où il aurait été difficile d'œuvrer. Nous devions travailler dans des conditions rigoureuses.

Nous passâmes de longues heures à réaliser laborieusement des tests de coagulation et des tests fonctionnels sur les cellules endothéliales et les plaquettes, devant un public attentif : les singes enfermés dans leurs cages. Puis il fallait pratiquer les autopsies. Cela nous amena à requérir l'aide d'Arthur Baskerville, vétérinaire et histopathologiste, qui se chargea de la plupart des dissections. Le moment le plus délicat était celui de l'ouverture du crâne. Quand la scie entamait l'os, je m'inquiétais toujours : le moindre débris projeté pouvait être plein d'Ebola. Si personne, après cinq jours, ne montrait le moindre signe de fièvre, je savais que j'étais tranquille. Au moins jusqu'à la prochaine dissection.

Un singe survécut à la première série d'expériences. Comme prévu, le virus que nous lui avions injecté le rendit gravement malade. Mais, contrairement à ses congénères, il se rétablit de manière spectaculaire. Personne ne savait pourquoi. Je devais partir à Atlanta deux jours plus tard : impossible d'hésiter plus longtemps. Il fallait décider que faire de ce singe. Je me disais que l'animal qui avait connu une guérison aussi miraculeuse méritait qu'on lui laisse une chance. Mais les règles étaient strictes, à Porton Down. S'ils avaient pu, ils nous auraient passés à l'autoclave, Geoff et moi, à chaque fois que nous quittions le laboratoire. C'est dire qu'ils n'étaient pas prêts à libérer un singe. A contrecœur, on se fit à l'idée de le sacrifier. Mais j'étais incapable de le faire moi-même. Je décidai que c'était le boulot de David, qui me libéra de cette horrible corvée.

Jenny et moi partîmes à Atlanta, pour rendre compte de ce que nous avions découvert dans les tuyauteries de l'hôpital de Kingston. A notre surprise, nous fîmes sensation. Primo, nous apportions à la conférence des informations inédites. L'idée généralement admise voulait que la *Legionella* se propage exclusivement par les systèmes de conditionnement d'air. Nous leur apprîmes qu'il se développait aussi dans les réservoirs d'eau chaude et les pommes de douche. Secundo, il était assez inhabituel d'avoir affaire à quelqu'un d'aussi compétent, en matière de plomberie, que Jenny Colborne. Elle fit d'autant plus d'effet qu'elle était blonde, jeune et jolie.

Le soir même, je téléphonai à Joe McCormick. Il vint me chercher et m'emmena au CDC. J'étais très excitée : le CDC, pour moi, c'était La Mecque. Dans son bureau, nous eûmes une discussion passionnée sur la patho-physiologie des fièvres hémorragiques virales. Nous reviendrions sur ce sujet, ensemble et séparément, à de multiples occasions. J'étais impressionnée par la façon dont Joe maîtrisait tous les sujets que nous abordions. Il avait autant de capacité à écouter qu'à s'exprimer lui-même. C'était le feed-back scientifique dont j'avais besoin.

Bien entendu, je brûlais de lui parler des expériences que je venais de mener à bien à Porton.

— Nous avons des éléments, lui dis-je, qui indiquent que les plaquettes et les cellules endothéliales ont cessé de faire leur travail bien avant que des détériorations ne soient visibles au microscope. J'ai démontré que nos singes meurent parce que leur système sanguin n'est plus capable d'assurer sa propre intégrité.

En d'autres termes : le sang ne coagule pas parce que les plaquettes, supposées favoriser la coagulation, ne jouent plus leur rôle. Il en est de même pour les cellules endothéliales qui tapissent les parois des vaisseaux sanguins. Le sang du patient suinte en de nombreux endroits, poumons et tissus deviennent spongieux à cause du liquide qui s'échappe des vaisseaux sanguins. Mais, si la maladie provoque de nombreux dégâts dans le système circulatoire, elle ne détruit pas les organes proprement dits. Contrairement à ce que prétend une idée largement répandue (grâce à certains films et best-sellers), les organes vitaux ne se liquéfient pas. Ils ne se transforment pas en « soupe au gombo », comme l'a écrit quelqu'un. A vrai dire, le mystère de ces fièvres hémorragiques réside dans le fait que les organes restent à peu près intacts, à l'œil nu et au microscope électronique. Il reste quantité de tissus apparemment sains.

J'avançais l'hypothèse que la terrible défaillance qui frappait les patients agonisants était d'ordre fonctionnel, et non biochimique, c'est-à-dire qu'aucune cellule n'était détruite. C'est pourquoi l'évolution de la maladie est si rapide. C'est pourquoi la guérison, le cas échéant, est elle aussi très rapide. Dès lors que le malade parvient à dépasser la phase critique, son rétablissement est total. Cela nous donnait une chance de trouver un traitement.

Joe était fasciné par mes découvertes. Il avait souvent assisté à des guérisons rapides et totales, sans jamais parvenir à comprendre pourquoi. Il avait opéré de nombreuses autopsies en Afrique de l'Ouest, et ses efforts pour comprendre comment agissait le virus l'avaient toujours entraîné dans une impasse. Je lui offrais une explication de l'histologie et de la pathologie des fièvres hémorragiques virales.

Naturellement, cette discussion nous avait aiguisé l'appétit. Joe m'invita à dîner. C'était un honneur pour moi.

Je quittai Atlanta le lendemain. Je me rendis à l'USAMRIID à Fort Detrick, Frederick, dans le Maryland. Je rencontrai Karl Johnson et C.J. Peters, le chef de la division Contrôle des maladies. Je fis également la connaissance de Gene Johnson, spécialiste d'Ebola pour le compte de l'Armée et, en tant que tel, responsable des expériences qu'ils menaient sur les singes. Il me déclara qu'il allait « en finir avec cette histoire de patho-physiologie ». Je m'en étonnai. Son approche me semblait discutable, parce qu'elle reposait essentiellement sur les autopsies. Je savais qu'après la mort du patient les processus critiques s'interrompaient, et qu'ils laissaient peu de traces.

Je ne revis pas Joe McCormick avant novembre 1983. Il passait par Londres, de retour du Zaïre où il avait dirigé la première enquête sur le sida menée dans ce pays. C'était mon tour de lui offrir un bon dîner. Nous passâmes la fin de la soirée assis sur le plancher, dans mon salon, à Wimbledon, emportés dans une nouvelle discussion scientifique qui ne s'acheva qu'au petit matin. Le lendemain, je le conduisis à l'aéroport. Quelques minutes avant de décoller, il me dit :

— Venez à Atlanta, Sue. Vous ferez sur Lassa les expériences que vous avez menées sur Ebola.

C'est alors que nous avons pris notre pari.

— Le secret de Lassa, dis-je, nous le trouverons dans les plaquettes du sang.

— C'est impossible. La fièvre de Lassa n'agit pas sur les plaquettes.

Il fut décidé que celui qui avait raison gagnerait une bonne bouteille de vin.

Ce n'est qu'au début 1984 que j'eus l'occasion de lui réclamer cette bouteille. Avec l'aide des techniciens Sheila Mitchell et Donna Sasso, dans les laboratoires du CDC, j'avais effectué une série d'expériences sur Lassa. Les résultats furent ceux que j'avais prévus. Joe m'accorda la victoire de bonne grâce et m'invita à dîner. J'eus le triomphe généreux : je ne vis aucun inconvénient à partager la bouteille de vin avec lui.

16

Niveau 4 à l'anglaise

Le singe m'agrippa la main et déchira mon gant extérieur. Pour la première fois, j'ai eu peur. Quatre jours plus tôt, il avait été contaminé avec le virus Ebola du Zaïre.

Je jurai. Mais mon masque étouffait ma voix. Je doutais que Geoff m'ait entendue. Si c'était le cas, il comprendrait tout de suite ce qui se passait. Lui-même, en 1976, s'était infecté accidentellement, dans des circonstances similaires. Et il avait survécu par miracle.

L'accident s'était produit un vendredi après-midi. Geoff travaillait dans le même laboratoire que moi. Il injectait à des souris des isolats originaux d'Ebola Zaïre. Il tenait entre le pouce et l'index un de ces minuscules rongeurs, qu'il devait piquer avec une seringue. Geoff faisait cela depuis des années sans le moindre problème. Je ne connais aucun virologiste aussi adroit que lui pour ce genre de manipulation. Mais l'épidémie du Zaïre n'était pas encore circonscrite, et tout le monde travaillait sous pression. L'aiguille glissa et lui piqua le pouce. Une aiguille pleine d'Ebola en concentration élevée. Une des substances les plus mortelles du monde.

Il ôta vivement ses gants, chercha un trou. Il n'en trouva pas. Il examina son pouce, le pressa pour voir si du sang en sortait. Pas de sang. Il se lava les mains avec un désinfectant chloré. Il n'y avait rien d'autre à faire. Il discuta des risques d'infection avec Ernie Bowen, le virologiste gallois qui travaillait avec lui. Ils décidèrent que l'incident était négligeable. Geoff enfila une paire de gants neufs et reprit son travail.

Quand il eut fini sa journée, Geoff signala l'accident à l'administration. Ebola, qui venait tout juste d'être identifié, suscitait un sentiment de panique et de terreur à peine contrôlé. Il se mêlait à l'habituelle excitation souvent proche de l'hystérie qui accompagne ces épidémies et obscurcit parfois le jugement des gens les moins expérimentés. Si les savants gardaient leur calme, l'excitation gagnait la commission que l'administration du labo avait créée pour traiter tous les cas secondaires. Ses membres ne faisaient aucun travail dangereux — comme manipuler le virus —, et ils n'avaient aucune expérience de la virologie. Ils se mêlaient pourtant de dicter leur conduite aux scientifiques qui travaillaient sur Ebola. A la nouvelle de l'accident, la commission se réunit, délibéra, et conclut que puisque ni le gant ni la peau n'étaient déchirés, il n'était pas nécessaire de prendre des mesures.

Geoff rentra chez lui, à Salisbury, où il passa le weekend. Le lundi, il vint normalement au travail. Il se sentait bien. Le mardi soir, il accompagna son fils à un concours de tir à l'arc. Cette nuit-là, il ne put trouver le sommeil. Il avait une migraine terrible, des douleurs musculaires et de la fièvre.

Le mercredi matin, il dut se traîner au travail. Il nous avoua qu'il se sentait mal. La nouvelle provoqua une sorte de chaos. Il resta assis là, immobile, presque toute la journée, tandis que chacun se demandait ce qu'on allait faire de lui. Dans l'après-midi, on le conduisit à Coppett's Wood, l'hôpital des fièvres du nord de Londres. On le mit en quarantaine. A partir de cet instant, Geoff ne gardera aucun souvenir de sa maladie. Il me dira que ces deux semaines ont laissé un trou dans son existence.

On lui administra du plasma immun, comme on l'avait fait pour Mayinga, à Kinshasa. On lui donna également tout l'interféron disponible dans le pays (un médicament naturel aux propriétés antivirales avérées, qui n'a pas encore fait ses preuves contre les fièvres hémorragiques humaines). Geoff lutta contre la mort durant plusieurs jours. Puis il survécut. Peut-être grâce aux soins qu'on lui dispensa, ou à l'interféron, ou au plasma, ou encore à sa propre résistance naturelle. Plus tard, lorsqu'on utilisera ses plaquettes comme témoin dans certaines de nos expériences, leur robustesse deviendra un sujet de plaisanterie. C'est peut-être cela qui l'a sauvé — considérant bien entendu qu'il reçut des soins médicaux incomparablement meilleurs que tout ce qu'il aurait pu recevoir dans une case au fin fond de l'Afrique.

Lorsqu'il reprit son travail à Porton Down, la commission décida de mener une enquête sur l'accident. Ernie et lui furent appelés à témoigner. Après que Geoff eut rappelé les faits, l'officier de sécurité désigné se tourna vers lui et lui demanda le plus sérieusement du monde :

— Mais si vous aviez conscience du danger, pourquoi ne vous êtes-vous pas coupé le pouce ?

Des années plus tard, l'attitude de cet homme n'avait pas évolué. Il semblait penser qu'on n'est jamais trop prudent. Selon lui, il valait mieux passer les chercheurs à l'autoclave, ainsi que tout ce qui sortait du laboratoire, plutôt que de risquer de propager le virus.

Je me trouvais donc dans la même situation que Geoff quelques années plus tôt. Tout en me secouant pour me libérer de l'emprise du singe, ma première pensée fut pour ce qu'il avait vécu. Est-ce que j'allais devoir traverser à mon tour les mêmes souffrances ? J'arrachai mes gants extérieurs, et j'examinai la paire que je portais dessous. La seconde épaisseur ne semblait pas déchirée. Pour m'en assurer, j'emplis d'eau mon gant du dessous. Pas de fuite. Ma peau n'était pas entamée. Mais cela signifiait-il que j'étais saine et sauve ? Geoff n'avait pas remarqué de fuite, lui non plus. Bien sûr, il s'en fallait de beaucoup que la griffe du singe transporte autant de virus que l'aiguille qu'il s'était fichée dans le pouce.

Tout cela se déroulait au laboratoire de niveau 4 à Porton Down. Il s'agissait des seules installations de ce type dans le pays. Le centre de recherches civil, auquel le labo appartenait, occupait plusieurs grands bâtiments de béton et de brique situés sur une colline, au milieu de la grande plaine de Salisbury. Le labo de niveau 4 avait été créé par l'armée britannique qui se livra durant la Seconde Guerre mondiale à des expériences ultra-secrètes dans le domaine de la guerre chimique et biologique. Le principal objectif de ces recherches concernait l'aérobiologie, c'est-à-dire les moyens de répandre des agents biologiques infectieux par voie atmosphérique.

Nous opérions dans la grande salle des singes. David et moi avions trouvé les subventions nécessaires pour acheter le matériel d'hématologie dont j'avais besoin. De fait, nos activités étaient largement improvisées. Geoff et moi apprenions à tout faire par nous-mêmes.

J'avais commencé à travailler avec Geoff sur Ebola au lendemain de mon arrivée à Porton Down, en 1982. Comme certaines expériences exigeaient une surveillance continue pendant six heures, j'étais heureuse de l'avoir à mes côtés. Le jour où le singe avait attrapé mon gant, nous conduisions une série de tests complexes. Nous défendions l'hypothèse que, si nous étions capables de soigner la maladie chez les singes, nous pourrions appliquer la même méthode aux patients humains. J'utilisais de nouveau la souche zaïroise du virus Ebola, car elle avait causé la mort de la quasi-totalité des singes infectés. C'était ce virus qui avait frappé Yambuku en 1976, et emporté près de trois cents personnes. Son taux de mortalité était proche de 90 %. C'était le virus auquel Geoff avait survécu.

Nous n'aimions pas utiliser les singes de la sorte, mais c'était le seul moyen d'obtenir les informations dont nous avions besoin. En fait, ce que nous savons aujourd'hui des mécanismes pathogènes d'Ebola vient en grande partie des singes sur lesquels Geoff Platt et moi avons travaillé à Porton Down.

Nous décidâmes d'analyser le sang du singe qui avait déchiré mon gant. L'examen révéla la présence d'un millier de virions par centimètre cube de sang. Cela faisait beaucoup de virus.

Je devais attendre cinq jours : la période d'incubation... Mais j'étais plus en colère qu'effrayée. Geoff et moi étions persuadés que je n'avais pas vraiment été exposée. Mais j'avais beaucoup de mal à me pardonner ma négligence. Ma main n'aurait jamais dû se trouver à portée du singe. En même temps, je savais que ce n'était pas totalement de ma faute. Le problème résidait pour beaucoup dans la conception du laboratoire. Comme il avait été construit expressément pour tester des agents pathogènes transmissibles par aérosol qui pouvaient être utiles dans une guerre biologique, nous devions porter des masques intégraux. Enfermé là-dessous, votre visage se trempe de sueur, et la respiration devient une corvée. Pire : le masque vous empêche de parler. Impossible, par exemple, de communiquer avec votre collègue pour lui dire : « Je vais enfoncer cette aiguille dans le bras de ce singe. Assure-toi que ta main n'est pas sur la trajectoire. » De plus, le masque est si lourd qu'en fin de journée vous souffrez d'un terrible torticolis. Je comprends parfaitement pourquoi Joe avait renoncé à porter le sien, au Soudan, en 1979. Par ailleurs, pour ce qui est de la beauté, le masque provoque de véritables désastres, car la peau frotte constamment contre le joint étanche. Et enfin, la disposition des orifices pour les yeux vous prive de toute vision périphérique. A moins de vous retourner, vous ne savez pas ce qui se passe derrière ou à côté de vous. Y compris si quelqu'un s'avance avec une aiguille infectée, ou si un singe s'apprête à vous saisir le bras.

Mais les gants mis à part, le masque était notre seule véritable protection. Non que les gants fussent vraiment utiles, d'ailleurs. C'étaient de banals gants à vaisselle jaunes. Ils montaient jusqu'aux manches, mais aucune attache n'était prévue. La peau était donc exposée. Le reste du corps n'était guère mieux protégé. Avant d'entrer dans le labo, il fallait se déshabiller entièrement et enfiler une tenue qui ne valait guère mieux qu'un costume de théâtre. On semblait croire que seuls des hommes travaillaient dans le labo, car les vêtements étaient tous trop grands de quatre tailles. Je devais les enrouler au moins deux fois autour de mon torse. Il arrivait souvent qu'ils menacent de tomber au milieu d'une expérience. Mais perdre mes vêtements parce qu'ils n'étaient pas à ma taille était bien le cadet de mes soucis.

Le problème, c'était que le dispositif tout entier était peu sûr. Seule l'habileté des chercheurs empêchait que les accidents ne se multiplient. Sans la patience et l'adresse de Geoff et mon désir impérieux de savoir comment agissaient les virus, je ne suis pas sûre que je m'en serais sortie.

Le compte à rebours commença. Malgré ma sérénité apparente, je comptais les jours et je me surveillais. Chaque jour, je parcourais près de cent vingt kilomètres en voiture, matin et soir, entre Wimbledon et Porton Down. Cela me laissait du temps pour penser. Cinq jours... Quatre jours... N'était-ce pas le début d'une éruption, sur mon bras, ou bien une tache qui s'était toujours trouvée là ? Etait-ce la sécheresse qui me donnait ce léger mal de gorge, ou avais-je vraiment attrapé quelque chose ? Est-ce que j'avais besoin de quelques heures de sommeil, ou bien ce picotement au creux de ma nuque signalait-il le début d'une migraine ? Mon imagination devenait mon pire ennemi. Je m'efforçais de faire la différence entre la réalité et ce que mon angoisse faisait naître dans mon esprit. Trois jours... Deux jours...

Je me concentrais sur mon travail et sur la besogne que je devais accomplir à la maison. Je me raisonnais. Je sentais que tout irait bien. Durant cette période, Geoff fut aussi gai que d'habitude, et il ne fit pas la moindre allusion à ce qui se passait. Nous poursuivions notre travail avec nos singes, comme si rien n'était arrivé. Encore un jour.

Je me couchai, ce soir-là, décidée à m'endormir sur-le-champ. Je me sentais bien... Mais je n'en étais pas sûre. Il me fallut des heures pour m'assoupir. Puis ce fut le matin. Je sautai du lit et me dirigeai vers la salle de bains. Après quelque hésitation, j'allumai la lumière, je me regardai dans la glace. Rien, pas d'éruption. Pas de migraine ni de fièvre. Et pas d'angine. J'étais tirée d'affaire.

J'étais toujours en colère. Moins contre moi, désormais, que contre le système qui mettait en danger ceux qui y travaillaient. Mais c'est après avoir passé trois mois dans le service équivalent au CDC, en 1984, que je compris à quel point les conditions de travail de Porton Down étaient déplorables. Je vis ce que pouvait être un laboratoire « chaud », je découvris comment la sécurité y était assurée et comme le travail y était agréable, et je fus d'autant plus épouvantée par ce que j'avais enduré. A mon retour, je demandai à être reçue par le directeur de Porton Down. C'était un scientifique, un quinquagénaire guindé. Il n'avait aucune expérience des micro-organismes de niveau 4, et il n'avait pas l'intention de s'y mettre. Il n'avait certainement pas envie de m'entendre en parler. Je lui expliquai que la sécurité laissait à désirer.

Il blêmit. Comment osais-je le défier ? Il n'avait jamais rencontré quelqu'un d'aussi insolent. Son indignation était d'autant plus étonnante que ni lui ni l'officier de la sécurité n'avaient mis les pieds dans le laboratoire, durant tout le temps où nous nous occupions de nos virus. Ils n'avaient aucune idée de ce que nous y faisions, et ils se fichaient pas mal de nos problèmes. Je ne les avais jamais vus, ni l'un ni l'autre, derrière un masque à gaz.

Le directeur déclara qu'il n'était pas « convenable » de récuser les experts — même s'ils n'avaient pas fait grand-chose depuis la Seconde Guerre mondiale. Il ajouta que les Britanniques n'avaient pas de leçons à recevoir des Américains en matière de direction de laboratoire.

Quand un de ses « experts » visitera le CDC, il dira à Joe que je suis un fauteur de troubles... « Parfait, répondra Joe. Voilà les gens qui font avancer les choses. Si je pouvais, je la prendrais avec moi. »

Mes travaux avec Geoff prirent fin. David Simpson abandonna les fièvres hémorragiques pour prendre la tête du département de microbiologie à la Queen's University, à Belfast. Je continuai à me battre pour des installations de niveau 4 convenables. J'espérais que le laboratoire que l'on était en train d'édifier au Central Public Health Laboratory[1], à Colindale (nord de Londres), répondrait à certains de nos besoins, et que, le moment venu, on disposerait de l'espace et des ressources nécessaires pour y installer un laboratoire intégré. Mais je fus déçue. Le nouveau labo était un agencement de compartiments selon le système de la « double coquille ». (Les murs du laboratoire constituent une coquille extérieure hermétique, tandis que la coquille intérieure contient un système clos de compartiments reliés entre eux.) Cela ressemblait au système que le CDC avait abandonné depuis longtemps avec soulagement. Pour travailler à l'intérieur de ces cellules, il faut introduire les mains dans une série d'ouvertures. Ce système libère le chercheur des contraintes du masque à gaz, mais il doit encore porter des gants si incommodes qu'il est presque impossible de travailler avec efficacité. Malgré sa technologie sophistiquée, le nouveau laboratoire de Colindale n'était rien de plus qu'une suite de très onéreuses petites boîtes interconnectées. Il était dépassé avant même d'entrer en service. Ses concepteurs avaient peu d'expérience du travail dans des installations de niveau 4. Obsédés par les exigences de la sécurité, ils avaient perdu de vue les risques réels, tout en compromettant la moindre recherche significative.

Mais tant que je resterais en Grande-Bretagne, je ne trouverais rien de mieux que Colindale. En 1985, je m'y fis engager. Je parvins tout de même à y imposer des améliorations. Je persuadai le PHLS d'acheter un émetteur de rayons gamma qu'on utilisait pour inactiver les virus. A la fin de la même année, Joe McCormick me fit une proposition. J'avais passé trois mois au CDC, puis trois autres en Sierra Leone, et nous étions en train de préparer nos comptes rendus pour publication. Est-ce qu'un poste au CDC m'intéresserait ? Joe me déclara que j'avais peu de chances de faire des progrès en Angleterre, vu notre équipement limité et l'ambiance plutôt restrictive. Il me demandait de lancer un programme de recher-

1. Laboratoire central pour la Santé publique.

che sur les mécanismes pathogènes des fièvres hémorragiques virales dans son laboratoire d'Atlanta, et m'offrait la possibilité de travailler sur le terrain, en particulier en Sierra Leone. Nous n'avions rien de tel en Angleterre.

C'était une décision difficile. D'abord parce qu'en dépit de tous mes problèmes j'avais toujours le soutien de mes collègues qui appréciaient mon travail. Ensuite, après le départ de David Simpson, personne d'autre n'avait l'expérience scientifique et médicale nécessaire pour mener une action décisive en Grande-Bretagne contre les fièvres hémorragiques. Je consultai les gens qui m'avaient aidée depuis le début. A ma grande surprise, ils étaient unanimes. Tous me pressèrent d'accepter la proposition de Joe. On me dit que je commettrais une grave erreur en la refusant. On me rappela que si je restais, je continuerais à subir des frustrations et des blocages sans fin. Ils avaient raison. Ma décision était prise. Le 4 janvier 1986, je partais à Atlanta.

17

L'épidémie incontrôlable

Pendant que Sue affrontait Ebola à Porton Down, j'eus l'occasion de m'intéresser pour la première fois à la question du VIH et du sida. Début 1983, Jan Desmyter, un confrère d'Anvers, me parla d'un groupe de patients du Zaïre qui montraient des symptômes rappelant ceux du sida. Lui et d'autres médecins belges avaient soigné plus de trente personnes dans ce cas. Ce nombre était impressionnant. La Belgique avait renoncé vingt ans plus tôt à régner sur le Zaïre, mais il existait encore des liens étroits entre les deux pays. Un Zaïrois qui tombait gravement malade allait se faire soigner en Belgique — à condition d'en avoir les moyens. J'étais allé au Zaïre, et je savais qu'une infime partie de la population pouvait s'offrir le voyage, quel que soit le traitement médical. Il était clair que le Zaïre comptait beaucoup de malades du sida. J'avais le sentiment qu'une épidémie se préparait. J'en discutai avec Jim Curran, le chef de la « Force spéciale sida » au CDC. Il était d'avis, lui aussi, qu'il pouvait se trouver au Zaïre beaucoup plus de cas qu'on n'en avait recensés. Il était d'accord avec moi : il fallait donner suite au rapport de Jan Desmyter. Il me promit le soutien du CDC. En juillet, je télégraphiai à l'ambassade américaine à Kinshasa. Mon message parvint à Seth Winnick, attaché scientifique en poste à la section commerciale. Je le priai d'entrer en contact avec Kalisa Ruti, premier conseiller du ministre zaïrois de la Santé. Grâce à l'entremise de l'ambassade, je pus informer Ruti de ce qui se passait en Belgique. Je lui demandai d'essayer d'obtenir de son gouvernement l'autorisation de lancer une mission d'enquête. Elle nous fut accordée en septembre.

En 1983, on n'avait pas encore isolé le virus du sida. Nous ne disposions donc pas de test de diagnostic spécifique et infaillible. Le seul que nous connaissions, très technique, consistait à mesurer le déficit relatif dans le système immunitaire des cellules T auxiliaires (en calculant le rapport des cellules $T4^+$ aux cellules $T8^+$). Ce déficit est un signe de la présence du VIH. Nous n'étions même pas sûrs que le sida était une infection virale. Et sans virus connu, pas de test anticorps. Je devais trouver un technicien capable non seulement de réaliser le test $T4^+/T8^+$, très difficile, mais aussi de transporter en Afrique le matériel nécessaire et de faire en sorte que tout fonctionne aussi bien que dans un laboratoire du CDC. Mon choix s'arrêta sur Sheila Mitchell, qui avait déjà travaillé deux ans avec moi. Elle n'était jamais allée en Afrique, mais je me disais qu'elle était capable de mener cette tâche à bien. Elle fit en effet un travail remarquable. Par la suite, elle mènera une carrière unique en installant dans les pays en développement des laboratoires spécialisés dans le dépistage du VIH.

Une dizaine de jours avant notre départ au Zaïre, je reçus un appel de John Bennett, mon ancien patron aux Agents pathogènes bactériens, désormais sous-directeur du CID [1]. Il m'apprit qu'une autre mission d'enquête sur le sida se préparait à partir au Zaïre, sous la direction de Tom Quinn, du NIH. Ses assistants étaient Fred Feinsod, un jeune entomologiste et épidémiologiste qui travaillait sur le virus de la fièvre de la vallée du Rift en Egypte, et Peter Piot de l'Institut de médecine tropicale Prince Léopold, à Anvers. Je n'avais jamais rencontré

1. *Center for Infectious Diseases* : Centre pour les maladies infectieuses.

Quinn. En revanche, j'avais déjà travaillé avec Piot, au Zaïre, en 1976, durant l'enquête sur Ebola.

John Bennett avait les meilleures raisons de penser que nous devions travailler ensemble. J'appelai Tom, à qui je décrivis mon projet. Il admit qu'il était sensé de joindre nos forces, et que les apports respectifs du CDC et du NIH se complétaient utilement. Le CDC avait un avantage sur Tom : l'invitation officielle émise par le ministère zaïrois de la Santé. En revanche, Tom disposait d'un stock de réactifs pour le test $T4^{+}/T8^{+}$ bien supérieur en quantité à celui du CDC. Peter, quant à lui, avait dans les hôpitaux zaïrois plus de contacts personnels que nous tous réunis. Nous décidâmes de nous retrouver à l'Institut Prince Léopold avant de mettre le cap sur le Zaïre. Je m'attendais à une sérieuse discussion avec Peter et Tom à propos de la tactique à suivre. Mais cela se passa autrement.

Plusieurs personnes se joignirent aux opérations. Outre Peter et Tom, je retrouvai Dick Krause, directeur du NIAID[1], Luc van Eyckmans, directeur de l'Institut Prince Léopold, et un épidémiologiste de Johns Hopkins, membre de l'équipe du NIH. Aucun de ces nouveaux venus ne nous accompagnait au Zaïre, mais cela devenait tout de même un peu lourd. Je pouvais comprendre ce que Krause et Eyckmans faisaient là. Après tout, leurs employeurs fournissaient des fonds à Tom et Peter. Mais les autres ? Je devinais que l'importance qu'on accordait à cette réunion était un signe de l'intérêt grandissant de la communauté scientifique pour le sida. C'était à la fois une bénédiction et une calamité. Une bénédiction, parce que cela nous permettrait de faire du bon travail. Une calamité, parce que cela provoquerait des guerres internes — avec tous les conflits et les jalousies qu'entraîne souvent pareille situation. Le rôle de l'envoyé de Johns Hopkins n'était pas très clair. Il le devint lorsqu'il se lança dans un discours pédant et oiseux sur la manière dont nous devions choisir les groupes témoins. J'avais

1. *National Institute of Allergy and Infectious Diseases* : Institut national pour les allergies et les maladies infectieuses.

l'impression d'être revenu au cours d'introduction à l'épidémiologie de l'EIS. Mais le reste de la réunion s'avéra plus intéressant. On se quitta avec le sentiment de pouvoir travailler ensemble. Le fait que nous soyons restés amis jusqu'à ce jour montre que nous ne nous étions pas trompés.

Le lendemain, nous partîmes tous à Kinshasa sur un vol Sabena. Nous avions deux nouvelles recrues : un technicien de laboratoire anversois et Henri Thaelman, médecin à l'Institut Prince Léopold. Il ne manquait que Sheila Mitchell. Elle avait pris un vol direct des Etats-Unis, pour ne pas s'éloigner de son matériel. Les Belges avaient fait en sorte que nous soyons logés au Fométro — ce Fonds médical tropical qui nous avait hébergés durant l'épidémie d'Ebola en 1976. En sept ans, rien n'avait changé. Pour Peter et moi, c'était troublant. L'endroit évoquait les fantômes du passé. L'Afrique centrale, de toute évidence, entretenait un rapport très particulier avec les virus. Nous allions voir ce que nous réservait le nouveau venu.

On se coucha tôt pour récupérer de la fatigue du voyage. Le lendemain matin, nous avions rendez-vous avec Seth Winnick, l'attaché scientifique de l'ambassade. Il était étonnamment jeune, portait une moustache bien taillée et des cheveux brun-roux. Sa fonction n'avait strictement rien de scientifique. Son véritable boulot consistait à rassembler des informations sur les activités commerciales du Zaïre, et « attaché scientifique » n'était qu'un de ses nombreux titres. Il nous avoua qu'il n'avait jamais pensé devoir assumer la moindre tâche d'ordre scientifique. Il nous avait organisé une rencontre avec Kalisa Ruti cet après-midi-là, en prévision de l'entretien que le ministre de la Santé en personne nous accordait le lendemain. Pour un débutant, il se débrouillait admirablement.

J'avais déjà rencontré Kalisa à des réunions de l'OMS, à Genève et à Nairobi. Il était évident qu'il ignorait les implications de notre visite. Il se montra très coopératif, et nous assura que le gouvernement nous autoriserait à mener à bien au moins la phase initiale de notre investigation — quel que soit l'accueil que nous réserverait le ministre le lendemain. Au Zaïre, il était toujours impossible de prévoir les réactions du gouvernement. Il y avait toujours dans l'air une crise sociale ou politique. La dernière en date était d'ordre économique. Notre arrivée coïncidait avec une dévaluation spectaculaire du zaïre, la monnaie locale, dont le taux venait de passer de cinq pour un dollar à trente pour un dollar. Or, le plus gros billet de banque valait *un zaïre*... Du jour au lendemain, les gens durent se munir pour leurs emplettes de cartables et de valises pleins de monnaie.

Le deuxième soir, nous nous étions encombrés de serviettes bourrées de billets d'un zaïre et d'un demi-zaïre pour aller dîner dans un restaurant grec. Nous avions l'impression d'être des mafiosi s'apprêtant à régler un pot-de-vin. Il s'avéra que nous n'avions pas beaucoup le choix — quelles que soient nos richesses. De nombreux plats mentionnés sur la carte n'étaient pas disponibles à cause de l'inflation et du manque de devises. En outre, l'augmentation du prix des carburants perturbait la distribution de certains produits. Comme toujours en pareil cas, les pauvres étaient les seuls à vraiment souffrir de la situation. La majorité du peuple zaïrois survit grâce au manioc, un tubercule riche en féculent, semblable à une grosse igname enveloppée d'écorce. Mais le manioc africain contient un alcaloïde toxique. Pour l'en débarrasser, on doit laisser tremper la racine dans l'eau courante pendant deux jours. Ce faisant, elle absorbe beaucoup d'eau, s'alourdit considérablement, et le coût de son transport augmente. Entre la dévaluation du zaïre et l'envol du prix du gasoil, le prix de revient du manioc devenait prohibitif, et la famine menaçait les pauvres des villes.

Au restaurant, j'interrogeai Tom et Peter sur les facteurs de risque du sida aux Etats-Unis. L'épidémie ne faisait que commencer, et nous ne connaissions presque rien de la maladie. Sans se faire prier, ils me dirent ce qu'ils savaient. Ils me parlèrent des bains publics de San Francisco, de l'habitude de nombreux homosexuels de multiplier les rapports sexuels avec des partenaires anonymes. Même mon expérience du Zaïre (où des pratiques interdites en Occident, comme la polygamie, sont parfaitement acceptables) ne m'avait pas préparé aux révélations qu'ils me firent ce soir-là. Les comportements sexuels normaux au Zaïre étaient si différents de ce que j'entendais de la vie à San Francisco, que j'avais du mal à croire que la maladie puisse s'y propager de la même façon. La plupart des patients zaïrois venus se faire soigner en Belgique étaient des hommes, mais il semblait qu'ils étaient hétérosexuels. De plus, je doutais que la maladie n'affecte que les hommes. Je me disais que c'était plutôt un simple problème économique : comme les hommes contrôlaient l'essentiel de l'argent, il leur était plus facile de s'offrir le voyage et les soins médicaux.

Nous nous retrouvâmes le lendemain chez le ministre zaïrois de la Santé, le docteur Tshibasu. Sa parfaite connaissance du français et ses manières polies lui donnaient un air sophistiqué. Je connaissais assez la situation politique du pays pour comprendre qu'il avait été choisi par Mobutu. Il occupait sa position depuis plus de six mois — ce qui était plutôt long, pour un haut fonctionnaire du régime. Sous Mobutu, les notables « duraient » généralement moins d'un an. C'était assez pour se remplir les poches avant d'être mis à la porte et de retourner au parlement, où il était plus difficile de s'enrichir. Je devais donc tabler sur le fait que la carrière du docteur Tshibasu touchait à sa fin. Et s'il était en danger de perdre son poste, c'était aussi le cas de mon ami Kalisa Ruti. Ce qui signifiait que nous avions peu de temps pour mener à bien le début de notre étude et organiser un programme pour une action future.

La réunion avec le docteur Tshibasu s'ouvrit sur une note très intéressante. Malgré un accueil un peu sec, il se montra bien vite cordial. Mais il ne chercha pas à cacher son scepticisme. Il déclara qu'il avait déjà plus que sa part de problèmes : paludisme, malnutrition, diarrhée, tuberculose, maladie du sommeil, rougeole. « N'espérez pas trop éveiller notre intérêt, ni bénéficier de notre soutien pour la question qui vous intéresse, dit-il dans un français raffiné. Nous ne pouvons même pas nous occuper des problèmes normaux dont je viens de vous parler. » Je compris très vite qu'il considérait le sida comme quantité négligeable. Il n'avait aucune idée de la menace qui pesait sur ses compatriotes.

Je lui parlai de la maladie. Je lui appris que plusieurs Zaïrois fortunés, atteints du sida, étaient en train de dépérir dans des hôpitaux belges. Il y avait parmi eux un colonel, un banquier et le vice-président d'une importante brasserie. L'intérêt du ministre s'éveilla quelque peu, mais je ne pus le faire changer d'avis. Ce serait pour plus tard, lorsque nous aurions rassemblé des informations beaucoup plus alarmantes.

Durant les années qui allaient suivre, j'entendrais les mêmes arguments de la part de fonctionnaires. Les gens auront toujours du mal (surtout ceux qui exercent le pouvoir) à admettre l'importance du sida avant qu'il ne balaie leur pays. Au moins le docteur Tshibasu eut-il la sagesse de nous autoriser à lancer la première phase de notre enquête. Il fit exactement ce que Kalisa avait prévu.

Notre premier objectif était de trouver l'endroit où installer notre laboratoire. Il nous fallait un accès à de l'eau propre et de l'électricité en quantité suffisante. Il fallait aussi décider sur quels hôpitaux nous allions concentrer notre étude. Les deux seuls grands établissements de Kinshasa étaient Mama Yemo (du nom de la mère de Mobutu) et l'hôpital universitaire, en banlieue. Ce dernier recevait une clientèle relativement aisée, tandis que Mama Yemo soignait les indigents qui constituaient la majorité de la population de la ville. C'était l'hôpital que mon ami Bill Close dirigeait à l'époque de l'épidémie d'Ebola.

Mama Yemo est immense. Il est conçu comme beaucoup d'hôpitaux nés durant l'ère coloniale, avec de grandes salles communes hautes de plafond. Ses sols de ciment étaient noircis par des taches, témoignages d'innombrables drames. De vieux ventilateurs placés en hauteur et les fenêtres sans carreaux assuraient un minimum d'aération. Chaque salle abritait une trentaine de lits métalliques qui restaient rarement inoccupés. Les matelas étaient bourrés de coton ou de paille. Les draps étaient rares. Les familles des patients leur apportaient leurs repas, et le manque de personnel les obligeait souvent à assurer elles-mêmes les soins. Les cabinets de toilette étaient rares, et en général ne fonctionnaient pas. Ils répandaient une puanteur qui vous accueillait à l'entrée et vous poursuivait jusqu'à votre départ. Les salles communes étaient généralement surpeuplées de patients atteints des maladies les plus cruelles. Ils avaient le teint jaune, ils étaient ballonnés, cachectiques, comateux, en proie à des nausées. Beaucoup avaient la diarrhée. Ils venaient à Mama Yemo avec des plaies ouvertes, pleines de croûtes et de pus, dégageant une odeur terrible. Ils formaient des files interminables. Les cris et les gémissements résonnaient le long des couloirs froids et humides. Le visage de la maladie et de la mort pour les damnés de la terre.

C'est dans ce décor infernal que nous partîmes à la recherche de patients atteints du sida. Les symptômes visibles, mais aussi leur taux de $T4^+$ et de $T8^+$, devaient nous aider à les identifier. Le VIH, qui s'attaque de manière très sélective aux lymphocytes $T4^+$, épargne les $T8^+$. (Les lymphocytes $T4^+$ jouent un rôle crucial dans les mécanismes que le corps met en œuvre pour se débarrasser des intrus.) Si le rapport entre le nombre de $T4^+$ et de $T8^+$ diminue, nous savons que le patient est menacé — ou déjà atteint — par le sida. Sheila installa son labo à l'hôpital universitaire, Mama Yemo n'offrant pas les facilités techniques suffisantes.

Notre stratégie était simple. Nous allions surveiller pendant trois semaines les salles communes des deux hôpitaux. Il s'agissait d'examiner chaque nouveau patient, de recueillir son témoignage et de lui faire une prise de sang pour le soumettre au test $T4^+/T8^+$. Parallèlement, nous devions surveiller l'évolution des patients déjà examinés. Nous fûmes tout de suite frappés par ce qui se passait devant nous. Ce que nous avions sous les yeux, c'était presque toujours la phase ultime de la maladie. C'était une différence fondamentale avec ce que nous savions des cas de sida recensés aux Etats-Unis et en Europe. Tous nos patients souffraient d'infections opportunistes non soignées, qu'on avait laissées pourrir jusqu'au stade terminal. Il était dramatique, par exemple, de voir un pied atteindre trois fois son volume normal à cause d'une simple infection fongique purulente. Dans un pays riche, elle aurait été rapidement nettoyée. Ici, le patient attendait jusqu'à ce que son mal dégénère. De toute façon, dans un pays comme le Zaïre, les antifongiques appropriés étaient inabordables. La tablette de cachets antifongiques que le patient doit absorber chaque jour coûte maintenant quinze dollars. C'est-à-dire l'équivalent de deux semaines de travail, à Kinshasa, pour quelqu'un qui possède un emploi régulier. Une personne atteinte du sida n'a aucune chance de pouvoir s'offrir le traitement.

Le lendemain de notre réunion avec le ministre, nous rendîmes notre première visite à Mama Yemo. Je devais demander Bela Kapita, le médecin responsable des salles communes. Je me dirigeai vers une infirmière, à qui je m'adressai en français.

— Je suis le docteur McCormick, du CDC. J'appartiens à l'équipe qui va enquêter sur le sida. J'aimerais parler à votre chef de service.

— Le docteur Kapita n'est pas ici pour le moment.

On me promit qu'il serait là le lendemain. Maigre consolation. J'allais me retrouver dans une de ces situations cauchemardesques où le responsable tourne le dos à son travail. Je savais d'expérience qu'en de telles circonstances les subordonnés ne sont pas enclins à agir sans le consentement express de leur patron.

Mais le docteur Kapita réapparut bel et bien le lendemain. Ce cardiologue formé en Belgique rendait souvent visite à son père, dans un village des environs. Il soignait le vieil homme, qui souffrait d'une défaillance cardiaque congestive, car il était le seul à pouvoir le faire. Dès que je le connus un peu mieux, je compris que je m'étais trompé. Le docteur Kapita était un véritable saint. Un jour, je me trouvais avec lui au bureau de poste, quand une fillette se dirigea vers nous et nous demanda de l'argent. Kapita était bouleversé. Il avait les larmes aux yeux.

— Cela n'a pas toujours été ainsi, me dit-il. Les choses ont changé. La situation est de plus en plus difficile, et nos enfants sont réduits à mendier. Je ne sais que faire.

Devant ce sentiment d'impuissance, je me sentais très mal à l'aise.

Le docteur Kapita était impatient de collaborer avec nous. Il était assez intelligent pour avoir compris, bien avant notre arrivée, que certains des malades entassés dans ses salles communes avaient le sida. Il appréciait l'aide que nous pouvions lui apporter. En retour, il pouvait nous être fort utile. Je recommandai qu'il se joigne à notre équipe. Nous avions besoin d'un médecin zaïrois comme Kapita, généreux, et conscient de la situation critique où se trouvaient les gens pour lesquels nous étions venus.

Avant même que nous ne commencions notre travail à Mama Yemo et à l'hôpital universitaire, notre équipe se trouva réduite d'une unité. Tom Quinn avait dû se rendre au Danemark pour participer à un colloque, et il lui fut impossible de revenir au Zaïre avant la fin de l'étude. (Mais il restera pendant plusieurs années un membre important de notre groupe.) L'équipe se composait donc de Peter Piot, Henri Thaelman, Fred Feinsod et moi-même, et Sheila s'occupait du labo. Le travail était épuisant. Chaque jour, nous examinions les patients et nous prélevions les échantillons. Il fallait que le matériel parvienne au laboratoire en début d'après-midi. Plus Sheila avait du temps, mieux cela valait. Ses préparations lui prenaient plusieurs heures. Nous utilisions un dispositif de fortune pour congeler les cellules et les échantillons, afin de les garder en assez bon état pour s'en servir ultérieurement. L'appareil consistait en un réservoir d'azote liquide, dont la température se situe aux environs de –200 °C. Mais lorsqu'on place directement des cellules dans l'azote, elles gèlent trop vite, se dilatent et explosent. Il fallait donc introduire les ampoules contenant nos cellules immergées dans un milieu spécial, dans d'épaisses enveloppes de papier que nous plongions à leur tour, non pas dans l'azote, mais dans sa vapeur, dont la température est nettement plus douce (–80 °C). (C'est comme tremper un orteil dans l'eau avant de plonger dans une piscine. Sauf que vos orteils ne survivraient pas à l'immersion dans la vapeur d'azote liquide.) Nous exposions les cellules à la vapeur durant plusieurs heures, jusqu'à ce qu'il soit possible de les congeler progressivement. Le processus était très lent. Il était très rare que nous finissions avant huit ou neuf heures du soir. Le travail en laboratoire était monotone et éprouvant. C'est Sheila qui en portait tout le poids. Elle était immensément compétente pour déchiffrer les cellules T. Mais elle payait cher l'obligation de rester deux ou trois heures, chaque soir, les yeux vissés sur le microscope. Nous faisions un travail très dur — sensible et délicat, mais très dur.

Au cinquième jour de l'enquête, on amena à la salle de soins de Kapita une jeune femme de vingt et un ans, inconsciente. Sa famille nous apprit qu'elle était malade depuis plusieurs mois. Elle avait eu beaucoup de fièvre, perdu du poids, et elle avait une toux épouvantable. Depuis deux semaines, elle souffrait aussi de migraines intolérables et d'engourdissement. Quand ils constatèrent qu'ils n'étaient plus capables de la maintenir éveillée, ils décidèrent de venir à Mama Yemo.

C'est ainsi que nous fîmes la connaissance de Yema.

18

Une femme libre de La Cité

Yema et sa famille avaient quitté Kananga pour Kinshasa, environ neuf ans plus tôt. (Kananga, avec une population de plus d'un million d'habitants, avait le douteux privilège d'être la plus grande ville du monde sans électricité.) Ils s'étaient installés tout naturellement à La Cité. Il s'agissait d'un immense bidonville du centre de Kinshasa, constitué de pâtés de maisons de bois, de ciment, de boue séchée, de tôle et de carton. N'importe quel matériau convenait pourvu qu'il repousse la pluie, la vermine, les intrus et les esprits du mal. Le quartier était plein de petites boutiques où l'on pouvait trouver pour presque rien des jouets fabriqués en Chine ou en Thaïlande, faire réparer sa bicyclette ou faire ressemeler ses chaussures avec des morceaux de pneu. A La Cité, les plus pauvres croyaient fermement qu'ils pourraient quitter ce quartier dès qu'ils auraient trouvé du travail. Il était rare que les choses tournent ainsi.

Un des rares moyens dont les femmes disposaient pour gagner de l'argent, à La Cité, était de se vendre. Celles qu'on appelait les *femmes libres* n'étaient pas toujours célibataires. C'était plus souvent des veuves, des divorcées, des femmes séparées ou simplement abandonnées. Des femmes sans autre revenu, qui avaient désespérément besoin d'argent pour se nourrir et nourrir leurs enfants. Elles étaient « libres » au sens où elles n'offraient leur corps que de temps en temps, contre des cadeaux ou de l'argent. Mais elles n'étaient pas considérées, d'un point de vue strictement commercial, comme des prostituées. La nuance n'était pas infondée : les « professionnelles » travaillaient sans relâche. Le phénomène des *femmes libres* prit de l'importance quand l'accroissement de la population du quartier et le déclin de l'économie contribuèrent à dégrader encore un peu plus les conditions de vie. Il faut y voir un exemple de la manière dont l'exploitation sociale de la femme peut devenir une menace pour la santé publique.

Yema était la seconde de sept enfants. Son père était illettré, mais il avait trouvé un emploi. Il portait des caisses de bière pour le compte d'une brasserie. Pour se rendre à son travail et en revenir, il avait plusieurs heures de transport par jour, à pied ou en autobus. Plusieurs jours s'écoulaient parfois sans qu'il rentre chez lui. La mère de Yema était censée subvenir comme elle pouvait aux besoins de la famille. Mais, quel que fût son dévouement maternel, il lui arrivait souvent de ne pouvoir joindre les deux bouts. Ses maigres revenus faisaient à peine la différence, et elle était si accablée par ses responsabilités qu'elle ne pouvait pas tenir tous ses enfants à l'œil. Il aurait été chimérique d'espérer qu'ils aillent à l'école. Il n'y avait même pas assez d'établissements pour accueillir tous les enfants qui en avaient besoin. Il était donc inévitable qu'ils apprennent tôt à se débrouiller seuls. Suivant l'exemple d'autres jeunes filles de La Cité, Yema commença à gagner un peu d'argent en s'offrant de temps à autre à des hommes du quartier. Dans un village rural du Zaïre, cette conduite aurait été considérée comme inacceptable. Ici, elle était tolérée, peut-être faute de mieux. A vingt ans, Yema avait déjà subi deux avortements. Fin 1982 et au début de l'année suivante, elle commença à perdre du poids. Ses règles se firent de plus en plus irrégulières, et s'interrompirent définitivement en mai 1983. Plus son poids diminuait, plus elle se sentait fatiguée. Elle était prise de frissons, perdait l'appétit, et commença à développer une toux sèche. Elle était incapable de travailler. Sa survie dépendait donc totalement de sa famille. Sans l'argent nécessaire pour consulter un médecin, Yema ne reçut aucun soin. Un matin, fin septembre, sa mère ne put la réveiller. Au désespoir, sa famille l'amena à Mama Yemo.

Yema était le premier de nos patients à présenter ces symptômes — jusqu'alors, on pensait qu'ils n'étaient liés au sida que très exceptionnellement. Mais un de nos confrères, le docteur Nyst, un médecin belge qui exerçait à Kinshasa, avait déjà observé des cas semblables. Il nous apprit que, depuis un an, le nombre de patients souffrant de méningite à cryptocoque était en augmentation. Il était possible que Yema en fût atteinte. Il s'agit d'une maladie du cerveau, extrêmement rare en temps normal. Elle se déclare parfois chez des patients souffrant d'un cancer avancé, dont le système immunitaire est mis à mal par les rayons et la chimiothérapie.

Le docteur Nyst effectua une ponction lombaire sur Yema et expédia au laboratoire l'échantillon de liquide céphalo-rachidien. Des centaines de micro-organismes arrondis, translucides, apparurent sous l'œil du microscope. Yema souffrait bel et bien d'une méningite à cryptocoque, un champignon qui se reproduit dans la moelle épinière. Nous n'avions pas les médicaments pour la soigner. De toute façon, au Zaïre, personne n'avait les moyens de se les offrir. Impuissants, nous assistâmes à l'agonie de Yema.

Apparemment, elle mourut paisiblement. Elle avait sombré depuis longtemps dans un coma persistant. Mais l'impression était trompeuse. La bataille faisait rage à l'intérieur de son corps, entre ses cellules immunitaires affaiblies (les rares cellules T4+ qui lui restaient) et le cryptocoque protégé par son enveloppe. Nous ne pouvions rien faire pour elle. Nous avions l'impression d'être moins utiles que les concierges de l'hôpital. Ceux-ci pouvaient au moins nettoyer quand tout était fini, et tirer quelque satisfaction du travail accompli. Nous ne pouvions que rester là, à constater notre inutilité.

Les parents de Yema semblèrent accepter sa mort plus

stoïquement que je m'y attendais. Il me semblait qu'ils avaient compris depuis longtemps qu'elle était condamnée, et qu'ils ne pouvaient pas faire grand-chose pour empêcher sa mort. C'est sans doute avec le vague espoir d'un miracle qu'ils étaient venus à Mama Yemo. Mais nous n'avions eu aucun miracle à leur offrir.

Yema n'était qu'un cas parmi d'autres. Nous eûmes l'occasion d'en voir beaucoup de semblables, durant les trois semaines que dura notre enquête. La méningite n'était qu'une des manifestations de la maladie. La variété des symptômes était stupéfiante. Dans un pays comme le Zaïre, un malade du sida n'a pas les moyens de s'offrir les soins médicaux auxquels il peut prétendre en toute justice. Ces pauvres gens souffraient jusqu'à ce que leur état devienne insupportable, puis ils se rendaient à l'hôpital public. C'est le résumé de la plupart des tragédies humaines qui se déroulaient sous nos yeux. Certains patients avaient si mal à la langue et au palais qu'ils étaient incapables de manger. Ceux qui pouvaient absorber quelques bouchées étaient soudain pris de crampes, et rendaient d'abondantes diarrhées. Leur peau se couvrait d'éruptions généralisées. Des masses fongiques infectées apparaissaient à l'intérieur et à l'extérieur de leur corps. Lorsque le malade n'était pas victime de levures voraces, il pouvait être attaqué par une foule d'autres parasites prêts à lui dévorer le cerveau. Il ne comprenait pas ce qui lui arrivait. Et nous ? La seule chose que nous pouvions faire, c'était regarder, horrifiés. Nous ne remplissions plus notre rôle de médecins. Nous n'étions plus que des observateurs scrupuleux, qui rassemblaient une documentation aussi précise que possible. Notre seul espoir était de parvenir à comprendre le processus. Cela permettrait peut-être à quelqu'un, quelque part, de trouver une solution.

L'enquête nous permit de faire deux découvertes très importantes. D'une part, nous recensions beaucoup plus de cas de sida chez les femmes, par rapport aux pourcentages relevés aux Etats-Unis ou en Europe : là-bas, la maladie frappait encore de manière disproportionnée les homosexuels masculins. D'autre part, nous commencions à déceler un lien direct entre le nombre de partenaires sexuels et le taux d'infection. Cette découverte rejoignait les conclusions des médecins qui soignaient les homosexuels, à San Francisco, au début de l'épidémie. La maladie se propageait bel et bien par voie sexuelle. C'était stupéfiant. Au Zaïre, la transmission s'opérait presque exclusivement par relations hétérosexuelles « normales ». Cela ne signifiait pas que la transmission homosexuelle n'existait pas. Ce que notre enquête révélait, c'est qu'à Kinshasa elle était relativement rare chez les hommes. Il est vrai qu'il n'existe pas, dans les pays africains, de communauté gay visible ou organisée, comme c'est le cas en Occident. D'autre part, les contacts hétérosexuels sont beaucoup plus fréquents en Afrique, et relativement libres de contraintes sociales (du moins pour les hommes).

Nos découvertes furent corroborées par des enquêtes similaires menées un peu partout en Afrique, notamment au Rwanda. Le monde devait maintenant faire face à une réalité troublante, terrifiante. Nous réfléchissions à ce qu'impliquaient nos découvertes. A Kinshasa, nous avions découvert que le sida se transmettait par voie hétérosexuelle. Nous avions de bonnes raisons de penser que c'était le cas partout. Jusqu'alors, surtout aux Etats-Unis, le sida était associé presque exclusivement aux homosexuels, aux toxicomanes, et à quelques groupes marginalisés (comme les Haïtiens). Il n'était pas supposé affecter les gens « normaux ».

En 1984, *The Lancet*, la célèbre revue médicale britannique, publia nos conclusions et celles de l'équipe belge qui avait travaillé au Rwanda sous la direction de Van der Peer. Pour le monde entier, ces articles allaient changer l'idée qu'on se faisait du sida. Après avoir décrit la situation en Afrique, nous posions une question : « Est-ce à cela que va ressembler le sida en Occident, dans les dix ans qui viennent ? »

Pour certains, la question relevait du blasphème. Mais nous savons aujourd'hui que dans beaucoup de pays occidentaux la réponse est positive. En 1996, le sida est devenu la cause principale de décès chez les femmes de vingt-cinq à quarante ans.

Dans mon rapport au directeur du CDC, j'avançai l'hypothèse que le sida était endémique au Zaïre, et qu'il y sévissait peut-être depuis le milieu des années soixante-dix. Mes conclusions se fondaient sur les témoignages de médecins qui, depuis dix ans, avaient vu quantité de cas irrésolus de perte de poids et de diarrhée aboutissant invariablement à la mort du patient. Parfois, ils avaient attribué ces symptômes à la tuberculose. Mais il semblait rétrospectivement que la cause de la mort pouvait être liée au sida. Dans la partie la plus litigieuse de mon rapport, j'affirmais que la maladie, au Zaïre, se transmettait par contact hétérosexuel. Rien ne prouve, ajoutais-je, que l'homosexualité ou la toxicomanie jouent un rôle significatif dans sa propagation. Je proposai que le CDC entame une collaboration à long terme avec le ministre zaïrois de la Santé pour mettre sur pied un programme de surveillance de la maladie. Enfin, j'invitai l'OMS à organiser un séminaire d'étude à Kinshasa ou Brazzaville, la capitale du Congo voisin. Par la suite, chacune de ces recommandations sera suivie.

Je revins à Atlanta le 8 novembre. Je fis immédiatement mon rapport à mon patron, Gary Noble, et au directeur du CID, Walter Dowdle. Ils m'écoutèrent, puis ils décidèrent que je devais rencontrer Bill Foege, le directeur du CDC. Ce dernier quittait l'agence. Son successeur, James Mason, était au CDC ce jour-là, et on l'invita à se joindre à la réunion. Il y avait aussi Jim Curran, chef du service VIH-sida, et Fred Murphy, chef du service Maladies virales. Le hasard faisait bien les choses : la plupart des acteurs importants de la recherche sur le sida associés au CDC étaient là, au même endroit et au même moment.

Bill Foege avait vécu et travaillé en Afrique, et il comprit tout de suite la gravité de la situation. Il décida d'appeler au téléphone le docteur Edward Brandt, sous-secrétaire américain à la Santé. On me mit en communication avec lui. J'ignorais qui il était (sinon un protégé de

Ronald Reagan), et je n'avais aucune idée de la façon dont il pouvait réagir. Je lui fis part de nos découvertes, avant de lui exposer nos principales conclusions. Je m'efforçai de m'exprimer aussi simplement et aussi poliment que possible.

Il y eut un long silence. Puis Brandt déclara que je me trompais sur toute la ligne.

— Vos découvertes doivent avoir une autre explication. Avez-vous pensé à d'autres vecteurs... Un moustique, par exemple ?

Il lui était plus facile de parler de moustiques que de sexe.

— Je ne pense pas que cela colle avec ce que nous savons, monsieur. Nous avons recensé très peu de cas d'enfants contaminés. Or, les enfants ont autant de chances que les adultes d'être piqués par un moustique. Peut-être plus, en fait. C'est la raison pour laquelle ils souffrent beaucoup plus du paludisme. Et si le sida était transmis par les moustiques, nous aurions décelé un autre type de schéma de distribution de la maladie dans la population. Nous savons tous que n'importe qui peut attraper le paludisme. Il suffit d'être piqué par le moustique. Ce que nous avons vu, avec le sida, ce sont des chaînes d'infection bien précises, menant toutes aux rapports sexuels. Nous n'avons recensé presque aucun cas chez les enfants ou les vieillards.

Malgré la clarté de mes explications, j'échouai à le faire changer d'avis. Brandt semblait prêt à admettre n'importe quelle autre théorie, pourvu qu'elle détournât l'attention des rapports hétérosexuels. Notre conversation se poursuivit sur le même ton durant une vingtaine de minutes. Aucun de mes arguments ne lui faisait le moindre effet. J'étais abasourdi par la force de son incrédulité — de son rejet, en fait. Au moins, ceux qui m'entouraient comprenaient que nos conclusions étaient irréfutables. Ils savaient qu'il était impératif d'agir au plus vite.

Il va de soi que l'administration était parvenue à des conclusions opposées. Nous étions en plein dans l'ère Reagan. Il fallait donner du sida une explication beaucoup plus acceptable, politiquement et socialement, que celle que nous proposions. Les électeurs n'allaient pas aimer notre message. Ils étaient beaucoup plus à l'aise avec l'idée de « fléau gay », comme on l'avait appelé à l'origine. Cette notion était portée par un moralisme suffisant et odieux. Nous nous apprêtions à leur dire que le sida était un fléau, en effet, mais que personne n'était à l'abri.

En refusant de reconnaître l'importance réelle de la crise du sida, l'administration Reagan se faisait la complice du virus. Une année s'écoulerait avant que Washington ne modifie sa politique dans ce domaine, avec la nomination de C. Everett Koop au poste de *surgeon general*[1]. Koop était conservateur et avait des idées très arrêtées sur ce que sont le bien et le mal. Mais c'était un grand médecin et un savant impartial. Il refusa de contaminer la santé publique avec de l'idéologie.

Deux ans plus tard, en 1987, j'assistai à la désormais célèbre Soirée sur le Potomac. Je faisais partie des quelques centaines de personnes assez fortunées — ou assez crédules — pour accepter l'invitation. Non que les sponsors de ce dîner de charité eussent de mauvaises intentions. Elizabeth Taylor, c'était tout à son honneur, avait rendu cela possible. Le docteur Koop fut accueilli par un tonnerre d'applaudissements, en reconnaissance de ce qu'il essayait de faire. Mais quand Reagan prit la parole, pour reconnaître pour la première fois en public que le sida constituait aux Etats-Unis un problème prioritaire de santé publique, il fut accueilli par autant de huées bien senties que d'applaudissements de pure forme. Sans doute le public, où se trouvaient pas mal d'universitaires, était-il partisan. Mais il y avait parmi eux un certain nombre de médecins qui n'étaient pas précisément connus pour soutenir le Parti démocrate. Ils étaient consternés par l'inexcusable négligence de l'administration Reagan dans sa manière de gérer la crise du sida. On ne connaît pas d'exemple plus flagrant du triomphe

1. Ministre américain de la Santé.

de la politique sur la vérité. A l'exception peut-être de la déclaration audacieuse (sinon imprudente) du secrétaire à la Santé Margaret Heckler affirmant en 1985 qu'un vaccin contre le sida serait prêt en l'espace de deux ans !

La Soirée sur le Potomac, pour moi, marqua un tournant. Je m'étais fait une bonne réputation dans le domaine des fièvres hémorragiques virales. J'étais en train de développer un programme que j'aimais, et mes recherches me passionnaient. Je n'avais pas envie d'abandonner mon domaine de prédilection pour travailler sur le sida. Mais c'est moi qui avais recommandé qu'on lui consacre au Zaïre une étude à long terme. Il n'était pas déraisonnable de penser que c'était peut-être à moi de m'en charger. J'hésitais. Que devrais-je faire ?

19

La naissance du Projet Sida

Lorsqu'on me chargea de trouver le futur directeur de notre projet d'étude du sida au Zaïre, je pensai à quelqu'un dont j'avais croisé la route à plusieurs reprises : Jonathan Mann. Nous ne nous connaissions pas vraiment, mais j'avais beaucoup d'estime pour son travail. J'avais eu l'occasion de l'écouter à des conférences au CDC, et j'avais été impressionné par sa clarté, sa logique et son esprit avisé. Il avait un poste d'épidémiologiste d'Etat au Nouveau-Mexique, et il vivait à Santa Fe. Mais je savais qu'il cherchait un nouveau défi à relever. Il n'en trouverait pas de meilleur que celui que j'allais lui proposer. Fin janvier 1984, je lui téléphonai. Je lui demandai s'il avait envie de partir en Afrique.

— Je n'y suis jamais allé, me dit-il.

Il se montra assez réservé. Il avait trois jeunes enfants. Comment pourrait-il les élever ? Je l'assurai qu'il existait une bonne école américaine au Zaïre : cela ne devait pas peser dans sa décision. Sans doute me montrai-je suffisamment insistant, car il finit par me promettre d'y réfléchir. Il me rappela une semaine plus tard. Il avait pris sa décision. Il acceptait.

En mars, nous partions tous les deux au Zaïre. Le Projet Sida était lancé.

Dès notre arrivée, nous rencontrâmes plusieurs fonctionnaires zaïrois de la santé publique concernés. La plupart d'entre eux soutenaient notre projet, mais ce n'était pas le cas de tout le monde. Un certain docteur Lurhuma nous fit comprendre qu'il était rien moins qu'enthousiaste à propos de nos activités. (Il ne mentionnait pas le fait que son gouvernement ne disposait ni des ressources ni de la main-d'œuvre nécessaires pour lancer un programme important sans une aide étrangère.) Officiellement, Lurhuma était immunologiste, mais je n'ai jamais su où il avait été formé. En tout cas, c'était moins un médecin ou un chercheur qu'un homme politique. Il s'avéra qu'il avait des relations importantes au sein du gouvernement, ce qui expliquait peut-être le respect qu'on lui montrait. Mais fierté nationale mise à part, le docteur Lurhuma avait d'autres objectifs. Il fut l'un des premiers Africains (il y en aurait beaucoup d'autres) à prétendre avoir découvert un « remède » contre le sida. Il ne prouva jamais quoi que ce fût, mais la presse s'empara de l'affaire. Dans un pays comme le Zaïre, c'était suffisant. Ses revendications donnèrent lieu à quelque chose comme une *cause célèbre*. Plus tard, on apprit que le président Mobutu, pour récompenser sa contribution présumée à la santé publique du Zaïre, lui avait offert une grosse somme d'argent et une maison dans un quartier chic de Kinshasa. D'après ce que nous avons pu découvrir, son remède était une sorte de fluide d'origine inconnue.

Au Kenya, quelques années plus tard, le directeur du KEMRI[1], David Coech, prétendit à son tour avoir mis au point un traitement efficace contre le sida. Au moins semblait-il capable d'asseoir ses prétentions sur quelques résultats — bien qu'il n'ait jamais tout révélé. Il avait soi-disant prélevé un peu d'une culture de cellules, qu'il aurait utilisée comme traitement. Apparemment, ce matériel contenait une certaine quantité d'interféron. D'autres personnes testèrent le produit, sans trouver la

1. *Kenyan Medical Research Institute* : Institut kenyan de la recherche médicale.

moindre preuve de son pouvoir. Mais les allégations de Coech incitèrent un certain nombre de savants, qui auraient dû mieux s'informer, à lui apporter leur soutien. Il y eut même des voix pour exiger que l'OMS organise des essais à grande échelle de sa prétendue thérapie. Mais rien n'aboutit.

Voilà où menait le besoin désespéré de découvrir un traitement — ou un remède préventif — au sida. Ces prétendues panacées étaient une couleuvre difficile à avaler pour les nombreux Africains qui travaillaient quotidiennement à contenir le flot du mal dans leurs pays respectifs. A l'époque de l'affaire Coech, les Africains et leurs médecins commençaient tout juste à prendre conscience de l'ampleur réelle du fléau. Ils voulaient que quelqu'un issu de leurs rangs fût capable de fournir une contribution majeure à la science médicale. Ils ne voulaient pas être considérés à jamais comme des enfants à charge, obligés d'attendre l'aide et les découvertes de l'extérieur. En conséquence, ils eurent quelques escrocs de plus. Le phénomène du sida a entraîné l'apparition de charlatans — plus encore, peut-être, dans les pays riches que dans les pays en développement. Il s'agit la plupart du temps d'opportunistes fortunés exploitant le désespoir des malades. Contre l'argent et la gloire que leur rapporte ce marché de dupes, ils n'ont rien d'autre à proposer que de faux espoirs.

En dépit des oppositions sporadiques, nous parvînmes à lancer notre programme d'étude. Nous eûmes la chance de jouir du soutien de notre ami le docteur Muyembe, qui avait travaillé avec nous en 1976. (Il deviendra célèbre en tant que porte-parole des autorités zaïroises, lorsque Ebola réapparaîtra en 1995 à Kikwit.) Bien qu'il fût habitué à faire face à la misère humaine, il gardait toujours un état d'esprit positif. Les virus n'étaient pas son seul ennemi. Il devait lutter aussi contre la dégradation des infrastructures, la violence, les révoltes tribales et les intrigues politiques. Ce spécialiste des maladies infectieuses dirigeait la seule école de médecine de Kinshasa. Muyembe semble avoir occupé, dans son pays, toutes les positions importantes dans le domaine médical. Quand il était doyen, au début du Projet Sida, il disposait d'un budget si limité qu'il n'avait même pas assez de papier pour son école — sans parler des étudiants. Mais aucun obstacle ne l'arrêtait. Il était présent lorsque Ebola éclata en 1976. Il était présent lorsque le sida se répandit au Zaïre, sept ans plus tard. Et il était encore présent pendant l'épidémie de Kikwit. Il déploya des efforts extraordinaires, et fit preuve d'une obstination tout simplement inouïe. Muyembe était si désireux de contribuer à la santé de son peuple qu'il passa plusieurs mois à mon laboratoire au CDC, pour y apprendre les techniques sérologiques de diagnostic des fièvres hémorragiques. Son rêve était de les appliquer dès son retour à son laboratoire, à Kinshasa. Malheureusement, il n'eut jamais assez d'argent pour le maintenir en état de fonctionner. Il ne pouvait même pas compter sur une alimentation électrique régulière : sans électricité, ses réactifs devenaient vite inopérants. S'il avait eu de l'argent, l'épidémie d'Ebola de 1995, qui tua trois cents personnes à Kikwit, aurait peut-être tourné autrement.

Jonathan et moi avions plusieurs problèmes urgents à régler. Un des plus importants consistait à choisir le site du Projet Sida. Chacun avait son idée sur la question. Les gens se marchaient sur les pieds pour qu'on associe leur nom à la recherche sur le sida. Ils réalisaient que ce pouvait être une occasion de gagner de l'argent, de l'expérience et une promotion professionnelle. Comme c'était prévisible, il se créa un climat favorable à une concurrence agressive. Les enjeux étaient de taille. Déjà, dans un certain nombre de pays (Belgique, France, Angleterre, Canada, Etats-Unis), les chercheurs se mobilisaient pour étudier la maladie. L'opportunisme se développa. Des carrières et des réputations se jouaient sur les résultats obtenus. D'une certaine manière, la course à la gloire et aux subsides amena quelques progrès. C'est ainsi que nous avons acquis une connaissance étonnante de la façon dont le virus est constitué. Nous savons aussi comment il abuse le système immunitaire humain — et

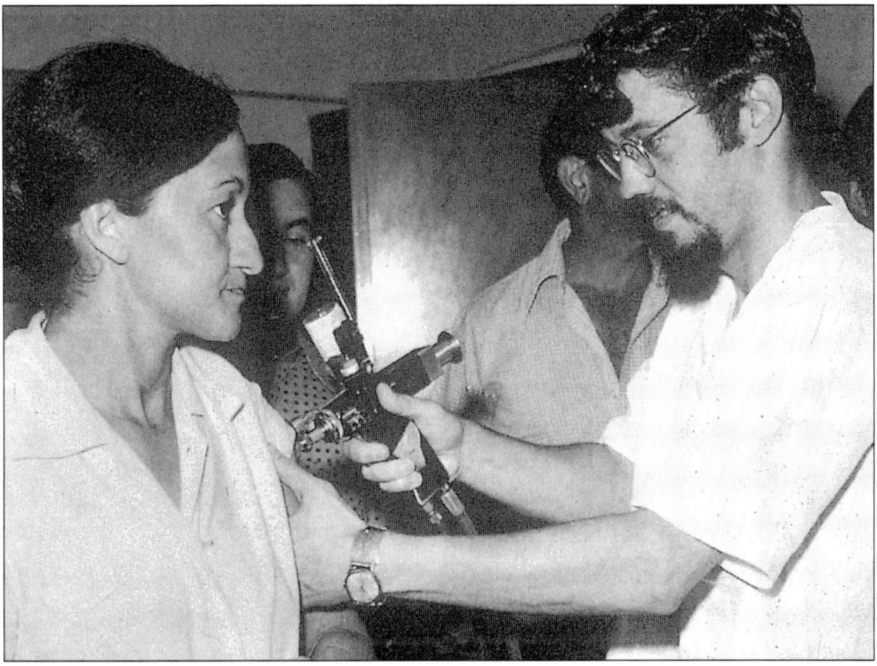

Séance de vaccination contre la méningite au Brésil (1975).

Sur la piste d'Ebola au Soudan (1976).
On conseilla à Joe de s'en remettre en tout à son chauffeur.

Après qu'Ebola eut balayé la région, en 1976, les patients et le personnel soignant de cet hôpital misérable de Nzara abandonnèrent les lieux.

La femme et les enfants du « cas initial » de l'épidémie d'Ebola de Nzara (Soudan), en 1976.

Une salle commune d'hôpital, en Sierra Leone, pendant l'épidémie de fièvre de Lassa de 1978.

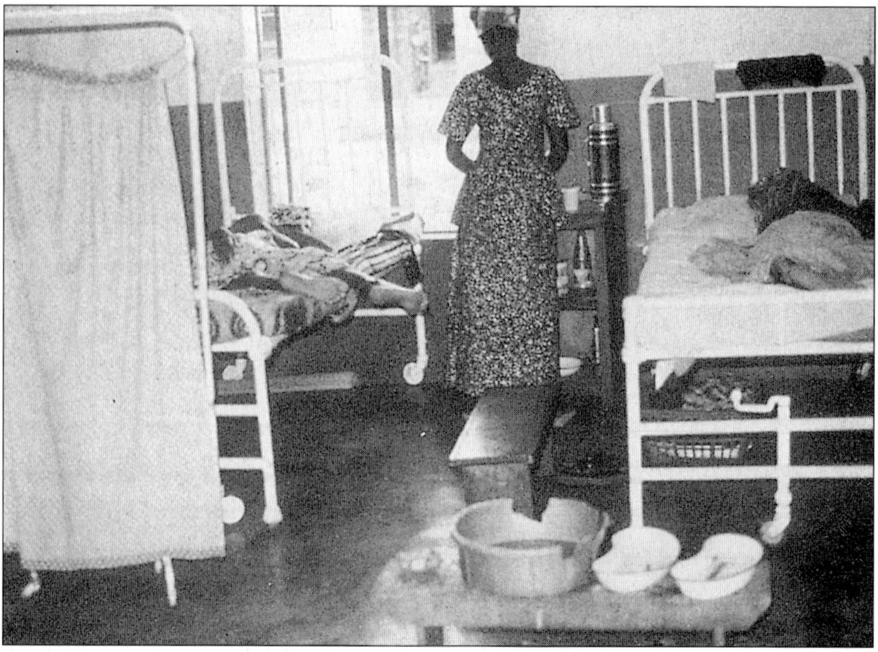

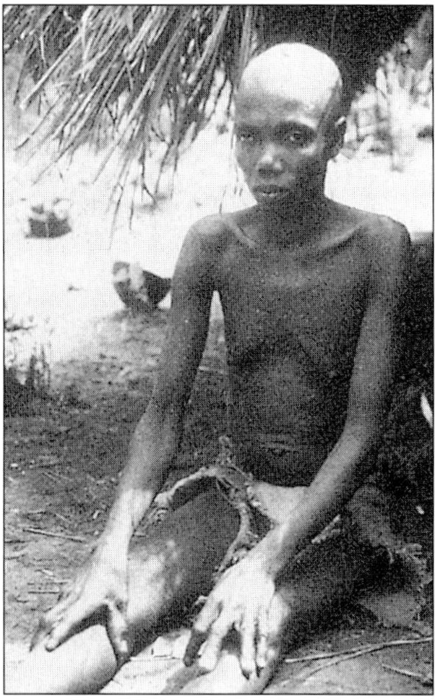

A gauche : Mohammed Kamara, un des premiers techniciens de laboratoire formés par Joe McCormick pour le projet « fièvre de Lassa » à Kenema (Soudan), à la fin des années soixante-dix.

En haut à droite et ci-dessous : visages d'Ebola : deux victimes au Soudan (1979).

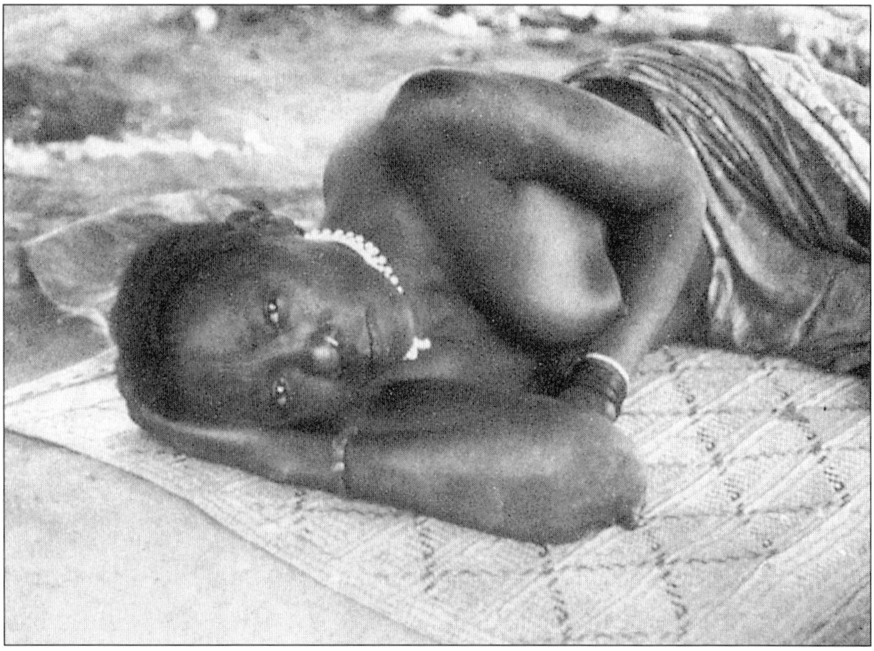

Le logo du projet Lassa International, familier aux habitants de la Sierra Leone à la fin des années soixante-dix.

L'hôpital de Nzara, au Soudan, pendant l'épidémie d'Ebola de 1979.

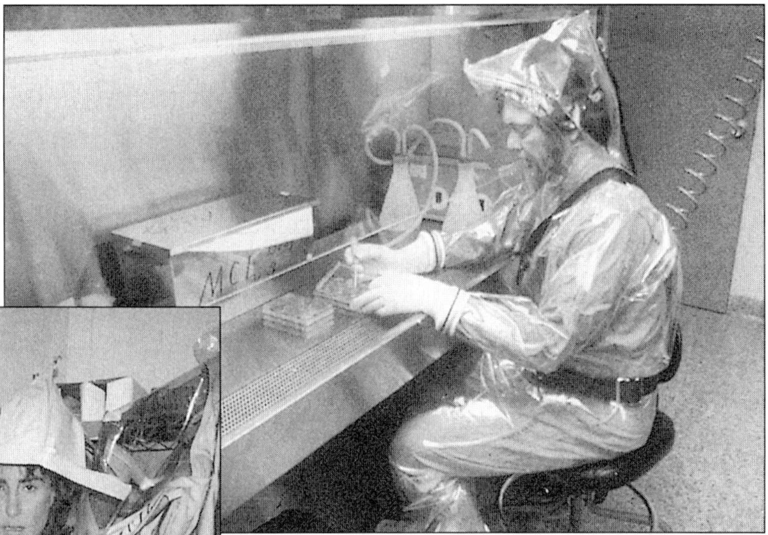

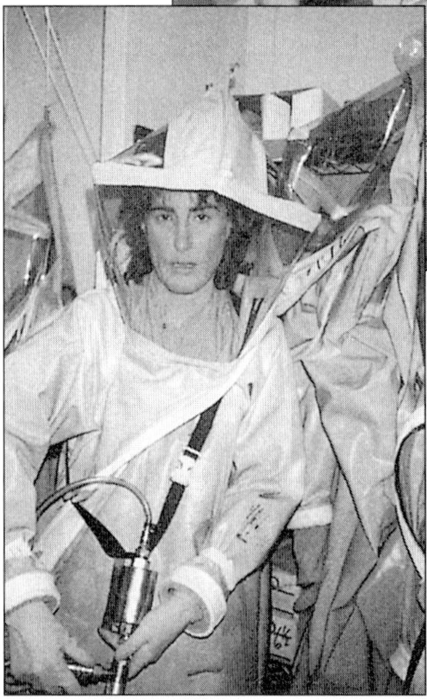

Ci-dessus et à gauche : les « combinaisons spatiales », au quartier général du CDC à Atlanta. Karl Johnson, en 1981, dans une des premières tenues disponibles au labo. Sue, en 1984, portant un modèle plus récent.

L'hôpital Mama Yemo de Kinshasa (Zaïre), le plus grand hôpital public du Zaïre (peut-être de tout le continent africain), abrita d'innombrables tragédies.

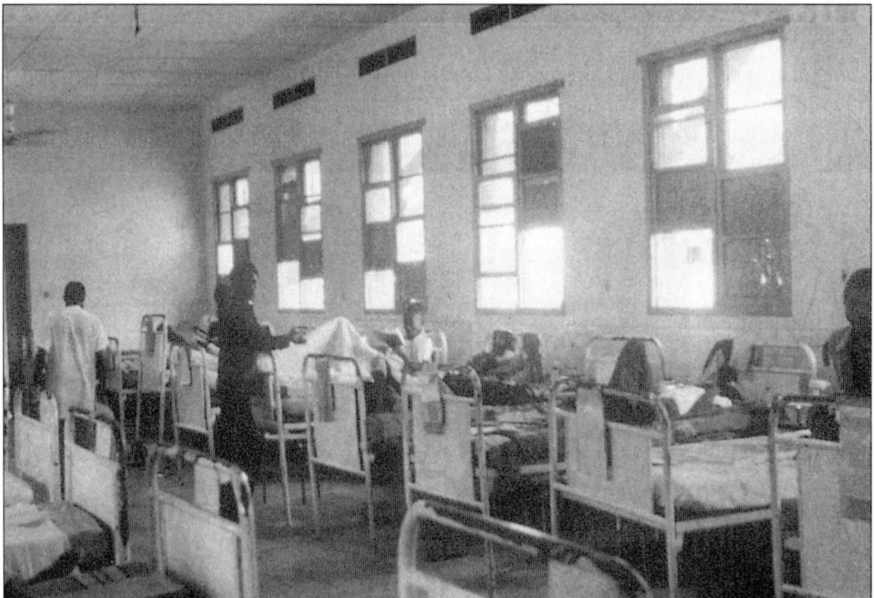

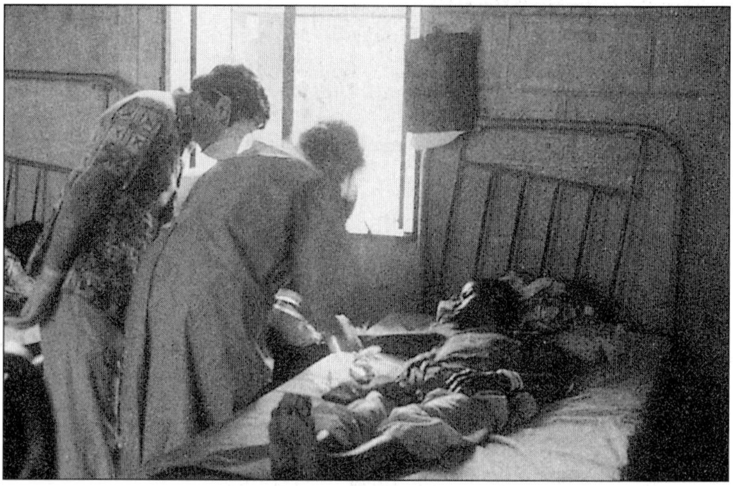

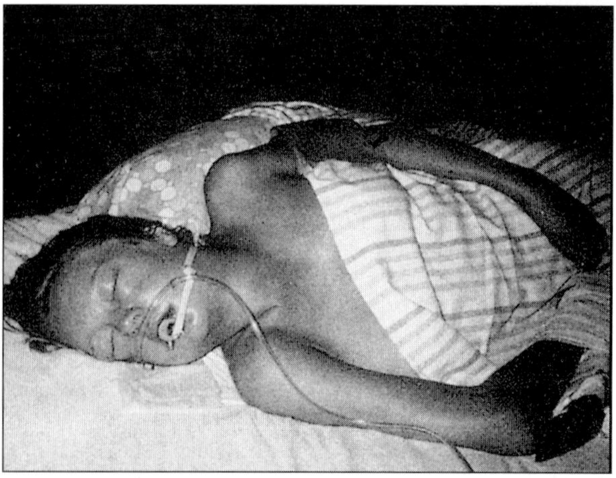

Joe et Sue prélèvent du sang à un patient atteint de la fièvre de Lassa, en Sierra Leone (1985).

Jenny Sanders, une infirmière britannique, frappée par la fièvre de Lassa en Sierra Leone (1985), a sombré dans un coma profond.

Joe (à gauche, au premier plan) aide à transporter Jenny Sanders jusqu'à l'hélicoptère qui doit l'évacuer.

Les hommes de la Royal Air Force chargés de rapatrier Jenny Sanders portaient des tenues de protection biologiques orange vif et des masques à gaz. Estimant que cet équipement était trop « chaud » pour regagner l'Angleterre, ils s'en débarrassèrent sur la piste de l'aérodrome avant de décoller. Ce soir-là, à Segbwema, Sue et d'autres membres de l'équipe s'en déguisent lors de la fête organisée pour célébrer l'évacuation de Jenny.

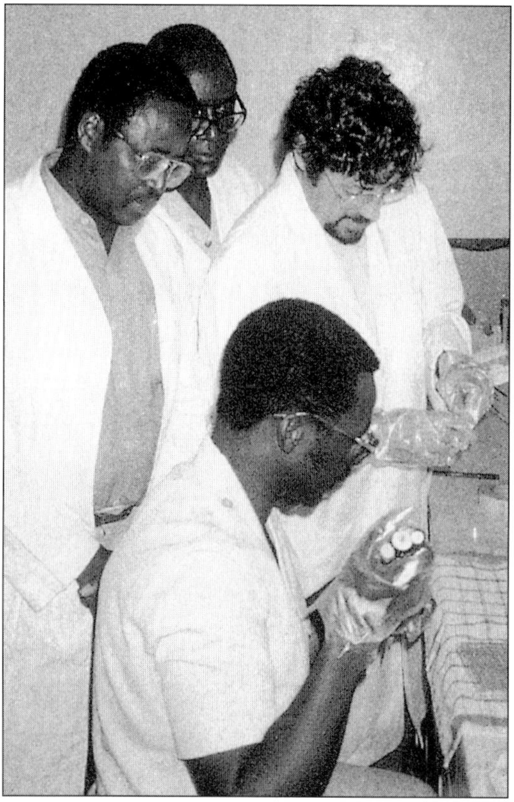

Après que la fièvre de Lassa se fut manifestée à Chicago, « importée » par un ingénieur d'origine nigériane, Sue et Joe se rendirent au Nigeria pour localiser la source de l'infection. On voit ici Joe manipuler des échantillons sanguins prélevés sur des parents des victimes.

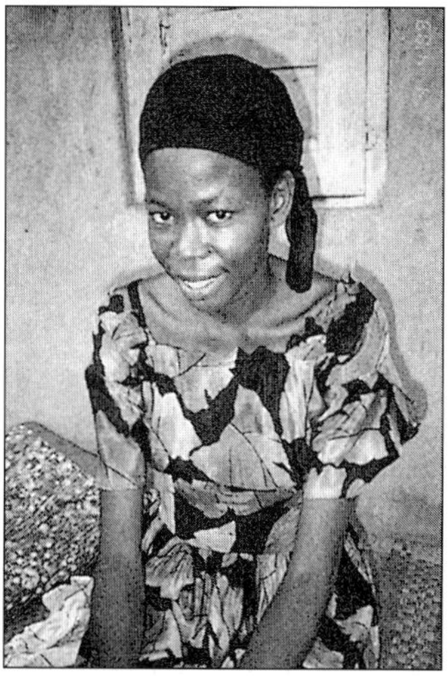

La recherche de la source de la fièvre de Lassa, au Nigeria, conduisit les enquêteurs à une infirmière, Peace Uba. La jeune femme avait été contaminée alors qu'elle participait à une opération chirurgicale. Gravement malade, elle survécut, mais garda des séquelles : surdité définitive et lésions cérébrales.

Le jour de la Saint-Patrick, en 1992,
Joe et Sue se marient au sommet de la Vail Mountain.
L'officiant est Buck Allen, juge de paix du comté d'Eagle (Colorado).

Sue a sauvé la vie de Jamil Khan (à gauche) et de Shariq Rehman
en leur administrant de la ribavirine. Ces deux chirurgiens de Quetta, au Pakistan,
avaient été contaminés par la fièvre hémorragique de Crimée
en manipulant le sang d'un patient infecté, en 1995.

les immunologistes — en se transformant, aussi facilement qu'un caméléon, pour éviter d'être repéré et détruit. Mais la concurrence effrénée qui a poussé tant de scientifiques, dans le monde entier, à chercher un remède au sida, a détruit beaucoup d'amitiés professionnelles et engendré des rancunes et des polémiques dévastatrices. Le conflit qui opposa l'Institut Pasteur et le NIH à propos de la découverte du virus n'est que l'exemple le plus célèbre des divorces que le souci de l'attention publique a suscités entre les savants.

Jonathan s'installa à Kinshasa avec sa famille. L'excitation liée au lancement du Projet Sida compensa les rigueurs de la vie au Zaïre. Après l'avoir aidé à démarrer, je lui rendais visite deux ou trois fois par an. Le projet s'élargit. Bob Colebunders, d'Anvers, et Skip Frances, du NIH, devinrent ses collaborateurs attitrés, dans une association tripartite regroupant le CDC, le NIH et l'Institut de médecine tropicale Prince Léopold. C'est à Jonathan que nous devons de mieux comprendre le rôle de l'environnement urbain dans la propagation du sida. Il fut également parmi les premiers à étudier comment une femme enceinte peut contaminer son fœtus. En outre, son travail avec Alan Greenberg, d'Atlanta, permit de découvrir le lien qui existe chez les enfants entre sida et paludisme. Certes, ce lien n'est pas direct. Le paludisme n'entraîne pas le sida. Mais il provoque de l'anémie, ce qui peut rendre indispensables les transfusions sanguines. Lorsqu'on ne peut pas procéder à des tests de dépistage chez les donneurs, il est très possible qu'un enfant reçoive du sang contaminé. Les recherches de Jonathan mirent aussi en évidence des différences importantes dans la manière dont se comporte le sida en Afrique et en Occident. En Afrique, la période d'incubation semble beaucoup plus courte. Nous pensions que la raison tenait à ce que les Africains étaient plus sensibles aux maladies. Ils souffraient de beaucoup plus d'infections, surtout parasitaires. En cas d'exposition au VIH, par conséquent, leur organisme était plus vulnérable. Enfin, Jonathan fut l'un des premiers à montrer l'émergence de la tuberculose en liaison avec le VIH.

Autre point important : les recherches de Jonathan au Zaïre lui permirent de comprendre l'impact de la maladie. C'est sa connaissance de première main qui fera de lui le patron efficace du Programme mondial sur le sida que l'OMS lancera un peu plus tard. Aujourd'hui, l'organisation qu'il a fondée à Harvard, l'Institute of Health and Human Rights, joue un rôle crucial dans notre compréhension des rapports entre les paramètres sociaux et les risques encourus par l'individu face à des agents infectieux comme le VIH.

En 1984-1985, on ne connaissait pas bien la période d'incubation du sida en Afrique. Les informations dont on disposait suggéraient qu'aux Etats-Unis elle pouvait durer de deux à cinq ans, voire plus longtemps. (On sait aujourd'hui qu'elle peut être de dix ans et plus.) C'est ce qui donne au virus son terrible avantage. Au moment où il a suffisamment détérioré le système immunitaire pour s'exprimer, non seulement il a scellé le sort du patient, mais ce dernier a eu le temps de transmettre le virus à de nombreuses autres personnes. Avec Ebola et Lassa, par contre, l'incubation est terriblement brève, Dieu merci. Si vous êtes infecté, vous savez au moins ce qui vous attend. Tout se joue en deux semaines. Si vous survivez, vous êtes guéri, et vous êtes à l'abri une fois pour toutes.

Avec le sida, c'est une autre affaire. Sue affirme que si elle était menacée par deux seringues chargées d'Ebola et de VIH, elle choisirait la première. Quand je pensais au jour où je m'étais planté une aiguille dans la main, au Soudan, je m'estimais heureux d'avoir échappé à l'infection par Ebola. Mais j'avais désormais une autre raison de m'inquiéter. Je me rappelais parfaitement la manière dont Roy Baron et moi avions injecté du plasma dans mon bras après l'accident. Je me demandais maintenant où nous l'avions prélevé. Il y avait au moins une chose dont j'étais absolument certain : je n'avais pas subi de test de dépistage du VIH. Il n'était pas impossible, finalement, que je sois contaminé par une maladie beaucoup plus terrifiante qu'Ebola.

Dès que le test fut disponible, j'envoyai un échantillon de mon sang. Je n'avais plus qu'à attendre. La situation que j'avais connue au Soudan se répétait. Puis je reçus le résultat. Négatif. Je me sentis comme un homme qui vient de gagner à la loterie. Deux fois de suite.

Après toutes ces années, le génie du VIH à nous confondre et nous mystifier reste un mystère. Pourquoi l'Afrique ? Pourquoi maintenant ? Afin de savoir depuis combien de temps cette maladie était présente, on mena une enquête sérologique sur des échantillons de sérum stockés à Kinshasa. Ils avaient été prélevés par des médecins belges, quelques années auparavant (pour des raisons n'ayant aucun rapport avec le sida), sur des femmes qui recevaient des soins prénatals. Les tests démontrèrent que l'infection était présente dans la ville au moins depuis la fin des années soixante-dix. Mais cette information ne suffisait pas pour dresser un tableau complet de l'histoire de la maladie. Malgré les risques de transmission par relations hétérosexuelles, les femmes enceintes ne constituent pas un groupe à haut risque. Nous savons maintenant que nous aurions dû mener des tests similaires sur les prostituées, les toxicomanes et les chauffeurs routiers, pour avoir une chance de recouper nos informations.

Comme des femmes enceintes étaient infectées depuis la fin des années soixante-dix, il fallait en déduire que le sida n'était pas très nouveau. L'épidémie, en revanche, était récente. D'où venait-elle, et comment est-elle devenue si dévastatrice ?

20

Le VIH révèle son passé

Pour comprendre l'évolution de l'épidémie, il était important de savoir d'où venait le sida. Très vite, il fut évident que l'infection se concentrait en Afrique centrale et orientale, et que la plupart des sujets contaminés vivaient dans les villes. On découvrit un mystérieux virus simien (le VIS[1]) qui montrait beaucoup de ressemblances avec le VIH. (Mais les singes ne développaient pas de symptômes comparables à ceux du sida.) Beaucoup de gens sautèrent sur l'hypothèse que la maladie était passée du singe à l'homme. Que l'homme avait été contaminé initialement par cette voie. Mais en termes d'épidémiologie, l'idée était assez mauvaise. Les singes vivent essentiellement dans la jungle, alors que le sida était florissant dans les villes. Nous pouvions bien chercher un « singe fumant », mais je doutais qu'une telle approche fût très efficace. Dans ce cas, quelle était la *bonne* hypothèse ?

Les recherches se poursuivirent. Tous ceux qui étaient engagés dans l'enquête commençaient à comprendre que la propagation du virus n'était pas très facile. Il fallait qu'il y ait contact sexuel, ou contact par le sang (transfu-

1. *Simian Immunodeficiency Virus* : virus de l'immunodéficience simienne, ou VIS. *Human Immunodeficiency Virus* : virus de l'immunodéficience humaine, ou VIH.

sion de sang contaminé, partage d'aiguille chez les toxicomanes, piqûre accidentelle avec une seringue). Qu'est-ce que cela signifiait ?

Je revins une fois de plus à la question qui me rongeait depuis la naissance du Projet Sida. Mais je la formulai un peu différemment, afin qu'elle entraîne mes pensées dans une nouvelle direction. Il ne s'agissait plus de savoir depuis quand le virus était en circulation, mais de savoir comment il avait pu circuler jusqu'au début des années quatre-vingt sans qu'on le remarque. Depuis vingt ans, j'avais observé de nombreux types d'infections. Mais je n'avais jamais rien vu qui ressemblât au sida, sauf la tuberculose (qui, d'ailleurs, aurait bien pu être le diagnostic pour un malade du sida). Le Zaïre, comme le reste de l'Afrique, avait profondément changé depuis les années soixante. Et les changements, pour l'essentiel, étaient associés à un phénomène massif d'urbanisation.

Des millions d'individus, à travers tout le continent noir, s'étaient déplacés des campagnes vers les villes dans l'espoir d'y trouver du travail. Dans les villages, la promiscuité sexuelle n'était pas un fait banal, comme c'était le cas pour Yema et ses semblables au cœur des grandes villes. De tels comportements sont assez mal acceptés au fin fond de l'Afrique rurale, où la pression sociale est très forte. Le refus d'obéir aux règles pouvait avoir de graves conséquences pour l'individu. Fort répandue en Afrique, la polygamie est l'assurance que les femmes se marient très jeunes. Vu sous cet angle, le système social qui tend à restreindre leur liberté a donc pour effet d'interdire la promiscuité. Et tend, en retour, à limiter la propagation du sida. Dans un tel contexte, me disais-je, un virus à faible capacité de propagation, et doté d'une période d'incubation relativement longue, aurait pu circuler lentement durant des années, et n'entraîner que de rares cas de maladie déclarée. Et ces derniers auraient pu passer facilement inaperçus — surtout dans des conditions primitives où les médecins sont rares et les services de diagnostic pratiquement inexistants. (Dans la plus grande partie du Zaïre rural, je ne le savais que trop bien, les habitants ne disposaient pas de soins médicaux.)

L'idée me vint qu'on pourrait mettre cette hypothèse à l'épreuve avec ce qu'on appelle une étude longitudinale, qui nous permettrait de comparer les taux d'infection dans l'Afrique rurale sur une période significative. Je me souvins de l'enquête sur Ebola, en 1976. Nous avions prélevé quelque six cents échantillons de sérum dans les environs de Yambuku. Ils étaient restés à l'abri dans les congélateurs du CDC. Je savais ce que nous avions à faire.

Je contactai l'équipe qui travaillait au laboratoire VIH au CDC, et leur demandai de soumettre nos échantillons de 1976 à des tests de dépistage du sida. C'était plus difficile qu'aujourd'hui. Il n'existait aucun test tout prêt, et tous les réactifs devaient être fabriqués en labo. En outre, le test de confirmation faisait appel à la radio-immunoprécipitation — une opération aussi longue et complexe que son nom. Comme il fallait analyser six cents échantillons, nous n'aurions pas les résultats avant plusieurs semaines.

L'analyse par radio-immunoprécipitation mesure la capacité d'un sérum à précipiter certaines protéines du virus. Celui-ci doit être marqué avec un traceur radioactif. La puissance du signal radioactif est proportionnelle à la quantité d'anticorps présents dans le sérum testé. Cette méthode est très sensible et très précise.

Nous attendîmes les résultats avec impatience. Je m'attendais à ce qu'on trouve du VIH en assez faible quantité. Jusqu'à quel point ? J'espérais qu'il y en aurait plus d'un sur six cents, pour qu'on ait une chance de le détecter. J'avais besoin d'assez d'éléments pour faire une estimation raisonnable de la fréquence de l'infection par le VIH, en 1976, au nord du Zaïre.

Je reçus enfin l'appel du labo VIH. Ils avaient fini les analyses.

Les tests « ELISA » (qui recherchent la présence d'anticorps) confirmés par radio-immunoprécipitation montraient que cinq sérums sur six cents possédaient des anticorps contre le VIH. Cela voulait dire qu'en 1976 environ 0,8 % des habitants de la région de Yambuku étaient infectés par le virus du sida. (Une étude menée en 1986 à l'hôpital Claude Bernard de Paris, sur des sérums prélevés au Soudan en 1976, montra une fréquence d'anticorps de 0,9 %. Résultat remarquablement proche de celui obtenu pour le Zaïre.) Mais nous n'allions pas en rester là. Au CDC, nous voulions savoir s'il était possible d'isoler le VIH d'un des cinq sérums contaminés. La plupart des virus, à l'instar du VIH, ont du mal à survivre à l'extérieur du corps humain. Ils meurent quelques minutes après le prélèvement. Afin de le garder en vie, on doit conserver les échantillons avec beaucoup de soin. C'est ce que nous avions fait, lors de la première étude à Yambuku. Dans le cas du VIH, il vaut mieux préserver des cellules du sang complet. Mais les échantillons prélevés dans la région de Yambuku ne contenaient que du sérum. Ils avaient été transportés soigneusement dans de la neige carbonique et maintenus à la température de celle-ci (-80 °C). On ne pouvait négliger le fait que dix ans avaient passé. C'était très long pour qu'un virus reste en vie, d'autant que les conditions étaient loin d'être idéales, et le titre relativement bas. Nous savions aussi que les cinq personnes dont le sérum abritait des anticorps se portaient bien à l'époque du prélèvement. Ils s'agissait des *survivants* de l'épidémie d'Ebola. Aucun d'eux ne montrait les signes d'une maladie évoquant le sida. Pas à l'époque, du moins.

Jane Getchell travaillait au labo VIH. C'est elle qui se chargea du travail délicat consistant à extraire le virus des échantillons de sérum. Cette femme de trente-cinq ans avait commencé comme technicienne médicale pour finir avec un doctorat de l'université de Caroline du Nord. Elle avait préparé sa thèse auprès de notre labo. Après avoir reçu son diplôme, elle avait rejoint le nouveau laboratoire du CDC affecté au sida. Nous lui offrions une nouvelle opportunité. Elle s'en empara avec l'énergie et l'enthousiasme qu'elle montrait pour chacune de ses tâches.

Elle avait pour assistant un technicien de laboratoire que je connaissais sous le nom de Donald. Ils entretinrent de minuscules quantités du précieux sérum dans des tissus en culture. Pour savoir si un échantillon abritait un virus, ils devaient d'abord prélever des lymphocytes frais chez un donneur humain (il s'agit de cellules que l'on trouve dans le tissu lymphatique — ganglions, rate, amygdales — et qui jouent un rôle essentiel dans le système immunitaire). Si un virus était présent, les lymphocytes donneraient une réponse catégorique. Mais ils devaient être assez nombreux pour que le virus se multiplie. Jane et Donald durent les cultiver en nombre suffisant pour les ensemencer avec les échantillons soupçonnés d'abriter le virus. Le processus était complexe. Il exigeait beaucoup de dévouement, d'organisation et d'expérience. Et beaucoup de chance. Chaque jour, Jane et Donald examinaient leurs cultures, changeaient le milieu de culture (les éléments nutritifs où se reproduisaient les lymphocytes). Ils les analysaient régulièrement pour détecter la présence éventuelle de l'enzyme transcriptase inverse. Cette dernière est la carte de visite du VIH. Cette enzyme produit une copie ADN de l'ARN qui constitue le matériel génétique normal du VIH. Les cellules de l'organisme ne sont pas capables de copier l'ADN en ARN et on ne trouve pas normalement l'enzyme dans les tissus ou les liquides biologiques. Aussi, quand vous la trouvez, vous savez qu'un rétrovirus (le VIH, par exemple) doit se trouver dans votre préparation. Bien entendu, nous n'étions pas du tout sûrs d'être sur une piste. Il fallait viser juste. Et comme il ne nous restait que de très faibles quantités de sérum, nous n'aurions sans doute qu'un coup à tirer. Nous avions isolé plusieurs virus l'année précédente, dans un autre laboratoire, à partir d'échantillons prélevés en 1983 sur des patients de Mama Yemo. Nous savions donc qu'il était possible d'isoler le virus du Zaïre. Mais je le répète, personne n'était jamais parvenu à isoler un virus aussi ancien.

Finalement, après plusieurs passages aveugles du matériel dans des cellules en culture, l'activité du transcriptase reverse augmenta très légèrement dans un des échantillons. Tout en essayant de réprimer leur excitation, Jane et Donald le repassèrent dans des cultures de lymphocytes frais, jusqu'à ce qu'il s'épanouisse enfin totalement, sécrétant le transcriptase inverse en se multipliant dans chaque nouveau lot de cellules. Nous étions en possession du plus vieux VIH qui soit.

Le virus extrait par Jane et Donald sera utilisé comme souche de référence pour les études à venir sur l'évolution du VIH. Comme celui-ci est apparu sous la forme de différentes souches, il a été fort utile aux chercheurs qui surent l'utiliser pour comparer des isolats de VIH venus d'endroits et d'époques différents. Plus tard, d'autres savants définirent le code génétique de ce virus. Grâce à ces informations, d'autres encore déterminèrent avec précision comment ses descendants ont évolué avec le temps. En d'autres termes, cela nous permet de calculer l'âge d'une souche par rapport à une autre. Et cela nous fournit un moyen précis pour établir quelles souches sont voisines les unes des autres. Les informations ainsi obtenues sont alors rassemblées dans une sorte d'arbre généalogique appelé dendrogramme. Cet outil permet aux chercheurs de voir à quel endroit le VIH s'écarte des virus simiens auxquels il ressemble. Le VIS (simien) et le VIH (humain) ont peut-être la même origine, mais leur histoire génétique révèle qu'ils suivent depuis fort longtemps des chemins divergents. Nous ne saurons sans doute jamais si le virus est apparu chez les singes avant d'être transmis à l'homme, ou si ce fut le contraire. Tout ce que nous savons, c'est que le processus est loin d'être récent.

Nous voulions aussi que notre isolat fût utile aux vivants. Nous l'avons donc envoyé aux chercheurs du Salk Institute qui s'efforçaient de développer un vaccin. Mais personne à ce jour, ni au Salk Institute ni ailleurs, n'a découvert de vaccin efficace.

Nous avions isolé le virus en laboratoire. Mais nous ignorions encore jusqu'à quel point il s'était propagé dans la population africaine. Comme le sida s'était fait passer pour la tuberculose et beaucoup d'autres maladies, nous ne disposions d'aucune méthode fiable pour mesurer sa progression. Pour s'y attaquer, il fallait savoir combien de personnes en étaient atteintes. C'était le nouveau problème auquel nous étions confrontés.

Soudain, les choses se mirent à aller vite. L'enquête que nous avions menée au Zaïre en 1983 et celle conduite conjointement au Rwanda prouvèrent que le VIH était largement répandu à travers l'Afrique centrale. Fakhry Assad, le bouillant Egyptien dont j'avais fait la connaissance en me rendant au Soudan en 1979, dirigeait le service des maladies contagieuses à l'OMS. Nous établîmes une correspondance régulière, par voie téléphonique et épistolaire. Fakhry était convaincu qu'il fallait démarrer un programme d'étude sous les auspices de l'OMS. Son chef, le docteur Hafdan Mahler, était plus réticent. Il mit quelque temps à comprendre ce qui se passait. Mais dès qu'il réalisa l'importance des événements, il nous accorda à son tour un soutien sans faille.

Début 1985, je commençai à travailler sur le VIH en République centrafricaine. Ce pays de près de deux millions et demi d'habitants est bordé par le Soudan et le Zaïre. C'est là que j'avais essayé d'entrer, sans succès, par le nord du Zaïre, lorsque je menais mes recherches sur Ebola en 1976. Cette fois, j'y pénétrai par Bangui, la capitale.

Mon principal collaborateur était Alain Georges, directeur de l'Institut Pasteur à Bangui. Ce Français est un gastronome, un expert en bons vins et un amateur accompli de plongée sous-marine. (Il est encore en Afrique. Au Gabon, plus précisément, où il s'occupe toujours des fièvres hémorragiques virales.) C'est Alain qui, début 1996, isola le virus Ebola chez des patients contaminés par un chimpanzé mort. Il a reconnu et contenu l'épidémie sans aucun cas secondaire.

Au cours de notre enquête, en 1985, nous avons vite compris que le VIH se trouvait aussi en Centrafrique.

En avril, je proposai à Alain d'accueillir à Bangui une Conférence africaine sur le sida, qui pourrait être parrainée par l'OMS. Il me donna son accord de principe. J'écrivis à Fakhry Assad, à Genève, pour lui proposer d'organiser un atelier de discussion en octobre (soit un mois avant la conférence qui devait se dérouler en Europe). Il n'émit aucune objection. Afin d'obtenir le maximum de participation, nous invitâmes des représentants de seize pays africains, plus les Européens et les Américains. Ce devait être un forum qui nous offrirait la possibilité de transmettre ce que nous savions du sida, et d'informer les chercheurs sur les conditions d'existence des malades africains. Les savants sont comme tout le monde : la plupart ne connaissent pas la géographie. Comprendre le contexte de l'épidémie africaine ne pouvait pas leur faire de mal. Quelles que soient leurs illusions sur l'Afrique, il était probable que la Centrafrique leur ouvrirait les yeux. C'est un des pays les moins développés du continent, et l'un des plus pauvres. L'« empereur » Jean-Bedel Bokassa l'avait mis en coupe réglée jusqu'en 1979. Il avait dilapidé des millions de dollars, rien que pour organiser son sacre. Prenant modèle sur Napoléon, il s'était lui-même couronné avant de décréter que son pays était un empire. Après avoir pillé les maigres richesses de la nation, assassiné ses opposants et, dit-on, dévoré quelques-uns d'entre eux, il fut évincé du pouvoir. Même à l'aune d'un continent tristement célèbre pour la sauvagerie de ses tyrans, Bokassa dépassait la mesure.

Nous étions toujours poussés par une urgence : il fallait mesurer l'importance du sida sur le continent africain. Sans cela, nous ignorions comment et où nous devions agir. Nous devions établir une surveillance. Cela consistait notamment à recenser les cas de sida. Mais cela posait un problème particulier. En Afrique, peu de malades du sida recevaient des soins médicaux. Il n'existait aucun test de diagnostic utilisable sur une grande échelle, et même les hôpitaux les plus riches étaient incapables de réaliser des tests sophistiqués (telle la numération des lymphocytes T4 et T8, en usage aux Etats-

Unis). En l'absence de ces repères, il nous fallait une définition de cas clinique — c'est-à-dire un ensemble de critères auxquels n'importe quel médecin pourrait se référer pour établir un diagnostic de sida. C'était mon principal objectif. Je devais convaincre les participants à la réunion de Bangui de s'accorder sur une définition, simple et exclusive, de ce qu'était un « cas de sida ». Aussi imparfaite fût-elle, elle nous permettrait de commencer vraiment à recenser les cas. En sachant que nous cherchions tous plus ou moins la même chose.

L'ambassadeur américain en Centrafrique pesa de tout son poids en faveur du colloque. Il nous offrit de nous servir de l'équipement et des systèmes de communication de l'ambassade. Nous en avions bien besoin. En 1985, Bangui n'était pas une cité moderne, et elle ne figurait pas sur l'itinéraire des touristes. Notre ambassadeur était un ancien volontaire du Peace Corps en Afrique, qui connaissait bien ce continent. Il contribua même à lancer un programme pédagogique sur le sida, à l'intention du Peace Corps et du personnel de l'ambassade.

Alors que les préparatifs de la conférence d'octobre s'accéléraient, Alain, sa femme Marie-Claude (« Claudie ») et moi-même, avec Sheila Mitchell, poursuivions notre étude de divers groupes de population de Bangui. Cette ville de 340 000 habitants, qui s'élève au bord de la rivière Oubangui, est un port et un centre commercial importants. Les *femmes libres* constituaient un des groupes les plus intéressants sur lesquels nous concentrions nos efforts de surveillance. A l'instar de Yema et de ses sœurs zaïroises, elles étaient privées de tout soutien familial. Les *femmes libres* de Bangui se trouvaient dans un quartier bien délimité, et elles étaient facilement identifiables. Elles devenaient coopératives dès que nous leur promettions que leur nom ne serait mentionné nulle part.

Elles exerçaient souvent leurs activités dans des endroits misérables. C'était, par exemple, une carrosserie de camionnette Volkswagen meublée de feuilles de carton. Quelques chiffons faisaient office de rideaux, et servaient à préserver un minimum d'intimité. Heureusement, toutes les femmes que nous examinions étaient suivies par un médecin local. Il nous était donc plus facile de les informer sur les risques qu'elles couraient. Il était aussi plus facile de mesurer le degré de contamination. Déjà, en 1985, 4 % des *femmes libres* étaient infectées par le VIH. Nous nous disions que ce n'était que la partie visible de l'iceberg.

Durant l'été, Fakhry avait frappé à plusieurs portes. Il cherchait quelqu'un pour lancer à Genève un programme prioritaire sur le sida, qui concentrerait ses efforts sur les pays en développement. J'avançai le nom de Jonathan Mann, qui faisait déjà du bon travail au Zaïre avec le Projet Sida. Je ne connaissais pas de meilleur candidat. Fakhry eut l'occasion de le sonder en octobre, lorsque tout le monde se retrouva à Bangui. Comme je m'y attendais, les deux hommes s'entendirent parfaitement. Mais lorsque Fakhry lui proposa de prendre la direction du programme OMS, Jonathan ne donna pas son accord sur-le-champ — même s'il lui promit de l'aider à rassembler quelques idées. Il finira par accepter de mettre sur pied et de diriger ce qu'on appellera le « Programme mondial sur le sida » de l'OMS. Durant une demi-douzaine d'années, il exercera sans doute plus d'influence que n'importe quel autre programme d'étude du sida dans le tiers monde.

Entre-temps, le débat sur ce qu'on appellerait plus tard la « définition de Bangui » (celle que l'OMS adoptera pour identifier les cas de sida) battait son plein. On y parvint grâce à un consensus basé essentiellement sur l'expérience des délégués en matière de traitement des patients. Ses critères principaux étaient : des fièvres prolongées (un mois ou plus), une perte de poids d'au moins 10 %, des diarrhées continues. Il y avait aussi des symptômes mineurs, comme la tuberculose et des infections répétées par des virus herpès.

Plusieurs des savants présents à cette conférence capitale étaient des chercheurs de premier plan dans le domaine du sida, en Afrique et en Europe. Il y avait notamment les deux « Françoise » de Paris : Françoise Barré-Sinoussi et Françoise Brun-Vézinet.

La première, à l'Institut Pasteur, joua un rôle essentiel

dans la recherche sur le sida. Elle fut en effet la première au monde à isoler le VIH, en 1983, au sein de l'équipe de Luc Montagnier. Elle est injustement méconnue, car sa contribution fut occultée par le vacarme médiatique qui accompagna les polémiques sur la « découverte » du virus. Elle sera reconnue plus tard, lorsqu'elle recevra le prestigieux Prix Roi Fayçal de médecine. Aujourd'hui encore, elle poursuit ses recherches sur le sida, surtout dans les pays en développement.

Françoise Brun-Vézinet avait signé avec elle le célèbre article qui relatait les premières tentatives d'isolement du VIH. Elle était elle aussi une spécialiste du sida à part entière. C'est elle qui avait testé les sérums de l'enquête Ebola de 1979 au Soudan, et calculé que le taux d'infection était presque identique à celui du Zaïre en 1976. Pendant la conférence de Bangui, elle faillit provoquer une tragédie qui aurait fait reculer de dix ans la recherche sur le sida. Durant une pause, les organisateurs nous proposèrent un tour de la région en hélicoptère. Vingt minutes après le décollage, Françoise Brun-Vézinet, qui se tenait à côté du pilote, cogna involontairement une manette qui débraya le rotor. L'hélicoptère tomba à pic. Le pilote avait des réflexes. Il parvint à le stabiliser avant de perdre trop d'altitude. Tous les savants présents à bord claquaient encore des dents lorsque l'appareil se posa sur la terre ferme. Ils pouvaient faire face à une infection accidentelle en laboratoire. Pas à un accident d'hélicoptère au fin fond de la République centrafricaine.

Lorsque je quittai la Centrafrique pour regagner Atlanta, j'étais toujours obsédé par une question : quelle était l'origine de l'épidémie ? Au moins disposions-nous désormais d'une information fondamentale : nous savions que la fréquence de l'infection par le VIH, en 1976, dans les villages du nord du Zaïre, était inférieure à 1 %. En outre, nous étions en possession d'un virus prélevé sur un villageois. Mais nous ignorions ce qui était arrivé entre-temps à la population considérée. Si notre hypothèse était correcte, l'infection n'avait pas évolué dans les zones rurales — alors même qu'elle connaissait un développement spectaculaire au sein de la population urbaine. Nous pensions que la transmission du virus était juste suffisante, dans une société rurale isolée, pour maintenir sa présence sans provoquer d'explosion épidémique. Nous étions toutefois impatients de savoir si notre hypothèse se vérifierait : nous avions le sentiment qu'elle pouvait nous indiquer où s'était caché le VIH durant toutes ces années. Nous voulions aussi tester une autre intuition : découvrir si l'épidémie de VIH était liée à des facteurs comme l'urbanisation grandissante, l'exode rural et l'évolution du mode de vie (surtout dans le domaine de la sexualité). Quelqu'un allait devoir se rendre au Zaïre pour enquêter. C'est ici qu'intervient Kevin DeCock.

21

Le VIH descend la rivière

Le défi que devait relever Kevin DeCock consistait à retourner dans l'une des régions les plus reculées du monde, avec une question restée en suspens pendant une décennie. Qu'était-il advenu du VIH, durant cette période, dans une société africaine rurale et isolée ? Nous voulions aussi savoir ce qui était arrivé à nos premiers patients « positifs » — en particulier à la jeune femme d'une vingtaine d'années à qui nous devions le plus ancien virus jamais isolé.

A l'époque, Kevin était un « officier de renseignement épidémiologique » de l'EIS, employé par mon service. Il avait déjà travaillé au Kenya, et il brûlait de retourner en Afrique. Il est né en Belgique, d'un Belge et d'une Américaine qui s'étaient connus durant la Seconde Guerre mondiale. Diplômé de l'Ecole de médecine de Bristol, Kevin était parti aux Etats-Unis pour se spécialiser dans les maladies du foie. Son désir de travailler sur les virus africains l'avait entraîné vers le CDC. Vers mon service, pour être plus précis.

Avant son départ pour le Zaïre, je lui fournis une liste complète des six cents personnes sur qui nous avions prélevé du sérum. Les noms les plus importants, bien entendu, étaient ceux des cinq patients dont les tests

VIH étaient positifs. Il devait découvrir ce qui leur était arrivé.

En dix ans, dans la région, les choses ne s'étaient pas améliorées. Kevin allait avoir besoin d'aide et de soutien logistique. Je ne pouvais plus m'adresser à Jonathan Mann, qui avait rejoint son nouveau poste auprès de l'OMS à Genève. Son successeur, Robin Ryder, avait travaillé au CDC pendant quelques années avant d'occuper une fonction universitaire. Il avait une bonne connaissance de l'Afrique, pour avoir travaillé sur les infections hépatiques en Gambie. Son ignorance du français était un handicap, mais cela ne l'empêcha pas de consacrer à son nouveau travail la même énergie qu'à son jogging quotidien. Au moment où nous lancions notre enquête sur le VIH, il venait de prendre les commandes à Kinshasa. Il fallut le convaincre de nous accorder, dans la longue série des tâches qui l'attendaient, la priorité absolue. C'était tout ce que nous pouvions faire.

Les vols étaient rares et irréguliers, mais Kevin eut la chance d'obtenir une place dans un avion qui faisait la liaison entre Kinshasa et le nord du Zaïre. Le voyage lui permit d'observer des régions que les voyageurs traversent rarement. Sur le chemin de Lisala, l'appareil se posa brièvement au village de Ghadolite — le berceau du président Mobutu, sur l'Oubangui. Kevin racontera qu'il n'avait jamais rien vu de tel, ni au Zaïre, ni ailleurs. Combien d'aéroports peuvent se vanter de posséder une aire d'accueil surmontée d'un dôme en or ? J'y étais passé, des années auparavant, en revenant du nord après une enquête sur la variole du singe. Le village se trouve au milieu de nulle part. Aucune route importante ne le relie au reste du monde. Il ne produit rien d'intéressant. Mais ses rues sont éclairées, il y a de l'électricité vingt-quatre heures sur vingt-quatre, et les rayons des magasins regorgent de produits que viennent déverser les avions d'Air Zaïre. En un mot, il jouit de toutes les commodités dont est privé le reste du pays. Le village entier est un monument à l'extravagance, à la corruption et au gaspillage qui caractérisent le règne de Mobutu.

Dès mon retour à Atlanta, je fus sur des charbons ardents. Est-ce que Kevin allait y arriver ? Parviendrait-il à découvrir si le sida s'était propagé ? Je l'enviais. J'aurais préféré être là-bas plutôt que de rester assis dans un bureau, à attendre les nouvelles. Il devait livrer un combat de longue haleine, souvent décourageant, pour retrouver une piste vieille de dix ans. Il finit par découvrir ce qui était arrivé aux cinq personnes séropositives. Résultat qui témoignait non seulement de son talent et de son ingéniosité, mais aussi de la stabilité de la société rurale africaine. Trois des cinq patients étaient morts. Il fallait savoir si le sida en était responsable. Kevin interrogea les gens qui les avaient connus. Ils décrivirent une maladie qui se caractérisait par des pertes de poids et d'autres symptômes qui laissaient peu de place au doute. Ce devait être le sida. Il préleva sur les deux survivants des échantillons de lymphocytes qu'il expédia au CDC. Les analyses balayèrent les derniers doutes. Les échantillons contenaient des anticorps contre le VIH. C'était le sida, en effet.

Kevin s'occupa ensuite de sa mission principale. Il s'agissait d'effectuer des prélèvements aléatoires dans les villages d'où venaient les échantillons originaux. Notre intention était de mener une enquête exactement identique à celle de 1976 et de comparer les résultats. Kevin préleva plus de trois cents échantillons de sérum qu'il apporta au CDC. Le processus lui prit six semaines. Les échantillons furent analysés selon les mêmes techniques que ceux de 1976. Une fois de plus, l'attente nous tint en haleine.

Les résultats nous parvinrent enfin. Dans le mille. En 1986, dans la zone de Yambuku, la fréquence de l'infection était exactement la même qu'en 1976 : 0,8 % de la population était contaminée par le VIH. Nous avions maintenant de fortes présomptions quant à l'endroit où se cachait le VIH, ainsi qu'un moyen de comprendre l'origine de l'épidémie de sida en Afrique. Cela ne voulait pas dire que la source de la maladie se trouvait dans le voisinage de Yambuku. Nous pensions qu'elle était venue de quelque part en Afrique centrale, et qu'elle était parvenue à coexister avec la population, contaminant de temps à autre quelques individus sans menacer sérieusement la grande majorité des habitants. Le sida n'était pas nouveau. Il n'avait pas fait soudain irruption de la jungle. Notre hypothèse, selon laquelle il était là depuis longtemps, se confirmait. Elle fut encore renforcée un peu plus tard, lorsque Françoise Brun-Vézinet découvrit une fréquence du VIH presque identique (0,9 %) dans le lointain Soudan du Sud, d'après plusieurs centaines d'échantillons de sérum prélevés en 1979.

La maladie était restée relativement stable dans les zones rurales. En ville, en revanche, elle prenait la forme d'une épidémie. C'était certainement là quelque chose de nouveau. Nos autres hypothèses étaient-elles fondées ? L'urbanisation accélérée expliquait-elle pourquoi le sida était devenu si critique, si vite ? Les villages étaient à l'abri de certains phénomènes urbains comme celui des *femmes libres*. Mais où commençait exactement l'urbanisation ? Kevin étudia la question. Il se demanda quelle était la fréquence du virus dans un port fluvial comme Lisala, par exemple, à près de cent soixante kilomètres des villages. Il effectua ses prélèvements. Nos analyses montrèrent que le taux de prévalence y faisait un bond à 11 % chez les femmes seules. Qu'est-ce que cette ville avait donc de particulier ? Le trafic fluvial en provenance de Kinshasa y faisait escale. L'arrivée en masse de villageois, depuis quelques années, avait fait exploser sa population. Il n'était pas étonnant d'y trouver de nombreuses *femmes libres*. Il n'était pas étonnant, non plus, de découvrir qu'elles avaient beaucoup plus de chances d'être contaminées que les villageoises. Cela confirmait notre seconde hypothèse. Une combinaison de mouvements migratoires, de changements sociaux importants et de promiscuité sexuelle — tous en relation à l'urbanisation — constituait la force agissante de l'épidémie africaine. A Kinshasa, la fréquence du VIH était de 8 à

10 %. Mais chez les *femmes libres*, elle atteignait un chiffre accablant : 30 à 40 % ! Nous avions donc désormais un gradient. Très bas, même après dix années, dans les villages éloignés. Un peu plus haut, au sein des populations à risque (comme les *femmes libres*) des grandes villes. Encore plus élevé à Kinshasa, la capitale. En dix ans, le VIH avait descendu la rivière, et s'était propagé en silence.

Je voulais encore savoir une chose. Je demandai à Kevin ce qui était arrivé à la jeune femme qui nous avait fourni le premier VIH jamais prélevé sur un être humain. Je n'eus pas besoin d'attendre la réponse. Je la lus sur son visage. Elle faisait partie des trois malades qui n'avaient pas survécu.

La tragédie de cette femme, bien entendu, n'était qu'un fragment d'une vaste tragédie collective. Le Projet Sida lui-même était condamné à mort — non par une maladie virale, mais par les querelles politiques zaïroises. Au début des années quatre-vingt-dix, la situation devint explosive. Alors que les tensions s'exacerbaient entre Mobutu et l'opposition, des éléments de l'armée, qui n'étaient pas payés depuis des mois, se livraient à des pillages. L'atmosphère de crise compromettait la poursuite du programme. Bill Heyward, un ancien du CDC, avait remplacé Robin Ryder à la direction du projet. A l'instar de son prédécesseur, il se mit courageusement au français pour être capable de réussir dans ce pays. Mais il se rendit très vite compte qu'une parfaite connaissance de la langue ne l'empêcherait pas de devoir affronter des obstacles insurmontables. Les troubles politiques devinrent trop dangereux pour qu'on s'attarde encore. Au bout d'un an à peine, Bill fut contraint de partir. Le Projet Sida existe toujours sur le papier... Ce n'est plus qu'un programme fantôme. Mais c'est un des premiers programmes que nous avons lancés en Afrique. A ce titre, il a été très utile dans notre lutte contre le sida, au Zaïre et dans le reste du monde.

22

Retour au Projet Lassa

En 1986, huit ans après que Joe eut lancé le Projet Lassa en Sierra Leone, ce fut mon tour d'y aller. Avec le soutien de l'OMS, il avait fait en sorte que je puisse me rendre sur place. Je devais réitérer les recherches que nous avions effectuées au CDC, et qui consistaient à étudier l'impact du virus Lassa sur les cellules et les plaquettes de singes. Il s'agissait cette fois d'observer les mêmes phénomènes sur des patients qui se présentaient à l'hôpital avec la fièvre de Lassa. Nous souhaitions que nos expériences sur les singes nous aident à comprendre ce qui provoquait les hémorragies et l'état de choc chez les victimes de Lassa. Ce qui pourrait aboutir, plus tard, à l'élaboration d'un traitement plus efficace.

Sur les conseils de Guy Neild, à Londres, j'emportais un médicament qu'on avait utilisé, à Londres et en Amérique du Nord, sur des patients victimes d'un choc septique : la prostacycline. Nous pensions qu'elle pourrait offrir quelque espoir à des malades gravement touchés par Lassa. Il n'était pas impossible que la prostacycline, qui protège les plaquettes (et peut-être les cellules endothéliales), fût capable d'empêcher les vaisseaux sanguins de fuir — et, par conséquent, de prévenir l'état de choc. Une des raisons de la mort des victimes de Lassa est le syndrome ARD[1] — les fluides qui s'échappent du système circulatoire envahissent les poumons et provoquent la noyade du patient, littéralement, dans ses propres liquides vitaux. Des études menées à Londres montraient que des patients en état de choc septique à qui on administrait de la prostacycline réagissaient bien, sans subir d'effet secondaire négatif. Il semblait raisonnable d'essayer ce produit contre Lassa. Joe m'avait aidée à franchir de multiples obstacles et à obtenir les autorisations nécessaires, et la firme qui fabriquait le produit avait eu l'obligeance de nous fournir les données de sécurité appropriées et quelques médicaments gratuits.

Je devais faire escale à Londres. A peine franchis les guichets de l'immigration à l'aéroport de Gatwick, je tombai sur un charmant Californien blond. Il avait l'air d'être à ma recherche.

— N'êtes-vous pas Sue, par hasard ?

Il devait s'agir de Don Forthal, l'officier de l'EIS qui était en stage dans le service de Joe au CDC. Il venait avec moi en Sierra Leone, où il étudierait les effets de la maladie de Lassa sur les enfants. C'était notre premier voyage en Afrique, à l'un et à l'autre. Cela ne commença pas bien. En fait, il s'en fallut de peu que ça ne commence pas du tout. On nous informa que notre vol British Caledonian était retardé de douze heures, pour cause de « problèmes techniques ». Cela n'était pas vraiment de bon augure, car les aéroports d'Afrique de l'Ouest ne disposaient que de services techniques assez limités.

C'était un matin d'hiver, et il faisait très froid à Gatwick. Le sol était recouvert de trois centimètres de neige. Avec nos vêtements tropicaux, nous n'avions d'autre choix que de patienter jusqu'au décollage. Nous faisions connaissance avec les aléas de la navigation aérienne en Afrique. Et ce n'était que le début.

Il s'avéra que décoller était le plus facile, mais arriver

1. Cf. *supra*, chapitre 12.

à bon port semblait poser un problème insoluble. En arrivant à Banjul, en Gambie, aux premières heures du jour, l'équipage nous informa qu'en raison du retard pris au départ, il avait « épuisé ses heures de vol ». Ce qui signifiait que nous devions attendre qu'un second équipage prenne le relais pour effectuer le reste du voyage, jusqu'à Freetown. A peine installés, les nouveaux venus annoncèrent un léger changement de programme. Cette fois, nous allions à Monrovia, au Liberia. Ils nous déposeraient à Freetown sur le chemin du retour !

Quand on décolla de Monrovia, il faisait encore sombre. Le soleil se levait tout juste lorsqu'on atteignit Freetown. Nous crûmes donc que nous allions bientôt atterrir. Le commandant prit l'interphone et nous informa aimablement que nous survolions Freetown à une altitude de 32 000 pieds, et nous souhaita un agréable petit déjeuner. Puis il déclara que le temps, au sol, était un peu brumeux. Il ramenait tout le monde en Gambie.

Nous étions passés à deux reprises au-dessus de notre destination. Lorsqu'on se posa à Banjul pour la seconde fois, le pilote annonça qu'il devait rentrer à Londres. Ses paroles déclenchèrent une véritable émeute.

Nous étions près de soixante passagers en route pour la Sierra Leone. Nous étions partis depuis vingt-quatre heures. Il était hors de question de retourner à notre point de départ, dans le froid et la neige de Gatwick ! Nous menaçâmes de faire grève : nous n'avions pas l'intention de rejoindre nos sièges, encore moins de boucler nos ceintures pour le décollage. L'équipage s'efforça de nous calmer. On nous proposa un second petit déjeuner, avec cette fois une dose de whisky gratuit. Nous refusâmes.

Les négociations reprirent sur l'échelle d'accès à l'appareil tandis que le soleil s'élevait, chassant peu à peu la brume de Freetown. Le pilote accepta finalement d'essayer d'établir une communication radio — ce qui n'était pas facile — pour savoir si les conditions météorologiques lui permettaient de faire une nouvelle tentative d'atterrissage. Cela lui prit quelque temps. Finalement, il apprit non sans satisfaction que la brume s'était dissipée.

Ces nouvelles réconfortantes n'étaient pas faites pour réjouir les passagers qui venaient d'embarquer à Banjul. C'étaient des Britanniques, venus passer leurs vacances d'hiver en Gambie. Ils croyaient que le vol les ramenait directement à Londres. Ils avaient payé pour cela. Freetown ne figurait nulle part sur leurs documents de vol. L'idée de devoir faire un détour les jeta dans un tel état de panique qu'ils menacèrent d'organiser une émeute à leur tour.

Fort heureusement, ils connaissaient si mal la région qu'ils ne sauraient jamais de combien ils s'éloignaient de leur trajet initial, et encore moins à quoi ressemblait cet endroit. Ils étaient venus en Gambie pour le soleil, la plage et la bière. Ils auraient aussi bien pu se trouver sur la Costa del Sol. Le pilote les persuada qu'ils n'auraient à souffrir que d'un léger retard. Nous décollâmes une fois de plus.

Notre bonne humeur retrouvée, nous acceptâmes un second petit déjeuner. Alors que nous achevions notre repas, l'avion approchait de Freetown pour la troisième fois. L'aéroport de Lungi, construit au milieu des mangroves, est séparé de la ville par un large estuaire. Pour y atterrir en toute sécurité, il faut s'en remettre au talent d'un pilote expérimenté. Notre ami de la British Caledonian avait eu mille fois raison de ne pas tenter un atterrissage dans l'épaisse brume matinale. Le contrôle aérien était rudimentaire. Le trafic se résumait à quelques vols quotidiens, locaux et internationaux. La nuit, la piste était éclairée par une simple bande de feux alimentés par une génératrice. On ne la mettait en marche que quelques fois par semaine, pour les gros avions de ligne, et toujours au dernier moment. A Freetown proprement dit, l'électricité était un produit rare. Hors de la capitale, la seule qui existait était celle que chacun produisait pour soi.

L'avion frôla les palétuviers, puis heurta brutalement la piste. Nous lâchâmes un soupir de soulagement. L'appareil s'immobilisa devant un terminal décrépit. On se dépêcha de récupérer nos bagages à main et de sortir avant que nos compagnons en route pour Londres aient le temps de réaliser qu'ils se trouvaient au milieu d'une mangrove, à cinq degrés de latitude nord. La chaleur était si intense, si humide, que j'eus l'impression d'avancer dans de la glu. Dès notre entrée dans l'aéroport, Don et moi fûmes soudain plongés dans le chaos africain. Nous n'avions jamais rien vu de tel. Confus et désorientés, nous fûmes entraînés dans une cohue indescriptible. Chacun voulait être le premier à franchir les nombreux obstacles qui se dressaient devant nous. Il fallait changer de l'argent. Il fallait faire vérifier et tamponner d'innombrables documents. Les fonctionnaires n'étaient pas pressés. Ils menaient de front plusieurs conversations, ignorant délibérément les mains, les cartes et les passeports qu'on agitait devant leur nez. L'arrivée d'un avion, c'était leur « grand moment », et ils voulaient le faire durer. Heureusement, Austin Demby était là. Il allait nous délivrer de ce maelström humain. C'était un Sierra-Léonien qui travaillait sur le projet. Il avait la réputation d'être efficace. (On réalisa très vite que partout où nous allions, Austin avait un « cousin ».) Les obstacles s'effacèrent. Austin examina nos documents. Il nous indiqua où nous devions aller, quels papiers il fallait présenter. On suivit ses instructions avec obéissance et gratitude. Miraculeusement, tous nos bagages réapparurent, intacts.

Austin, comme on nous l'apprit, était un Mende. Il était le fils d'un chef connu. Comme tous les diplômés du pays, il avait étudié au Forah Bay College de Freetown. Patricia Webb l'avait recruté à l'issue de ses études, et il se révélait d'une totale efficacité lorsqu'il s'agissait de trouver une solution aux problèmes logistiques (surtout s'ils étaient d'ordre politique). Austin faisait preuve aussi d'une courtoisie et d'une patience incroyables. Ses manières cultivées et son étonnante capacité à trouver des amis partout où il allait en faisaient un collaborateur indispensable à notre projet. J'ai travaillé avec lui pendant plusieurs années, et je ne l'ai vu perdre son calme qu'une seule fois : quelqu'un avait essayé de passer devant lui, à la banque, quelques minutes avant la fermeture.

— Que préférez-vous ? nous demanda-t-il lorsque, enfin, on eut passé la douane. Voulez-vous aller à Freetown, ce qui nous prendrait environ deux heures, ou directement au site du projet ?

J'étais épuisée, un peu étourdie, et j'ignorais ce que ce choix impliquait exactement. A quelle distance le site se trouvait-il de Freetown ? Je n'avais aucune idée de la géographie de ce pays. Je ne savais même pas où se trouvait la province de l'Est. Austin était trop poli pour influencer ma décision. Je déclarai qu'il me semblait judicieux de nous rendre immédiatement au site du projet. Un simple coup d'œil sur une carte aurait suffi pour comprendre que nous allions traverser presque tout le pays.

Après avoir passé l'estuaire à bord d'un vieux ferry délabré qui crachait une fumée noire, on prit une route sur la gauche. Austin nous expliqua qu'il s'agissait de la seule route bitumée du pays. Trois cents kilomètres d'asphalte et de nids-de-poule, débouchant sur des chaussées en mauvais état dont le revêtement avait été balayé par les pluies. La voie était recouverte d'une épaisse couche de latérite. Elle était si défoncée que j'avais l'impression qu'on me broyait les os — et qu'ils se mêlaient à la poussière qui s'insinuait dans nos cheveux, entre nos dents, dans tout notre corps. Il n'y avait pas de conditionnement d'air. Pour respirer, il fallait laisser les fenêtres ouvertes. Le camion tressautait, louvoyait pour éviter les creux les plus profonds. Il quittait la route, retrouvait l'endroit où des véhicules avaient formé une piste fraîche dans la brousse. D'autres camions roulant en sens inverse nous fonçaient dessus en zigzag, sur le mauvais côté de la route, pour échapper eux aussi aux creux et aux bosses. Des chèvres, des moutons, des poulets, des gens portant une charge sur la tête, des bestiaux parfois venaient s'ajouter aux dangers de la conduite. J'eus bientôt une migraine atroce. Mais il était hors de question de se reposer. La seule façon de me soulager aurait été de me cogner la tête contre la paroi du camion, assez fort pour provoquer une commotion. Cela faillit d'ailleurs m'arriver plusieurs fois, alors qu'il bondissait par-dessus des séries de cratères lunaires.

Cette torture dura presque huit heures. Lorsque nous arrivâmes enfin à Segbwema, j'avais l'impression d'être dans un sèche-linge à tambour rempli de poussière d'argile. Je pouvais à peine bouger. Et j'avais mal partout. Il me fallait une douche. Je n'eus droit qu'à un seau, que j'acceptai avec gratitude. Un simple seau au bout d'une corde. Nous étions dans la saison sèche. Il fallait se servir dans une citerne souterraine qui se remplissait durant la saison des pluies. Je compris très vite comment il fallait s'y prendre. Vous commencez par le visage et les cheveux, et vous descendez jusqu'aux pieds. Le simple fait d'être débarrassé de cette poussière rouge était un vrai miracle !

Le Projet Lassa avait quitté le site où Joe l'avait établi naguère. Il était installé au Nixon Memorial Hospital. Des années auparavant, cet hôpital géré par des missionnaires méthodistes avait la réputation d'être un des plus fastes du pays. Il avait connu des jours meilleurs. Mais il fournissait toujours, à une nombreuse population, des services de base d'une qualité raisonnable et à un prix plancher. Le projet disposait de deux laboratoires. Donna Sasso venait d'improviser le labo pour les plaquettes sanguines dans la chambre d'un appartement de fonction que nous utilisions aussi comme bureau. Notre laboratoire principal, qui occupait un bâtiment de l'autre côté de l'avenue, avait été édifié avec des fonds que Joe avait rassemblés plusieurs années auparavant. Comme la place était limitée, la plupart de nos collaborateurs logeaient dans la maison du directeur, au sommet de la colline, face à l'hôpital.

Il me fallut peu de temps pour comprendre qu'en Sierra Leone il fallait presque toujours improviser. L'essence et le gasoil étaient introuvables. Nous dûmes passer des accords particuliers pour acheter, avec des devises fortes, du fuel d'importation. La situation dans le pays s'était fortement détériorée depuis l'époque où Joe avait lancé le projet. Le téléphone — qui, jadis, fonctionnait tout de même de temps à autre — était totalement inutilisable. Deux combinés étaient fixés au mur, mais ils n'étaient pas connectés au réseau. Il existait un système d'eau, mais il n'avait jamais fonctionné. Il était également impossible de trouver des bouteilles de butane. Nous devions détourner d'une manière ou d'une autre de quoi alimenter les congélateurs à gaz où nous conservions nos précieux échantillons. J'appris à cuisiner sur un feu de camp. Il suffit pour cela de quelques branches, de brindilles, et de trois grosses pierres pour poser votre récipient.

Cette année-là, la situation économique était exceptionnellement mauvaise, et même la nourriture était rare. C'était déjà le cas lorsque le pays était naturellement verdoyant et fertile. Mais les techniques de défrichage au feu avaient entraîné la disparition de la forêt tropicale. Après avoir abattu et débité les plus gros arbres pour en exporter le bois, on brûlait le reste. Ensuite, les minces couches de terre étaient utilisées par des paysans pauvres qui y plantaient du manioc, du café et d'autres cultures de base. Autre article de première nécessité : le riz, qui pousse essentiellement dans les marais. Et il y avait beaucoup de marais. Dans ce système d'économie de subsistance, on cultive ou l'on cueille rarement plus que ce dont on a besoin pour nourrir sa famille. Certains jours, par exemple, les bananes étaient introuvables au marché local, alors que nous vivions au milieu d'une bananeraie ! Sur les éventaires du marché de Segbwema, il n'était pas rare de ne trouver que trois tomates et cinq oignons, présentés avec soin pour être vendus à l'unité. La plupart des gens devaient se contenter de *chop* — une feuille cuite farcie d'une bouchée de viande, de poisson séché ou (les jours de chance) de poisson des marais frais, le tout relevé avec du piment rouge.

Malgré la pauvreté et les pénuries, Segbwema semblait heureuse et amicale. Ses habitants paraissaient capables de défier avec bonne humeur la misère qui les accablait. Et pour remonter le moral, il y avait toujours le vin de palme. Personnellement, j'en trouvais le goût atroce. Je préférais la bière locale, la Star, ou le Coca-Cola. Mais l'une et l'autre devaient être glacés. Ce qui posait un autre problème. Le réfrigérateur marchait au kérosène. S'il était en panne, ce qui arrivait très souvent, on vous faisait part de la mauvaise nouvelle : « Cold beer, no deh. » Quand le soleil baissait et que la température devenait supportable, on allait donc à l'un ou l'autre des bars du coin. Ils consistaient généralement en une case ouverte sur l'avant, ou une petite pièce équipée de l'indispensable frigo à kérosène. On s'installait à l'extérieur, sur de simples bancs de bois ou des fauteuils à haut dossier. C'est là qu'on se retrouvait, à ce moment de la journée — indigènes, volontaires du Peace Corps à moto, missionnaires de confessions diverses au volant d'autos délabrées. Tout le monde était de bonne composition, et toujours enclin à bavarder un peu. L'ambiance était toujours à la gaieté.

J'étais nouvelle venue en Afrique, mais j'avais la chance de jouir de l'appui de Donna Sasso. Cette virologiste de trente-cinq ans environ, membre de l'équipe de Joe au CDC, avait travaillé avec Sheila Mitchell et moi à Atlanta, au labo de niveau 4. Elle y étudiait l'activité des plaquettes chez des singes infectés par Lassa. Nos recherches nous avaient fourni des indications capitales sur l'origine des hémorragies et de l'état de choc des victimes de ce virus. Après avoir vu ce qui se passait chez les singes, nous voulions vérifier si la maladie agissait de la même manière chez l'homme.

Donna nous était indispensable. Elle était aussi forte que son allure athlétique le laissait supposer. Qualité nécessaire pour faire tourner un labo. Tout dépendait en effet de la production d'électricité : la lumière, la centrifugeuse, l'agrégomètre de plaquettes que j'avais apporté d'Angleterre. Et notre seule source de courant électrique était la génératrice qui se trouvait sur la véranda. C'est là où la force physique entrait en jeu. C'était un modèle ancien, qu'on lançait en tirant sur une corde. J'en étais bien incapable. Chaque matin, il revenait donc à Donna de la mettre en marche — et d'alimenter le laboratoire.

Je me levais aux premières lueurs du jour, et je préparais du café sur le feu de camp. C'était mon petit déjeuner. Donna, elle, avait besoin d'énergie : œufs au bacon, gruau de maïs instantané qu'elle achetait en quantité à l'économat de l'ambassade des Etats-Unis. Nous nous retrouvions à l'hôpital. Sur une journée, nous pouvions voir jusqu'à quinze patients suspects d'être atteints par Lassa. C'était beaucoup plus que ce que je croyais à mon arrivée. Ceux qui en étaient capables s'asseyaient sur le vieux banc d'école à l'extérieur du labo et attendaient le résultat de leur analyse de sang. S'ils étaient trop faibles, ils s'écroulaient sur le banc, à moins qu'on ne les transporte directement dans la salle commune. Les analyses nous disaient s'ils produisaient des anticorps contre le virus, et mesuraient l'activité de leur foie. Si l'examen clinique suggérait qu'un patient pouvait avoir la fièvre de Lassa, la décision de le soigner dépendait de son taux d'AST. S'il était supérieur à 150, on lui administrait de la ribavirine par voie intraveineuse.

La ribavirine entraînait souvent une guérison rapide. C'était une bénédiction pour les malades. Paradoxalement, le succès du traitement constituait un problème pour mes recherches : l'état de mes patients était rarement aussi grave que celui des singes sur lesquels j'avais travaillé ! Il est inutile de préciser qu'ils ne se préoccupaient pas de savoir s'ils contribuaient ou non à faire progresser nos recherches. Ils étaient simplement heureux de guérir. Le mot circulait, en ville, propagé en krio : « Vous attrapez la fièv' dé Lassa, vous allez à l'hôpital dé Segbwema. »

Pour faire passer notre message, nous n'allions pas nous contenter de la transmission orale. Le projet comportait une campagne d'information qui insistait sur les mesures préventives essentielles. L'exécution de ce programme fut confiée à Cathy, une jeune Anglaise formée à utiliser le théâtre à des fins éducatives. Elle monta un certain nombre de pièces de théâtre originales, de saynètes et de spectacles de marionnettes — le plus souvent réalisés par des enfants. Généralement, le personnage principal était contaminé par Lassa parce qu'il n'avait pas débarrassé sa maison de ses rats. On l'emmenait à l'hôpital, où il était traité à la ribavirine. Et il guérissait.

Après quoi, bien entendu, tout le monde vivait heureux jusqu'à la fin de ses jours !

Le message était clair : vous ne risquez pas d'attraper la fièvre de Lassa si vous évitez tout contact avec les rats et si vous les chassez de votre maison. Mais si vous tombez malade, dépêchez-vous d'aller chercher de l'aide. Pas auprès de votre sorcier, mais au Projet Lassa !

La musique occupe une place essentielle dans la société indigène. On en fit bon usage pour promouvoir notre cause. Cathy persuada son mari, qui était musicien, de mettre son talent à notre service. Il composa plusieurs morceaux de reggae au service du message anti-Lassa. Il ne fallut pas longtemps pour que toute la province connaisse par cœur la chanson intitulée « Lassa fiva no good-o » (La fièv' de Lassa, c'est pas bon). Elle fit un tabac à la discothèque qu'Austin et son frère avaient ouverte à Segbwema. Elle devint si populaire que des cassettes furent distribuées à l'échelle nationale. On recrutait des musiciens locaux pour mener des défilés de rues. On traînait tout au long du chemin un énorme rat de papier. Il recevait des coups de bâton avant d'être livré aux flammes dans une cérémonie haute en couleur, par des personnages en longue robe et au visage masqué — et tout le monde dansait et applaudissait.

Pendant tout le temps où nous travaillâmes sur le projet, nous eûmes pour seule protection des gants, des blouses et des masques. Nous savions d'expérience que nous n'avions besoin de rien d'autre. L'essentiel était de ne pas se piquer le doigt avec une aiguille infectée, ou de ne pas laisser le virus s'introduire dans sa bouche, dans ses yeux ou dans une plaie ouverte. Nous utilisions en abondance de l'eau de Javel domestique comme désinfectant, et nous prenions soin de nous en servir sur tout ce qui pouvait héberger le virus. Dans les salles communes, les infirmières prenaient les mêmes précautions. En treize ans, alors qu'on traita plus de mille cinq cents cas avérés de Lassa, on ne déplora que deux contaminations de membres du personnel. Et à chaque fois, il s'agissait d'un accident. Une infirmière s'éclaboussa les yeux avec le sang d'un patient. L'autre fut contaminée lorsque le vomi du malade tomba sur son pied chaussé d'une sandale, et s'infiltra dans une égratignure. L'une et l'autre furent soignées sur-le-champ à la ribavirine, et guérirent.

Après avoir achevé nos visites et effectué nos prélèvements, nous portions les échantillons au laboratoire plaquettes. Donna et moi passions le reste de la journée à séparer le sérum et à effectuer les analyses manuellement. Les analyses des plaquettes sanguines étaient intéressantes. Ces plaquettes sont supposées arrêter les hémorragies. Bizarrement, les malades de Lassa ont beaucoup de plaquettes, mais ils saignent tout de même. Nous soupçonnions les plaquettes de ne pas jouer normalement leur rôle. Cette hypothèse fut corroborée par nos expériences sur les singes. Est-ce que l'échec des plaquettes était la véritable raison des saignements ? Ou était-ce un dysfonctionnement général des cellules qui tapissent les vaisseaux sanguins, qui causait à la fois le saignement et l'état de choc ? Pour avoir la réponse, nous devions séparer les plaquettes et essayer de les maintenir en vie — ce qui signifiait, puisque le virus était présent, que nous le gardions en vie lui aussi. La séparation devait être effectuée très soigneusement. Après avoir recueilli les plaquettes, nous les placions dans une machine, et nous ajoutions des réactifs qui les faisaient « s'agréger » — comme elles sont supposées le faire pour interrompre l'hémorragie. Mais les plaquettes prélevées sur les patients gravement atteints ne s'agrégeaient pas. Quelque chose ne fonctionnait pas. Nous travaillâmes près de six semaines là-dessus dans l'espoir d'obtenir quelques résultats avant l'arrivée de Joe, qui devait nous rejoindre un peu plus tard. Mais un événement imprévu allait mettre nos calculs en question et perturber nos études si soigneusement organisées. Nous allions découvrir que la fièvre de Lassa, décidément, ne ressemblait à rien de ce que nous avions connu jusqu'alors.

23

Jenny Sanders, de Segbwema

Peu de temps après mon arrivée à Segbwema, j'avais fait la connaissance d'un certain nombre d'expatriés. Outre les missionnaires, il s'agissait surtout de jeunes volontaires du Peace Corps américain ou de son équivalent britannique, le VSO (Voluntary Service Overseas). Contrairement au Peace Corps, le VSO ne recrutait que des individus formés à des tâches très précises. Ils étaient donc un peu plus âgés, et généralement plus calés que les Américains.

Les volontaires du Peace Corps vivaient surtout dans les villages. Ils travaillaient sur des projets agricoles ou enseignaient l'anglais. Ils étaient toujours enjoués, mais rarement propres. La poussière de latérite couvrait leurs vêtements de taches rougeâtres et brunes, et leurs mains étaient jaunes à cause de la nourriture indigène cuite à l'huile de palme. Ils avaient évidemment peu d'argent, de sorte qu'ils étaient ravis qu'on leur offre un bon repas, une bière ou un Coca-Cola. On pouvait toujours compter sur eux pour être présents aux soirées. Et nous en avions beaucoup, des soirées.

Joe avait mis sur pied un système pour faire travailler au projet les meilleurs éléments du Peace Corps. Quand je suis arrivée en Sierra Leone, ils étaient trois : John, le mécanicien, chargé de maintenir nos camions en état de marche ; Susan Scott, gestionnaire d'hôpital ; Andrew, son mari, électricien, responsable de l'entretien de nos génératrices.

Les volontaires du VSO étaient le plus souvent des infirmières qualifiées, qu'on employait à l'hôpital. En Grande-Bretagne, elles constituaient l'élite de leur profession. La plupart étaient venues en Afrique en quête d'aventure et pour se mettre au service d'autrui. Elles n'avaient par ailleurs aucune raison de rester en Angleterre. La seule promotion possible leur aurait valu une fonction administrative. Elles préféraient de loin l'expérience concrète à un poste où elles rempliraient des formulaires d'assurances. J'aurais l'occasion de bien connaître trois d'entre elles : Deirdre, Lesley et Sheila.

Deirdre se trouvait en Sierra Leone depuis deux ans. C'était la plus ancienne. Elle avait une collègue et amie nommée Jenny Sanders, qui avait, comme elle, les plus hautes qualifications comme infirmière et sage-femme. A l'époque, elle travaillait à l'hôpital de Panguma, à près de quarante kilomètres de Segbwema.

Panguma se trouvait juste au-delà de la zone des mines de diamants. Avec ses nombreux travailleurs immigrés et ses quartiers surpeuplés envahis par d'innombrables rats, la ville était un terrain propice au développement de Lassa. L'hôpital avait d'ailleurs acquis quelque notoriété, pour avoir été le site de la première épidémie nosocomiale (infra-hospitalière) de fièvre de Lassa jamais recensée en Sierra Leone.

Mais la réputation de l'hôpital ne parvint pas à tempérer l'enthousiasme de Jenny. Il y avait une bonne raison à cela : personne ne lui avait dit que, quelques années auparavant, des membres du personnel soignant avaient été contaminés et en étaient morts. Jenny, elle, jouissait de la vie. Cette jolie Anglaise, blonde et exubérante, jouait au squash et nageait à la piscine du club de la compagnie des mines. Elle vivait entourée de ses amies et de son fiancé, Dominic, volontaire VSO lui aussi, et instituteur à Segbwema.

Bien sûr, elle s'occupait aussi de ses patients et mettait

des bébés au monde. Pourtant, ni elle ni aucun autre VSO n'avaient été mis en garde contre la fièvre de Lassa. C'était comme si tout le monde s'associait à une conspiration du silence. Ce qui était d'autant plus absurde que l'information circulait largement. Quiconque ayant besoin d'aide en rapport à la maladie pouvait se tourner vers nous. Pourtant, l'organisation des VSO ne nous avait jamais demandé notre assistance. C'était peut-être la conséquence d'un vieux préjugé : les organisations britanniques estiment qu'elles peuvent s'en sortir sans l'aide des Américains (surtout dans une ancienne colonie britannique). Plus tard, nous saurons que le médecin conseil du VSO était un homme de plus de soixante-dix ans et exerçait à Belgravia, un des quartiers les plus élégants et les plus riches de Londres. Il est probable qu'il n'avait pas souvent eu l'occasion de s'occuper de maladies infectieuses. Sans parler d'une maladie exotique comme Lassa.

Le dimanche était synonyme de détente au bungalow, de lecture à l'ombre des grands pamplemoussiers. On ne s'attendait pas à voir arriver quoi que ce fût d'important. Il était donc tout à fait inhabituel que Bob Craven reçoive un message l'invitant à se rendre de toute urgence à l'hôpital. Qu'est-ce qui pouvait ainsi exiger la présence du directeur du projet ?

Une heure plus tard, il était de retour. Mais il ne montrait aucun signe d'inquiétude. Craven était bourru, taciturne et peu communicatif. Nous ne nous attendions pas à ce qu'il nous en dise beaucoup. Il nous apprit tout de même qu'on avait amené de Panguma une infirmière VSO souffrant de fièvre. Elle se trouvait dans la chambre où logeaient Sheila et Lesley. C'était Jenny Sanders. Michael Price, le médecin britannique de l'hôpital, l'avait examinée. Il penchait pour la typhoïde ou le paludisme, mais il n'excluait pas la possibilité qu'elle fût atteinte de la fièvre de Lassa. C'est pourquoi il avait appelé Bob.

Je lui rendis visite. Elle pensait avoir le paludisme. Elle me raconta que sa fièvre et sa migraine ne l'avaient pas empêchée, la veille, de se rendre à une soirée. Michael agit selon l'hypothèse qu'elle avait le paludisme, et commença à la soigner à la chloroquine. Mais son état ne s'améliora pas. Le paludisme était peu probable. Il ne restait qu'une possibilité : la fièvre de Lassa.

Les indices n'étaient pourtant pas très concluants. Jenny n'avait pas d'anticorps contre Lassa, mais cela ne prouvait rien, car l'absence d'anticorps n'est pas rare au début de la maladie. Les tests mesurant son taux d'AST ne satisfaisaient pas au modèle (arbitraire, mais toujours très utile) que Joe avait défini pour justifier un traitement. Comme les résultats de ces deux analyses étaient ambigus, Bob décida de ne pas la soumettre à la ribavirine. Techniquement parlant, il avait raison.

Mais cela ne nous rassura pas. Quand Joe avait établi ses critères, il avait tenu compte du temps qu'il fallait aux patients de la région pour se rendre à l'hôpital. Habituellement, en effet, ils attendaient le plus longtemps possible, espérant guérir à domicile. Même les frais réduits exigés par l'hôpital de la mission constituaient un obstacle. En outre, il était parfaitement usuel de consulter d'abord le sorcier. L'hôpital était considéré comme la solution ultime. Lorsqu'ils décidaient enfin de s'y présenter, les patients se trouvaient donc à un stade avancé de la maladie.

Dans le cas de Jenny, c'était différent. Elle n'avait la fièvre que depuis deux jours. S'il s'agissait de Lassa, le mal n'aurait pas eu le temps de progresser, ce qui voulait dire que le résultat des analyses pourrait être relativement normal. Le plus important, avec les infections virales, est d'entamer un traitement le plus tôt possible, avant que le virus n'ait eu le temps de provoquer des dégâts irréparables. De nos jours, nous soignerions un cas comme celui-là dès le premier soupçon de fièvre de Lassa.

Le lendemain matin, je traversais le quartier avec un des infirmiers, Coolbra. Il avait vu plus de cas de Lassa que tous les gens que je connaissais. Il avait examiné Jenny avec soin. Je lui demandai son avis. J'attendis la réponse, les yeux fixés sur le sol. Je ne voulais pas voir son expression.

— C'est la fièvre de Lassa.

Aucun doute, aucune hésitation. C'était ce que je craignais.

Nous continuâmes à surveiller Jenny de très près. Comme les conditions de travail, dans les salles communes, étaient très primitives, ses amis prirent soin d'elle dans l'appartement de Lesley et Sheila. Chaque jour, en rentrant du labo, nous l'apercevions, assise sur le porche. Dominic était souvent à ses côtés. Il était d'un naturel anxieux, au point de s'inquiéter lorsque tout allait bien. Là, il était dans tous ses états. Trois jours s'écoulèrent. Rien ne se passait. L'état de Jenny était stationnaire. Le jeudi, en fin d'après-midi, nos pires inquiétudes se confirmèrent.

Elle commença à souffrir de convulsions. Puis elle perdit conscience. Il n'y avait plus de doute. C'était un des pires symptômes de Lassa. Aucun patient à notre connaissance n'avait jamais survécu aux convulsions. Cela signifiait que le virus avait atteint le cerveau. Tard dans la soirée, finalement, Jenny fut placée sous ribavirine. Il n'y avait rien d'autre à faire, sauf attendre. Et espérer.

Le lendemain matin, on fit de nouvelles analyses de sang. Il n'y avait aucun doute. Son test anticorps pour la fièvre de Lassa était positif, et son taux d'AST très élevé. Jenny affichait tous les symptômes d'une patiente atteinte par Lassa, elle était à deux doigts de la mort.

Le vendredi soir, Bob Craven prit le tour de garde. Tout le monde était mobilisé. Lorsque Bob avait besoin de repos, Michael et Don étaient prêts à le remplacer. Donna et moi assurions le soutien en laboratoire. Même ceux qui n'avaient pas de formation médicale collaboraient à l'effort collectif, par exemple en faisant en sorte que les infirmières aient toujours à manger. Mais les vraies héroïnes, ce furent Deirdre et ses amies. Elles assurèrent une garde ininterrompue, vingt-quatre heures sur vingt-quatre, par quarts de quatre heures. Deux d'entre elles se tenaient en permanence aux côtés de la malade. Leur dévouement était stupéfiant. Elles la retournaient pour éviter les escarres, elles la lavaient, et elles purgeaient ses voies respiratoires pour l'aider à respirer. Elles contrôlaient son goutte-à-goutte et s'assuraient qu'elle recevait ses injections régulières de ribavirine. Et elles ne disposaient que d'un équipement primitif.

Pendant tout ce temps, Jenny resta profondément inconsciente, au point de ne plus réagir à la douleur des injections. Mais les infirmières lui parlaient sans interruption, convaincues qu'elle les entendait malgré tout, et que leurs voix l'encourageaient dans sa lutte contre le virus. Mais tout le monde s'affairait, ce vendredi soir, sous le poids d'une terrible certitude. Chacun savait que Jenny était proche de la fin.

Pour être sûrs que personne ne s'expose au risque d'infection, nous prenions les précautions, simples mais rigoureuses, que nous avions toujours prises avec les patients atteints de Lassa. Primo, il était exclu d'entrer dans la chambre de Jenny sans nos masques, nos gants et nos blouses. Secundo, la contamination se faisant par le contact avec le sang, nous prenions soin d'éviter de faire quoi que ce fût qui puisse entraîner un accident avec des aiguilles ou des instruments pointus. Tertio, comme dans les salles communes, nous faisions un usage abondant de l'eau de Javel.

Avant de laisser quiconque pénétrer dans la chambre, nous l'informions de la situation, et nous lui expliquions très soigneusement comment se transmettait le virus. Précaution supplémentaire, nous donnions aux infirmières et à Dominic de la ribavirine par voie orale, au cas où ils seraient exposés.

Le salon contigu à notre USI (unité de soins intensifs) de fortune servait de local à tout faire : salle à manger, cafétéria et salon. C'est là qu'on se réunissait pour parler, échanger des informations, ou simplement se détendre et essayer de recouvrer notre énergie avant le prochain assaut. Il fallait soutenir Dominic, que son manque de compétences médicales rendait désespérément impuissant. Il tenait compagnie à Jenny, lui prenait la main, lui parlait, mais ce n'était pas suffisant. Que pouvait-il lui apporter d'autre ?

Jenny avait besoin de sang pour remplacer celui que le virus détruisait. Le problème, c'est qu'elle appartenait à un groupe rare. Elle était rhésus négatif. Cela signifiait qu'elle ne pouvait pas recevoir de sang d'un donneur africain, car tous les Noirs sont rhésus positif. Donna et moi prîmes nos dispositions pour soumettre tous les Blancs de l'hôpital au test de compatibilité sanguine, dans l'espoir de tomber sur un rhésus négatif. On analysa d'abord le sang de Dominic. Apparemment, nous avions de la chance. Rhésus négatif.

Michael était impatient de transfuser Jenny. Nous lui avons donné sans attendre le sang prélevé chez Dominic. Nous savions que nous aurions besoin de sang supplémentaire. Nous avons donc poursuivi nos tests de compatibilité croisée.

Quand je revins au labo, en fin d'après-midi, Donna était assise sur les marches, à l'extérieur, près du banc où les patients attendaient d'habitude les résultats de leurs analyses. Elle tenait le morceau de carreau dont elle se servait pour ses tests de compatibilité sanguine. (Ceux-ci consistent à mélanger le sang du donneur potentiel avec des réactifs particuliers. Certains s'agglutinent, c'est-à-dire qu'on voit se former de gros granules rouges. Selon le réactif qui opère, on identifie le groupe sanguin de l'échantillon concerné. C'est une méthode simple, mais généralement fiable, qu'on utilise dans le monde entier, là où il n'existe pas de banques du sang modernes.) Elle était sortie pour observer son agglutination à la lumière du soleil. Je remarquai son air inquiet.

— Que se passe-t-il ?

— Regardez ça. J'ai analysé mon propre sang, et...

— Et alors ?

— Eh bien, d'après ces réactifs, je suis rhésus négatif.

— Ce n'est pas le cas ?

— Mais non, Sue, je sais parfaitement que je suis rhésus positif !

C'était incroyable. Nous décidâmes de poursuivre les

analyses. Tous les donneurs sans exception s'avéraient rhésus négatif. Comme si l'on jetait une pièce cinquante fois de suite, et qu'elle retombait toujours du même côté. C'était possible, bien entendu, mais cela contredisait toutes les lois de la probabilité. Après tout, 85 % des Blancs et la quasi-totalité des Africains sont rhésus positif. Une seule hypothèse nous venait à l'esprit. Notre antisérum était périmé. Nous n'avions pas de temps à perdre. Nous nous précipitâmes à l'hôpital, et commençâmes à fouiller tous les réfrigérateurs à la recherche d'un produit en bon état.

Nous eûmes de la chance. Au fond d'un frigo plein comme un œuf, nous avons trouvé quelques réactifs qui semblaient plus récents. Nous sommes retournées au laboratoire pour reprendre toutes les analyses de sang depuis le début. Nous commençâmes avec celui de Dominic — celui qu'on transfusait à Jenny. Cette fois, la réaction était différente. Rhésus positif. Incompatible avec celui de Jenny.

Nous nous sommes précipitées à la chambre de Jenny pour empêcher la transfusion. Mais nous arrivions trop tard. Une partie du sang lui avait déjà été transfusée. La transfusion de rhésus positif à une femme rhésus négatif ne produit pas une réaction aiguë, comme dans les autres cas d'incompatibilité. Mais certaines femmes peuvent produire des anticorps contre l'antigène rhésus, avec pour conséquence une grossesse problématique en cas de fécondation par un homme rhésus positif. Mais la grossesse n'était pas notre préoccupation principale. Nous ne savions même pas si Jenny serait encore vivante le lendemain. Elle mourrait sans doute si elle ne recevait pas de sang frais. Et il fallait qu'il soit rhésus négatif. Que pouvions-nous faire ? Nous avions vérifié nos analyses. Tout le sang dont nous disposions était positif. Nous devions absolument trouver un donneur rhésus négatif. Immédiatement.

Jenny n'avait pas seulement besoin de sang. Sa respiration se détériorait vite, à mesure que ses poumons s'emplissaient de liquide. Il lui fallait de l'oxygène. Selon les standards de la Sierra Leone, nous étions dans un bon hôpital. Mais il n'avait pas de réserves d'oxygène. (En fait, il ne disposait même pas d'un appareil à rayons X, ni d'aucun matériel de base qu'on s'attend à trouver dans un hôpital moderne.) On trouva tout de même deux bouteilles d'oxygène inutilisées.

Il fallait les emporter à Freetown pour les remplir. La corvée de parcourir les trois cents kilomètres de route ignoble, aller et retour, échut à Brian, le directeur du VSO, et à son chauffeur. Ils rapportèrent l'oxygène, mais un autre problème se posa. Comment l'administrer ? Deirdre et ses amies ne disposaient que de simples sondes nasales. Le système était loin d'être parfait, car il ne permet pas d'envoyer beaucoup d'oxygène jusqu'aux poumons. Jenny avait besoin d'un ventilateur. En fait, elle aurait eu besoin d'une véritable unité de soins intensifs. Mais, même s'il y en avait eu en Sierra Leone, elle était trop mal en point pour supporter le moindre déplacement. Nous devions improviser tant bien que mal notre propre USI.

Administrer l'oxygène par les sondes posait un autre problème. Cela nous interdisait d'utiliser des bougies, notre seule source de lumière lorsque la génératrice ne tournait pas (c'était presque toujours le cas). Elles pouvaient enflammer l'oxygène et nous faire tous sauter. Il fallut donc sillonner Segbwema pour emprunter toutes les lampes de poche et les piles que nous pouvions trouver. Alors, seulement, on a pu donner l'oxygène à Jenny.

Vendredi en fin de journée, Jenny était inconsciente depuis vingt-quatre heures. Alors qu'elle s'enfonçait doucement dans un coma profond, elle respirait de plus en plus difficilement. Bob savait qu'elle développait un œdème pulmonaire. Les fluides emplissaient ses poumons et l'empêchaient de respirer. C'était ce que nous craignions : une évolution semblable à ce que nous avions observé durant nos expériences sur les plaquettes sanguines des singes. A l'époque, nous avions découvert que le virus empêche les vaisseaux sanguins des poumons de fonctionner correctement. Dans la journée, nous avions examiné les plaquettes de Jenny et constaté le même processus. Elles ne faisaient plus leur travail, tout simplement.

Fallait-il faire entrer Jenny dans notre étude expérimentale sur la prostacycline ? Elle remplissait certainement toutes les conditions. Elle se trouvait au stade final de la fièvre de Lassa. Il était possible que la prostacycline, qui s'était montrée efficace sur des patients en état de choc septique, inverse l'effet pernicieux du virus et restaure les plaquettes dans leurs fonctions. Nous n'avions rien à perdre. En revanche, il y avait beaucoup à gagner. La vie de Jenny. Nous préparâmes les perfusions. On surveillait ses réactions toutes les cinq ou dix minutes, pour s'assurer que les doses et la vitesse d'injection étaient correctes. Une fois de plus, nous n'avions qu'une chose à faire. Attendre.

Un peu avant minuit, Jenny avait le souffle si laborieux que chaque inspiration lui tirait un râle. Il n'y avait que trois personnes à ses côtés : Bob, Deirdre et Lesley. C'était presque comme s'ils synchronisaient leur souffle au sien, concentrant leurs efforts sur sa prochaine inspiration. Bob augmenta légèrement la vitesse de perfusion de prostacycline, pour en mesurer l'effet. Quelques minutes plus tard, Jenny sembla réagir. Sa respiration devenait plus régulière. Bob était prudent. Avant de lui donner une autre dose du médicament, il voulait voir ce qui se passerait. Mais quand elle se remit à râler, il accéléra la perfusion. De nouveau, le souffle devint plus régulier. C'est ce qui décida Bob. Il la laisserait sous prostacycline aussi longtemps que cela aurait l'air de l'aider.

Quand je me résignai à aller me coucher, ce vendredi soir, j'étais persuadée que Jenny ne passerait pas la nuit. Nous en étions tous persuadés. Le lendemain, je me suis levée aux aurores, comme d'habitude. Je me dirigeai vers le rocher au sommet de la colline pour allumer le feu du petit déjeuner. Je suis tombée sur Bob, qui venait dans l'autre sens. Il semblait exténué. Il n'avait pas dormi de la nuit. Il était tendu, excité. Il se montra plus éloquent que d'habitude :

— C'est un miracle. Jenny est vivante. Je crois que la prostacycline agit.

Puis il se dirigea vers le bungalow pour prendre un peu de repos.

Après le petit déjeuner, Donna et moi avons rendu visite à Jenny. Elle était vivante, mais rien ne suggérait qu'elle pouvait reprendre conscience. Au moins son souffle était-il plus régulier, et sa fièvre avait baissé.

A l'exception des allers et retours de Brian à Freetown pour nous ravitailler en oxygène, nous étions isolés, à Segbwema. Il n'y avait ni téléphone, bien entendu, ni aucun autre moyen de communiquer avec la capitale. Nous n'avions que les contacts radio que nous établissions de temps en temps avec l'ambassade des Etats-Unis. Mais la radio ne fonctionnait que très rarement, et nous avions toujours besoin de sang. Et il fallait qu'il vienne de l'extérieur de Segbwema. Il n'existait qu'un autre moyen de communiquer avec le monde extérieur — celui-là même que Joe avait utilisé avec tant d'ingéniosité, des années auparavant, au Zaïre. Les missionnaires.

Comme tous les expatriés dans cette partie du monde, ils firent irruption sans préavis, émergeant de la brousse, en réponse à l'omniprésent télégraphe de la brousse. Ils arrivèrent avec toutes sortes de moyens de transport, des camions déglingués, des motocyclettes ou des vélos, tout ce qui pouvait se déplacer. Invariablement, ils étaient couverts de poussière d'argile rouge. Mais aucun d'eux n'hésitait à faire le voyage. Tous manifestaient leur solidarité avec la jeune femme agonisante. Certains la connaissaient personnellement, les autres s'associaient simplement à elle dans l'épreuve. Donna et moi étions si attentives à notre tâche — il fallait trouver le « bon » donneur — que nous nous passions des formalités. On accueillait les visiteurs, on notait leur nom, puis on serrait le garrot pour faire gonfler leur plus belle veine, que l'on nettoyait avant d'introduire l'aiguille. La plupart du temps, j'étais trop absorbée pour remarquer à quoi ils ressemblaient. Je ne m'intéressais qu'à leurs bras. Pas aux visages. Mais je savais qu'ils venaient d'endroits fort divers. Ils avaient toutes sortes d'accents : américain, anglais, irlandais, écossais, canadien, allemand, scandinave. Tout en leur prenant du sang, je leur expliquais ce que nous cherchions, et à quel point la vie de Jenny était sur le fil du rasoir.

Inlassablement, nous poursuivions nos tests de compatibilité sanguine avec les nouveaux réactifs. Encore et toujours, les résultats étaient les mêmes. Positif, positif, positif... 15 % seulement des Blancs sont rhésus négatif. Mais nous étions persuadées que, tôt ou tard, nous verrions surgir un donneur rhésus négatif.

Cela arriva, enfin. J'ignore s'il s'agissait d'un « signe » divin (ou d'une manifestation du sens de l'humour de Dieu), mais notre donneur rhésus négatif n'était autre qu'un prêtre catholique de Kenema. Le donneur de sang suprême. Peut-être le sauveur de Jenny.

Son état restait critique. Il était stable, d'une certaine manière. Mais nous ignorions si elle serait encore des nôtres un instant plus tard. Les symptômes négatifs étaient encore trop nombreux. Jenny avait développé ce gonflement massif de la tête et du cou qui affecte parfois les patients au stade ultime de la maladie. Il était si prononcé que ses traits en étaient déformés. Cette si jolie fille était presque méconnaissable. Elle montrait aussi ce qu'on appelle la rigidité de décérébration. Il s'agit d'une contracture musculaire qui immobilise le patient dans une position torse — tête tirée en arrière, bras tendus derrière le dos, jambes raides et droites ramenées vers les hanches. C'était un spectacle terrible. Cette position résulte de la perte de toutes les fonctions cérébrales supérieures. Jenny était si profondément comateuse qu'elle ne réagissait même plus à la douleur. Mais ses amies continuaient de la cajoler et de lui parler sans relâche. Elles étaient persuadées qu'elle les entendait. Rien n'avait changé. Nous étions condamnés à la surveiller, et à espérer.

Et nous lui prélevions toujours des échantillons sanguins. Quelle que fût l'horreur de la situation, nous n'avons jamais cessé d'étudier la maladie dans l'espoir d'en savoir plus. Mais nous ne pouvions pas négliger le fait que notre résistance nerveuse s'effilochait, que nous étions tous à bout, morts de fatigue, vidés. D'une façon ou d'une autre, cette épreuve devrait finir. Mais cela continuait, un jour après l'autre, Jenny toujours à deux doigts de la mort. Nous attendions un signe montrant que son état s'améliorait, que le mal avait atteint son apogée, qu'il refluait. Mais les améliorations attendues ne venaient pas. Rien ne changeait. Combien de temps allions-nous tenir le coup ? Il y eut des incidents.

Un jour, l'échantillon de sang que je venais de prélever me glissa des mains. Il se brisa sur le sol, à mes pieds. Mes gants étaient devenus poisseux à force d'être lavés à l'eau de Javel. Quelle étourderie ! me dis-je, furieuse de ma propre légèreté. Mais je me secouai. Mon regard croisa celui de Donna. Très vite, nous avons versé de l'eau de Javel sur l'éclaboussure, et nous l'avons laissée opérer une demi-heure avant de rincer. Le sang renversé n'avait touché personne, et personne ne se trouvait à proximité lorsque le tube était tombé. Je savais donc que personne n'avait été exposé. Mais l'alerte avait été chaude.

Enfin, la fièvre de Jenny baissa. Cela signifiait que nous avions gagné la guerre contre le virus. C'était satisfaisant. Mais rien n'indiquait qu'elle allait reprendre conscience. Nous discutâmes de la conduite à suivre. Cinq d'entre nous étaient des médecins. Nous réunissions une expérience considérable, relative à Lassa. Nous n'avions qu'une crainte. Même si nous étions venus à bout de l'infection virale, les lésions cérébrales étaient peut-être assez graves pour que Jenny reste jusqu'à la fin de ses jours dans un état végétatif. La situation exigeait les services d'un neurologue. Jenny avait besoin d'être examinée. Il fallait s'assurer que les dégâts ne seraient pas permanents. Peut-être devrait-elle être mise sous stéroïdes. Etant donné qu'il n'y avait aucun neurologue en Sierra Leone, il fallait l'expédier à Londres. Mais son état lui interdisait d'être transportée par la route. Tout le trajet devait s'effectuer en avion.

Comme d'habitude, la radio ne fonctionnait pas. Impossible de communiquer avec Freetown pour demander de l'aide. Quelqu'un allait devoir effectuer le voyage à la capitale, se rendre au commissariat britannique et essayer de régler les problèmes de vive voix. Bob et moi étions volontaires. Moi, parce que je connaissais les gens qu'il fallait contacter à Londres. Lui, parce qu'il était le patron du projet.

Dès notre arrivée à Freetown, meurtris et couverts de poussière, nous nous sommes rendus chez le haut commissaire britannique. Il nous promit son soutien, nous assura qu'il avait compris ce dont nous avions besoin et que le sort de Jenny le préoccupait au plus haut point. Grâce à son aide, nous sommes parvenus à toucher les gens de Queen's Square (l'hôpital qui abritait le meilleur service neurologique de Londres) et à leur expliquer de quoi Jenny avait besoin. Notre correspondant téléphonique déclara qu'ils étaient prêts à la recevoir. Mais il ne pouvait pas prendre la décision finale. C'était le privilège du premier médecin consultant de l'hôpital de Coppett's Wood. Je savais par expérience que tout ce qui concernait les fièvres hémorragiques, en Grande-Bretagne, relevait de son autorité.

Quand j'eus le consultant au bout du fil, il m'informa qu'il avait connu personnellement neuf cas de fièvre de Lassa — c'est-à-dire plus que quiconque en Angleterre. Il ajouta qu'il avait dirigé l'unité « bulle d'isolement » à Coppett's Wood — c'est là qu'on expédiait tous les cas soupçonnés de fièvre hémorragique de la région de Londres —, et qu'à ce titre il savait tout ce qu'il fallait savoir de la maladie. Naturellement, il n'avait pas de leçon à recevoir quant au traitement qu'il fallait administrer au patient. Le fait que je me trouve en Afrique de l'Ouest, au cœur du pays de Lassa, et que je travaille avec des gens qui étudiaient la maladie sur place depuis plus de dix ans, ne l'impressionnait pas du tout. Cet homme était étonnant.

— Vous avez tous fait un excellent boulot, me dit-il

d'un ton paternel. Continuez à bien travailler. Et occupez-vous d'elle sur place.

J'essayai de garder mon calme.

— Cinq médecins compétents l'ont examinée, lui dis-je. Elle est guérie de la fièvre de Lassa, mais elle souffre des complications de la maladie. Nous sommes unanimes. Nous pensons que nous ne disposons pas de l'équipement requis pour lui administrer les soins dont elle a besoin. Il lui faut une estimation neurologique. Elle doit entrer dans un hôpital londonien.

Impossible de l'émouvoir. Il affirma que nous nous trompions en croyant qu'elle allait pouvoir prendre l'avion. Ce qu'il voulait dire, bien sûr, c'est que nous ne savions pas ce que nous faisions.

Il était inflexible :

— Il n'existe aucune raison, je le crains, de rapatrier Miss Sanders. Il serait tout à fait inapproprié d'exposer à un tel risque le personnel médical britannique.

Je rétorquai que Joe avait démontré que les risques étaient ridiculement minimes, même si la patiente était encore infectieuse — à condition d'éviter les piqûres d'aiguille et autres expositions directes au sang infecté. Cela ne l'intéressait pas. Il voulait que nous la laissions là où elle était — au risque de la tuer — plutôt que de contaminer quiconque en Grande-Bretagne. Elle n'avait plus de fièvre, et toutes les données connues affirmaient que la menace était presque nulle. Mais cela n'avait aucune importance. Pas plus que le fait qu'il s'agissait d'une jeune infirmière anglaise, dévouée et hautement qualifiée, qui avait consacré son savoir-faire aux pauvres d'Afrique. Tous ces arguments étaient simplement hors sujet, pour lui. Il rejetait toute responsabilité de ce qui arriverait à Jenny. C'était accablant ! J'avais échoué. J'avais honte pour mon pays.

L'adjoint du haut commissaire, qui avait écouté la conversation, était consterné. Dès que la communication fut interrompue, il quitta la pièce sans un mot pour aller retrouver son patron. Quand il apprit la décision du consultant, le commissaire se mit en colère à son tour. Il eut une attitude admirable. Une demi-heure après avoir quitté le haut commissariat, je me trouvais au bureau du VSO. Je reçus un appel. Le haut commissaire me lut le texte du câble le plus élégant — quoique rédigé en des termes assez forts — que j'aie jamais eu l'honneur d'entendre. Pour l'essentiel, il résumait ma conversation avec le docteur Edmond, mais sur un ton de reproche et de protestation qui n'échapperait à personne. Le haut commissaire m'informa qu'il l'envoyait sur-le-champ au Foreign Office, à Londres, dans l'espoir de persuader quelqu'un qui ait le bras assez long pour contester la décision du consultant.

Nous allions être déçus. Il ne se passa rien. La bureaucratie britannique, eût-on dit, était intraitable. Ce qui était acceptable pour le reste du monde ne convenait pas à la Grande-Bretagne. Le problème était simple : le personnel médical britannique devait être protégé à tout prix de l'exposition au virus. Puisque le bon docteur de Coppett's Wood m'avait déclaré que le personnel africain devait continuer à s'occuper des patients contaminés par le virus de Lassa, il fallait en déduire que le sort des Africains était moins important que celui des Anglais.

Je revins à Segbwema en proie au désespoir. Mais quand je pénétrai dans notre quartier, après mon long voyage dans la poussière, j'eus une vraie raison de me réjouir. Donna sortit pour m'accueillir.

— Jenny reprend conscience ! s'écria-t-elle. Elle réagit aux voix. Elle reconnaît même celles de ses amies.

C'était la première bonne nouvelle que j'entendais depuis longtemps. Donna avait appris également, grâce à la radio des missionnaires, que les parents de Jenny étaient en route pour la rejoindre. J'étais soulagée d'apprendre qu'ils trouveraient leur fille vivante.

Lorsqu'ils arrivèrent à Segbwema, ils étaient visiblement bouleversés. Ils eurent du mal à cacher le choc qu'ils ressentirent en voyant leur fille. Mais je ne crois pas qu'ils aient jamais compris à quel point on avait frôlé le pire. Par ailleurs, il y avait peu de motifs d'être optimiste. Après leur arrivée, l'état de Jenny se détériora à nouveau. Cette fois, elle avait contracté une pneumonie. Elle pouvait à peine respirer. Il n'y avait qu'une solution. Une trachéotomie.

L'opération consiste à faire une incision dans la trachée et à y introduire un tube. Les amies de Jenny se mobilisèrent à nouveau pour prendre soin d'elle. La trachéotomie a besoin d'être aérée en permanence, pour que l'incision reste ouverte. Elles utilisèrent la petite pompe à pied reliée à un cathéter, puisqu'elles ne pouvaient pas aspirer directement des bronches. Puis on lui donna des antibiotiques.

Peu à peu, Jenny commença à reprendre des forces. Dès que l'œdème à la tête et au cou diminua, on vit émerger la fille mince aux cheveux clairs que nous connaissions. On eût dit un revenant, un double pâle et décharné de l'être qu'elle avait été.

Entre-temps, Joe était arrivé à Segbwema. Il fut très surpris en apprenant ce qui s'était passé. Il savait mieux que quiconque à quel point elle avait de la chance d'être encore en vie. Mais deux choses le troublaient. D'une part, il était clair que Jenny avait été exposée inutilement au virus, à l'hôpital de Panguma, parce que personne n'avait pris la peine d'instituer des mesures de protection pour le personnel soignant. D'autre part, il y avait la question du traitement.

— Il faut tirer la leçon de ce qui vient d'arriver, dit-il. Lorsqu'un membre du personnel soignant tombe malade alors qu'il a été exposé aux patients de Lassa, il faut lui donner de la ribavirine sans attendre. Avec le recul, je pense que Jenny aurait dû en recevoir tout de suite, dès son arrivée à Segbwema.

A ce stade, il n'y avait rien à faire que nous n'avions pas fait avant l'arrivée de Joe. Notre principale préoccupation, désormais, était de ramener Jenny à Londres.

Dix jours après ma visite à Freetown, nous apprîmes que le télégramme du haut commissaire, finalement, avait provoqué des réactions à Londres. Les autorités britanniques étaient revenues sur leur décision. Elles étaient prêtes à autoriser le rapatriement de Jenny. J'étais stupéfaite. De toute évidence, j'avais fait plus forte impression que je ne l'avais cru. Mais les problèmes de Jenny étaient loin d'être réglés. En fait, le pire restait à venir.

Nul ne s'attendait à ce qu'une opération militaire d'envergure soit nécessaire pour l'évacuer et la rapatrier. Le transport d'une jeune infirmière convalescente fut considéré comme une entreprise assez périlleuse pour justifier qu'on fasse appel aux services de la Royal Air Force. Son départ fut au bout du compte un des épisodes les plus dramatiques de l'histoire de Segbwema.

Inquiets de l'instabilité de son système cardio-vasculaire, nous voulions être sûrs que son retour à Londres se déroulerait dans des conditions de confort maximal. Pour lui épargner le trajet jusqu'à Freetown par la route, quelqu'un de bien placé s'était arrangé pour persuader le président de la Sierra Leone, Siaka Stevens, de nous prêter son hélicoptère personnel. L'appareil se posa sur un terrain de football. La scène se déroula sous les yeux d'un public enthousiaste constitué de la totalité de la population de la ville. Mais le terrain se trouvait à près de deux kilomètres du site du projet, et la route qui y menait était dans un état épouvantable. Il fallait trouver un moyen d'y emmener Jenny.

Comme d'habitude, on improvisa. Un seul véhicule était assez large pour recevoir le matelas de Jenny. C'était le « camion à rats », celui dont nous nous servions pour transporter les *Mastomys natalensis* (vivants ou morts) que nous chassions et disséquions pour traquer le virus de Lassa. L'ironie de la situation n'échappa à personne.

Dès notre arrivée au terrain de football, le médecin britannique détaché pour cette mission entra en action. Son équipement avait l'air de sortir de *la Guerre des étoiles*. Les pilotes de l'hélicoptère, deux Français, l'observèrent avec stupéfaction tandis qu'il se saisissait d'un respirateur qui avait la forme bien connue d'un masque à gaz. Ils se tournèrent vers Jenny, allongée sur son matelas. « Ce n'est pas dangereux de l'emmener ? » demandèrent-ils, inquiets. Apparemment, personne n'avait eu l'idée de les informer de l'état de leur passagère. Nous fîmes de notre mieux pour les rassurer, en leur montrant que nous n'hésitions pas à la manipuler sans crainte. Néanmoins, notre ami de la RAF avait fait mauvaise impression, et cela pouvait faire du tort à Jenny.

Je me dirigeai vers lui et lui pris le masque des mains. « Ecoutez, lui dis-je, voici tout ce dont vous avez besoin. » Je lui donnai une paire de gants, les canules (les tubes dont Jenny avait besoin pour respirer) et la pompe à main pour lui purifier les poumons. Le médecin ne protesta pas. Il savait que j'avais raison. Après tout, il venait de passer la matinée dans nos salles de soins, et il avait eu le loisir d'examiner deux fois plus de patients de Lassa que n'importe lequel des soi-disant experts londoniens dans toute leur carrière.

L'hélicoptère décolla. Les spectateurs, qui avaient suivi notre petit affrontement avec beaucoup d'intérêt, lâchèrent des applaudissements. Tout le monde connaissait Lassa et ses ravages, et on se réjouissait dès que quelqu'un en réchappait. Nous étions heureux qu'on nous épargne l'étape suivante du voyage. Nous ignorions qu'il eût mieux valu pour Jenny que nous partions avec elle. Personne ne devrait jamais subir le traitement qu'on lui réserva.

Le bruit de son arrivée avait déjà atteint l'aéroport de Lungi. On croyait encore qu'elle était hautement infectieuse. Pour quelle autre raison aurait-on donné l'ordre aux pilotes de l'hélicoptère de se poser derrière un hangar, là où personne ne pouvait les voir ? On eût dit qu'il s'agissait d'une mission militaire clandestine. Dès que l'hélico fut à terre, les hommes de la Royal Air Force surgirent de leur avion de transport, affublés de masques à gaz et de tenues de protection spécialement conçues pour l'occasion. Ils se ruèrent vers l'hélicoptère et installèrent Jenny dans une bulle d'isolement qu'ils engouffrèrent dans l'avion.

Tandis que l'appareil chauffait avant de décoller, cet équipage héroïque se dévêtit et balança les tenues de protection sur la piste. C'était leur façon de se décontaminer d'une infection qui n'existait que dans leur tête. Ils croyaient sans doute que si ces tenues présentaient du danger pour la Grande-Bretagne, elles étaient absolument sans risques pour le peuple de la Sierra Leone. Brian, le directeur du VSO, qui assistait à ce spectacle grotesque, était horrifié et humilié. Il eut la présence d'esprit de récupérer les tenues et de les jeter à l'arrière de sa Land Rover. Il revint à Segbwema et nous raconta ce qu'il avait vu.

En écoutant son récit, nous nous demandions s'il fallait en rire ou en pleurer. Mais nous étions tous d'accord sur un point : nous allions faire une fête, avec la traditionnelle chèvre rôtie. Dieu sait qu'à ce moment-là tout le monde avait besoin de prendre un peu de bon temps. Les festivités furent égayées par une séance de mascarade. Michael et deux des infirmiers enfilèrent les tenues rouges que les aviateurs britanniques avaient jetées sur la piste. Pour que l'effet soit complet, ils passèrent aussi les masques à gaz. Avaler une Star fraîche dans ces conditions était une performance. Ils y parvinrent tout de même.

Il était évident que l'individu, quel qu'il soit, qui avait eu la brillante idée d'enfermer Jenny dans le soi-disant isolateur s'inquiétait plus d'une prétendue menace à l'égard de l'équipage que du bien-être de la patiente. Personne n'avait pensé qu'il serait difficile de prendre soin de cette malade en état de faiblesse et au système cardiovasculaire instable, si elle était prisonnière dans une bulle. Pire encore : celle-ci n'était pas équipée de conditionnement d'air. Jenny eut donc le temps de rôtir.

Sa réclusion ne prit pas fin avec son arrivée à Londres. On l'obligea en effet à rester dans l'isolateur soixante jours d'affilée, simplement parce que la communauté médicale et le public britanniques s'abandonnaient à une panique irrationnelle fondée sur l'ignorance. Jenny a eu sans doute plus de chance de survivre au traitement que lui ont infligé les Britanniques que d'avoir vaincu la fièvre de Lassa. Il est sans doute vrai que son urine contenait un peu de virus, mais il s'agit d'un symptôme anodin chez les malades ayant survécu à la fièvre de Lassa. Cela ne justifiait pas qu'on l'enfermât dans l'isolateur. Quand on la libéra enfin, elle était incapable de marcher, pour être restée trop longtemps immobile.

Presque tout le monde, aujourd'hui, a renoncé à l'usage des isolateurs. La Grande-Bretagne continue de faire bande à part.

Pour ajouter l'insulte au préjudice, on fit parvenir au VSO une facture de 75 000 dollars. Ils n'avaient pas d'assurance. Cela aurait été encore plus cher s'ils avaient suivi les conseils de Joe, et détaché simplement un médecin pour l'accompagner en première classe sur un vol régulier de la British Caledonian. Les autorités britanniques auraient sans doute confisqué l'avion et mis tous les passagers en quarantaine.

Jenny n'a gardé aucun souvenir de sa maladie. Elle ne se rappelle rien de postérieur au moment où elle est arrivée à Segbwema, en se plaignant d'une légère fièvre et d'un mal de tête.

24

Crépuscule sur Segbwema

Si Jenny avait oublié ce qui lui était arrivé, Joe et moi, en revanche, étions résolus à faire en sorte que la communauté médicale internationale ne souffre pas de la même amnésie. Nous devions tirer de ce cas des leçons importantes. Dans le courant de l'été, j'organisai une réunion de plusieurs experts au Laboratoire central de santé publique de Colindale, où je travaillais. Je demandai à Joe d'y passer alors qu'il rentrait à Atlanta, de retour d'une visite en Sierra Leone. Il fit un compte rendu scientifique sur son travail sur la fièvre de Lassa. Il expliqua comment la maladie se propage (ou ne se propage pas) ; comment la diagnostiquer ; comment la soigner.

D'autres orateurs prirent la parole, qui connaissaient tel ou tel aspect du cas de Jenny. Nous eûmes même le plaisir d'accueillir le célèbre consultant qui avait refusé de la rapatrier. Le médecin de la RAF au masque à gaz sophistiqué donna sa version de l'histoire. Pour le récit de ses soixante jours de réclusion, nous eûmes le témoignage du docteur Stuart Glover, qui avait pris soin de Jenny lorsqu'elle était enfermée dans sa bulle. Puis je présentai le cas au plan médical, et Jenny en personne apparut sur l'estrade. En l'écoutant répondre aux questions de l'assistance, je vis qu'elle se comportait toujours comme une infirmière professionnelle.

J'aime penser qu'à long terme nous avons peut-être exercé une certaine influence sur une nouvelle génération de spécialistes des maladies infectieuses. Peut-être auront-ils jugé les faits par eux-mêmes. Sans doute auront-ils conclu que la politique du gouvernement britannique, en matière de protection contre les fièvres hémorragiques, était inefficace (au mieux) ou dangereuse (au pire).

Nous tenions, Joe et moi, à faire passer notre message. Nous décidâmes de faire de même en Afrique, au cœur du pays de Lassa. Avec l'aide de son ami Fakhry Assad, Joe mit au point un projet de séminaire qui se tiendrait à Segbwema en 1985. Ce serait un événement sans précédent. *A priori*, l'idée de réunir un congrès international en Sierra Leone semblait impossible à réaliser. Comment allions-nous loger et nourrir tous les délégués ? Où allions-nous trouver les moyens de transport ? Nous n'avions ni hôtels ni restaurants, ni électricité ni eau courante, ni aéroport ni véhicules. Nous n'avions que des routes défoncées. Et beaucoup de cas de fièvre de Lassa. Mais Joe insista. « Si nous voulons leur apprendre quelque chose d'utile sur Lassa, il faut leur montrer Lassa. »

Fakhry le soutint de bout en bout. Et nous y sommes parvenus.

Susan et Andrew Scott, nos deux recrues du Peace Corps, s'occupèrent des problèmes logistiques, qui étaient considérables. Ils persuadèrent la mission catholique de Kenema de loger et nourrir nos invités. Il nous fallait dénicher des autocars pour les conduire chaque jour à Segbwema par la route, et organiser le déjeuner.

Avec sa débrouillardise habituelle, Susan mit la main sur Mary — indiscutablement la meilleure cuisinière de Segbwema. Elle était connue depuis longtemps pour les plats délicieux qu'elle servait dans sa « baraque à bouffe ». Elle préparait des repas à base de riz mende et de poisson frais du marais ou du fleuve, qu'auraient appréciés les gastronomes raffinés de Genève et Paris.

Le séminaire s'ouvrit à Freetown, dans un hôtel qui nous promettait de l'électricité, au moins une partie de la journée. La plupart des participants venaient d'Afrique, mais il y avait aussi des délégués européens. Il y avait même un Soviétique, un collaborateur de l'OMS soupçonné de travailler pour le KGB.

Le savoir-vivre exigeait que nous rendions une visite de courtoisie à l'ambassade des Etats-Unis, qui avait toujours activement soutenu notre initiative. Alors que nous en sortions, nous vîmes notre ami russe se conduire plutôt bizarrement. Il s'immobilisa soudain, les yeux fixés vers le bas de la colline, en direction de la baie.

— Je dois y aller, murmura-t-il. Tout de suite !

Il se précipita. Nous le suivîmes des yeux. Un peu plus bas, il franchit en trottinant une entrée surmontée d'un drapeau rouge.

— Oh, mon Dieu, dit Fakhry, il vient de commettre un terrible faux pas ! Il est allé chez les Américains avant d'aller voir l'ambassadeur soviétique. S'ils l'ont vu sortir d'ici, il va avoir des ennuis.

Tout le monde éclata de rire.

Après deux jours de conférence à Freetown, nous étions prêts à partir dans le Nord. On réveilla tout le monde à cinq heures du matin, et l'on s'attroupa dans la rue pour attendre les autocars. C'était la contribution du gouvernement. Nous avions prévu une solution de remplacement, pour le cas où ils ne seraient pas venus. Mais nous eûmes le plaisir de constater que les choses, parfois, peuvent se dérouler comme prévu. Alors que les cars progressaient lourdement sur la route minable, nos collègues d'Afrique de l'Est regardaient le paysage avec stupéfaction. Ils étaient loin d'imaginer l'état déplorable où se trouvait la Sierra Leone. Ils avaient l'habitude de la pauvreté et du sous-développement dans leurs propres pays, mais ils n'avaient jamais rien vu de tel.

Après avoir conduit les délégués à Segbwema, on les divisa en trois groupes qui se mirent au travail. Un groupe visitait les salles de soins pour examiner les malades de la fièvre de Lassa. Un autre se rendait sur le terrain pour voir les conditions de logement des villageois, et chasser le rat. Le dernier groupe restait au labo pour s'initier aux techniques de diagnostic de Lassa. Le soir, nous nous retrouvions tous sur la colline au-dessus de Kenema pour prendre notre repas et faire le bilan de la journée. Pendant ces sessions, les délégués définissaient les règles dont se servirait l'OMS pour aborder les fièvres hémorragiques en Afrique. Elles étaient simples, bon marché, pratiques, et toujours basées sur les techniques qui s'étaient montrées efficaces en Sierra Leone. Comparé à nombre de séminaires, celui-là fut certainement exceptionnel, et très fructueux.

Quid de Jenny Sanders qui avait été — à son corps défendant — à l'origine de ce séminaire ? Elle se rétablit complètement. Puis elle reprit son travail. Joe et moi avons eu l'occasion de lui rendre visite, quelque six mois plus tard. Elle avait épousé Dominic. Le couple vivait dans un appartement près de Crystal Palace, dans le sud de Londres. Jenny se confondit en excuses : malgré tous ses efforts pour essayer de se rappeler ce qui lui était arrivé, rien ne lui revenait en mémoire. Je me dis que c'était peut-être mieux ainsi.

La Sierra Leone eut une importance cruciale dans ma vie personnelle. Durant mon travail sur le Projet Lassa (qui se poursuivit de 1985 à 1990), je développai une profonde affection pour ce pays. J'y venais une ou deux fois par an — parfois avec Joe —, et j'y demeurais en général assez longtemps. Mais à chaque visite, j'étais frappée par les changements qui s'opéraient. Cela allait rarement dans le sens de l'amélioration. En 1990, je vis que Segbwema s'était transformé. Mais je n'en compris pas tout de suite l'importance.

Le soir de mon arrivée, je me trouvais avec quelques amis dans un bar de la rue principale. Normalement, la rue était pleine de gens faisant leurs emplettes au retour des champs. Des enfants — les *peekins* — s'arrêtaient, observaient ceux d'entre nous qui se réunissaient au bar, en nous appelant *pumwe* (« les Blancs »). Partout, le regard croisait des animaux en liberté — chiens errants, poulets, chèvres. Pour les conducteurs des rares véhicules brinquebalants qui circulaient à Segbwema aux « heures de pointe », éviter ces créatures — sans parler des *peekins* et des ornières — constituait un défi permanent. Mais ce soir-là, la rue était étrangement calme. Même les chiens et les chèvres semblaient sans énergie. Les enfants avaient disparu. Les rares personnes en vue avaient l'air grave, tendu. Il semblait que quelque chose se préparait. L'atmosphère était lourde, et cela n'avait rien à voir avec la pluie qui menaçait.

Soudain, un camion militaire monta la colline en trombe. Il se dirigea vers le poste de police et s'arrêta en face du bar. Un officier sauta à terre. Il courut vers le poste de police. Il semblait motivé par quelque événement de la première importance. Pendant ce temps, plusieurs jeunes soldats attendaient à l'arrière du camion. Vêtus de tenues de camouflage mal ajustées, ils regardaient dans notre direction avec des visages apeurés. Ils serraient des mitraillettes munies de leurs chargeurs. Un silence inquiétant planait sur la rue. Tout le monde observait le camion, dans l'expectative.

Au bout de quelques minutes, l'officier revint et se hissa dans la cabine. Le camion descendit la colline en roue libre, jusqu'à ce que sa vitesse lui permette de démarrer. Le silence se prolongea un peu, puis chacun sembla reprendre sa respiration, revenir à la vie. Nous avalâmes nos bières sans un mot et nous quittâmes les lieux. Ce soir-là, comme je le faisais souvent, j'allai m'asseoir seule à mon endroit favori — sur le grand rocher chauffé par le soleil, devant chez Austin. Je regardai le soleil disparaître derrière les lointaines collines couvertes de brume de Panguma. Des aigrettes allaient se percher sur les paddy de riz, et des oiseaux s'interpellaient dans les grands palmiers. La nuit tombant, j'aperçus les phares d'un camion sautant par à-coups sur la route qui menait à Kenema, au flanc d'une colline éloignée. Je rentrai bien vite dans la maison, à cause des moustiques.

Nous apprîmes bientôt que les gens de Segbwema avaient de bonnes raisons d'avoir peur. Quelques jours plus tôt, la ville s'était totalement vidée de ses habitants

Des soldats rebelles, pour la plupart des adolescents armés de mitraillettes, étaient venus de la frontière du Liberia. Ils avaient tiré sur la foule, au hasard, sur les marchés de Kailahun et de Koindu — deux villages dangereusement proches de Segbwema. Presque toute la population de Segbwema s'était cachée dans la brousse jusqu'à ce qu'on lui promette que les rebelles avaient été repoussés et que le danger était passé. Provisoirement.

Le conflit sema la panique au sein de la communauté étrangère. Tout le personnel médical britannique en poste dans la zone reçut l'ordre d'évacuer. Cela impliquait la fermeture de l'hôpital, seule source de soins de la région. La dernière opération effectuée par un chirurgien britannique était une amputation. Le patient avait reçu une balle dans le bras à Kailahun. Alors même qu'il opérait, il pensait à tout autre chose... Peut-être à la manière de s'en sortir. Certes, la frontière était fermée, maintenant, mais la Sierra Leone était incapable de contenir la guerre civile qui avait englouti son voisin libérien.

Nous entendîmes parler d'un chef rebelle local qui lançait, disait-on, des ultimatums au gouvernement. Mais que se passait-il réellement ? Nous n'en savions rien. Qui étaient ces rebelles ? Personne ne semblait capable de répondre. C'est pourquoi nous attendions avec inquiétude le retour d'Austin Demby. Il était allé à l'embranchement de Daru, où se trouvait une base de l'armée. Austin avait des amis dans l'armée (il en avait partout), et si quelqu'un pouvait leur soutirer des informations, ce ne pouvait être que lui. A son retour, il avait l'air tendu. Pour le moment, expliqua-t-il, la situation était calme. Mais il était peu probable qu'elle le reste longtemps. Il nous suggéra d'abréger notre séjour à Segbwema.

Il fallait admettre que la situation n'était pas très sûre. Mais nous ne pouvions pas partir sans donner une grande soirée. Après tout, c'était la tradition. On n'en attendait pas moins de nous, et nous étions redevables à tous ces gens. On décora le bungalow avec des palmes et d'autres végétaux ramassés dans la brousse. On fit venir beaucoup de bière, bien entendu, et l'on en but beaucoup. Il n'y avait pas de soirée digne de ce nom sans une chèvre rôtie. Pour l'occasion, on s'en procura deux.

Cette soirée marqua la fin de notre séjour en Sierra Leone. Ni Joe ni moi n'y sommes retournés. Aujourd'hui, toute la province de l'Est se trouve entre les mains des rebelles. Des gens ont été massacrés sans discrimination. 40 % des habitants sont devenus des réfugiés. Nous supposons que Segbwema a été envahi par les forces rebelles, et que le site du Projet Lassa a été pillé. Le programme de lutte contre les rats mis en place par Joe ayant été interrompu, il ne fait aucun doute que les rongeurs sont revenus. Et avec eux, la fièvre de Lassa. Le problème des réfugiés n'a certainement pas amélioré la situation. Mais il n'y a cette fois ni salle de soins « fièvre de Lassa », ni médecins Lassa, ni médicament Lassa, et pas de cris de « Lassa fiva, no good-o » au passage de notre camionnette.

25

Des rats et des écorces de cacahuètes

Durant la Première Guerre mondiale, à l'horreur des salves d'artillerie, des gaz toxiques et du feu des mitrailleuses menaçant les soldats entassés dans leurs tranchées, vint s'ajouter une étrange maladie. Elle se caractérisait par une insuffisance rénale et des hémorragies. Elle réapparut durant la Seconde Guerre mondiale, balayant les rangs des troupes allemandes en campagne en Norvège et en Finlande. Personne ne savait ce que c'était, mais elle semblait se développer en temps de guerre. Cela aurait pu être la leptospirose, une maladie causée par une bactérie transmise par les rats. Il se pouvait aussi qu'elle vienne d'un membre de la famille des hantavirus. Ces derniers, véhiculés également par les rats, provoquent la « fièvre hémorragique avec syndrome rénal », ou FHSR. Nous savons maintenant que ces virus sont largement répandus en Europe, surtout dans les zones où se déroulèrent de nombreux combats durant les deux guerres mondiales. Les tranchées étaient infestées de rats.

Ce mal étrange fit l'objet d'une première recension en 1915, lorsque l'épidémie frappa les troupes britanniques en France. On la baptisa « hydropisie rénale ». A la même époque, une maladie analogue affectait les populations civiles en Russie orientale, dans la région du grand port de Vladivostok. Quand elle frappa à nouveau, dans les années trente, les troupes japonaises saccageant la Mandchourie, on l'appela « fièvre de Songo ». Puis elle se manifesta en Chine dans les années quarante, et devint célèbre sous le nom de « fièvre hémorragique épidémique » (FHE). Depuis lors, sa progression vers le sud ne s'est pas interrompue. La *Nephropathia epidemica*, qui sévit en Scandinavie depuis les années trente, est semblable à la maladie asiatique, mais beaucoup plus bénigne.

Il fallut attendre la guerre de Corée pour que la maladie trouve enfin sa place dans les annales de la littérature médicale. Durant ce conflit, elle frappa près de trois mille soldats de l'ONU (dont de nombreux Américains) et en tua quatre cents. Puisque à chacune de ses occurrences elle recevait un nouveau nom, celle-là ne fit pas exception à la règle. On la baptisa « fièvre hémorragique coréenne ». Une fois de plus, on pensa qu'elle était transmise par des rongeurs. Mais personne ne put le prouver formellement.

Les efforts déployés pour découvrir l'origine de la FHSR remontent au moins aux années trente. Certaines tentatives firent appel à des expériences pour le moins discutables. On raconte par exemple qu'en Union soviétique un « agent filtrable » (c'est-à-dire un virus) aurait été injecté à des « volontaires » humains. Les Japonais firent des expériences similaires, en administrant le virus à des prisonniers chinois. Dans les années cinquante, un chercheur scandinave nommé Myrhman eut une attitude plus héroïque : il avala quinze millilitres d'urine infectée afin d'observer son effet sur l'organisme humain. L'urine ne produisant aucun résultat perceptible, il s'injecta cinq millilitres de sang prélevé sur un patient contaminé. Il ne tomba pas malade, ce qui laisse supposer que son patient n'hébergeait plus le virus, ni dans son serum ni dans son urine.

En 1978, Karl Johnson et un confrère coréen Ho Wang Lee enquêtèrent en Corée. Ils se basaient sur l'hypothèse que certains rongeurs étaient bien les vecteurs de la maladie. Ils prélevèrent donc du sérum sur des patients qui avaient guéri de la fièvre hémorragique coréenne, et l'analysèrent sur des lamelles de tissu rénal de mulots capturés en Corée. Leur hypothèse se vérifia : ils isolèrent un virus, qu'ils baptisèrent « virus de Hantaan » d'après le nom d'un fleuve coréen. Il était véhiculé par le mulot rayé, ou *Apodemus agrarius*, que l'on reconnaît grâce à la bande de poils jaunes qui court le long de son épine dorsale. Après les travaux initiaux de Karl, la course était lancée. Qui isolerait le virus ? George French, au laboratoire militaire de l'USAMRIID à Frederick, dans le Maryland, utilisa la même technique que Karl et Ho Wang pour isoler des virus en très petites quantités. Mais, au lieu de se fier aux souris, il mit au point un système de culture de cellules moins coûteux et plus commode à réaliser. En 1981, quand je commençai à m'intéresser au virus de Hantaan, nous n'étions pas capables de le faire se multiplier en quantité suffisante pour l'identifier et le décrire. Bien sûr, Hantaan avait été isolé sur des souris et des tissus en culture, mais personne n'était allé plus loin. Si l'on veut connaître le type, la forme, la taille, la composition et les proches parents d'un virus, il est indispensable de travailler sur des concentrations élevées. On peut alors tenter de simplifier les tests de diagnostic existants. A l'époque, le seul moyen d'être sûr qu'un sujet était infecté consistait à faire réagir le sérum du patient suspect avec un prélèvement de rein provenant d'un mulot infecté.

Il existait une possibilité. Paul Price et Karl Johnson, au CDC, avaient cloné une sous-population de cellules qu'ils avaient baptisée Vero E6. Dans le clonage, on fait se diviser en deux une seule cellule, et ainsi de suite à l'infini, de sorte qu'on dispose d'une quantité illimitée de cellules qui contiennent exactement le même matériel génétique que leur ancêtre commune. Cette lignée cellulaire s'était révélée un terrain propice pour cultiver certains virus de fièvres hémorragiques, comme Lassa et Ebola. Il était donc naturel d'essayer avec la FHSR. Notre objectif était de produire assez de particules virales pour pouvoir les observer au microscope électronique. Lorsqu'on connaît la forme, la taille et la structure d'un virus, on peut s'en faire une idée précise. Mais il faut qu'il atteigne une concentration d'au moins un million par millimètre cube. Une bonne méthode de culture devait aussi nous permettre d'isoler facilement de nouvelles souches. Et, si tout se passait bien, nous serions capables de mettre au point des tests de diagnostic. A tout prendre, les enjeux ne manquaient pas.

Je me rendis chez Karl. Je voulais le sonder à propos de mon expérience. Il allait quitter le CDC, pour rejoindre l'USAMRIID.

— A votre place, me dit-il, je ne perdrais pas mon temps. Nous avons essayé de cultiver Hantaan sur des cellules Vero ordinaires. Sans résultat. Je n'ai aucune raison de penser qu'il se développerait sur les E6.

Malgré son scepticisme, je pensais qu'il fallait essayer. Donna Sasso (qui avait travaillé sur le Projet Lassa en Sierra Leone) prépara les tests qui serviraient à mesurer la multiplication du virus. Nous allions utiliser un virus prélevé sur le « matériel rongeur » isolé par Karl et Ho Wang. D'abord, les choses avancèrent lentement. Je me sentis envahi par le découragement. Mais au bout de deux ou trois jours, Karl fit irruption au labo.

— Je m'étais trompé. Vous avez raison d'essayer, bien entendu. Ce n'est pas parce que ça ne marchait pas avec Vero qu'il faut fermer la porte. Il est possible que ça se passe autrement.

Ces mots me touchèrent. Personne n'était aussi impitoyable, aussi exigeant que Karl. Mais personne ne montrait autant d'honnêteté intellectuelle. Il était aussi critique pour son propre travail que pour celui d'autrui.

Malgré tous nos efforts, le virus refusa de coopérer. Il refusa de reconnaître jusqu'à l'existence de notre lignée de cellules. Puis l'expérience fut gâtée par la contamination bactérienne, ce qui nous obligea à prendre au congélateur du tissu de rongeur frais contenant de faibles quantités de virus. C'était terriblement frustrant. A chaque fois que Donna introduisait du virus frais dans les cultures, il disparaissait presque instantanément, comme par magie. Non seulement il ne se multipliait pas, mais il ne nous accordait aucune attention. Normalement, il fallait changer le milieu nutritif des cellules tous les deux ou trois jours. Mais Donna pensa que nous n'avions rien à perdre. Elle décida de le garder pour des périodes de plus en plus longues — juste pour voir ce qui se passerait. Est-ce que le virus allait apparaître, de plus en plus abondant ? Nous décidâmes également d'augmenter la quantité de virus de départ dans l'espoir d'accélérer le processus. Il faut être prudent, quand l'on veut ajouter la bonne quantité de virus dans un tissu en culture. Trop peu, il ne se passe rien. Trop, et le virus risque de s'opposer à son propre processus de reproduction.

De la même manière qu'un paysan sait quand il faut cueillir les pommes pour qu'il ait le temps de les emporter au marché sans qu'elles perdent leur fraîcheur, un chercheur doit savoir précisément quand un virus est mûr pour la cueillette. Le facteur temps est essentiel. Le processus exige un doigté exceptionnel. Par chance, Donna avait cette qualité, en plus de sa patience et de son obstination.

La plupart des tissus en culture se détériorent au bout de cinq ou six jours. Mais la lignée Vero E6 est très résistante. Nous prîmes le risque de laisser les cultures reposer, sans y toucher, jusqu'à deux semaines d'affilée. D'ordinaire, nous aurions dû transférer le matériel sur des nouvelles cellules (c'est ce qu'on appelle le « passage du virus ») au bout de quelques jours. Notre raisonnement était simple : nous avions décidé que ce virus avait besoin de temps pour tenir. L'expérience dura des semaines. Donna s'obstina. Il était de plus en plus probable que nous n'arriverions à rien.

Pourtant, à chaque examen des cellules infectées, nous notions la présence d'une matière jaune fluorescente, de plus en plus abondante. C'était ce que nous attendions. Le signe que les particules virales se multipliaient. Encouragés, nous continuâmes à transférer ce virus sur de nouvelles cellules, en espérant éviter toute contamination. Nos espoirs se renforçaient. Nous approchions du moment où nous pourrions placer les cellules sous le microscope électronique. Avec de la chance, nous allions vraiment apercevoir le virus. Le cas échéant, nous serions les premiers.

Enfin, six mois environ après le début de l'expérience, nous eûmes le sentiment d'être allés aussi loin que possible. Nous décidâmes de sortir le matériel infecté des flacons de tissus en culture et de le placer dans un fixateur, la glutaraldéhyde, qui tuerait le virus. Nous pourrions alors y travailler en toute sécurité. En outre, le fixatif présentait l'avantage de stabiliser la structure du virus, ce qui permettrait de l'observer au microscope. Quand tout fut prêt, nous confiâmes le précieux échantillon à Erskine Palmer, notre spécialiste du microscope électronique.

Erskine avait grandement contribué à l'étude de la structure des virus. Personne n'était plus précieux. C'est grâce à lui que nous allions savoir si nos six mois de travail avaient été utiles. Dès qu'il fut en possession du matériel, je me sentis aussi nerveux qu'un étudiant qui se présente à un examen. Et si le virus ne se montrait pas ? Toute cette énergie aurait été dépensée en vain.

Il faut deux ou trois jours pour préparer le matériel à l'examen au microscope. On le fixe avec un produit chimique spécifique, on le colore avec un métal lourd (qui recouvre le virus et le mettra en évidence lorsqu'il sera bombardé par les électrons) et on le sertit dans une matière plastique dure. Dès que l'ensemble a séché, on doit le découper en lamelles très fines que l'on pourra observer au microscope. Ce n'est pas le virus que l'on voit, en fait, mais le colorant qui dessine sa structure.

Après trois jours d'une tension insoutenable, on se rassembla dans une petite chambre noire où Erskine avait préparé le microscope. Nous étions cinq, y compris Erskine, Donna et moi. Certains microscopistes préfèrent travailler seuls, pour pouvoir se concentrer. Mais Erskine connaissait l'importance de cette séance. Nous nous tenions derrière lui. Nous regardions par-dessus son épaule, les yeux fixés sur un écran vert où apparaîtraient les images révélées par sa machine. Plusieurs minutes s'écoulèrent. Erskine ajusta le cadre à l'aide de deux grands boutons noirs placés de part et d'autre de l'appareil.

Nous manquions d'entraînement pour ce genre d'examen, mais nous espérions voir une ou deux choses. Ou bien une symétrie révélant la présence d'un virion, ou bien les contours d'une coque de virus émaillée de minuscules impacts d'antigènes. Cette coque pouvait prendre de multiples aspects, et nous ne savions pas quoi chercher. Toute forme arrondie devait être étudiée attentivement. Nous n'avions qu'une vague idée du type de virus auquel nous avions affaire. Ce pouvait être un arénavirus, comme Lassa, puisqu'il était véhiculé par les rongeurs. Nous gardâmes les yeux fixés sur l'écran du microscope électronique jusqu'à ce qu'ils pleurent sous l'effort. Nous restions silencieux. Il fut bientôt évident que nous n'allions rien voir qui ressemblât à un virus. Nous transpirions, tous les cinq, dans cette pièce minuscule où il faisait chaud comme dans un four. Nous nous efforcions tous d'apercevoir quelque chose.

Rien.

Des cellules, des déchets. Mais pas de particules virales. Pas une seule.

Retour au labo. Que faire ? Il y avait quelque chose, nous le savions. Au microscope optique, grâce au colorant fluorescent, nous pouvions voir la matière virale luire comme un phare dans les brumes de la Nouvelle-Angleterre. Mais d'autres virus présentent une vive fluorescence, nous le savions aussi, à des concentrations s'élevant à peine à 1 000 ou 10 000 particules par millilitre. Et il nous en fallait au moins un million pour apercevoir un seul virus au microscope électronique !

Nous n'avions donc pas le choix. Il fallait faire en sorte que le virus se multiplie en quantités plus importantes, et concentrer les particules virales au fond d'un tube à essai, par ultracentrifugation. (On utilise dans ce cas un appareil qui tourne à 100 000 tours/minute, au lieu des 5 000 ou 10 000 tours de la centrifugeuse classique.) Cette méthode permet de multiplier par dix ou par cent la concentration du virus.

Le revers de la médaille, c'était que le processus allait prendre encore beaucoup de temps. Il fallait aussi tenir compte du danger. L'ultracentrifugation de virus concentré est une entreprise risquée, à cause de la quantité de virus mise en mouvement. Si une ampoule vient à se briser, il peut se produire des projections de matériel infectieux. Pour toutes ces raisons, nous devions opérer au laboratoire de niveau 4. Donna était protégée par sa combinaison spatiale et par sa longue expérience. Elle ne voulait prendre que des risques calculés.

Nos espoirs étaient minces. Mais nous étions allés trop loin pour renoncer. Plusieurs semaines passèrent, avant que nous tenions notre culot de centrifugation : une minuscule goutte de matière presque invisible, au fond d'un tube. Le résultat final de l'ultracentrifugation. Nous le fixâmes avec du glutaraldéhyde. Puis de nouveau, ce fut à Erskine de jouer.

Il lui fallut trois jours, cette fois encore, pour préparer le culot pour le microscope électronique. Puis il nous appela. Par un début d'après-midi, nous nous retrouvâmes autour du microscope dans la chambre noire, les yeux fixés sur l'écran. Erskine commença sa quête. Il réglait les boutons du microscope tout en parcourant systématiquement le minuscule treillis sur lequel il avait disposé notre matériel. Sur une tête d'épingle, il y a la place pour des milliards de virus. Mais, s'ils sont peu nombreux, il est facile de les manquer. Erskine devait inspecter chaque nanomètre carré de l'échantillon, essayant de repérer la capside (ou coque) d'un virus ou les pointes saillantes d'une membrane virale. Le diamètre d'un virus mesure de 20 à 250 nanomètres[1], ce qui signifie que les recherches peuvent durer longtemps. De temps en temps, pour mieux voir, Erskine devait éteindre l'écran. Nous n'avions plus rien à contempler que l'obscurité. Nous pouvions seulement essayer de deviner ce qu'il regardait.

Erskine est un homme terriblement méthodique et pointilleux. Deux qualités essentielles pour quelqu'un qui travaille au microscope électronique. Dans n'importe quelle préparation, des myriades de formes et d'ombres peuvent apparaître, dont la plupart n'ont aucun rapport

1. Un nanomètre : un millionième de millimètre.

avec ce que l'on cherche. Chaque forme entortillée doit pourtant faire l'objet d'un examen minutieux, afin qu'on soit bien sûr qu'il ne s'agit pas du virion recherché. Il arrive qu'une partie seulement de la particule soit visible parce que le reste a été détérioré. Même s'il est là, il faut donc être un expert pour détecter le véritable virus. Tandis que nous attendions dans l'obscurité, Erskine essayait d'éliminer les images fantômes, les ombres de cellules déformées, les fragments — tout ce qui pouvait passer pour des virus.

Au bout d'un moment, nous vîmes qu'il semblait fasciné par quelque chose qui restait invisible à nos yeux. Je retins mon souffle. Je savais qu'il venait d'entrevoir notre saint Graal, et qu'il tentait de s'en approcher pour le photographier. Il leva la tête.

— On dirait qu'il y a des formes de virus, ici, dit-il lentement. Nous sommes sans doute sur une piste.

J'entendis nos souffles se précipiter. Ou peut-être n'était-ce que le mien.

— Allons, Erskine, suppliai-je. Montrez-nous cela.

J'étais sur des charbons ardents. Mais Erskine n'était pas homme à se laisser bousculer. Il fallait qu'il soit lui-même convaincu. En qualité de médiateur en chef au royaume des fantômes et des ombres, il ne nous informerait que lorsqu'il serait prêt à le faire.

Plusieurs minutes s'écoulèrent. Erskine ralluma l'écran. L'image réapparut.

— Des *cacahuètes* ? m'écriai-je.

C'était la première fois que quelqu'un posait les yeux sur ce virus.

Erskine me jeta un regard maussade.

— Je pense qu'il s'agit d'un bunyavirus. Je n'en suis pas certain. Mais en l'état de nos connaissances, je le classerais dans cette famille.

Le bunyavirus est pourvu d'une enveloppe qu'il acquiert par bourgeonnement. Il vole aux cellules qu'il contamine la matière première dont il a besoin pour la fabriquer. Puis il s'en sert pour empaqueter sa nucléocapside, la matière même du virus. Cette enveloppe est généralement arrondie, mais les virus peuvent s'étirer durant la préparation pour l'examen microscopique. Ils apparaissent au microscope électronique sous des formes diverses. Y compris des écorces de cacahuètes.

Leur forme nous indique à quelle sorte de virus nous avons affaire. Si Erskine avait raison, nous tenions là le premier bunyavirus jamais trouvé chez un rongeur. Cela placerait Hantaan tout seul dans une nouvelle famille de virus. Des sérums de patients atteints de la FHSR avaient déjà été testés contre tous les bunyavirus connus, sans aucun résultat positif. Cela signifiait que la structure et la composition du virus qu'Erskine examinait étaient différentes de celles de tous les bunyavirus connus.

Le mystère était donc partiellement résolu. Nous en savions beaucoup plus sur une infection qui avait provoqué énormément de dégâts et de morts à travers le monde. Le système de culture tissulaire que Donna avait développé avec tant d'obstination s'était révélé si efficace qu'aujourd'hui encore, c'est la méthode la plus utilisée pour l'isolement des hantavirus et la préparation de réactifs de diagnostic. La nouvelle famille de virus fut elle aussi baptisée d'après la rivière coréenne, où Ho Wang Lee et Karl Johnson avaient trouvé le rongeur qui leur avait permis d'isoler le virus originel. Les hantavirus ont finalement livré quelques-uns de leurs secrets. Et la connaissance de leur composition génétique a permis aux chercheurs de développer des vaccins.

Durant les mois qui suivirent cette « projection » dans une petite chambre obscure, nous préparâmes des lignées de cellules et des virus purifiés afin de les distribuer à nos confrères de l'USAMRIID, mais aussi en Belgique, en France, en Grande-Bretagne et au Japon, où se déroulaient des recherches similaires.

(Si ces événements avaient eu lieu dix ans plus tard, nous n'aurions pas pu nous montrer si généreux. Peut-être aurait-il fallu protéger notre méthode d'isolement du virus en la faisant breveter, en dépit du fait que nous l'avions affinée dans un laboratoire du service public américain. Mais, en 1982, les choses étaient différentes. L'esprit de coopération et de collaboration scientifiques éclairait encore, quoique faiblement, de nombreux laboratoires dans le monde entier.)

Eric Dournon était un spécialiste des maladies infectieuses. Malgré le manque de fonds et de personnel de son petit laboratoire parisien, il était très productif. Il avait été le premier à découvrir *Legionella pneumophila* en France. En 1980, à l'occasion d'une visite au laboratoire P4 du CDC, je lui suggérai d'essayer d'identifier la FHSR dans son pays. Je voulais savoir s'il existait un équivalent contemporain à cette hydropisie rénale signalée dans les tranchées de Picardie, durant la Première Guerre mondiale.

Eric et moi devînmes de grands amis. C'était un Français mince, brun à la peau mate, beau garçon, et un vrai aventurier. Il devait plus tard m'apprendre la plongée en Corse. Sa méthode d'enseignement était simple : il me donnait des instructions pendant dix minutes puis me jetait à l'eau. Il disait que c'est ainsi qu'il avait lui-même appris. Homme d'une grande intelligence, il fumait cigarette sur cigarette tout en s'adonnant à la pêche, plus intéressé, selon moi, par le temps que cela lui laissait pour penser que par la possibilité d'appâter un poisson pour le tuer. En fait, la plupart du temps, il n'attrapait rien. De toute façon nous étions d'accord tous les deux : la pêche est une philosophie, pas un sport.

Après en avoir discuté, nous en vînmes à la conclusion que ses recherches devaient s'orienter, en France, vers une forme bénigne de la maladie. Nous étions d'accord sur l'idée qu'elle devait être assez proche de la *Nephropathia epidemica* recensée en Scandinavie. On savait que cette dernière se manifestait désormais dans de nombreuses régions de Russie. Elle était provoquée par un virus légèrement différent de Hantaan, attribué à une sorte de campagnol, le *Clethrionomys*. Cette jolie petite créature rousse vit sur les berges et dans les haies de toute l'Europe. Eric devait donc travailler cette hypothèse. Il chercherait une maladie similaire (mais pas nécessairement identique) à celle, beaucoup plus grave, qui avait sévi en Corée et en Chine. En quittant Atlanta, il était enthousiaste. Il aimait déchiffrer de nouvelles maladies et la FHSR représentait un défi excitant.

Quatre mois plus tard environ, il me fit parvenir un jeu de sérums prélevés sur un homme hospitalisé à Paris avec une insuffisance rénale grave. Il était tombé malade après avoir passé un week-end dans sa maison de campagne, dans un village de la région de Reims. D'après son témoignage, il avait cassé du bois dans une grange qui était fermée depuis quelque temps. Près de trois semaines après le week-end en question, il avait commencé à souffrir d'une forte fièvre, de frissons et d'intenses douleurs musculaires, surtout dans le bas du dos. Il consulta un médecin qui le fit hospitaliser. Bientôt, il fut incapable d'uriner. Son urologue était un ami d'Eric, qui lui avait déjà demandé de surveiller la survenue de cas de FHSR. Il contacta donc Eric et fit effectuer les prélèvements appropriés sur le pauvre homme dont la seule faute avait été de vouloir se reposer à la campagne. Maintenant, il était le premier cas cliniquement confirmé de FHSR en France. (Par bonheur, il finira par guérir complètement.)

A Atlanta, Donna testa les échantillons avec nos nouveaux réactifs. Elle m'apporta les résultats dès qu'elle les eut en main.

— Nous y sommes, me dit-elle. Ce patient français est positif.

Encore une première pour Eric.

Ce n'était que le début. Eric et un de ses confrères voulurent en savoir plus. Ils résolurent de se rendre à la grange incriminée, afin de comprendre par eux-mêmes ce qui se passait. Ils décidèrent de capturer des rongeurs et de chercher des traces d'infection. Ils entrèrent dans la grange sans tenue protectrice. Ce n'est qu'une vieille grange, se disaient-ils sans doute, et nous sommes en France. Mettez un masque à gaz et les voisins penseront que vous êtes complètement fous.

Mais Eric et son ami savaient ce qu'ils faisaient. Ou du moins le croyaient-ils. Après avoir placé quelques pièges (d'un modèle qui permettait d'attraper les rongeurs vivants, afin de prélever des échantillons), ils se mirent à la recherche d'indices suggérant la présence de l'infection. Ils restèrent vingt ou trente minutes dans la grange. Ils y revinrent le lendemain pour collecter leur gibier. Pas de chance. Mais l'absence de prises ne signifiait pas qu'il n'y avait pas de rongeurs. Cela voulait tout simplement dire qu'aucun n'avait mordu à l'appât. Eric et son ami regagnèrent Paris les mains vides. Vingt et un jours plus tard, le collègue d'Eric éprouva de la fièvre, des douleurs musculaires et une forte migraine doublée de névralgies derrière les yeux. Il pensa d'abord avoir la grippe. Mais les symptômes se prolongeant au-delà de quelques jours, il décida d'appeler Eric.

Il ne leur fallut pas longtemps pour comprendre qu'il était peut-être infecté par Hantaan. En fait, il avait bel et bien la FHSR, sous une forme bénigne dont il allait guérir. Comme nous le pensions, la variante française de la maladie n'était pas si différente de la variante scandinave — *Nephropathia epidemica* —, elle aussi bénigne ou modérée, et très rarement mortelle.

Au printemps 1982, je revenais d'un voyage en Afrique de l'Ouest. Comme il existait très peu de vols directs avec les Etats-Unis, je dus transiter par l'Europe. Je décidai de rester quelques jours en France. Je voulais en profiter pour aider Eric à examiner méthodiquement la grange. Mais nous allions nous efforcer, cette fois, d'être plus malins que les rongeurs. A cause de la mésaventure de son ami, l'expédition nous rendait nerveux. Peut-être suffisait-il de soulever la poussière pour être contaminé. On avait prouvé, en Russie et en Extrême-Orient, que l'infection par Hantaan se propageait naturellement par l'air ambiant (contrairement à d'autres fièvres hémorragiques). Pour mettre toutes les chances de notre côté, nous nous étions munis de masques protecteurs. Nous nous sommes procuré un stock de pièges et autres ustensiles dont nous avions besoin pour attraper et traiter les rongeurs.

Nous savions que nous devions être discrets. Nous nous doutions que notre apparition, avec nos masques à gaz, risquait d'alarmer les voisins. Ils étaient capables d'appeler la police. Bien que nous ne fassions rien d'illégal, celle-ci pourrait se méfier de nos activités.

Arrivés de Paris la veille au soir, nous avions réservé des chambres dans une auberge. Puis nous sommes allés prendre un copieux dîner campagnard arrosé de champagne. Voilà une enquête sur le terrain qui ne manquait pas de style. A l'aube, nous sommes partis à la grange. Tels des espions effectuant une mission top secret, nous avons promptement débarqué notre matériel, nous avons pris la caisse avec les pièges, et nous nous sommes introduits dans la grange pour étudier les lieux. Personne, apparemment, n'était passé là depuis la visite d'Eric. Parfait. Nous sommes restés une quarantaine de minutes dans la grange.

Quand nous eûmes terminé, Eric s'assura que la voie était libre. Personne en vue. Nous ne nous attendions pas à voir qui que ce fût. C'était un samedi, il était six heures et demie du matin. Nous nous sommes débarrassés de nos tenues protectrices et les avons rangées dans un sac afin de les incinérer. Puis nous avons rincé nos gants avec un désinfectant spécial, avant de les ranger dans un autre sac pour destruction. Enfin nous sommes allés prendre notre petit déjeuner à l'auberge. Nous espérions impressionner les autres pensionnaires, en passant pour des fanatiques de la vie saine qui rentraient de leur petite promenade matinale. Remis des tensions de notre mission clandestine, nous avons rendu visite à quelques responsables de la santé publique et médecins de la région. Nous voulions savoir s'ils avaient rencontré d'autres cas de la même maladie. D'aucuns pensaient l'avoir vue chez certains de leurs patients, mais n'en étaient pas sûrs. Plus tard, après avoir établi une surveillance et effectué des analyses pour rechercher les anticorps, nous découvririons que la FHSR n'était pas rare dans la contrée.

A la tombée de la nuit, nous avons repris discrètement le chemin de la grange. Cette fois, je m'introduisis dans les lieux tandis qu'Eric montait la garde. J'étais ravi. Dès l'entrée, je vis qu'au moins une bête était prise au piège. Je devais la traiter sur-le-champ, dans la grange. Je me glissai dehors pour récupérer le matériel, puis je me mis au travail. Lorsque j'eus en main les échantillons dont j'avais besoin, je les enfouis dans la neige carbonique.

Le résultat était encourageant, mais insuffisant. Il fallait remettre les pièges en place. Nous reviendrions les relever à l'aube.

Le lendemain matin, nous procédâmes comme la veille, à un détail près : Eric entra dans la grange et je montai la garde. Nous avions attrapé deux autres rongeurs. Les tests montreraient que l'un d'eux abritait des anticorps contre Hantaan, prouvant ainsi qu'il portait le virus. Nous ne sommes pas parvenus à isoler le virus à partir de ces rongeurs. D'autres auront plus de chance. Le virus européen isolé par des confrères en Finlande et baptisé Puumala (d'après le nom d'une ville de la région où eut lieu l'expérience) s'avéra encore moins commode que Hantaan. On eut beaucoup de mal à le faire se multiplier en cultures de tissu.

Ce qui rendait si intéressante la zone où nous opérions, c'était le fait que cette région de France recèle les vestiges des habitations humaines les plus anciennes d'Europe. Je ne pus m'empêcher de me demander quel impact cette maladie avait pu avoir sur les légions romaines, quelque deux mille ans avant de s'introduire dans les tranchées en 1914-1918. Nous étions persuadés que la plupart des cas d'hydropisie rénale — si élégamment décrite par les médecins du début du XXe siècle — devaient être la FHSR.

Dans les années qui suivirent, Eric fut le premier en France à identifier la maladie de Lyme, avant de se consacrer à la lutte contre le sida. Il est mort brutalement, dix ans à peine après notre raid sur la grange. Ce fut une grande perte pour la recherche scientifique française, pour sa famille et pour moi-même.

Quatre ans plus tard, j'étais à nouveau sur la piste des rats porteurs de virus. C'était en Chine, cette fois. Il existe là-bas deux souches du virus de la FHSR. Le premier (le virus de Séoul) provoque une malade relativement bénigne. Il est véhiculé par le rat commun et se manifeste essentiellement dans les zones urbaines. Le second, qui affecte surtout la campagne, est beaucoup plus grave, avec un taux de mortalité de 5 à 15 %. Il s'agit d'une maladie moins aiguë que les autres fièvres hémorragiques. En l'occurrence, elle ne cause que rarement des hémorragies. Mais lorsqu'elles se produisent, elles peuvent affecter le cerveau. Il n'en faut pas plus pour entraîner des dommages irréversibles aux neurones et, inévitablement, la mort. Il s'agit du virus de Hantaan, celui que mon équipe avait isolé en laboratoire pour la première fois.

Le petit mulot reconnaissable à sa bande dorsale jaune, ou *Apodemus agrarius*, est semi-aquatique. Il prospère sur les berges des criques et des fleuves et dans les canaux d'irrigation. Il apprécie surtout les rizières. Tout comme Lassa, Hantaan contamine les mulots nouveau-nés, qui porteront le virus toute leur vie sans tomber malades. La Chine abritait des millions de mulots heureux et bien nourris qui répandaient le virus — via leur urine — dans les multiples rizières de ce pays si peuplé. La FHSR était classée officiellement au deuxième rang des maladies virales, en Chine, après l'hépatite.

Fin 1985, en collaboration avec plusieurs médecins chinois, Sue avait enquêté sur la FHSR dans une région montagneuse de la province du Zhejiang, où la maladie posait un problème majeur. Nous devions prolonger ses travaux. Nous arrivâmes en Chine à l'automne 1986. Les « pleines saisons » de la FHSR, l'automne et le printemps, suivent les récoltes de riz. Il semblait raisonnable de présumer qu'il existait une relation entre les récoltes et le déclenchement des épidémies. Curieusement, les symptômes et la gravité de la maladie n'étaient pas les mêmes au printemps et à l'automne. Personne n'était parvenu à expliquer ce phénomène.

Nous étions accompagnés, Sue et moi, par deux médecins chinois : le professeur Wu, spécialiste des maladies infectieuses à la faculté de médecine n° 1, et Yi-Wei Tang, un épidémiologiste qui avait déjà travaillé avec Sue. Notre quête commença à Shanghai, lorsqu'on embarqua sur le navire qui devait longer la côte et nous conduire vers le sud. Laissons la parole à Sue.

Le quartier du port était chaotique. On nous entraîna à travers la foule, avant de nous pousser dans une « cabine de première classe ». Après y avoir jeté un coup d'œil, je me suis demandé à quoi pouvaient bien ressembler les cabines de deuxième et troisième classes. Deux lits superposés se serraient dans un espace de neuf mètres carrés. La literie semblait n'avoir pas été changée depuis trois mois. Une petite table complétait le mobilier. Il y avait à peine assez de place pour empiler nos caisses. (Nous emportions notamment un agrégomètre de plaquettes sanguines, et un petit appareil automatique d'analyse sérologique, destiné à l'hôpital de Tiantai.)

J'avais beaucoup voyagé de par le monde, mais je n'avais jamais vu de toilettes aussi totalement inutilisables. L'odeur était si épouvantable qu'il fallait éviter cette partie du navire. Une matière indescriptible coulait même sous la porte du cabinet. Je pris la résolution de boire le moins possible. Le soir, quand je m'allongeai sur ma couchette, je compris très vite que je n'étais pas seule. Quelque chose rampait sur mon corps. Le lit était envahi par les blattes. Comment pourrais-je m'endormir ? Au CDC, on m'avait donné du somnifère pour parer aux troubles du décalage horaire. Je décidai que la seule façon de passer la nuit était de sombrer dans le coma.

Le lendemain matin, nous débarquions dans un petit port de la côte est du Zhejiang. J'étais abrutie par mon sédatif. Je n'ai jamais vraiment su où nous nous trouvions, ni même quel était le nom de l'endroit. On nous mena à une voiture, et on nous fit parcourir un long trajet sur des routes de montagne défoncées. Notre première destination était Tiantai. La ville occupe une situation extraordinaire, très haut dans les montagnes du Zhejiang. En 1987, les autos y étaient rares, et il fallut se battre pour que les cyclistes, les chariots et les tracteurs nous laissent passer. Et les gens. Des foules de gens. Comme nous avancions au pas, ils se rassemblaient autour de la voiture, pressaient le nez contre les vitres et nous observaient avec stupéfaction. La plupart des habitants de Tiantai n'avaient jamais vu de Blancs de leur vie. Je me sentais dans la peau d'un animal rare qu'on vient d'amener au zoo.

A l'hôpital, on nous donna des bonnets, des masques et des blouses. Des membres du personnel soignant nous firent visiter les salles communes.

— Tous les patients du premier étage ont la FHSR, nous expliqua-t-on. Quel stade de la maladie voulez-vous voir ?

On divisait en cinq stades la progression de la FHSR. Nous voulions commencer par le commencement. Alors que nous entamions notre tournée, on nous demanda de libérer le passage. Le corps déformé, bizarrement plié — mais tout de même droit —, soutenu aux aisselles par deux garçons de salle, un homme était emmené le long du couloir. En Chine, il n'existait rien d'aussi sophistiqué que des fauteuils roulants.

Nous pénétrâmes dans la première salle. Tous les patients montraient les symptômes caractéristiques de la phase initiale de la maladie : fièvre, joues congestionnées, yeux gonflés. Dans leur bouche et sous leurs aisselles, nous pouvions apercevoir des signes de pétéchies — des minuscules points rouges provoqués par les microhémorragies dues aux détériorations des plaquettes sanguines.

Dans la salle suivante, les patients étaient au stade deux. Ils se trouvaient tous en état de choc, y compris l'homme que nous avions croisé dans le couloir. Un peu plus loin, c'étaient les patients ayant atteint le stade trois. Leurs reins ne fonctionnaient plus.

Puis on nous emmena auprès des patients aux stades quatre et cinq. Ils étaient en voie de guérison. Certains d'entre eux (stade quatre) souffraient encore d'insuffisance rénale. Les plus chanceux (stade cinq) voyaient leur état se stabiliser, puis s'améliorer.

Je n'aurais jamais imaginé qu'il pût exister un tel endroit : tout un étage d'hôpital presque exclusivement consacré à la même maladie infectieuse. Mais j'éprouvais un formidable respect pour le travail des médecins chinois. Grâce à leur connaissance de la maladie, ils pouvaient établir très vite leur diagnostic et prendre les mesures pour réduire au minimum le nombre de décès.

Le soir, dans un vieux monastère, on nous offrit un repas somptueux. Les moines bouddhistes qui nous servaient étaient végétariens. Chaque mets portait le nom d'un oiseau ou d'un autre animal, mais se composait exclusivement de légumes habilement déguisés en tranche de porc, cuisse de poulet, blanc de canard et autres plats à base de viande. Nous mangeâmes tous de bon appétit. Pour rejoindre nos logements, il fallait traverser une cour contiguë à la cuisine. La porte était ouverte. Je jetai un coup d'œil... pour voir deux rats filer à toute vitesse à travers la cuisine.

Parfait. Le refus des bouddhistes de malmener les animaux s'étendait aux rats. Je me consolai en me disant que, contrairement à ce qui se passait en Afrique occidentale, on ne risquait pas de nous servir de la viande de rat. Nous espérions seulement que notre nourriture était assez cuite pour détruire les hantavirus qui avaient pu la contaminer.

Après Tiantai, nous partîmes pour Jiande, plus à l'ouest. La ville se trouvait au bord d'un cours d'eau qui devait son existence à un énorme barrage hydroélectrique. Nous visitâmes des villages des environs, où de nombreux patients avaient contracté la FHSR. Cette fois, notre guide était Xu Zhi Yi, un spécialiste des maladies virales qui travaillait depuis des années avec le CDC et qui avait publié des études importantes. Cet homme cultivé et charmant parlait un anglais impeccable, qu'il avait appris sans jamais quitter son pays. Comme beaucoup de nos confrères chinois, il avait beaucoup souffert durant la Révolution culturelle.

Des signes de la récolte récente étaient visibles. Partout où l'on posait le regard, le sol était couvert de riz qui séchait. Lorsqu'ils manquaient de place dans les champs ou sur les sentiers, les paysans l'étendaient simplement sur la route, ce qui ne simplifiait pas la circulation automobile. Même à l'intérieur des maisons, on empilait le riz sur le sol. Un examen attentif permettait d'y découvrir de minuscules traces de pas. Des rats. Nous longeâmes la rivière, avant de passer un pont branlant. De l'autre côté se trouvait un hameau où l'on avait recensé de nombreux cas de FHSR.

Sur le chemin, nous croisâmes des ouvriers qui entassaient dans des paniers les déjections de la nuit, pour les porter aux champs où l'on s'en servirait pour engraisser la terre. En arrivant au dernier quartier, constitué de deux maisons et de quelques cabanes, nous nous présentâmes aux habitants. Il n'y avait là qu'un vieil homme et ses deux petits-fils adultes. Ils nous dirent qu'ils étaient mariés, mais nous ne vîmes pas trace de femmes ni d'enfants. « Cinq membres de notre famille ont été hospitalisés avec la FHSR », admit le grand-père, l'air de rien. La maladie était si répandue que personne ne semblait se soucier de ce que cinq personnes de la même famille en étaient frappées. Nous inspectâmes la maison. Pas de surprise. Il y avait des trous de rats partout.

Nous demandâmes au grand-père s'il avait jamais essayé de se débarrasser des rats. Il répondit dans son dialecte. Xu nous traduisit ses propos.

— Oui, il a essayé. Il a disposé du poison, mais cela n'a tué que le cochon et les chats.

Xu savait ce que voulait dire le vieil homme.

— Voilà le problème, dit-il. Il y a quelques années, je travaillais dans la province de Anhui. Nous avions une grosse épidémie de FHSR. Le gouvernement a décidé de s'attaquer aux rats. Il n'y avait qu'une façon de le faire. Nous avons placé du riz empoisonné partout où il y avait des rats. Nous l'avions coloré en orange vif, pour le reconnaître. Un soldat montait la garde près de chaque tas. Son boulot était d'éloigner les enfants, les cochons, les canards, les chiens, les lapins, les chats... Bref, tout sauf les rats. La Chine est un pays très peuplé. Il y a toujours des soldats en réserve.

De retour à la station antiépidémique locale (l'équivalent chinois des services de santé publique), nous avons délibéré. Comment allions-nous nous y prendre pour capturer des rats vivants afin de tenter d'isoler le virus ?

C'était le seul moyen de découvrir l'origine des épidémies de printemps et d'automne, et de comprendre pourquoi la maladie différait d'une saison à l'autre.

Plus la réunion durait, plus le volume sonore augmentait. Quiconque ne comprend pas leur langue a l'impression que les Chinois crient la plupart du temps. Je réclamai une traduction. C'était fort bref, comparé à la conversation qui venait de se dérouler.

— Ce n'est peut-être pas possible d'attraper les rats, dit quelqu'un. Le docteur Ma dit qu'il ne peut pas le faire.

Ma Qou-rong était le responsable des études de terrain. Sa spécialité était d'attraper et de traiter les souris et les rats.

Quel était le problème ? Est-ce qu'il était difficile d'attraper les rats ?

Non. Le problème n'était pas là.

Il n'y avait pas assez de rats ?

Non. Ce n'était pas cela. Il y avait des tas de rats... Nous-mêmes, nous le savions.

Est-ce qu'on pouvait les prendre vivants ?

Oui. Absolument.

— Avez-vous assez de pièges ? demanda Joe, de plus en plus perplexe.

— Oui, dit le docteur Ma.

Les pièges ne constituaient pas un problème. Bon. Est-ce qu'ils pensaient qu'il était important d'attraper les rongeurs ?

Oui, ils étaient d'accord. C'était très important.

Ce dialogue de sourds se poursuivit pendant quelque temps. D'habitude, le docteur Ma ne parlait pas beaucoup. Cette fois, il était franchement loquace. Soudain, il bondit de son siège et disparut dans une salle voisine. Il revint avec un piège à rats. C'était un de ces pièges qui attrapent les bêtes sans les tuer, constitué d'une cage en fil de fer. Il avait l'air parfaitement en état de jouer son rôle. Jusque-là, tout allait bien.

Nos collègues chinois se mirent alors à effectuer des calculs. Un piège tous les cinq mètres, tant de champs, tant de nuits. La mise en place des pièges devait obéir à un schéma déterminé.

Mais vous ne pouvez pas le faire ? Il y a assez de pièges ? Nous étions toujours perplexes.

Oui, bien sûr, nous dirent-ils. Pas de problème.

Eh bien, quel est le problème ?

Pour comprendre, il fallut se livrer à un bref calcul mental. Durant nos enquêtes, en général, nous utilisions des pièges pliables. Sur un camion, on peut en charger d'énormes quantités. Mais les Chinois utilisaient des grands pièges en fil de fer. Il fallait les empiler sans les démonter. En outre, ils étaient dans un triste état, de sorte que les tas étaient inégaux, incertains. Il aurait fallu un nombre incalculable de mouvements en camion pour effectuer le travail. Les difficultés logistiques et le coût de l'opération la rendaient totalement irréalisable.

Nous étions heureux de nous rendre utiles. Nous leur annonçâmes que le CDC pouvait leur fournir des pièges à rats pliables en quantité plus que suffisante.

Les pièges étaient bel et bien la clef du problème. Au printemps suivant, quand on les déploya dans les rizières, ils attrapèrent beaucoup de gros rats bruns et de mulots. Mais ceux-ci étaient beaucoup moins nombreux que ceux-là. A l'analyse, il s'avéra que seuls les rats hébergeaient le virus dans leur urine. En octobre et novembre, en revanche, on découvrit que les mulots étaient les coupables, et non les rats. C'est la raison pour laquelle les deux épidémies étaient différentes. Si l'on voulait fournir un vaccin efficace, il fallait faire en sorte qu'il agisse contre les deux souches. Les chercheurs chinois se mirent au travail sur cette base. Des expériences cliniques sont déjà en route. A l'USAMRIID, aux Etats-Unis, Connie Schmaljohn — pionnière et spécialiste reconnue pour la recherche sur la structure moléculaire des hantavirus — a développé grâce à la génétique un vaccin qui se révèle prometteur. Elle travaillait en liaison étroite avec son mentor, le virologiste Joel Dalrymple.

La mise au point d'un vaccin sera cruciale pour endiguer la FHSR, bien sûr, tandis que l'utilisation d'un traitement à la ribavirine contribuera à réduire son taux de mortalité. Nous avons forcé le virus à se révéler, nous l'avons poursuivi au fin fond de la Champagne, et nous l'avons traqué dans le lointain Zhejiang. Ce n'est pas le premier virus qui nous a contraints à le poursuivre à travers le monde. Mais tous les virus ne révèlent pas leurs secrets aussi facilement. Joe est bien placé pour le savoir. Il va vous parler du jour où la fièvre de Lassa est apparue à Chicago.

26

Lassa débarque à Chicago

Le 13 janvier 1989, la fin de l'après-midi, à Chicago. Azikiwe se trouve dans son bureau. Le téléphone sonne. C'est Veronica, sa femme. Elle n'a pas l'habitude de l'appeler au bureau, surtout à l'heure où les enfants doivent être rentrés de l'école. Avec six enfants aussi turbulents, elle est très occupée. Mais il comprend, au son de sa voix, qu'elle est bouleversée.

— Il s'agit de ta mère, Azikiwe, dit-elle avec son accent mélodieux d'Afrique de l'Ouest. Valérie a appelé pour nous prévenir. Elle est brusquement tombée malade. Elle vient de mourir.

Il eut l'impression que son sang se retirait de sa tête. Est-ce qu'il avait bien compris ? Sa mère n'avait jamais été malade. Jamais la moindre alerte. Tout récemment encore, Azikiwe pensait inviter ses parents à lui rendre visite. Ils n'avaient jamais vu les Etats-Unis. Quel dommage que ses enfants se rappellent à peine leur grand-mère. Les aînés, Ogbejele et Oyakhi, en gardaient un vague souvenir, mais les quatre autres étaient trop petits.

Il n'avait pas le droit de s'abandonner au chagrin. Il saisit le téléphone et appela son patron pour lui annoncer qu'il lui fallait prendre un congé. Puis il réserva une place sur le vol de Lagos via New York, pour le lendemain après-midi. Il redoutait ce voyage, et pas uniquement à cause des émotions qui allaient s'éveiller en lui. Même dans les meilleures conditions, il s'agissait d'une véritable expédition. Il détestait l'aéroport de Lagos, un des plus corrompus et des moins efficaces du monde. Et il devrait supporter le trajet interminable sur des routes à deux voies encombrées par un trafic invraisemblable et régulièrement coupées par les barrages de police. Mais il s'arma de courage et partit.

Jusqu'au moindre détail, son voyage s'avéra aussi infernal que prévu. Au moins parvint-il à quitter l'aéroport de Lagos avec tous ses bagages. Il apportait des présents aux membres de sa famille, et il s'était presque résigné à les perdre. Mais ils étaient toujours là. Il devait maintenant effectuer un trajet de six heures d'autocar jusqu'à Benin City, puis encore deux heures jusqu'à Ekpoma, près de son village natal. Le car était spacieux et équipé de l'air conditionné. Mais il était si bondé que les passagers s'asseyaient par rangées de quatre, là où les sièges étaient prévus pour trois. D'autres se tenaient dans l'allée centrale. Bien entendu, le conditionnement d'air était en panne. Le chauffeur conduisait comme un forcené. En zigzaguant sans arrêt pour ne pas percuter les véhicules qui venaient en face en lui, il ne leva pas une seule fois le pied de l'accélérateur. Le voyage fut si mouvementé que plusieurs passagers furent malades. Mais grâce au stoïcisme que procure la lutte pour la survie dans l'Afrique rurale, personne n'émit la moindre plainte.

Les barrages policiers de routine compliquaient encore les choses. Le car n'était pas autorisé à reprendre la route avant que certaines sommes d'argent n'aient changé de mains. Le simple fait de mettre pied à terre sain et sauf à Benin City donna à Azikiwe l'impression d'être béni des dieux. Il parcourut la dernière étape de son périple dans un minibus Nissan bondé de femmes revenant du marché. Il y avait à peine assez de place pour elles, sans parler des produits qu'elles transportaient : cages en feuilles de bananier tressées contenant poules et canards, sacs de farine de manioc fermentée, boîtes et bouteilles d'huile de palme piquante orange foncé. Beaucoup portaient sur leur dos un bébé endormi, emmailloté dans ses langes de couleur. Les bébés étaient d'ailleurs les seuls à pouvoir dormir dans le vacarme ambiant. Tout le monde parlait et gesticulait pour essayer de se faire comprendre par-dessus le grondement du moteur et les cris des animaux terrorisés.

Quand Azikiwe arriva enfin à Ekpoma, il était éreinté. Mais le sentiment d'être près de chez lui le stimulait beaucoup plus qu'il ne s'y attendait. Il se mit en quête de quelqu'un qui pourrait l'emmener à Ishan, son village. Il réalisa qu'Ekpoma s'était développée depuis sa dernière visite. Il y était venu un bon millier de fois, et pourtant la ville lui semblait curieusement peu familière. Pendant plusieurs minutes, il fut incapable de reconnaître qui que ce fût. Il était désorienté, mal à l'aise, même un peu inquiet. Après avoir marché quelque temps au hasard, il finit par tomber sur un de ses vieux amis qui accepta de le conduire à moto. Ils déposèrent en lieu sûr les bagages d'Azikiwe. Un de ses frères reviendrait les chercher.

A la maison de ses parents, il fut envahi par des émotions contradictoires. Machinalement, il chercha sa mère. Puis il comprit enfin. Il ne la reverrait plus jamais. Mais le fait de retrouver le reste de la famille lui offrait quelque consolation. C'était merveilleux d'être de nouveau parmi eux. Après les multiples échanges de vœux, tout le monde se rendit au *bafa*, le pavillon traditionnel à toit de chaume et aux côtés ouverts (pour laisser passer l'air frais) qu'on utilise pour les réunions familiales et les assemblées de village. Azikiwe se retrouva face à son père. « Il a changé, se dit-il. Comme il a vieilli, en quatre ans. »

Azikiwe s'éveilla au petit matin. Il vivait encore à l'heure de Chicago. Inquiet, il s'assit dans son lit. Quelque chose n'allait pas. Puis il comprit. Le silence. Le village dormait dans un silence de mort. Aucune auto, aucun moteur. Pas de tic-tac ni d'aboiements. Rien. Il quitta sa natte et se glissa à l'extérieur en enjambant plusieurs formes endormies. Il faisait encore nuit. Le ciel africain était merveilleusement clair, plein d'étoiles brillant d'un éclat vif. Il semblait impossible que le même ciel surplombât l'Illinois. L'air était moins lourd que dans la journée. Azikiwe en sentit la fraîcheur sur sa peau.

Il s'assit sur un tabouret près du *bafa* et se mit à réfléchir. Il pensa à sa famille, à ses amis d'enfance. Il se rappela comment la plupart de ceux qui avaient un peu d'instruction avaient suivi son exemple — abandonnant la vie de fermier pour rejoindre une grande ville. Aucun de ses amis sans doute n'avait aussi bien réussi que lui au plan financier. Mais il était troublé. Il s'interrogeait. Cela valait-il la peine de s'éloigner de ses racines, comme il l'avait fait ?

Enfant, il avait toujours mangé à sa faim et il avait toujours eu un toit. Tandis qu'il grandissait, il avait vécu des tas d'aventures. Alors, qu'est-ce qui l'avait poussé à s'en aller ? L'ennui ? Le désir d'une vie meilleure ? Aux Etats-Unis, il menait une existence confortable. Il travaillait pour une firme de premier plan. Il avait tout ce qu'il désirait... Pourtant il se sentait mal à l'aise, comme s'il avait omis d'accomplir une tâche importante, mais mal définie.

Le lendemain fut consacré aux préparatifs des funérailles et de la période de deuil qui suivrait. En qualité de chef de famille, Azikiwe devait s'assurer qu'on procédait convenablement aux rites funéraires. Cela signifiait qu'il devait contacter les anciens du village, les sages, les joueurs de tambour et le *juju man* (le sorcier, magicien et guérisseur local). Sans eux, les rites ne pourraient pas être accomplis correctement. Or, les rites étaient le seul moyen de faire en sorte que sa mère passe dans l'autre monde en douceur — et cela relevait de la responsabilité d'Azikiwe. Bien entendu, tous les anciens et le *juju man* devraient être raisonnablement indemnisés pour leurs contributions respectives. Azikiwe devait également s'assurer qu'on avait prévu assez de nourriture : le deuil durerait plusieurs jours, et il faudrait loger durant tout ce temps les parents venus de villages éloignés.

Les funérailles exigeaient la participation de tous, y compris des enfants. Tout au long de la cérémonie, le corps resta sous l'œil vigilant du *juju man*. Son rôle était de faire en sorte que les esprits laissent le service se dérouler sans anicroche. En Afrique, peu importe à quelle foi vous adhérez. Personne ne remet jamais en question l'existence du monde des esprits. Il est presque aussi réel que les choses que l'on touche, le parfum de la frangipane et le sifflement du vent dans les oreilles. En ce sens, Azikiwe — chrétien sincère honorant malgré tout les puissances du monde des esprits — était un véritable Africain.

Les préparatifs l'occupèrent la plus grande partie de la journée. Ce n'est qu'en fin de soirée qu'il put interroger sa famille sur la maladie qui avait emporté sa mère. Bizarrement, personne n'avait l'air de vouloir en parler. Sa sœur était plutôt vague, ses oncles se montrèrent hésitants. Même son père restait muet. Azikiwe se demandait pourquoi lui, en particulier, était si réticent. Que se passait-il donc ? Sa mère était une vieille femme, après tout — en tout cas selon les critères du Nigeria rural —, et sa mort n'avait aucune raison de provoquer un choc.

Azikiwe s'attarda un peu auprès de sa famille. Il avait l'intention de s'en aller avant la fin du mois. Mais cinq jours après les obsèques, son père se plaignit d'avoir froid. Son dos lui faisait mal, et il avait la migraine. Azikiwe se rendit chez le pharmacien du village. On lui donna de la chloroquine, remède habituel contre le paludisme, qu'on administrait aussi facilement que l'aspirine en Occident. Mais cela ne fit rien pour améliorer l'état de santé de son père. Il souffrait d'une angine très douloureuse et de nausées. Il fut bientôt incapable de se nourrir, puis simplement d'avaler. Sa fièvre monta en flèche. Azikiwe découvrit quelque chose de beaucoup plus troublant. Les membres de sa famille reculaient avec terreur en présence du vieil homme.

C'est alors, seulement, que sa sœur lui avoua que leur père semblait être atteint de la maladie qui avait tué sa femme.

La terreur qu'inspirait la maladie du père ne se limitait

pas au cercle de famille. Les voisins réagissaient de la même façon. Le silence nocturne qui avait étonné Azikiwe prenait tout son sens. Il entendait maintenant des rumeurs, selon lesquelles le *juju* était à l'œuvre. Personne ne parlait ouvertement. Qui parle trop, dit-on, risque d'être la prochaine victime.

Azikiwe avait grandi dans ce village. Mais il était aussi ingénieur, formé en Occident. Il était habitué à penser comme un scientifique et, dans une certaine mesure, comme un Américain. Il ne considérait certainement pas la maladie comme une malédiction. Mais il était tiraillé entre deux univers. L'un était fondé sur la science et la raison, l'autre sur l'inconnu et le royaume des esprits. Dans le monde où il avait grandi, le *juju man* est le maître. C'est lui qui est responsable du maintien de l'ordre et de l'harmonie. Il est capable d'expliquer n'importe quel phénomène. Si vos bêtes meurent, ce doit être la faute du *juju*, et il est indispensable de découvrir qui a jeté le sort afin de l'arrêter.

Est-ce que le père d'Azikiwe avait reçu un sort ?

Apparemment, sa mère n'avait pas été la seule victime de cette étrange maladie. On racontait que les gens attrapaient des angines, mouraient comme des mouches. Personne ne pouvait avancer la moindre explication. Comment pouvait-on succomber à un mal de gorge ? Et personne ne savait quoi faire. Azikiwe lui-même, malgré toute sa culture occidentale, finissait par se demander si le *juju*, finalement, n'était pas la seule explication des événements. Aussi loin que remontait sa mémoire, il avait entendu raconter des histoires sur la présence de sorciers au village. D'aucuns prétendaient même savoir de qui il s'agissait. Il n'était pas impossible qu'un sorcier fût à l'œuvre.

En attendant, son père continuait d'aller de mal en pis. Il ne parlait plus. Il restait allongé sur son lit, dans son agonie silencieuse. Azikiwe se dit que c'était peut-être sa façon de réagir au décès de sa femme. Peut-être souhaitait-il simplement la rejoindre dans la mort.

Le père d'Azikiwe mourut le 28 janvier.

Azikiwe dut assister aux funérailles. Mais il quitta le

Nigeria au lendemain de la cérémonie. Ses responsabilités professionnelles et familiales exigeaient qu'il rentre aux Etats-Unis. Dévoré par le chagrin, l'esprit confus, il fit ses préparatifs de départ.

Le 1er février, Veronica vint accueillir son mari à l'aéroport international de Chicago. Les retrouvailles furent émouvantes. Azikiwe avait perdu coup sur coup son père et sa mère, de manière incompréhensible. Ni le soutien religieux de sa foi adulte ni l'éducation spirituelle de son enfance ne lui offraient la moindre explication ni consolation. Le monde des esprits et des sortilèges s'éloigna, mais le sentiment de perte était toujours aussi aigu.

Durant son absence, les choses n'avaient pas été très faciles pour Veronica. Elle-même et deux des enfants avaient été cloués au lit par la grippe. La moitié de la ville, en fait, semblait avoir été affectée par l'épidémie. Peut-être la situation allait-elle s'améliorer. Le lendemain matin, après quelques heures d'un sommeil agité, Azikiwe reprit le travail.

Deux semaines plus tard, à Atlanta, je rédigeais un EPI-1. Ce document officiel fournit une description de toute enquête épidémiologique que le CDC a accepté d'entreprendre. Il est établi sur notification du déclenchement d'une épidémie, avant l'envoi d'une équipe sur le terrain. Le EPI-1 contient un bref compte rendu factuel. Il indique les raisons pour lesquelles on a décidé de lancer l'enquête, et quels sont ses objectifs. Il mentionne également le nom de toute personne en rapport avec l'un ou l'autre aspect de l'épidémie.

Le EPI-1 daté du 15 février 1989 disait ceci :

> Le 15 février 1989, Joseph B. McCormick, docteur en médecine, directeur des Agents pathogènes spéciaux (Service des maladies virales, Centre des maladies infectieuses, CDC), a reçu un appel téléphonique du docteur Robert Chase, docteur en

médecine, spécialiste des maladies infectieuses à Winfield, dans l'Illinois, à propos d'un cas soupçonné de maladie de Lassa. Le patient est un homme d'origine nigériane de quarante-trois ans, qui a effectué récemment un voyage dans sa ville natale d'Ishan, au Nigeria. Sur base du témoignage du patient, des observations cliniques et des résultats de laboratoire, on a conclu que la présence de la fièvre de Lassa était hautement probable.

A peine eut-il repris son travail, qu'Azikiwe se sentit fiévreux. C'était le 3 février. Il mit cela sur le compte de sa fatigue et de son épuisement émotionnel. Ou peut-être avait-il contracté la grippe qui avait affecté Veronica et les enfants. Ce qu'il avait vu au Nigeria le préoccupait bien plus. Il décida de rentrer chez lui un peu plus tôt. Oui, se dit-il, ce doit être la grippe.

Mais quelque chose le tracassait.

Sa femme et les enfants avaient eu de la fièvre pendant deux ou trois jours, puis leur état s'était amélioré. Dans son cas, c'était différent. Sa fièvre montait un peu plus chaque jour, et cette insupportable migraine ne le lâchait pas. L'aspirine restait quasiment sans effet. Il commença à avoir mal à la gorge. Il pouvait à peine avaler une cuillerée de soupe. Ses enfants le rejoignaient, le soir — il était incapable de s'asseoir à table — et essayaient de le faire manger un peu. Assis à son chevet, ils piochaient de la nourriture dans son assiette.

Veronica et les aînés n'étaient pas indifférents à ce qui s'était passé au Nigeria. Le 7 février, Azikiwe éprouva une douleur intolérable derrière les yeux. Sa température était toujours élevée. Veronica décida que cela avait assez duré. Il fallait qu'il consulte un médecin. Elle le conduisit à la clinique HMO. Le médecin qui l'examina découvrit qu'il avait les amygdales et les ganglions lymphatiques enflés, et qu'il montrait une certaine sensibilité abdominale. Sa numération de globules blancs était basse, mais il pouvait s'agir d'un symptôme compatible avec la grippe. Azikiwe rentra donc chez lui. On avait diagnostiqué un accès de grippe, et on lui avait prescrit de l'acétaminophène pour faire tomber sa fièvre.

Le 8 février au matin, Azikiwe rassembla assez d'énergie pour retourner au travail, et parvint on ne sait comment à tenir jusqu'au soir. Mais le lendemain, il dut rentrer après avoir passé une heure derrière son bureau. Il s'efforçait toujours de se convaincre qu'il s'agissait de la grippe. Au fond de lui, il savait parfaitement que c'était bien pire.

Il retourna à la clinique HMO. Outre sa fièvre et sa gorge douloureuse, il informa le médecin qu'il avait un goût amer dans la bouche. A aucun moment, durant ses deux visites, Azikiwe ne mentionna le fait qu'il était allé au Nigeria. Le médecin ne lui demanda pas s'il s'était rendu récemment à l'étranger. En outre, une épidémie de grippe faisait des ravages. Pourquoi s'inquiéter des zèbres alors que des troupeaux de chevaux couraient dans un bruit de tonnerre ? Pourtant, la maladie d'Azikiwe ne manquait pas d'être mystérieuse. Elle durait beaucoup plus longtemps qu'une banale grippe, et elle s'était aggravée de façon inquiétante pour un homme de quarante-trois ans censé être bien portant.

Le docteur découvrit quelque chose qu'il n'avait pas vu auparavant. Azikiwe avait du pus au fond de la gorge. Cette fois, il diagnostiqua une angine à streptocoques — bien que le test de dépistage des streptocoques fût négatif. On lui donna de la pénicilline et on le renvoya chez lui.

Son état empira encore. Le 12 février, il souffrit de diarrhée sanglante. Puis il commença à se plaindre de douleurs violentes aux côtes et dans le dos. Veronica remarqua que, lorsqu'il toussait, il expectorait une matière épaisse. Sa gorge était si douloureuse qu'il ne pouvait même plus avaler d'eau. Veronica ne savait plus à quel saint se vouer.

Lorsqu'elle le ramena à la clinique, il avait 39,4 °C de fièvre depuis neuf jours. Sa pression artérielle systolique était basse, il avait le cou très enflé et les amygdales pleines de pus. Son abdomen était toujours aussi sensible. Veronica s'assura qu'il n'oubliait pas de signaler au médecin la présence de sang dans ses selles. Elle était terrifiée, mais elle essayait de garder à l'esprit ce que lui avait dit Azikiwe. Les médecins américains ne sont pas comme les Nigérians. Ils savent ce qu'ils font. Elle ne devait donc pas s'inquiéter, car ils finiraient bien par trouver l'origine de son mal. Après ces trois visites à l'HMO, elle n'en était plus si sûre.

Une fois de plus, ni Azikiwe ni sa femme n'eurent l'idée de parler du décès de ses parents, un mois plus tôt. Le médecin diagnostiqua une pharyngite à streptocoques et des hémorroïdes. Il continua à traiter Azikiwe à la pénicilline.

On effectua une analyse de sang, pour mesurer notamment le taux de ses enzymes hépatiques. Il était remarquablement élevé, mais personne ne sembla le remarquer. Azikiwe montrait maintenant tous les symptômes permettant d'établir un diagnostic de fièvre de Lassa. Continuer à parler d'une angine à streptocoques, voire d'une complication de grippe, était indéfendable.

Désespérée, Veronica le conduisit à une autre clinique. En pure perte. Azikiwe fut examiné par un ORL qui diagnostiqua une amygdalite et doubla ses doses d'antibiotiques. Personne ne l'interrogea sur ses voyages.

Le couple rentra à la maison, une fois de plus. Veronica se tenait aux côtés de son mari, lui épongeait le front, cherchait à prévenir le moindre de ses besoins. Au moins n'était-elle pas seule. Le pasteur de son église lui offrait un soutien précieux. Plusieurs membres de la congrégation vinrent aussi l'aider à préparer les repas et à s'occuper des enfants. Veronica commençait peut-être à penser qu'il était plus utile de se tourner vers l'Eglise et vers Dieu : Azikiwe avait vu quatre médecins différents sans que son état se soit amélioré d'un iota.

Azikiwe plongea dans un sommeil agité, ponctué de périodes de délire incohérent, le plus souvent dans sa langue maternelle. Sa femme essayait de lui parler, mais il ne l'entendait pas. Elle éclatait en sanglots, incapable de retenir son chagrin.

La nuit du 14 février, Veronica emmena son mari aux urgences du DuPage County Hospital. Le médecin qui l'examina ne savait quoi en faire. Cet homme avait une fièvre de cheval depuis près de deux semaines, sa femme prétendait qu'il avait perdu près de huit kilos, et de toute évidence il était confus et très malade. Son angine avait résisté à divers antibiotiques. En plus du sang dans ses selles, il avait maintenant de graves hémorragies nasales.

Malgré les incohérences d'Azikiwe, le médecin savait qu'il ne souffrait ni de jaunisse ni d'hépatite — deux maladies qui provoquent hallucinations et crises de démence. Et puis l'on était au milieu de la nuit. Il fit admettre le patient à l'hôpital, le mit sous perfusion pour compenser la perte de liquide et donna l'ordre qu'on effectue certaines analyses. Quand il reçut les résultats, quelques heures plus tard, il fut surpris par le taux élevé d'enzymes hépatiques. D'ordinaire, un tel chiffre aurait signalé la présence d'une hépatite. Mais on savait que ce n'était pas le cas. Le lendemain matin, un autre médecin examina le patient : Robert Chase, le spécialiste en maladies infectieuses du DuPage Hospital. Il fut le premier à avoir l'idée d'interroger Veronica sur les déplacements de son mari. Il ne lui fallut pas longtemps pour apprendre qu'Azikiwe s'était rendu au Nigeria. Il comprit sur-le-champ qu'il avait besoin d'une aide extérieure. Il appela le CDC.

C'était un jeudi. Je travaillais à un article, dans mon bureau, lorsqu'on me passa l'appel du docteur Chase. Il me décrivit les symptômes de son patient.

— Y a-t-il quelque chose, au Nigeria, qui puisse provoquer cela ?

— Oui, répliquai-je. La fièvre de Lassa. Cela m'a tout l'air d'un cas classique.

Une explication était enfin en vue, alors qu'Azikiwe agonisait depuis quatorze jours. Mais le pronostic n'était pas bon. Azikiwe se trouvait à un stade beaucoup trop avancé pour que la ribavirine (qui avait été si efficace contre Lassa en Afrique de l'Ouest) puisse lui sauver la vie.

— Mais il reste encore une chance, dis-je à Chase.

Donnez-lui toute l'assistance vitale possible, en espérant que ça l'aidera à surmonter le stade le plus aigu de l'infection.

Cela pourrait aussi donner le temps à la ribavirine d'agir contre le virus. En Afrique de l'Ouest, un patient parvenu à ce stade ne survivrait pas. C'était incontestable. Mais aucun patient n'avait jamais reçu, en Afrique de l'Ouest, le soutien que peut offrir une unité de soins intensifs moderne. Cela marcherait peut-être.

— Est-ce que nous pouvons l'intuber et placer un cathéter flottant, sans danger pour nous ? demanda-t-il.

Un an plus tôt, nous avions mis à jour et publié nos recommandations sur la meilleure façon de s'y prendre avec des cas semblables. Nos instructions se fondaient sur notre expérience avec les patients atteints de Lassa en Sierra Leone et sur d'autres données déjà publiées à propos des fièvres hémorragiques. Ce cas nous offrait l'occasion d'appliquer pour la première fois nos nouvelles directives. J'assurai le docteur Chase qu'il pouvait agir en toute sécurité, intuber et placer la sonde à son patient. Je lui donnai des instructions détaillées sur la façon de procéder sans exposer le personnel. Bien qu'il fût peut-être trop tard, il consentit à faire venir de la ribavirine et à l'administrer au patient dès réception.

Je lui dis qu'il ne serait pas seul pour affronter cette situation. Je lui promis de me rendre à Chicago le jour même avec une équipe du CDC. J'appelai immédiatement la compagnie qui fabriquait la ribavirine. On me promit d'expédier le médicament à Chicago aussi vite que possible. Sue se trouvait au Sénégal. J'appelai donc Cuca Perez, une technicienne qui travaillait d'habitude avec elle.

— Assemblez le labo, Cuca, lui dis-je. Nous partons cet après-midi.

Il nous fallut cinq heures pour assembler notre laboratoire mobile, le faire transporter à l'aéroport, courir chez soi pour attraper quelques vêtements et prendre les arrangements nécessaires avec les services de santé du comté de DuPage. Il y avait plusieurs problèmes. Nous avions sur les bras un cas spectaculaire de fièvre de Lassa, en pleine banlieue de Chicago. Des tas de gens allaient s'y intéresser. Beaucoup voudraient savoir si nous risquions d'en rencontrer d'autres. D'une certaine manière, nous avions de la chance. Grâce au sida, une prise de conscience sans précédent était apparue au sein de la communauté médicale. La plupart des médecins et des membres du personnel paramédical étaient conscients des risques d'infection par des virus présents dans le sang et les excrétions. Pour ce qui concerne le traitement des patients, les comportements et les pratiques médicales s'étaient profondément modifiés. Désormais, quiconque voulait manipuler du sang et des sécrétions enfilait machinalement des gants, et on était beaucoup plus attentif à éviter les blessures par aiguille. Et la vigilance ne se limitait pas aux patients officiellement atteints du sida, pour la bonne raison que personne ne pouvait savoir, en l'absence de test fiable, si le patient n'était pas séropositif. Il était tout à fait possible, me dis-je, que les médecins de l'hôpital — comme ceux qui avaient examiné Azikiwe à la clinique HMO — eussent échappé à la contamination pour avoir appliqué ces mesures préventives de base.

Au moment où les médecins d'Azikiwe se préparaient à le mettre sous assistance respiratoire, un nouveau symptôme fit son apparition, fréquent dans les cas graves de Lassa : le syndrome ARD. (Jenny Sanders, en Sierra Leone, en avait été victime.) En un mot, les poumons d'Azikiwe ne pouvaient plus alimenter son sang en oxygène en quantité suffisante. Pour l'aider à respirer, on le plaça dans un poumon d'acier. En même temps, on mit en place un cathéter flottant pour surveiller et soutenir son cœur défaillant. L'empressement de l'anesthésiologiste à intuber Azikiwe et à le placer sous assistance respiratoire, sur une simple suggestion d'un médecin qu'il n'avait jamais vu, témoignait de la confiance qu'on accordait aux collaborateurs du CDC.

Toutefois, les mesures que j'avais proposées étaient insuffisantes. Azikiwe mourut d'un arrêt cardiaque, alors qu'il se trouvait à peine depuis deux ou trois heures sous assistance respiratoire. La ribavirine n'était même pas arrivée de Californie.

Le docteur Chase m'appela au moment où nous partions pour l'aéroport. Il m'informa du décès d'Azikiwe. Cela changeait notre mission. L'intervention d'une équipe n'était plus nécessaire. Cuca remballa le laboratoire mobile. Nous en aurions besoin si un autre cas survenait. Plusieurs personnes avaient sans doute été exposées, et de nouvelles contaminations n'étaient pas à exclure. Un seul collaborateur m'accompagnerait : un jeune médecin du travail nommé Gary Holmes. Ce voyage à Chicago serait sa première expérience avec une fièvre hémorragique. Notre objectif était de mettre sur pied une surveillance, afin de repérer d'éventuels cas secondaires. Mais il y avait un autre problème à régler.

— Que devons-nous faire du corps ? me demanda le docteur Chase.

Je lui suggérai de faire faire une analyse de sang et une biopsie du foie afin de vérifier notre diagnostic. Il devait aussi s'assurer que toute personne qui toucherait au corps porterait des gants et une blouse, et il fallait à tout prix éviter les accidents avec des instruments pointus. Puis je proposai qu'on embaume le corps : les siens n'accepteraient sans doute pas qu'Azikiwe soit incinéré. Même si l'embaumement était censé tuer tous les virus restants, j'étais un peu inquiet. Sa famille déciderait de ce qui arriverait ensuite au corps d'Azikiwe. Mais je voulais leur faire une suggestion : qu'ils accomplissent les rites funéraires, pour une fois, sans laisser le cercueil ouvert.

A Chicago, Gary et moi parlâmes avec tous ceux qui avaient eu un rapport avec ce cas. Nous reconstituâmes peu à peu l'histoire d'Azikiwe. Il se passait quelque chose de grave au Nigeria. Mais on s'en occuperait plus tard. Dans l'immédiat, nous devions identifier ceux qui avaient été en contact avec Azikiwe, et déterminer le degré d'exposition de chacun. Tous resteraient sous surveillance pendant trois semaines. C'était le délai nécessaire pour que le virus se manifeste. S'il était là. Nous décidâmes que seuls sa femme et ses enfants présentaient un risque élevé de contamination. On leur administra de la ribavirine par voie orale.

Deux jours plus tard, alors que nous nous trouvions chez Azikiwe, Veronica reçut un coup de fil du Nigeria. C'était Valérie, la sœur d'Azikiwe. Elle était déjà informée de la mort de son frère. Ce n'était pas l'objet de son appel. Depuis qu'Azikiwe avait quitté le Nigeria, d'autres membres de la famille avaient été atteints du même mal. Une de leurs sœurs âgée de vingt-huit ans et un cousin de huit ans étaient tombés malades. Ils avaient guéri. Mais le frère d'Azikiwe, trente-six ans, un médecin, avait été touché à son tour. Il avait succombé presque au moment où Azikiwe lui-même mourait à Chicago. La famille essayait de contacter les parents qui avaient assisté aux obsèques, pour savoir si d'autres personnes étaient malades. Mais ce n'était pas facile. Certains d'entre eux vivaient loin de là, et il faudrait du temps pour les toucher. La famille tout entière était plongée dans le cauchemar et la souffrance.

Nous devions en savoir plus. Il nous fallait quelqu'un sur place. Un professionnel expérimenté. Par bonheur, j'avais l'homme que nous cherchions. Oyewale Tomori, mieux connu sous le nom de Wale, avait travaillé avec nous au CDC. Il était maintenant professeur de virologie à l'université d'Ibadan, au Nigeria. Vu le manque de fiabilité du réseau téléphonique nigérian, ce fut presque par miracle que je parvins à le toucher assez vite. Je lui racontai l'histoire d'Azikiwe. Il promit d'aller sur-le-champ à Ekpoma pour se rendre compte de la situation. C'est ainsi que débuta une enquête complexe, sans précédent. Il revient à Sue de poursuivre le récit.

27

Juju

Nous avions les yeux larmoyants après un voyage de vingt-quatre heures, lorsque nous avons émergé, Joe et moi, dans l'indescriptible chaos de l'aéroport de Lagos. Au cours de nos multiples pérégrinations, nous n'avions jamais vu un aéroport en proie à un désordre aussi absolu. Au beau milieu de la confusion, nous étions attendus par deux comités d'accueil. D'une part, un groupe de nos collègues du CDC en poste à Lagos. D'autre part, deux Nigérians, totalement inconnus de nous. En revanche, ils savaient parfaitement qui nous étions. Ils insistèrent pour nous prendre en charge.

Ils avaient nos billets. Nous devions décoller sur-le-champ pour Enugu.

Pourquoi Enugu ? Nous l'ignorions. Nous savions que nous devions l'invitation officielle du gouvernement à un médecin influent, qui opérait à l'école de médecine de l'Etat d'Anambra, à Enugu. Sans son intervention, nous n'aurions jamais pu pénétrer dans le pays. Durant les six semaines qui avaient suivi la mort d'Azikiwe, nous avions essayé de nous rendre au Nigeria, car nous voulions découvrir qui était contaminé. Sans résultat. Nous étions évidemment reconnaissants à l'égard de l'homme qui nous avait facilité les choses. Mais nous ignorions si les

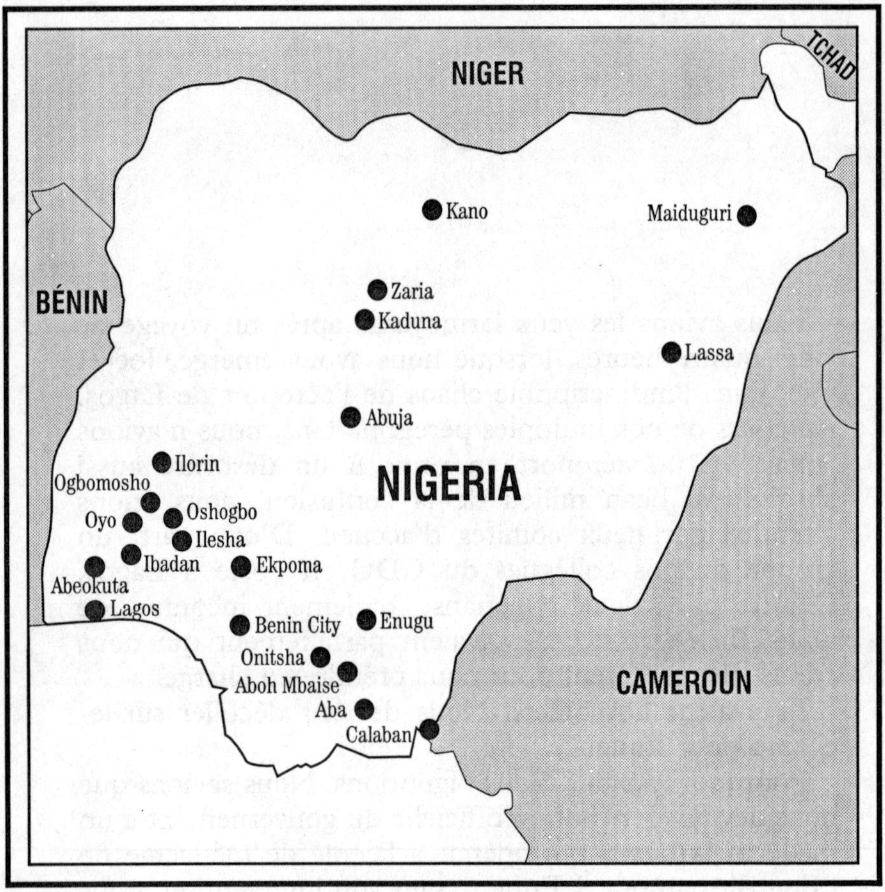
NIGER
TCHAD
BÉNIN
NIGERIA
CAMEROUN
Kano
Maiduguri
Zaria
Kaduna
Lassa
Abuja
Ilorin
Ogbomosho
Oyo
Oshogbo
Ilesha
Ibadan
Ekpoma
Abeokuta
Lagos
Benin City
Enugu
Onitsha
Aboh Mbaise
Aba
Calaban

deux types de l'aéroport avaient le moindre rapport avec lui.

— Au fait, nous dit l'un d'eux, où est la ribavirine ?

Il était évident que la ribavirine obsédait ces deux messieurs. Ils réapparurent un peu plus loin, alors que nous nous écroulions au bord d'un carrousel hors d'usage en essayant de reprendre nos esprits. Ils ne voulaient pas essuyer un refus.

— Vous devez nous suivre.

Puis, sans attendre notre réponse :

— Où est la ribavirine ? Où est la ribavirine ?

Ils voulaient la ribavirine. Sans attendre. Et si même nous refusions de les accompagner à Enugu, pourquoi ne pas leur donner la ribavirine ? Où était la ribavirine ?

Vu les événements des deux jours précédents, je suppose que nous aurions dû nous attendre à un accueil de ce genre. Nous avions été assaillis de coups de fil. Appels de Nigérians haut placés aux Etats-Unis. Appels d'amis de Nigérians parents de personnages influents... Peu importe. Nous avions perdu le fil. Une chose était claire : quelqu'un, au Nigeria, avait peur de la fièvre de Lassa.

Nous avions contacté Wale Tomori. Nos pires craintes se confirmaient. Wale trouvait d'innombrables cas de Lassa. La rumeur faisait état de nombreux décès. Il y avait donc bel et bien une épidémie (voire plusieurs), mais nous ne savions pas exactement où elle se trouvait. Nous avions apporté de la ribavirine, bien entendu. Mais nous n'allions pas la donner à notre comité d'accueil nigérian. D'une part, nous ne comprenions pas ce qui se passait, et nous ne les connaissions pas. D'autre part, la FDA n'avait pas encore délivré l'autorisation d'utiliser ce produit contre Lassa. Nous étions seulement autorisés à l'utiliser dans le cadre d'un protocole expérimental. Suivis de nos collègues du CDC, nous avons faussé compagnie aux deux hommes — non sans leur avoir promis que nous emporterions la ribavirine à Enugu le lendemain.

Les mots « la ribavirine, la ribavirine, donnez-nous la ribavirine ! » résonnaient encore dans ma tête, longtemps après notre départ de l'aéroport.

Toutefois, avant d'effectuer la moindre investigation, nous devions discuter de la situation avec les représentants du gouvernement. Traiter avec eux fut une expérience exténuante. Nulle part ailleurs nous n'avions mené de négociations aussi compliquées. Nous faisions le siège du ministère de la Santé, passant d'un bureau à l'autre. Ou bien notre interlocuteur supposé était absent, ou bien il était là, et il insistait pour nous faire un cours sur la manière de mener notre affaire. Après quoi il se souvenait que finalement, à y bien réfléchir, ce n'était pas à lui qu'il fallait s'adresser. La personne que nous cherchions appartenait à un autre service. Et il fallait prendre rendez-vous. On comprit très vite que rendez-vous ou pas, rien ne nous garantissait que quelqu'un se présenterait.

Nous tombions de temps en temps sur un employé qui nous assurait de son désir de coopérer, mais il insistait trop lourdement pour qu'on ait envie de lui faire confiance. Bien entendu, cela ne menait nulle part. Nous attendions en vain. On avançait beaucoup d'excuses, rarement plausibles. Peu importait ce qu'on nous disait. Ils ne parlaient vraiment que d'une chose. L'argent.

Un fonctionnaire promit de nous fournir un véhicule et de couvrir une partie de nos frais. Nous ne le crûmes pas, mais tout était possible.

Nous décidâmes finalement de quitter Lagos. Nous irions sur place, pour nous rendre compte *de visu* de ce qui se passait. Mais, avant tout, nous devions savoir si d'autres personnes, parents ou amis, avaient été contaminées après avoir été en contact avec Azikiwe. La réponse se trouvait au laboratoire d'un certain Nasidi, virologiste en chef à Lagos. Après notre conversation téléphonique, Wale avait localisé la famille d'Azikiwe. Il était parvenu à leur soutirer des informations et à leur faire des prises de sang. Il avait emporté les échantillons à Lagos et les avait remis à son ami Nasidi.

Celui-ci avait reçu sa formation en Union soviétique. Il était rentré chez lui avec un diplôme de médecin et une épouse russe. Ce musulman pratiquant affichait une conception plutôt pragmatique de la religion et de la vie. Et il avait un sens de l'humour très aigu. Il ne disposait pas des réactifs dont il avait besoin pour analyser les échantillons de Wale. Il avait donc dû attendre notre arrivée pour les analyser.

Malgré la fatigue et le décalage horaire, il a fallu déballer les réactifs pour procéder aux analyses. Nous attendions avec impatience le moment de déchiffrer les lames. Nasidi fut le premier à les examiner. Nous nous tenions derrière lui, et cochions les résultats sur la liste des parents et amis d'Azikiwe. Puis, sans un mot, Nasidi se leva et laissa Joe regarder. Personne n'avait déchiffré autant de tests de Lassa que lui. Nasidi se mit à sautiller sur place, avec un plaisir évident.

— C'est bien cela ! s'écria-t-il. Les patients dont le test est positif sont ceux qui ont parlé à Wale d'une maladie qui ressemblait à Lassa.

— Eh bien, ça concerne à peu près tous les gens à qui vous avez fait une prise de sang, dit Joe en jetant un coup d'œil dans ma direction. Presque tout le monde est positif, ici.

Le lendemain, Nasidi en remorque, nous étions à nouveau en chemin. Nous allions à Ibadan, à deux heures de route. Nous espérions y trouver Wale. Nous voulions qu'il nous parle de vive voix de l'épidémie. A l'arrière de la camionnette, nous transportions un conteneur d'azote liquide pour caser les échantillons que nous allions collecter, ainsi que les gants et le matériel nécessaire aux prises de sang. C'était tout. Nasidi avait reçu une kyrielle de promesses de soutien officiel, mais je doutais fort qu'elles se réalisent.

Au moins avions-nous un véhicule muni de plaques diplomatiques. Il nous avait été prêté par John Nelson, le directeur du programme Survie de l'Enfance. Pour le soutien logistique, en fait, nous dépendions exclusivement de lui. La police nigériane avait la mauvaise habitude d'établir des barrages routiers à intervalles réguliers, bloquant la circulation pour soutirer de l'argent aux automobilistes. Les policiers étaient armés de pied en cap, personne n'osait protester trop énergiquement. Mais nos plaques étaient assez impressionnantes pour qu'ils nous laissent passer sans trop de tracasseries.

Dès notre arrivée à Ibadan, nous nous sommes mis à la recherche de Wale. Nous l'avons trouvé, en pleine forme. Il allait beaucoup mieux que le Nigeria, nous dit-il.

— Ce pays court à sa ruine. C'est un beau pays, un pays riche, mais les gens qui le dirigent sont en train de tuer tout ce qui s'y trouve.

Le tribalisme sévissait plus que jamais, la corruption était une règle de vie, la richesse disparaissait (sans doute dans des comptes bancaires secrets en Suisse ou aux îles Caïman), et dans le monde entier les Nigérians se faisaient une réputation de passeurs de drogue et d'arnaqueurs. Une situation peu reluisante.

Wale nous laissa dans l'incertitude quant à notre véritable destination, mais il nous raconta dans le détail sa première visite à Ekpoma, près d'Ishan, là où avaient vécu les parents d'Azikiwe.

— Dès que Joe m'a parlé de cet ingénieur qui agonisait à Chicago, je me suis dit que je devais aller voir ce qui se passait à Ekpoma. Je n'ai trouvé que désolation. Son père et sa mère étaient morts, ainsi que plusieurs autres membres de la famille. C'était horrible. J'ai fait des prises de sang à tous les parents que j'ai pu trouver. Il semble qu'ils aient tous été contaminés à l'époque des funérailles. Peut-être même aux funérailles elles-mêmes. L'épidémie semble maintenant être finie, là-bas. Certains proches du mort, terrifiés, se sont enfuis à Port Harcourt, sur la côte, au sud. Je pense donc qu'il va falloir aller là-bas pour découvrir ce qui leur est arrivé. Mais nous devons d'abord nous rendre à Enugu.

Enugu. La ville où les types de l'aéroport voulaient nous emmener. Pourquoi Enugu ?

— J'ai bien peur que l'épidémie de Lassa se soit déplacée, dit Wale.

Comment pouvait-il en être sûr ?

Durant son enquête, nous déclara-t-il, il avait eu l'occasion d'assister à une réunion à l'université d'Enugu, dans l'Etat d'Anambra. Le sujet en était le VIH. Le sida n'avait pas encore fait une percée significative au Nigeria, mais il y avait de bonnes raisons de penser que cela n'allait pas tarder. Des cas de sida étaient déjà apparus, y compris dans l'Etat d'Anambra. Un médecin présent à la réunion apprit à Wale que l'hôpital de la ville abritait deux patients atteints du sida. On lui permit de les examiner.

Les deux patients, le docteur Ikeji et le docteur Anamba (respectivement un homme et une femme), étaient dans un état désespéré : fièvre très élevée, état de choc et hémorragies. Il s'agissait de deux chirurgiens. Ils avaient travaillé dans le même hôpital. Wale n'avait qu'une formation de vétérinaire, mais il les examina soigneusement et parvint à se faire une idée de la situation.

— Je ne pouvais rien faire pour eux. Ils n'avaient aucune chance. Mais il y avait autre chose, que j'ai tout de suite compris. Ils n'avaient pas le sida. Certainement pas. Pour moi, ça ressemblait plutôt à Lassa.

Il s'est donc chargé d'informer l'équipe soignante que le diagnostic était erroné, et que chacun devait prendre les précautions nécessaires pour ne pas être contaminé. Puis il préleva un peu de sang aux deux patients, et reprit sur-le-champ le chemin de Lagos.

— Les échantillons se trouvaient par terre, dans la voiture. Je ne voulais pas qu'ils tombent du siège en cas d'accident. J'emportais avec moi deux ampoules pleines de Lassa. Je ne les quittais pas des yeux, mort de frousse à l'idée qu'elles puissent se briser si elles roulaient.

(Plus tard, nous parviendrons à isoler de ces échantillons cent millions de particules par millilitre. Ce sera une des plus fortes concentrations jamais vues dans du sang humain.)

Wale nous révéla enfin qu'on nous attendait à Enugu. Les autorités avaient même prévu d'organiser une conférence pour notre arrivée. Je comprenais enfin ce que les deux types faisaient à l'aéroport.

Nous décidâmes d'aller d'abord à Enugu et d'essayer d'y retrouver la source de l'infection. Puis nous retournerions à Ekpoma, près du village d'Azikiwe.

A l'hôpital d'Enugu, on nous apprit la mort des deux

chirurgiens que Wale avait examinés. Nous fûmes reçus par le professeur Nwokolo, qui les avait soignés dans une clinique privée avant de les faire admettre à l'hôpital. Il était très inquiet. En fait, tous ceux qui travaillaient à l'hôpital étaient inquiets. Chacun était convaincu qu'il pouvait à tout moment contracter la fièvre de Lassa et mourir.

Dès le début de la discussion avec le professeur Nwokolo, je compris qu'il s'agissait du mystérieux médecin aux relations bien placées. C'était lui qui avait fait en sorte que nous soyons invités officiellement au Nigeria. C'était lui qui avait envoyé deux émissaires à l'aéroport pour prendre possession de la ribavirine.

Il en avait besoin pour lui-même.

Nous rencontrâmes autant de gens que possible. Nous recueillions leurs témoignages prudents, et nous leur faisions une prise de sang. Puis nous nous hâtions de leur expliquer que la période d'incubation de Lassa était presque finie, et que, s'ils étaient contaminés, la maladie se serait déjà déclarée. Nous étions en mesure de conclure qu'il n'y avait plus aucun cas de fièvre de Lassa à l'hôpital d'Enugu. Tout le monde était soulagé. Jusqu'à ce que nous parvienne la nouvelle de la mort d'un troisième chirurgien.

D'où venait-il ? Du sud du pays, nous dit-on. Le pays ibo, dans l'Etat d'Imo. Les deux autres chirurgiens venaient du même Etat. Est-ce que quelqu'un avait un échantillon de son sang ? Non. Quelqu'un nous indiqua le nom de l'hôpital où les trois chirurgiens avaient travaillé. C'était compliqué. Après avoir recueilli autant d'informations que possible, nous avons pris la route du sud, vers Imo.

Notre nouvelle étape était Owerri, la capitale de l'Etat d'Imo. Nous rencontrâmes le ministre de la Santé de cet Etat. En Afrique, on ne peut pas entrer dans le bureau d'un fonctionnaire et commencer à poser des questions. Il faut d'abord échanger des compliments très élaborés et se conformer à certains rituels. Une rencontre au sommet réunissant une équipe du CDC et le ministre de la Santé était impensable sans une grande cérémonie. Et dans le pays ibo, il est impensable d'organiser une cérémonie sans noix de cola.

Les noix de cola contiennent beaucoup de caféine. Elles sont aussi le symbole de l'hospitalité. Les Ibos les vénèrent. Elles sont l'objet de rituels censés renforcer les relations amicales. Certains parlent même aux noix de cola, auxquelles ils accordent des pouvoirs. Mais seuls les hommes peuvent participer à ces rituels, car les femmes ne sont pas invitées à déguster le cola. Ni à lui faire la conversation. Pour moi, ce ne fut pas une grande perte.

Ce n'est donc qu'après que les noix de cola eurent été complimentées, appréciées et consommées par les messieurs, que nous pûmes enfin demander au ministre s'il connaissait des cas de Lassa. Oui, il était au courant pour le médecin nommé Ezirike, qui était mort à Enugu. Il venait d'un quartier semi-urbain, Aboh Mbaise, en périphérie d'Owerri. La mort de ce troisième médecin était entourée de mystère et de rumeurs. Suivant les versions, il avait été victime d'un complot, empoisonné par des rivaux qui dirigeaient un hôpital concurrent à deux kilomètres du sien, ou bien il avait succombé à la sorcellerie. Mais quelle que fût l'explication, il était impossible de compter sur les chauffeurs de taxi pour nous y conduire. Ils maintenaient l'accélérateur au plancher jusqu'à ce qu'ils soient hors de vue de l'hôpital. Quand nous y sommes enfin parvenus, l'établissement avait été déserté.

L'hôpital était neuf, mais il était petit et misérable. Deux pièces sombres abritant une douzaine de lits en tout servaient de salles communes. La salle d'opération était une simple petite pièce aux murs de béton. Il n'était pas difficile de deviner à quoi devait ressembler cet endroit deux ou trois semaines plus tôt. Quelques patients sur des lits métalliques. Quelques filles plutôt jeunes jouant les infirmières. Très peu de médicaments et d'équipement, et aucun souci de la sécurité ni du bon exercice de la médecine. Les chirurgiens opéraient dans des conditions primitives. Rien ne bougeait, à l'exception des mouches, des moustiques et des lézards courant sur les murs et dans les appareils électriques.

Nous nous reposions sur un banc, dehors, à l'abri des avant-toits, lorsque la femme d'Ezirike sortit d'une maison voisine. Maussade, elle refusa de parler. Son beau-père apparut à son tour, puis un des frères d'Ezirike. Il se montrèrent plus communicatifs. Leurs récits s'agrémentaient de sombres allusions au *juju*, à des disputes et à des intrigues. A leurs yeux, il ne faisait aucun doute que leur famille était la cible d'éléments infâmes.

Joe et Nasidi partirent au village pour y chercher des indices de la présence de Lassa. Wale et moi sommes retournés à l'hôpital, avec l'intention de passer au crible le petit bureau du médecin. Dehors, il faisait chaud et humide. Mais c'était encore pire à l'intérieur. Nous avons laissé la porte ouverte pour faire circuler un peu d'air. Le bureau était infesté de moustiques — ce qui en faisait un terrain propice au paludisme. Je me résignai à être dévorée vive. Nous nous sommes mis en quête des fiches dans l'espoir de retrouver le nom des patients de ce médecin. Il n'y avait pas de fiches. Pas de fiches de patients externes, pas de fiches de patients internes, pas de dossiers chirurgicaux. Le seul jeu de documents disponible reproduisait la liste détaillée des remèdes prescrits à chaque patient. Nous comprîmes très vite pourquoi ceux-là avaient été tenus si scrupuleusement à jour. Il ne s'agissait pas de documents médicaux, mais de pièces financières. Plus les prescriptions étaient importantes, plus les factures de l'hôpital étaient élevées.

Il y avait tout de même des informations utilisables. On pouvait s'en servir pour reconstituer le tableau clinique de chaque patient. Nous connaissions les dates d'admission et de renvoi, ainsi que les dates de décès. Ezirike ne disposait que de quatre ou cinq sortes d'antibiotiques. Il appliquait un système clairement défini. Un patient qui avait la fièvre recevait un certain groupe de médicaments. Si la fièvre persistait, Ezirike passait à un second groupe d'antibiotiques. Pour faire bonne mesure, il ajoutait de la chloroquine pour le cas où il s'agisse du paludisme. Celui qui souffrait de nausées recevait un antiémétique. S'il avait mal quelque part, c'était un analgésique. Malgré les limites de son stock, Ezirike prescrivait beaucoup de médicaments, et dans un nombre étonnant de combinaisons : jusqu'à six produits différents en injection et autant par voie orale, y compris des vitamines et d'autres substances d'un intérêt très secondaire pour ses patients. C'était une excellente méthode pour gagner de l'argent.

Nous découvrîmes enfin que les patients recevaient du fer et des transfusions sanguines. Cela nous donna à réfléchir. Est-ce que cela signifiait que les hémorragies s'étaient déclarées ? On leur donnait aussi des anticonvulsivants. (Lorsque Lassa est au stade final, on se sert d'anticonvulsivants pour calmer les crises d'épilepsie.) Si tout le reste échouait, Ezirike prescrivait des stéroïdes, dans une tentative futile et désespérée de faire remonter la tension, alors que le patient passait en état de choc avant de mourir.

Nous trouvions parfois une note en marge qui confirmait nos soupçons d'avoir affaire à Lassa. « Saignements par le rectum », ou simplement « Convulsions ». Nous avions l'impression de traduire une pierre de Rosette, de déchiffrer un texte ancien pour pouvoir en interpréter un autre.

Nous avons passé deux jours dans ce bureau, les jambes dévorées par les moustiques, à étudier les fiches. Quand nous sommes arrivés au bout, nous étions capables de reconstituer la terrible histoire de ce petit hôpital.

Dix-sept patients étaient morts d'une fièvre aiguë accompagnée de choc, de convulsions et d'hémorragies. Nombre d'entre eux avaient eu de graves maux de gorge. Nous pûmes suivre la trace de l'infection passant d'un patient à l'autre. Durant une semaine de février — plus ou moins à l'époque du décès d'Azikiwe à Chicago —, plusieurs patients étaient morts à quelques heures d'intervalle. A ce moment précis, l'écriture des fiches changea. Ce n'était plus une infirmière qui enregistrait la distribution des médicaments, mais Ezirike en personne. Nous l'imaginions, s'efforçant de sauver ses patients avec l'énergie du désespoir, recourant à tous les médicaments dont il disposait et essayant toutes les combinaisons possibles dans l'espoir d'obtenir un résultat.

Mais rien n'agissait. Rien n'agissait jamais. Il était incapable de sauver ses patients comme il fut incapable, finalement, de sauver sa propre vie.

Nous parvînmes à remonter un peu plus loin en arrière, jusqu'en janvier. Un neveu d'Ezirike, étudiant à l'université d'Enugu, était venu passer quelques jours chez lui. Apparemment, ce garçon de dix-neuf ans souffrait d'une crise d'une maladie congénitale commune en Afrique de l'Ouest, l'anémie à hématies falciformes. (Son nom vient du fait que les globules rouges, qui en temps normal ont l'air de petits chapeaux à bord rouge, prennent la forme de faucilles.) Il fut admis à l'hôpital de son oncle. Comme à n'importe quel autre patient, on lui administra quantité d'injections. Mais contrairement à la plupart de ses compagnons d'infortune, il se rétablit rapidement.

Une semaine environ après avoir quitté l'hôpital, il fut pris d'une forte fièvre, avec un mal de gorge prononcé. On l'hospitalisa de nouveau, et on lui fit derechef un certain nombre de piqûres. Tout indiquait que les mêmes seringues, voire les goutte-à-goutte, étaient utilisées pour des patients différents. C'était du matériel coûteux, après tout.

Cette fois, l'état du garçon empira. Sa fiche — au style très sec et très technique, avec l'énumération des antibiotiques, des dosages et des montants dus — était un véritable cri d'outre-tombe. Elle disait le désespoir et l'angoisse grandissante. Elle disait la vaine quête de quelque chose — quoi que ce fût — capable d'interrompre l'avance inexorable du virus. Lorsqu'une drogue restait sans effet, Ezirike en essayait une autre, puis encore une autre. Le virus poursuivait son offensive. Le garçon commença à vomir, à saigner. Ce fut l'état de choc. Puis les convulsions. Et la mort, enfin.

Une semaine plus tard, un patient qui s'était trouvé à l'hôpital en même temps que le neveu d'Ezirike, mais qui avait été libéré, totalement guéri, fut réadmis avec de la fièvre. Le scénario se répéta, maintes et maintes fois. Ezirike se croyait sans doute capable de contrôler la situation. C'était peut-être l'effet de l'orgueil, peut-être de la peur, plus probablement de l'ignorance. Simplement, il ne connaissait pas la nature du fauve qui courait en liberté dans son petit hôpital. Mais quelles que fussent ses raisons, il attendit trois semaines avant de demander de l'aide. Il aura fallu la mort de dix-sept patients — il aura fallu qu'il soit mortellement infecté à son tour — avant qu'il comprenne qu'il n'était peut-être pas capable de résoudre la crise tout seul.

Après avoir passé les fiches en revue, nous pouvions conclure que le pauvre neveu avait probablement été contaminé (peut-être par une piqûre ou un goutte-à-goutte) durant son premier séjour à l'hôpital. Mais nous étions incapables d'établir avec certitude l'identité du cas initial. Les archives étaient insuffisantes, et le personnel soignant était trop terrorisé pour reconstituer correctement le déroulement des événements.

Il fallait savoir si l'infection s'était propagée hors de cet hôpital maudit. Nous avons rendu visite à d'autres établissement médicaux du voisinage. Nous avons rencontré les médecins et les infirmières et nous nous sommes plongés dans les dossiers, à la recherche d'autres cas. Nous les avons interrogés sur les patients décédés depuis peu, et nous avons examiné les archives pour déterminer ce qui les avait emportés. Nous avons prélevé du sang au personnel soignant afin de savoir si quelqu'un était contaminé. Le virus s'était éteint de lui-même, satisfait d'avoir attaqué les occupants de l'hôpital — après en avoir tué un certain nombre et après avoir fait fuir sous l'effet de la terreur d'autres victimes potentielles.

Comme la piste refroidissait, nous décidâmes de passer en revue tous les hôpitaux de la région d'Owerri. Une de nos visites nous entraîna dans une clinique privée, petite mais bien tenue. Le médecin qui en était le propriétaire avait exercé quelques années dans le Midwest, aux Etats-

Unis. Dès que nous lui parlâmes de notre enquête, il se dressa brusquement.

— Je crois que je sais ce que vous cherchez. Suivez-moi. J'ai un patient, là-haut, que vous devez voir.

Nous empruntâmes un escalier étroit. Le médecin nous escorta jusqu'à une chambre privée où gisait un homme d'à peine quarante ans. Il était emmitouflé dans ses couvertures. Sa température était élevée, il était très faible, mais il ne saignait pas. Sa gorge lui faisait horriblement mal. Ses amygdales étaient couvertes d'un exsudat jaunâtre. Autant de symptômes de Lassa. Il se plaignait aussi de terribles douleurs au dos et à l'abdomen. Encore des signes compatibles. Ses affaires, nous dit-il, l'obligeaient à passer beaucoup de temps sur la route. C'était peut-être là qu'il avait été contaminé. On lui fit une prise de sang. Avant de quitter les lieux, nous avons montré au personnel comment le soigner sans risquer de s'infecter. Ce n'est que plus tard, à Atlanta, quand nous pourrions placer en culture l'échantillon sanguin de cet homme, que nous établirions avec certitude qu'il avait bel et bien la fièvre de Lassa. Il finit par guérir sans incident, et aucune des personnes qui s'étaient occupées de lui ne fut contaminée.

Nous trouvâmes un autre cas à l'hôpital principal d'Owerri : une jeune femme, qui avait fait une fausse couche. Elle était très malade, très seule, terrifiée. Elle ne nous parla pas.

Dès que les infirmières comprirent la raison de notre présence, elles furent prises de panique. Réalisant que la jeune femme pouvait avoir la fièvre de Lassa, elles refusèrent d'en entendre parler. A aucun prix elles ne voulaient s'en approcher. Sa propre famille devait aussi avoir décampé. Tout le monde avait disparu. Elle était absolument seule au monde. Elle gisait sur une misérable natte, à même le sol. Nous suggérâmes de la transférer dans une salle commune, où l'on pourrait la soigner convenablement. Comme personne ne s'avançait, Joe et moi la portâmes nous-mêmes. Mais aucune infirmière ne voulait l'aider.

Nous fîmes de notre mieux pour persuader les infirmières qu'elles ne couraient aucun risque, à condition qu'elles prennent un certain nombre de précautions élémentaires, et qu'elles évitent d'entrer en contact direct avec son sang. Elles nous écoutèrent, et affirmèrent qu'elles comprenaient. Mais j'étais sûre qu'elles n'étaient pas convaincues. J'avais le sentiment que, dès que nous aurions tourné les talons, elles s'arrangeraient pour ne pas s'occuper d'elle.

Une fois de plus, on préleva du sérum. Une fois de plus, on l'envoya à Atlanta pour le mettre en culture.

Entre-temps, le véhicule promis par le gouvernement — miracle des miracles ! — arriva enfin. Wale s'attendait à ce que quelqu'un nous apporte l'argent promis pour nos frais logistiques. Mais il n'y avait pas d'argent.

Où était-il passé ?

Personne ne le savait. Le chauffeur jura qu'il n'en savait rien. Wale se répandit en injures. Sans résultat. Nous le renvoyâmes donc à Lagos.

Il nous fallait comprendre ensuite comment les deux chirurgiens, les docteurs Ikeji et Anamba, avaient été contaminés. Nous savions qu'ils venaient d'Aba, au sud de l'Etat, une ville possédant un marché très actif. Nous avons contacté le directeur de la Santé publique de l'endroit. Il affirma qu'il était ravi de nous voir. Nous lui fîmes part de notre intention de visiter l'hôpital. Il argua que nous devions d'abord rencontrer son supérieur. Nous acceptâmes sans enthousiasme.

Après les présentations, une discussion houleuse opposa les deux hommes, à propos de jetons de déjeuner auxquels nous étions censés avoir droit. Nous protestâmes vigoureusement. Nous n'avions pas du tout l'intention de déjeuner. Nous voulions visiter l'hôpital. Nous avons fini par gagner la partie, mais cela nous coûta les bonnes grâces du directeur de la Santé publique. Il semblait que son seul intérêt pour notre mission était lié à la perspective d'un déjeuner gratuit.

Nous sillonnâmes Aba, incapables de trouver le chemin de l'hôpital où les chirurgiens avaient travaillé. Pour ne pas perdre de temps, pendant que Nasidi allait se renseigner, nous décidâmes de jeter un coup d'œil dans les autres hôpitaux et cliniques de la ville. Entretiens de routine avec les infirmières et les médecins, prises de sang, recherche d'indices de la présence de Lassa. Nous ne trouvâmes aucun nouveau cas suspect. Mais il y avait de la ribavirine. Cela voulait dire que les gens étaient sur le qui-vive. Au médecin qui nous la montra, nous demandâmes où il se l'était procurée. D'après l'emballage, le produit était fabriqué en Chine.

— Au marché, dit-il, désinvolte. Où voulez-vous...

Le marché d'Aba était pris d'assaut. Les gens semblaient mettre beaucoup de passion à marchander. Tout ce que l'on pouvait désirer était disponible, si l'on y mettait le prix : pots en plastique, marmites, tapis tressés, tambours, riz, oignons, viande fraîchement abattue grouillant de mouches voraces. Et de la ribavirine. Si le vendeur n'avait pas ce que vous cherchiez, il vous invitait à repasser une demi-heure plus tard. Impossible d'imaginer comment il pouvait se procurer en si peu de temps l'article que vous cherchiez. Quant aux médicaments, comme la ribavirine, il y avait toujours un entrepreneur obligeant, capable de produire en deux temps trois mouvements tout ce dont vous aviez besoin, dans des emballages parfaitement imités. Dans de nombreux pays en développement, la production de faux médicaments est une industrie florissante.

Nous essayâmes à nouveau de trouver le chemin de l'hôpital qui avait peut-être abrité la source de l'infection à Aba. Il se trouvait au fond d'une allée étroite et défoncée, pleine de boue et de détritus. Quand nous y parvînmes enfin, les portes étaient verrouillées. L'hôpital était désert. Tout le monde était parti. Partout où nous allions, c'était la même chose.

Wale et Nasidi se mirent au travail. Le lendemain, ils parvinrent à mettre la main sur le frère d'un des chirurgiens décédés. A l'instar des gens d'Aboh Mbaise, il était convaincu que tout ce qui se passait résultait d'un complot ourdi par des concurrents qui ne reculaient devant rien — y compris le *juju* et le poison — pour faire fermer l'hôpital et tuer son frère. C'est pourquoi la famille avait refusé de laisser entrer quiconque, y compris les fonctionnaires du ministère de la Santé. Ils était persuadés que dès qu'ils ouvriraient l'hôpital, les conspirateurs sauraient tirer avantage de la situation. Wale et Nasidi firent de leur mieux pour convaincre cet homme et sa famille que nous n'avions aucun intérêt à leur faire du tort. Finalement, le frère se laissa fléchir et déverrouilla la porte.

Contrairement à celui d'Aboh Mbaise, cet hôpital n'était en activité que depuis deux ans. La plus grande partie de sa clientèle, très pauvre, venait du quartier du marché tout proche. Comme ses prix étaient très bas, il était toujours plein. Le bâtiment était conçu comme une prison : des balcons se faisant face au-dessus d'un puits central couvert, autour duquel s'alignaient des chambres aux murs de parpaing. Il y avait deux minuscules salles d'opération. L'une d'elles contenait un lit gynécologique convertible en table d'opération. Un grand lavabo de porcelaine était fixé dans un coin. La seule source de lumière était un simple tube au néon couvert de chiures de mouches, accroché à ses fils au plafond. Nous vîmes sur le sol deux réchauds à gaz où étaient posées des marmites. On s'en servait probablement pour stériliser les instruments. Quelques gants chirurgicaux déchirés pendaient à un égouttoir. Tout cela avait l'air désolé.

Depuis qu'il avait décidé de nous faire entrer dans l'hôpital, le frère du chirurgien se montrait très coopératif. Il invita même à se joindre à nous deux médecins qui y avaient travaillé. Dès qu'ils commencèrent à parler, ils furent intarissables. Les histoires venaient sans se faire prier. Oui, disaient-ils, il y avait eu des morts...

La première victime avait été l'infirmière en chef. Elle était morte quelques semaines plus tôt, début janvier. C'était une femme active, en bonne santé, sans antécédents médicaux. Et puis brusquement, elle contracta de la fièvre et des maux de gorge, et les traitements habituels restèrent sans effet. Elle mourut très vite. Cela ressemblait bien à Lassa.

Il y eut d'autres cas, y compris une infirmière et un des patients.

Mais que s'était-il passé dans le cas des deux chirurgiens dont la mort nous préoccupait ? C'était pour eux, au premier chef, que nous étions venus à Aba. Au moins avions-nous l'avantage, dans ce cas, de disposer d'une documentation importante. Nous commençâmes à éplucher les dossiers relatifs aux interventions chirurgicales récentes, ainsi que les fiches de tous les patients admis à l'hôpital durant les quelques derniers mois. Nous étions à la recherche du moindre indice qui aurait fait le lien entre les deux chirurgiens, quelque chose qui serait arrivé dix ou vingt jours avant leur décès. Comme ils étaient morts le même jour — et transférés à Enugu ensemble, d'ailleurs —, il nous fallait supposer qu'ils avaient été contaminés au même moment. C'est la femme, le docteur Anamba, qui opérait le plus souvent. C'était logique. Les opérations constituaient la source la plus probable de l'infection.

Restait le troisième chirurgien, celui qui dirigeait l'hôpital. Avait-il été contaminé en opérant, lui aussi ?

— Non, nous dit un des médecins. Il n'aimait pas opérer. Il n'allait jamais en salle d'opération. Il se cantonnait aux salles communes, examinait les patients.

Et le reste du personnel ? Est-ce que quelqu'un d'autre était tombé malade, à l'époque de la mort des deux chirurgiens ?

— Oui. Une de nos infirmières était très malade. Mais elle a rejoint son village. Personne ne sait où il se trouve.

Cela éveilla notre curiosité.

— En quoi consistait son travail ?

— Elle était infirmière en chirurgie. Elle s'appelait Peace Uba.

C'était une piste. Peut-être y avait-il un lien entre l'infirmière et le chirurgien. Comme les rapports chirurgicaux ne nous fournissaient aucune information intéressante, nous demandâmes à consulter le registre de la salle d'opération. Nous cherchions maintenant une intervention chirurgicale impliquant à la fois Peace Uba et le docteur Anamba.

Nous l'avons trouvée. Le registre indiquait qu'au milieu du mois de février — soit une vingtaine de jours avant la mort des chirurgiens —, on avait opéré en urgence. Nous cherchâmes des notes. Sans résultat. Mais dès que nous avons commencé à interroger le personnel soignant, les souvenirs affluèrent. Oui, ils se rappelaient parfaitement ce patient. C'était un jeune homme, qui se trouvait depuis un certain temps dans leur hôpital. Il venait d'un autre établissement, et avait été admis avec ce qu'on diagnostiqua comme une « appendicectomie ratée ». Son état s'était amélioré, sans autre traitement que les injections d'antibiotiques et autres remèdes classiques. Mais un peu plus d'une semaine plus tard, sa fièvre remontait. Comme la situation continuait d'empirer, ses médecins supposèrent qu'il s'agissait d'un problème abdominal récurrent, et le transportèrent d'urgence en salle d'opération.

Plus nous cherchions, plus nous obtenions de détails. Apparemment, tout le monde se souvenait de ce cas, à cause de la manière dont le patient avait saigné sur la table d'opération. On avait tout essayé. L'hémorragie était tout simplement impossible à endiguer. Il y avait du sang partout. Le docteur Anamba avait tellement de mal à maîtriser la situation qu'elle fit venir le patron de l'hôpital, le docteur Ikeji.

Le registre, de nouveau. C'était la seule fois ce mois-là qu'Ikeji était entré dans la salle d'opération. Nous savions maintenant comment il avait été contaminé. Malgré son intervention, le jeune patient est mort dans la nuit, après avoir été ramené en salle commune. L'infirmière qui assistait l'opération n'était autre que Peace Uba.

Après avoir étudié soigneusement le cas du jeune homme, nous sommes arrivés à une double conclusion. Un, il avait la fièvre de Lassa. Deux, il avait très probablement été infecté dans l'hôpital — sans doute par une aiguille réutilisée. Il fallait en savoir plus. Nous décidâmes de rassembler les membres du personnel soignant, pour les interroger et leur faire des prises de sang.

Le lendemain matin, en arrivant à l'hôpital, nous

découvrîmes que le hall central, d'habitude l'endroit le plus lugubre, était complètement transformé. A notre grand étonnement, nous fûmes accueillis par plus de deux cents jeunes filles. Toutes riaient nerveusement. La plupart avaient entre dix-huit et vingt-deux ans. On nous les présenta comme des infirmières, mais elles se disaient étudiantes. Joe et moi les interrogeâmes en prenant des notes. Nasidi leur fit des prises de sang, Wale classa et rangea les échantillons.

Elles nous donnèrent toutes plus ou moins les mêmes réponses. Elles manquaient de formation et d'expérience professionnelle, mais elles assuraient toutes les tâches dévolues d'ordinaire à des infirmières. Elles nous déclarèrent toutes avoir dix-huit ans. Elles faisaient des piqûres, distribuaient les médicaments, soignaient les patients et nettoyaient derrière eux. Mais aucune d'elles ne se souvenait du jeune patient qui nous intéressait. J'étais fatiguée, déshydratée par la chaleur, et un peu découragée.

Puis je vis une autre fille. Je posai les questions habituelles.

— Avez-vous été malade, ces quatre dernières semaines ?

— Oui, me répondit-elle timidement. J'ai eu une attaque.

Elle avait dix-huit ans, elle aussi.

— Comment ?

J'étais sidérée. Une crise cardiaque, cette fille ? Elle avait l'air en parfaite santé.

— Vous pouvez me décrire cela ?

— J'avais mal ici.

Elle posa son poing sur sa poitrine.

Cela éveilla mes soupçons. L'apparition de douleurs dans la poitrine est un symptôme de la fièvre de Lassa. Elles peuvent être provoquées par une péricardite (l'inflammation du sac qui enveloppe le cœur). Il fallait qu'elle m'en dise plus. Avait-elle été admise à l'hôpital ?

— Oh oui ! J'étais dans le même lit que Peace Uba.

Je retins mon souffle. Comment cela, le même lit ? Je ne comprenais pas si elle voulait dire « la même chambre », ou si les lieux étaient bondés au point qu'elles avaient dû partager un lit. Mais avant que je puisse y réfléchir plus avant, une autre pensée me vint.

— Avez-vous quelque chose à voir avec l'opération du jeune homme qui saignait tant ?

— Oh oui ! C'est moi qui nettoyais les linges.

Après l'avoir écoutée, je fis signe à Nasidi. Il lui fit une prise de sang, pour chercher la présence d'anticorps contre le virus de Lassa.

Tard dans la soirée, on se retrouva au bar de l'hôtel, à Owerri, pour siroter une bière fraîche. Une question nous taraudait. Où était Peace Uba ? Nasidi décida de partir à sa recherche dès le lendemain.

Ce ne fut pas long. Il nous retrouva à l'heure du déjeuner.

— Je sais où elle est. Allons-y.

Il ne nous dit pas comment il avait fait, mais ses sources étaient fiables. Les parents de Peace, nous expliqua-t-il, étaient des gens simples, des paysans pauvres qui survivaient grâce à ce qu'ils pouvaient cultiver dans la savane. Peace incarnait tous leurs espoirs. Cette fille cultivée était promise à un brillant avenir comme infirmière — avant que Lassa ne frappe. Nasidi laissa échapper qu'elle était probablement très belle.

C'était très loin, au plus profond de la brousse du Nigeria du Sud. Que Nasidi fût capable de nous guider jusque-là était pour moi un véritable mystère. Nous arrivâmes enfin à une petite ferme. Nasidi frappa à la porte de la maison. Pendant quelques instants, rien ne se passa. Il appliqua son oreille au panneau. Je le voyais à son expression : il savait que quelqu'un se trouvait dans la maison. La porte s'ouvrit enfin, et plusieurs personnes se montrèrent. Elles tinrent conférence avec leur visiteur. Apparemment, on parvint à un accord. Nasidi vint nous chercher.

— Elle est ici. Les siens m'ont assuré qu'ils étaient prêts à coopérer.

Peace Uba ne vint pas tout de suite. Au lieu de quoi nous eûmes droit à une mise en train avec plusieurs membres de sa famille. Nous leur avons posé les questions de routine, puis nous avons fait nos prises de sang. Je les soupçonnais de n'avoir pas vécu d'événement aussi excitant depuis des années.

L'objet de nos recherches apparut enfin. Peace était toute petite, nerveuse, et très jolie. Elle avait fait un effort pour se rendre présentable, ce qui expliquait sans doute son retard. Elle fit quelques pas dans notre direction. Puis elle prit timidement une chaise à côté de Nasidi.

Celui-ci affichait un sourire fendu jusqu'aux oreilles. Il ne pouvait s'en empêcher. Nasidi adorait les jolies filles.

Mais quelque chose n'allait pas. Il se tournait vers elle et lui adressait la parole, mais elle ne réagissait pas. Elle gardait les yeux fixés sur nous, sans lui jeter un regard. Nasidi prit un air déconfit. Comment ? Son charme n'opérait plus ?

Il lui parla encore, lui toucha légèrement le bras. Elle sursauta nerveusement. Son sourire, que nous trouvions ravissant quelques secondes plus tôt, était vide d'expression. Nasidi déclara qu'elle était totalement sourde. Il semblait bien que c'était le cas.

La surdité est une possible séquelle, parfois totale et définitive, de la fièvre de Lassa. Nous demandâmes à Peace de marcher. Elle se leva lentement de son siège et fit quelques pas en avant. Elle tituba. C'était une démarche ataxique classique : les jambes ne répondent plus aux ordres du cerveau, ce qui entraîne une perte du sens de l'équilibre. Encore une séquelle de Lassa. Mais il n'était pas impossible que ce problème disparaisse avec le temps. Après lui avoir fait une prise de sang, nous avons complété nos notes, et nous avons passé le temps qui nous restait à essayer de rassurer les parents de la jeune fille.

Nous avions reconstitué le cheminement du virus jusqu'à Aba, et la manière dont il avait contaminé trois chirurgiens et deux infirmières employés par le même hôpital. Mais nous n'étions pas parvenus à pénétrer le mystère de cette maladie. Quel était son degré d'implantation dans cette partie du monde ? D'après l'échantillon de population testé par nos soins, elle semblait plutôt rare. Comment se transmettait-elle ? Quelle était sa source ? Une autre question s'imposait. Quand surgirait-elle à nouveau, et sur qui s'abattrait-elle, la prochaine fois ?

Nos recherches nous avaient amenés à tracer un circuit qui commençait à Enugu. C'était là que la maladie était arrivée. C'était à partir de là qu'elle avait poursuivi son chemin. Nous avions continué jusqu'à Owerri, où nous avions mangé des noix de cola avec des fonctionnaires. Nous avions repris notre enquête à Aboh Mbaise, où un chirurgien et seize patients étaient morts dans le même hôpital. Puis nous avions poussé jusque Aba, où le virus avait tué deux autres chirurgiens et vidé un autre hôpital. Nous avions abouti au petit village où se cachait Peace Uba.

Le moment était venu de savoir ce que nous pouvions découvrir sur la famille d'Azikiwe. Après tout, c'était le point de départ de notre enquête.

Le premier endroit où il fallait chercher était Port Harcourt, sur la côte sud du pays. Wale avait entendu dire que plusieurs parents d'Azikiwe y étaient partis après les obsèques. Impossible de retrouver leur trace. Peut-être se cachaient-ils. En tout cas, ils ne voulaient pas qu'on les retrouve. Nous décidâmes de nous rendre à Ekpoma et à Ishan. Nous empruntâmes la route du nord, dans la direction de Benin City. Sur notre chemin, nous rencontrâmes une ville moyenne, un important carrefour routier appelé Onitsha. Le nom me rappelait quelque chose.

Je m'en souvenais. En 1974, à Onitsha, on avait recensé trois cas de fièvre de Lassa. Un garçon nigérian de dix-neuf ans et deux médecins missionnaires allemands. Le premier Allemand avait été contaminé après avoir soigné le garçon. Il saignait abondamment, subit de multiples crises d'épilepsie, puis sombra dans le coma et mourut. Le second, contaminé à son tour, fut emmené à l'hôpital d'Enugu — celui-là même où l'on avait soigné les chirurgiens de Aboh Mbaise et d'Aba. Mais il eut plus de chance qu'eux. Il finit par guérir complètement.

Curieusement, les enquêteurs ne parvinrent pas à découvrir quelqu'un d'autre, dans la région, qui aurait survécu à Lassa. S'agissait-il d'une souche rare et particulièrement virulente, qui tuait presque tous les malades — qui voulait être sûre de ne laisser quasiment aucun survivant ? La maladie gardait de nombreux mystères, et celui-ci n'était pas le moindre.

Nous traversâmes Onitsha. Nous n'avions pas le temps de nous y arrêter. Nous avions rendez-vous à Benin City avec un haut responsable de la Santé publique. On nous introduisit dans un grand bureau, où l'on nous présenta au fonctionnaire. Il fit en sorte que nous comprenions bien qu'il n'était pas un bureaucrate ordinaire. Non, c'était plutôt un prince. Puis nous observâmes une routine par trop familière. D'abord, il nous écouta poliment lui expliquer que nous avions un sérieux problème sur les bras. Il nous assura que son gouvernement était disposé à coopérer avec nous. Puis ce fut tout.

Finalement, nous sommes partis seuls à Ekpoma. Plus tard, nous saurons que le Premier ministre de l'Etat avait déclaré à la télévision que l'épidémie de fièvre de Lassa était due au *juju*.

Ce genre de choses n'était pas fait pour nous surprendre. La sorcellerie était partout, à Ekpoma. Où que nous allions, nous sentions la peur de la sorcellerie. La maison d'Ishan où avaient vécu les parents d'Azikiwe était fermée. Il nous fut impossible d'y entrer. Mais Wale était déjà venu en ces lieux. Il avait recueilli de bons témoignages et des échantillons sanguins des survivants. Nous savions donc déjà que tous étaient positifs. Il nous fallait savoir, maintenant, combien d'autres cas il y avait eu dans le voisinage immédiat. Nous avions besoin de matériel pour capturer et saigner des rongeurs. Attraper un rat ne présente pas beaucoup de difficultés. C'est à la portée de tout le monde, ou presque. Le problème, c'était que nous devions les capturer vivants pour pouvoir leur faire des prélèvements de sang et de foie. Et il fallait être sûr que toutes les personnes qui allaient les manipuler savaient comment se garder de l'infection. Cela signifiait que nous devions le faire nous-mêmes.

Nous avons entrepris une étude de la communauté locale. Il fallait découvrir si le virus Lassa était répandu. Ishan était conçue de telle sorte que la plupart des habitants demeuraient dans la rue principale. Chaque maison était flanquée d'une parcelle de deux ou trois mille mètres carrés où les familles cultivaient de quoi satisfaire à leurs besoins. Nous poursuivions notre porte-à-porte, et nous nous heurtions aux mêmes réactions de méfiance. Personne n'avait envie de parler. Un simple sourire, une expression de bienvenue, étaient rares. Nous réalisâmes que nous n'arriverions à rien sans l'approbation des chefs. Encore fallait-il savoir qui était vraiment le chef. Dans le passé, son identité était bien établie, et sa parole faisait force de loi. Mais à Ekpoma, la situation était beaucoup plus incertaine. Les mouvements de population, la modernisation et l'accroissement des communications avec le monde extérieur avaient modifié le comportement des communautés, en érodant le pouvoir et le prestige des hiérarchies tribales traditionnelles. Il semblait qu'il y avait désormais plusieurs chefs, et il était difficile de savoir à quelle juridiction appartenait, à un moment donné, une famille donnée. Un chef pouvait nous assurer qu'il exerçait l'autorité, mais c'était généralement invérifiable.

Cela ne nous laissait pas beaucoup le choix. Sans aucune approbation officielle, nous ne pouvions que continuer à aller d'une maison à l'autre, en posant nos questions et en essayant de faire nos prises de sang. Les gens sont généralement très obligeants, même quand vous faites irruption sans prévenir sur le pas de leur porte. Ils peuvent même répondre à des questions étonnamment personnelles. Mais cette fois, c'était différent. Nous lisions la peur dans les regards. On ne nous répondait qu'à contrecœur... quand d'aventure on nous répondait. Et il était hors de question de faire nos prises de sang. Dès qu'une personne refusait, toutes celles qui se trouvaient alentour — et il y en avait toujours — suivaient son exemple. Nous nous en sortions très mal.

Tout cela était sinistre. On suivait tous nos mouvements. On nous épiait derrière les portes closes, à travers de fins rideaux. Nous nous sentions comme des intrus, comme si nous étions nous-mêmes les vecteurs de la contagion. Puisque Azikiwe et sa famille avaient très probablement contracté le virus Lassa aux obsèques du père, nous étions impatients de découvrir autant que possible combien de cérémonies funèbres avaient eu lieu. Nous avions toutes les raisons de penser que ces pratiques ne pouvaient que favoriser la propagation du virus. Mais nous ne trouvâmes rien. Les cérémonies se déroulaient dans le plus grand secret, et personne n'osait nous en parler.

Wale parvint néanmoins à exhumer des informations terrifiantes. Lorsque quelqu'un mourait, on confiait son corps à la morgue locale. Il était maintenu en réfrigération, le temps pour la famille de se réunir pour les funérailles. Lorsque le clan était rassemblé, on récupérait le cadavre. Nous avions la preuve que les rites funèbres impliquaient un contact avec le sang du défunt — comment expliquer, sans cela, qu'Azikiwe ait été exposé au virus ? — mais nous n'avions aucune idée de la manière dont cela se passait. Wale nous raconta qu'une rumeur circulait, selon laquelle on arrachait le cœur du mort. Est-ce que c'était vrai ? Dans ce cas, que faisait-on du cœur ? Et qu'arrivait-il aux gens qui l'avaient manipulé ?

En dépit d'une absence presque totale de coopération, nous comprîmes qu'il y avait eu beaucoup de décès. Invariablement, les symptômes étaient les mêmes : maux de gorge, fièvre élevée, hémorragies. Aucun virus, à part Lassa (et Ebola), ne réunissait de tels symptômes.

Nous décidâmes de nous séparer en deux équipes. Wale et Nasidi partirent de leur côté, tandis que j'étais associée à un microbiologiste de l'université de Bénin. Pendant ce temps, Joe était toujours à la recherche du cas initial, qui continuait à se cacher. Je m'attendais à ne pas revoir Wale et Nasidi avant un moment. Ils réapparurent si vite que je compris qu'il était arrivé quelque chose. Ils semblaient effrayés.

— Que se passe-t-il ?

Ils jetaient des coups d'œil inquiets derrière eux, comme s'ils n'étaient pas certains d'être sortis d'affaire.

— Des machettes, parvint à articuler Nasidi.

— Quoi ?

— Ils nous ont chassés avec des machettes, expliqua Wale. Ils n'ont même pas attendu de savoir ce que nous voulions.

Cela n'avait d'ailleurs aucune importance. A ce moment-là, tout le monde à Ekpoma savait ce que nous voulions.

Nous avions retrouvé la famille d'Azikiwe. Mais ils n'étaient pas plus communicatifs que les autres habitants de la région — à une exception près : sa sœur Valérie. A l'en croire, le cas initial était une de ses cousines, âgée de vingt ans environ. Elle était tombée malade fin décembre, et s'était trouvée en contact étroit avec sa tante (la mère d'Azikiwe) et d'autres membres de la famille. En janvier et février, deux autres cousins — un garçonnet de six ans et une femme de quarante-trois ans — étaient tombés malades à leur tour. Ils étaient morts. Valérie était incapable de nous dire si ces deux personnes avaient été en contact avec le reste de la famille. Il ne semblait pas qu'Azikiwe ait été informé de leur mort quand il était venu assister aux obsèques de sa mère.

Il fallait essayer de retrouver ce possible cas initial. Ce ne serait pas facile. On nous déclara que la jeune fille était guérie, mais qu'elle était considérée comme une paria — comme une sorcière — pour avoir créé tant de problèmes à sa famille. Certains de ses parents l'avaient même battue, et elle s'était enfuie.

Où était-elle, maintenant ? Valérie avait entendu dire qu'elle avait trouvé refuge chez des parents plus bienveillants. Mais personne ne semblait savoir où se trouvait cette cachette.

Aussi tenaces que des détectives privés de cinéma,

nous finîmes par la découvrir. Elle se terrait dans un village peu éloigné, chez un de ses oncles. Nous y sommes allés, nous avons localisé la maison... Mais nous n'étions pas chez le « bon » oncle. Celui que nous cherchions demeurait dans un autre village, à quelque distance de là. Nous poursuivîmes notre périple.

Au village suivant, nous avons repris notre quête. Il n'y avait pas d'adresse, et peu de rues portaient un nom. Nous devions nous fier aux indications que les gens nous donnaient. Cette fois, nous trouvâmes le bon oncle, mais pas la fille. Il nous déclara qu'elle était absente. Elle ne souhaitait pas s'exposer — c'était compréhensible — pour ne pas mettre sa vie en danger. C'est en tout cas ce que prétendait l'oncle. Je soupçonnais ce vieil homme ratatiné, qui parlait un peu l'anglais, de ne pas nous dire la vérité. Nous avons donc insisté. Patiemment, Wale lui expliqua nos intentions. Il l'assura que nous voulions simplement lui parler de sa maladie et, si possible, effectuer une prise de sang.

Il parvint finalement à le convaincre. L'oncle eut un sourire prudent, et nous fit entrer dans sa petite maison. Il nous fit asseoir. Quelques instants plus tard, sa femme fit son apparition. Elle fut beaucoup plus difficile à convaincre. Elle nous déclara qu'il était hors de question de nous autoriser à voir leur nièce. Elle semblait inflexible.

Wale n'avait pas l'intention de renoncer. Pas si près du but. Une fois de plus, il défendit notre cause, et expliqua pourquoi il était si important de lui parler. Je vis soudain à son expression qu'il avait gagné l'oncle à ses vues. Au bout de quelques minutes, l'oncle et la tante se retirèrent dans un coin pour délibérer. On proposa un compromis. Nous pouvions parler à la fille, mais pas question de prise de sang. Wale, en bon diplomate, accepta ses conditions. Un tiens valait mieux...

Nous attendîmes encore quelques minutes. Puis la jeune fille fit son entrée. Elle était maigre et pâle. Il était évident qu'elle était terrifiée. Elle jetait des coups d'œil furtifs autour de la pièce tout en évitant de croiser notre regard. Il nous fallut quelque temps pour la calmer. Nous l'interrogeâmes sur sa maladie. Ses symptômes suggéraient qu'elle avait été atteinte d'un cas bénin de fièvre de Lassa. Cela expliquait sans aucun doute sa guérison. Elle admit avoir été en contact avec plusieurs membres de la famille, mais sans se souvenir de tout le monde. Après quelques hésitations, elle nous parla des épreuves qu'elle avait subies après sa maladie. Ce n'est pas sans mal qu'elle nous raconta comment certains de ses parents s'étaient acharnés sur elle et l'avaient battue jusqu'à ce qu'elle décide de se sauver.

Couvertes d'ecchymoses, perdant du sang, elle avait emprunté des chemins de brousse, jusqu'à la sécurité de la maison de son oncle. Non content du châtiment déjà infligé à cette pauvre fille, quelqu'un de la famille avait rendu visite au *juju man* et lui avait fait jeter un sort. Elle était encore plus terrifiée. Elle était quasiment prisonnière. Elle ne pouvait quitter cette maison, et désespérait de jamais pouvoir s'échapper.

Nous lui parlâmes pendant quelques minutes, pour la convaincre que nous n'étions au service ni de sa famille ni d'un quelconque *juju man*. Wale décida de placer la barre un peu plus haut. Il lui demanda l'autorisation de lui prélever un peu de sang pour savoir si elle produisait des anticorps contre le virus de Lassa. Elle accepta à contrecœur. Au moment où Wale allait lui introduire l'aiguille dans la veine, elle laissa échapper un cri et sortit de la pièce en courant. Tout était à refaire. Il nous fallut une heure de plus pour la faire revenir et la calmer. Wale fit enfin sa prise de sang. L'analyse révélerait qu'il contenait une haute concentration d'anticorps. On trouverait notamment des IgM (immunoglobulines M), dont la présence signifie que l'infection est assez récente. Ce que l'analyse ne dirait pas, c'est l'endroit où elle avait été contaminée. Les rongeurs étaient omniprésents et, comme les gens avaient l'habitude de les capturer et de s'en nourrir, le virus avait des milliers d'occasions de se propager.

Soudain, notre travail marqua un arrêt. Les villageois armés de machettes n'en étaient pas seuls responsables.

On nous avait dit que l'USAID [1] nous fournirait les ressources dont avaient besoin nos programmes de surveillance et de contrôle. Mais, pour une raison ou pour une autre, rien n'arrivait. Le représentant de l'USAID qui nous avait promis son soutien nous dira plus tard, en confidence, qu'aucun subside ne serait alloué aux recherches sur la fièvre de Lassa. Il semblait que cette dernière était loin d'être prioritaire dans la distribution d'aide aux pays en développement. Cela n'était pas à la gloire du Département d'Etat.

Pendant les deux années qui suivirent, nous avons cherché des fonds, rédigeant projet sur projet, afin d'entreprendre les études essentielles à nos yeux pour déterminer l'importance de Lassa dans le Nigeria du Sud. Nous voulions mener des études sur les rongeurs. Nous voulions savoir en particulier comment la fièvre de Lassa — en principe une maladie exclusivement rurale — avait pu atteindre le centre d'une ville d'un million d'habitants comme Aba. Nous voulions découvrir le rôle que jouaient les rites (funéraires, notamment) dans sa propagation. Si la transmission était due surtout à des pratiques « à haut risque » (comme l'exposition au sang contaminé lors des funérailles, ou l'utilisation multiple des aiguilles dans les hôpitaux), la situation était fort différente de ce qu'elle est quand une maladie se répand par un processus infectieux naturel. Ce n'était qu'en comprenant la manière dont Lassa se transmet qu'on pouvait espérer la contenir et protéger la population. C'est exactement le genre de choses pour lesquelles les épidémiologistes sont qualifiés. Mais si nous obtenons souvent de bons résultats dans notre lutte contre les virus, nous avons moins de chance lorsqu'il s'agit de combattre la superstition ou les bureaucrates irresponsables — qui s'intéressent plus à la meilleure manière de dépenser « leur » argent, qu'à contribuer à sauver des vies humaines.

Quant à Wale, il est resté un excellent ami. Il travaille

1. *U.S. Agency for International Development* : Agence américaine pour le développement international.

pour l'OMS, au Zimbabwe. Chaque année, il nous envoie le même message. « Encore une épidémie de Lassa. Lassa vit toujours, et se porte bien, au Nigeria, mais personne ne le remarque. »

On a l'air de considérer que ces épidémies relèvent de l'ordinaire, au même titre que les tempêtes. Après tout, le Nigeria connaît aussi chaque année des épidémies de fièvre jaune qui emportent des centaines, voire des milliers de victimes. Et il existe un vaccin préventif de la fièvre jaune depuis les années quarante.

28

Ebola en Virginie ?

C'était le 30 novembre 1989. Fred Murphy, directeur du Centre pour les maladies infectieuses au CDC, vint à mon bureau, dans le bâtiment 15.

— Joe, me dit-il, je viens de recevoir un appel du général Russell, de l'USAMRIID. Peter Jahrling a isolé un virus semblable à Ebola. Sur des singes, dans les locaux d'une firme privée à Reston, en Virginie.

Aux Etats-Unis, Jahrling est un des meilleurs spécialistes des fièvres hémorragiques. Mais... Ebola en Virginie ? A quelques pas de Washington, rien que ça ? Par bonheur, j'étais déjà assis. Il fallait que je m'habitue à cette idée. J'essayai de gagner du temps.

— Que cherchaient-ils ? demandai-je.

— Apparemment, ils travaillaient sur une épidémie de fièvre hémorragique simienne, et ils ont découvert des filovirus dans du tissu en culture.

Fred ajouta que Peter était aussi surpris que nous. Nous connaissions tous Peter Jahrling. C'est lui qui avait eu l'idée d'administrer de la ribavirine à des singes, quelques années auparavant, démontrant ainsi l'efficacité du produit contre Lassa. Plus récemment, il avait été associé à une série d'enquêtes sur des épidémies de FHS dans des animaleries pour singes aux Etats-Unis. Les fièvres hémorragiques simiennes (ou FHS) sont très graves. Elles sont censées n'exister qu'en Afrique et peut-être en Inde. A part le fait qu'il s'agit d'un grand virus à ADN sans virus apparentés connus, on savait peu de choses du virus FHS. Le CDC n'était pas impliqué dans ces enquêtes, ni à l'époque, ni dans le passé. Le virus FHS relève exclusivement de la recherche vétérinaire. Il n'entraîne aucune maladie chez l'homme. Il semble d'ailleurs qu'il ne contamine même pas l'être humain.

On avait fait venir Peter à Reston, en qualité de spécialiste des FHS. L'enquête s'annonçait de pure routine. Il avait prélevé plusieurs échantillons sur des singes infectés (et qui en étaient morts), puis les avait placés dans des tissus en culture. Il les fit examiner, certain de ne rien trouver d'inhabituel. Mais le microscope électronique montra quelque chose qui le mit en alerte. Sur un cliché, on voyait une forme évoquant un gros serpent.

Peter comprit immédiatement. La forme reptilienne ressemblait à un organisme connu sous le nom de filovirus. Plus précisément, il ressemblait à l'un des virus les plus mortels que l'homme ait jamais rencontrés. Il ressemblait à Ebola.

Par-dessus le marché, les singes incriminés ne venaient pas d'Afrique. Ils arrivaient des Philippines. Or, les FHS n'étaient pas censées sévir en Asie. Ebola, encore moins. On nous invitait à venir à l'USAMRIID pour discuter de la situation et échanger des idées. Après tout, le CDC avait plus d'expérience de terrain et de laboratoire, pour ce qui concernait Ebola, que n'importe quel autre organisme. En outre, c'est lui qui avait la responsabilité de mener l'enquête dès qu'il y avait le moindre risque pour la santé publique. A l'époque, Karl Johnson n'était plus à l'USAMRIID, qu'il avait rejoint après son départ du CDC en 1982. Il l'avait quitté trois ans plus tard pour travailler en indépendant en Californie. C'était dommage. Sa compétence dans le domaine des maladies hémorragiques nous aurait été précieuse.

Sur le chemin de Washington, nous eûmes le temps de ruminer quelques questions brûlantes. Comment le virus était-il passé d'Afrique à des singes qui avaient été expédiés d'Asie via l'Europe ? Est-ce que quelqu'un importait illégalement en Asie des singes africains ? Avaient-ils été exposés, durant leur voyage, à un virus venu d'Afrique ? Les singes voyagent dans les soutes à fret des avions de transport de passagers. Ils sont enfermés dans des caisses de bois et embarqués sur de grandes palettes. Des commerçants peu honorables les font souvent voyager dans des conditions horribles. Mais les singes qui nous intéressaient avaient volé sur KLM. Autant dire en première classe, comparé à beaucoup de compagnies aériennes.

Par ailleurs, pensions-nous, supposons que ce virus ne vienne pas d'Afrique. Supposons qu'il s'agisse d'un nouveau venu. Un filovirus asiatique ? Pour autant que nous sachions, la famille des filovirus ne comptait que deux membres : Ebola et Marbourg. On n'avait jamais trouvé Ebola (deux souches connues) ailleurs que dans le nord du Zaïre et le sud du Soudan. Quant à Marbourg, il semblait se cantonner dans une région de l'Ouganda située au nord du lac Victoria, et dans la zone de cavernes du mont Elgon, à l'ouest du Kenya. Un cas resté inexpliqué de maladie à virus de Marbourg avait été recensé dans un hôpital sud-africain. La victime avait fait un voyage au Zimbabwe. C'était tout. Nous ne savions rien d'autre, à l'époque, sur l'origine des filovirus.

L'histoire de Marbourg était intéressante. Les premiers cas furent recensés en 1967, dans la ville du même nom, en Allemagne. C'était la première fois qu'on identifiait une infection par filovirus. Les enquêteurs établirent que le virus avait été véhiculé par des singes importés d'Ouganda. Trente et une personnes — techniciens de laboratoire, vétérinaires, gardiens d'animaux, et leurs proches — furent contaminées. Sept d'entre elles moururent. On sut plus tard que les singes incriminés mouraient à une vitesse beaucoup plus grande que prévu, même en tenant compte du stress du voyage. A l'issue d'une période de trois mois, au moins un tiers des animaux étaient morts — au rythme moyen de deux ou trois par jour.

Nous allions devoir être vigilants. Il faudrait peut-être affronter une situation identique.

A aucun moment nous n'avons pensé que cette découverte pût résulter d'une contamination en laboratoire. Cette explication n'aurait rien eu d'extravagant, mais nous avions trop de respect pour le travail de Peter. S'il disait qu'il avait reproduit Ebola à partir d'un singe, eh bien, c'était comme il disait.

Fred et moi avons atterri à Dulles, puis nous avons pris la route de Frederick, dans le Maryland. Dès notre arrivée, nous nous sommes rendus aux bureaux de la direction de l'USAMRIID. Une réunion de synthèse allait démarrer. Toutes les huiles de l'USAMRIID étaient là, y compris le général Russell, le chef de la division, Peter Jahrling et C.J. Peters. On nous présenta Dan Dalgard, vétérinaire aux laboratoires Hazelton, la firme propriétaire des singes. Je vis avec plaisir qu'on avait invité un représentant du secrétariat à la Santé de l'Etat de Virginie.

Peter Jahrling commença par exposer ses conclusions. Il raconta comment Dalgard lui avait envoyé des échantillons prélevés sur des singes malades, dans les locaux de Hazelton. Le vétérinaire avait déjà rencontré des cas de FHS chez ses singes. Il avait pensé que c'était à nouveau le cas. Il est certain que ça y ressemblait beaucoup. En fait, il avait raison. Les singes étaient bien infectés par un virus de FHS. Joan Rhoderick démontra une fois de plus qu'un technicien de laboratoire observateur pouvait jouer un rôle de premier plan. Elle avait remarqué que les cellules, dans un des flacons, se volatilisaient. Quelque chose était en train de les tuer. Peter renifla le flacon ouvert, cherchant à identifier l'odeur si caractéristique de la contamination bactérienne. Comme il ne sentait rien, il confia le flacon à un jeune interne impatient nommé Tom Geisberg. Il le pria de préparer le matériel et de mettre à l'épreuve ses talents tout neufs au microscope électronique. Le résultat de cette opération a été décrit par le journaliste Richard Preston dans *Virus*[1]. Cela res-

1. Richard Preston, *Virus*, Paris, Plon, 1994.

semblait bien à Ebola. Peter Jahrling se rappela subitement qu'il avait reniflé un flacon plein de cette substance.

Est-ce qu'il s'agissait d'une manœuvre d'Ebola ? Après tant d'années d'éclipse... Apparaître si soudainement à un jet de pierre d'un des laboratoires les plus sophistiqués du monde ? Sans parler du siège du gouvernement fédéral américain ?

Pour moi, cela ne faisait aucun doute. Quel qu'il fût, ce virus allait provoquer du remue-ménage. Certains des militaires assis autour de la table semblaient incapables de s'exprimer autrement que par des exclamations. La pièce était pleine de fièvre et d'ego. Assez curieusement, aucune des personnes présentes — à l'exception de moi-même — n'avait jamais vu un patient atteint d'Ebola. En les écoutant, je me rappelais l'époque où je m'agenouillais sur le sol d'une case, à Nzara, pour effectuer des prises de sang à la lueur d'une lampe à essence. C'était pour de bon. Mais là, à Washington ?

Notre tâche consistait à mettre sur pied un plan d'action cohérent qui donnerait priorité aux questions de santé publique. Ce n'était pas une mince affaire. Dans cette perspective, je devais travailler en étroite collaboration avec le secrétariat à la Santé publique de l'Etat de Virginie, et lui fournir toute l'assistance dont il aurait besoin. C'était pour cela que les contribuables finançaient le CDC.

Il fut décidé que l'USAMRIID continuerait à s'occuper de tous les problèmes liés aux animaux. C'était à eux qu'il revenait d'établir dans quelle mesure le virus s'était propagé d'une bête à l'autre au labo, et de définir une stratégie pour empêcher la maladie de se répandre à l'extérieur. Tandis que les militaires se chargeaient des singes, je travaillerais avec les autorités sanitaires pour limiter les risques encourus par la population humaine. C'est ainsi que nous nous partageâmes les responsabilités. Plus tard, je lirais avec surprise sous la plume de Richard Preston que le CDC avait l'intention de prendre en charge l'ensemble des opérations. Ni Fred ni moi n'avons eu une telle idée, et nous n'avons rien proposé en ce sens. Ce n'était pas mon style. Et nous ne disposions pas, en tout cas, des moyens nécessaires pour résoudre les problèmes relatifs aux singes. Pour ce faire, l'armée était la bienvenue.

Bien entendu, tout cela se déroulait à quelques pas de l'endroit le plus médiatisé du monde. Jusqu'alors, nous n'avions pu obtenir de Washington de financement significatif pour soutenir des projets liés aux fièvres virales hémorragiques. Nous les regardions allouer de gros budgets à des maux beaucoup moins définissables, comme le syndrome de la fatigue chronique.

— Ce qu'il faudrait, disions-nous en plaisantant, c'est que quelqu'un lâche autour du Capitole des rats *Mastomys* pleins de virus Lassa. Cela finirait peut-être par attirer leur attention. Le Congrès comprendrait enfin que ces virus existent vraiment.

Et soudain, ce qui n'était qu'une plaisanterie semblait dangereusement proche de la réalité. Nous savions parfaitement que, dès que la nouvelle éclaterait, tous les médias viendraient nous souffler dans le cou. Le fait de savoir que des reporters armés de micros et de caméras allaient converger sur nous ajoutait à la tension qui régnait dans la salle de réunion.

Il n'y avait qu'une chose à faire. Pour éviter de provoquer une panique, il était impératif d'adopter un profil bas et d'aborder les choses calmement. J'avais connu cette situation lorsque Azikiwe avait eu la fièvre de Lassa à Chicago, et lorsque quelques cas possibles d'Ebola étaient apparus dans le New Jersey, plusieurs années auparavant. Il suffit de rester serein et mesuré, de définir les risques, de mettre au point un plan pour les limiter, et de calmer les gens en leur expliquant précisément ce qui se passe. J'avais toujours réglé les problèmes avec la presse en lui donnant les faits tels que je les connaissais, sans essayer de dissimuler ce que j'ignorais.

Après la réunion, notre premier mouvement fut de publier un communiqué de presse au nom de l'USAMRIID et du CDC. On y disait simplement qu'un virus pouvant être Ebola avait été identifié chez un groupe de singes dans un laboratoire de recherches de Reston, en Virginie. Notre plan d'action consisterait à identifier les êtres humains qui avaient été en contact avec le virus à Hazelton, à suivre et contenir les singes, et à découvrir si d'autres animaux, ailleurs, avaient été contaminées. Nous allions inspecter d'autres importateurs d'animaux, ce qui nous permettrait peut-être de découvrir où les singes de Reston avaient attrapé le virus. Cette tâche relevait des compétences du service des Quarantaines du CDC, qui contrôlait depuis quelque temps les conditions dans lesquelles s'opérait le commerce des singes. Sa réaction fut donc rapide et efficace. Nous avions du pain sur la planche. L'ensemble de l'opération évolua très vite en un important effort de collaboration.

Les fonctionnaires chargés du dossier au ministère de la Santé de Virginie se révélèrent de remarquables diplomates. Non seulement ils étaient compétents, mais ils ne cessèrent jamais d'être rationnels, ce qui était loin d'être facile dans ces circonstances. Il me fut beaucoup plus aisé que prévu de leur expliquer comment Ebola se transmettait. Ils auraient pu avoir envie de placer dans une catégorie à haut risque quiconque s'était approché des tissus infectés. Cela aurait été inutile et n'aurait servi qu'à angoisser sans raison les gens concernés. Mais cela aurait été plus conforme à ce qu'on attendait des fonctionnaires. La technique « en cas de doute, verrouillez tout ». Mais les représentants de l'Etat choisirent de ne pas s'abandonner à la panique.

Malheureusement, certains membres de la presse exploitèrent cette atmosphère de crise afin de se mettre en vedette. Le message que nous tentions de faire passer — « Grâce à notre expérience sur le terrain et en laboratoire, nous en savons assez pour contenir ce genre d'infections virales » — en fut parfois déformé.

Je me mis au travail pour évaluer les risques réels pour les hommes, avec mes collègues du CDC — y compris Sue, qui était la seule à posséder une véritable expérience de l'infection des singes par Ebola. En équipe avec un épidémiologiste du CDC, Steve Ostroff, et les services de

Santé de l'Etat de Virginie, nous avons dressé une liste des personnes ayant pu être exposées, et établi un questionnaire qui devait nous permettre de mesurer leur degré d'exposition. Nous devions identifier tous ceux et celles qui avaient été en contact avec les animaux ou leurs tissus.

Les choses se passèrent beaucoup moins facilement. Quand j'arrivai aux laboratoires Hazelton, j'appris qu'on avait organisé une réunion des employés qui pouvaient avoir été en contact avec les tissus animaux — à l'exception du personnel du pavillon des singes, dont nous devions nous occuper séparément. Je n'étais pour rien dans cette réunion. C'était une idée de la firme. La réunion était présidée par une pathologiste vétérinaire de l'armée, qui travaillait sur les singes. Elle ne savait pas qui j'étais. Et elle savait à peine qui était Ebola. Comme la réunion semblait parfaitement organisée, je me dis qu'il valait mieux ne pas intervenir. De fait, je gardai le silence jusqu'à la fin, en attendant qu'on m'interroge.

Cela ne veut pas dire que je n'étais pas tenté. Je dus écouter une description de la maladie qui n'avait qu'un vague rapport avec la réalité. Mais je me disais que j'avais peu à gagner à me lever et la contredire devant tous ces gens. Ils auraient pu penser que nous ne savions pas quoi faire, avoir l'impression que la situation était incontrôlable, et s'inquiéter à juste titre. Quand on me donna la parole, je leur dis qu'il était fort peu probable qu'ils soient infectés. Il était hautement improbable que le virus ait sauté à travers le pavillon des singes, et quitté l'animalerie pour aller contaminer une secrétaire dans la cafétéria. Pour contracter Ebola, il ne suffit pas de se trouver dans la même pièce qu'un tissu de singe infecté. Les seules personnes menacées étaient celles qui s'étaient trouvées en contact étroit avec des bêtes malades. Je promis à l'auditoire que nous allions les identifier et les surveiller de très près.

Naturellement, les gens voulurent savoir ce qui leur arriverait s'ils tombaient malades. Je leur affirmai que toute personne contaminée recevrait les meilleurs soins disponibles au Fairfax County Hospital. J'insistai sur le fait que le personnel soignant de cet établissement était entraîné à faire face à de telles situations. Après tout, leur dis-je, nous avons prouvé que même parmi les proches des malades d'Ebola, en Afrique, le taux de transmission n'est que de 10 %. Le risque était un peu plus élevé pour ceux qui soignaient les patients très atteints, mais il restait limité. Le véritable danger venait des plaies provoquées par des instruments ou des aiguilles souillés de sang infecté. Tous les employés ayant été en contact avec le virus avaient toujours porté des gants, dans de bonnes conditions de sécurité, et l'on n'avait pas recensé d'accidents ayant entraîné des coupures, des égratignures ou des piqûres d'aiguille. Par ailleurs, j'avais vu quantité de patients agonisant au Soudan, et j'avais été témoin, au Zaïre, des terribles conséquences de la transmission du virus. Je ne voulais donc pas avoir l'air trop décontracté.

La personne la plus sensée avec laquelle j'aie travaillé, chez Hazelton, fut sans doute le docteur Dalgard, le vétérinaire responsable des singes. Je pouvais comprendre son dilemme. Il était tiré dans trois directions différentes. Il devait se préoccuper de ses bêtes, tout en pensant aux risques qu'elles faisaient courir aux hommes. Il n'ignorait pas non plus les répercussions d'ordre financier que cette affaire pouvait avoir au sein de la firme qui l'employait. En tout cas, ses collègues gardèrent leur calme. Au moins ils ne paniquèrent pas, ne se révoltèrent pas, et — surtout ! — ne firent pas mine de courir prévenir les journaux ou appeler leur sénateur. Au lieu de quoi, ils travaillèrent avec nous pour s'organiser en groupes, en fonction des contacts qu'ils avaient eus avec les tissus contaminés et les animaux.

Pendant tout ce temps, le débat sur la propagation d'Ebola par voie aérienne allait bon train. Ce vieux serpent de mer relève la tête à chaque apparition du virus. Toute la connaissance épidémiologique de la maladie, y compris ce que nous ont appris les trois épidémies de 1976-1979 et la première épidémie de maladie à virus de Marbourg, prouve pourtant qu'il s'agit d'une idée fausse. De nombreux cas avaient été traités dans des cabanes mal aérées. Malgré cela, les seules personnes qui aient jamais contracté la maladie d'un être humain sont celles qui s'étaient trouvées en contact direct avec les patients (et en particulier avec leurs humeurs et excrétions : sang, urine, vomi ou selles). Si Ebola se propageait dans l'air ambiant, Roy Baron et moi aurions dû être contaminés, à Nzara. Plus récemment, un groupe de paysans gabonais a été frappé par Ebola. Ils avaient manipulé le cadavre d'un chimpanzé tué par le virus, que des enfants avaient apporté à la maison. Une fois de plus, c'est le fait d'avoir manipulé une bête infectée pour préparer de la viande pour la cuisine qui avait été la source de l'épidémie. C'est d'ailleurs pour avoir compris cela (et grâce à leur capacité à réagir vite et bien) qu'Alain Georges et son équipe du Centre international de recherche médicale de Franceville avaient pu la maîtriser.

Tout le problème vient de la difficulté à prouver un fait négatif. Il est facile de démontrer que quelque chose *peut arriver*. En revanche, il est difficile de prouver que quelque chose *n'arrive jamais*. Nous connaissons des exemples évidents de maladies se transmettant par voie aérienne : la variole, la grippe, la rougeole. Mais il existe de grandes différences entre elles et Ebola. Primo, il s'agit avant tout d'agents pathogènes humains. Cela signifie que leur principal vecteur est l'homme, dont l'appareil respiratoire est la cible privilégiée. Ces maladies sont « programmées » pour se transmettre à l'homme par les voies respiratoires. C'est leur principal mode de transport. Secundo, des maladies comme la rougeole se propagent si vite et si directement que leur taux d'infection est beaucoup plus élevé que celui observé pour Ebola. Dans les cases mal ventilées des villages africains, plusieurs sortes de virus transmissibles par aérosol (mais aussi des bactéries, comme la tuberculose) se propagent facilement. Beaucoup de gens sont contaminés. Mais pas par Ebola.

Il est exact que des expériences ont été menées à l'USAMRIID, pour montrer que certains virus de fièvres hémorragiques peuvent se propager par voie aérienne. Mais on utilisait un dispositif (une sorte de muselière fixée sur la tête de cobayes et de singes) qui amenait, sous pression, de grandes quantités de virus. Résultat : tous les animaux étaient infectés. Mais on était très loin des conditions naturelles. La seule conclusion qu'on pouvait en tirer, c'était que si l'on s'en donnait les moyens, on pouvait provoquer une pneumonie avec pratiquement n'importe quoi, y compris les bactéries non pathogènes qui vivent sur la peau, comme le *Staph epidermidis*.

Sachant tout cela, j'étais convaincu que la propagation aérienne du virus devait être rarissime, sinon impossible. Ce n'était certainement pas mon souci prioritaire.

Après avoir dressé la liste exhaustive des personnes concernées, classées selon leur degré d'exposition au virus, nous avons défini les niveaux de surveillance correspondants. Nous devions entretenir un contact quotidien avec chacune d'entre elles, nous assurer de leur bien-être général et guetter d'éventuelles poussées de fièvre.

C'était aussi à moi de m'assurer que nous avions pris les dispositions nécessaires — et trouvé l'endroit approprié — pour traiter tous nos patients éventuels. Nos lignes de conduite étaient les mêmes que jadis à Chicago. Les patients seraient admis dans un hôpital ordinaire, capable de leur fournir les soins dont ils avaient besoin, pourvu que l'isolement soit respecté. Cette décision s'expliquait de plusieurs façons. Primo, un patient souffrant d'une fièvre hémorragique a besoin des soins cliniques les plus sophistiqués. Ce n'est possible que s'il a accès à l'équipement d'un hôpital, en particulier à une unité de soins intensifs. Secundo, il y a peu d'installations de niveau de sécurité 4 accessibles aux patients. On perdrait un temps précieux à les y transférer, et le transport lui-même exposerait encore plus de gens. (Un patient souffrant d'une fièvre hémorragique supporte très mal les déplacements, car son système cardio-vasculaire devient instable, ce qui lui fait courir le risque d'un état de choc et d'hémorragies. Le voyage peut donc être mortel.) Tertio, une équipe soignante attachée à une installation de niveau 4 peut très bien se révéler incapable de dispenser des soins spécialisés complexes, faute de le faire quotidiennement — ce qui est rarement le cas si l'installation ne se trouve pas au sein même d'un hôpital de grande ville.

Pour soutenir mon point de vue, je rappelle simplement ceci : il y a quelques années, sans le savoir, on admettait dans les salles communes d'hôpitaux londoniens des patients atteints de la fièvre de Lassa. Il arrivait même que certains d'entre eux ne fassent pas l'objet d'un bon diagnostic jusqu'à leur guérison. Et même en l'absence de toute mesure d'isolement particulière, pas un seul membre du personnel soignant ne fut contaminé. Le sang d'Azikiwe contenait plus de Lassa que presque n'importe quel autre patient jamais testé par nous. Et pourtant, aucune des personnes qui avaient été en contact avec lui dans un hôpital spécialisé de la banlieue de Chicago ne fut contaminée.

J'ai passé un temps considérable avec le docteur Allan Morrison, épidémiologiste et spécialiste des maladies infectieuses au Fairfax General Hospital, et avec l'équipe de l'unité de soins intensifs de cet hôpital. Ils m'écoutèrent avec beaucoup d'attention décrire les risques auxquels ils s'exposaient, et mes instructions relatives aux précautions à prendre. Pour parer à toute éventualité, Cuca Perez avait préparé le laboratoire mobile, où l'on disposait de l'équipement nécessaire pour tester des agents pathogènes de niveau 4. Nous pourrions donc analyser le sang et le sérum de tout cas potentiel d'infection par Ebola, et formuler immédiatement un diagnostic. Cuca serait responsable, si nécessaire, de la conduite des tests.

Nous n'eûmes pas à attendre longtemps.

Le 4 décembre au matin, un des employés travaillant à l'animalerie de Reston se rendit à son travail. Il avait de la fièvre. Il fut pris de vomissements. Vu la tension qui régnait au pavillon des singes, c'était suffisant pour déclencher l'alarme. Le gardien fut conduit en toute hâte à l'unité de soins intensifs de l'hôpital. L'équipe s'acquitta des procédures d'admission, sans oublier les règles de protection préalablement définies. Je l'examinai et je recueillis son témoignage. Je compris très vite que s'il s'agissait d'Ebola (ce dont je doutais), la maladie ne se présentait pas sous la forme classique que nous avions vue à l'œuvre en Afrique. Ebola se caractérise notamment par une soudaine poussée de fièvre, des douleurs musculaires et articulaires et des migraines. Le virus vous fait tout de suite comprendre que vous êtes malade. Rien de tel chez cet homme.

Il existait une vague possibilité qu'il ait été contaminé par une nouvelle forme d'Ebola, par une variante encore inconnue. Nous devions donc nous préparer à affronter un nouveau profil de la maladie. Moins de vingt-quatre heures plus tard, Cuca confirma mon intuition. Tous les tests étaient négatifs. Ce n'était pas Ebola. Notre homme n'avait plus de température. S'il avait fallu deviner, j'aurais dit que ce gardien souffrait d'une crise d'angoisse aiguë. Etant donné les circonstances, je ne pouvais pas le lui reprocher.

29

La bombe asiatique

Il régnait une animation inhabituelle dans le bureau de Joe, voisin du mien aux Agents pathogènes spéciaux. C'était le soir du 30 novembre 1989. Fred Murphy était là. Au son de sa voix, je compris qu'il était surexcité. J'avais naturellement envie de savoir ce qui se passait. J'avançai la tête dans l'embrasure de la porte. Ils m'invitèrent à entrer.

— Le général Russell, de l'USAMRIID, vient d'appeler Fred, me dit Joe. Peter prétend avoir trouvé quelque chose qui ressemble à Marbourg ou Ebola chez un singe malade. Dans un labo, à Reston, à deux pas de Washington.

Je connaissais bien Peter Jahrling. Pendant des années, il avait mené des recherches sur Lassa et Ebola, dans l'unité de niveau 4 à Fort Detrick. Mais Ebola à Washington !

— Il doit rêver, dis-je.

D'après le peu que nous savions de Marbourg, ce n'était pas totalement impossible. Si c'était arrivé une fois, cela pouvait se produire à nouveau. Fred donna des détails sur sa conversation avec le général Russell. Apparemment, ils avaient mis en culture des tissus prélevés sur un singe mort, et ils avaient découvert qu'ils grouillaient de filovirus.

— D'où venait ce singe ? demandai-je.

Je m'attendais à ce qu'il mentionne l'Ouganda, l'origine des singes de Marbourg.

— Des Philippines.

Les Philippines ?

— Mais les seuls cas de singes infectés ont été recensés en Afrique. Aucun virus de FHS n'est censé se trouver aux Philippines.

Fred et Joe acquiescèrent. Cela ne leur avait pas échappé. Mais nous connaissions assez Peter pour savoir que nous devions le prendre au sérieux. S'il prétendait avoir découvert un filovirus dans un singe philippin, c'était probablement le cas. Par ailleurs, d'après Fred, il avait la certitude absolue que les singes hébergeaient un virus de FHS. Il fallait en conclure qu'ils avaient été contaminés simultanément par deux virus, qui n'étaient censés ni l'un ni l'autre se trouver hors d'Afrique (Inde exceptée). Un virus de FHS et un filovirus

Et tout cela se passait près de Washington.

Le lendemain, Fred et Joe se rendirent à l'USAMRIID pour rencontrer le personnel civil et militaire impliqué dans l'affaire. A leur retour, ils mirent au point la stratégie du CDC. Joe décida de retourner à Reston avec Steve Ostroff, pour organiser une surveillance épidémiologique et prévoir les soins à apporter à d'éventuels malades.

— Sue, me dit-il, nous ignorons où ces singes ont été infectés. Il faut dresser un plan pour reconstituer leur trajet et chercher les indices suggérant des contacts avec l'Afrique.

Cela allait être très compliqué. Nous commençâmes par appeler, parmi les gens que nous connaissions, tous ceux qui pouvaient avoir des informations sur les trafics de singes dans diverses parties du monde. Cela incluait Jim Meegan, à l'OMS, et Mark White. Ce dernier dirigeait à Manille le « Programme de formation épidémiologique sur le terrain » patronné par le CDC. Nous prîmes contact avec des chercheurs allemands et soviétiques, qui pourraient confirmer certaines rumeurs à propos de singes agonisants exportés de leurs pays. L'aide de Mark White, surtout, était précieuse, car les singes infectés venaient des Philippines. Joe le persuada de faire son possible pour enquêter sur les pavillons de singes de Manille. Mark avait la chance de compter quelques vétérinaires dans son équipe d'épidémiologistes. Ce que nous leur demandions était précisément le type de travail qu'ils aimaient. Par ailleurs, les Philippines traversaient un moment difficile de leur histoire. La guerre civile faisait rage dans plusieurs régions, ce qui compliquerait les déplacements de Mark et de ses hommes.

J'eus aussi de longues conversations avec le responsable des expéditions de la KLM à New York, dont l'aide nous fut très utile. Les singes avaient été embarqués à Manille en octobre 1989. En recoupant nos sources, nous découvrîmes qu'il y avait dans cette ville quatre marchands de singes. Mais les bêtes malades venaient toutes du même établissement. Elles avaient voyagé dans les soutes de vols réguliers de la KLM, et avaient passé une nuit en transit dans le pavillon pour animaux de l'aéroport d'Amsterdam. On nous apprit aussi (mais c'était invérifiable) que certains des singes qui étaient arrivés aux Etats-Unis avaient été soumis pendant le vol à de la surchauffe. S'agissait-il des mêmes bêtes ? On découvrit que c'était une autre expédition, sur un avion d'une autre compagnie. La surchauffe n'avait rien à voir avec le filovirus. En temps normal, 5 % environ des singes importés mouraient pendant le vol ou à l'arrivée, à cause du stress du voyage. Mais là, nous avions affaire à un taux de 20 à 50 % ! Et il y avait une autre complication. Les bêtes destinées à Reston avaient séjourné dans un autre pavillon pour singes... à l'aéroport Kennedy ! New York était dans le coup désormais, au même titre que les faubourgs de Washington.

Dans un couloir, je croisai par hasard un confrère qui avait une longue expérience du travail avec les militaires. Il avait eu vent de mes occupations du moment.

— Je dois vous mettre en garde, Sue.

Quoi, encore ? me dis-je.

— De quoi s'agit-il ?

— Ecoutez-moi bien. Cette épidémie va modifier

entièrement le caractère de votre service. Quand ce sera fini, rien ne sera plus comme avant.

Je ne comprenais pas comment ce serait possible, ni en quoi cette épidémie était si différente des précédentes. Mais je cessai bien vite d'y penser pour me consacrer au travail immédiat. J'appelai Peter Jahrling, à l'USAMRIID.

— C'est la folie, ici, me dit-il. Nous sommes submergés par les cadavres de singes. Je n'ai jamais rien vu de tel.

Il me dit ce qu'il savait, et me proposa quelques indices quant à l'origine des singes. Les vétérinaires s'occupaient eux-mêmes des bêtes, me dit-il, et il était très heureux de n'avoir aucune responsabilité en ce domaine. On se promit de garder le contact.

Le lien avec l'Afrique. J'étais sûre qu'il y avait un lien avec l'Afrique. Mais comment le trouver ? Joe et moi discutâmes de plusieurs stratégies. Il ne nous fallut pas longtemps pour décider ce que je devais faire.

— Il faut vous faire inviter à Amsterdam, me dit-il. Quelqu'un doit y aller, pour découvrir ce qui est arrivé aux singes durant leur transit.

Cette mission me valut de longues et délicates conversations téléphoniques intercontinentales, avec des interférences politiques. Des problèmes de compétence territoriale se posèrent immédiatement. Les autorités hollandaises s'inquiétaient à l'idée que des singes pleins d'Ebola aient pu transiter par un de leurs aéroports. Je pris contact avec Jim Meegan, à Genève. Ce virologiste de l'armée était employé par l'OMS en qualité d'expert en fièvres hémorragiques. Mais c'était aussi un théoricien, spécialisé dans les tests de diagnostic pour les arbovirus. La plupart sont tout au plus de niveau de sécurité 2 ou 3. En fait, il n'avait jamais travaillé sur le genre de virus mortel auquel appartenait l'agent pathogène simien. Il décida pourtant de partir enquêter à Amsterdam, accompagné d'un vétérinaire. Il me fit l'impression qu'il considérait cela comme son territoire exclusif, alors qu'il n'avait aucune expérience de l'infection Ebola. Les choses avaient changé, depuis l'époque où nous étions le laboratoire de référence pour épauler l'OMS. (En principe, c'était toujours le cas, mais la politique passait la première, désormais.)

Il y eut d'autres problèmes. Les fonctionnaires des services de santé d'Amsterdam comprenaient parfaitement, bien entendu, que nous cherchions à savoir d'où venait le virus. Mais ils me laissèrent entendre que le CDC ne serait peut-être pas le bienvenu aux Pays-Bas. Apprenant cela, Fred me mit en contact avec le professeur Bruinsma, éminent virologiste hollandais et professeur à l'Institut de médecine tropicale de Rotterdam. C'était, aussi, un de nos anciens collègues. Dès que je pus lui parler au téléphone, je compris que nous avions un allié. Il était agréable, bien informé, et montrait une attitude positive.

— Ne tenez pas compte de ces fonctionnaires, me dit-il. Rien que de la politique, comme d'habitude. Venez à Amsterdam. Retrouvons-nous ici, et nous essaierons de voir ce qui se passe.

Il ajouta que le ministère de la Santé avait organisé une réunion pour discuter de cette épidémie. Elle devait se tenir à La Haye le lendemain. C'était donc le bon moment pour venir. Malgré ses encouragements, je nourrissais encore quelques inquiétudes. Je sentais qu'il me fallait une invitation officielle. Mais lorsque j'annonçai à Joe et Fred que le ministère hollandais de la Santé m'avait explicitement priée de ne pas venir, ils n'hésitèrent pas une seconde.

— Allez-y quand même, dit Fred.

Nous ne nous conduisions ainsi que dans des circonstances exceptionnelles. Sans doute était-ce le cas. En temps normal, nous ne pouvions pas mener d'enquête hors des locaux du CDC sans une invitation des autorités locales — qu'il s'agisse d'une épidémie d'hépatite dans l'Idaho, ou d'un empoisonnement alimentaire dans le Nebraska. C'était encore plus vrai lorsque l'épidémie se déclarait sur un sol étranger. Par ailleurs, on pouvait admettre que la situation était extraordinaire. En outre, Fred était mon patron, et il m'avait donné un ordre direct. Techniquement, d'ailleurs, j'avais reçu une invitation — celle du professeur Bruinsma —, même si elle était d'ordre privé. Je me souvins aussi que le représentant de KLM à New York m'avait promis une totale coopération de la part de sa compagnie, à l'aéroport de Schiphol-Amsterdam. Je n'avais pas le choix. Je devais partir et tenter ma chance.

Le soir même, je m'envolais pour Amsterdam. Le siège voisin du mien était libre. Parfait, me dis-je, je vais pouvoir me mettre à l'aise. Qui sait, peut-être même vais-je pouvoir dormir un peu. Cela me permettrait d'être en pleine forme pour attaquer la journée du lendemain, qui s'annonçait difficile.

Mais dès qu'on nous autorisa à déboucler nos ceintures, un homme trapu d'une cinquantaine d'années vint s'installer à côté de moi.

— Je vous accompagne, me dit-il. Chuck McCance, service des Quarantaines.

Les Quarantaines occupaient un bâtiment séparé, au CDC. Je n'avais jamais rencontré cet homme. Qu'est-ce qui se passait ?

En fait, Chuck fut d'excellente compagnie. Il était compétent et expérimenté. Il me donnerait son soutien et ses conseils. Le fait qu'il m'accompagne à Amsterdam montrait l'importance que les Quarantaines accordaient à la situation. Ce service est le seul au CDC à posséder statutairement une autorité légale, et l'importation de singes sur le territoire américain relevait directement de son pouvoir. Je lui racontai combien les Hollandais s'étaient montrés intraitables. Chuck fut surpris d'apprendre qu'on m'avait tout de même donné l'ordre de partir. Il avait cru que j'avais une invitation. Il m'avoua finalement qu'il n'en avait pas non plus. Nous ne pourrions pas faire grand-chose, à Amsterdam.

Comme promis, le professeur Bruinsma m'attendait à l'arrivée. D'emblée, ce petit homme fringant, proche de la soixantaine, nous fit sentir que nous étions les bienvenus. Mais nous n'avions pas de temps à perdre en politesses. La Haye se trouvait à une heure de route. Nous devions nous hâter. Pendant le trajet, le professeur Bruinsma nous apprit que notre situation n'était pas du tout exceptionnelle. Depuis toujours, les Européens détestent se voir dicter leur conduite par les Américains.

— Mais les questions politiques sont moins importantes que le fait de savoir si le passage d'Ebola dans l'aéroport crée un réel problème, dit-il.

Il voulait nous rassurer et nous faire comprendre que notre aide était nécessaire.

A La Haye, il nous conduisit à un vieux bâtiment à l'air officiel. J'étais incapable de dire ce qui me mettait si mal à l'aise — mes nerfs ou le décalage horaire. Le professeur Bruinsma nous escorta jusqu'à une salle de dimensions modestes. Les deux tables qui en occupaient le centre ne laissaient presque pas de place pour autre chose. Plusieurs personnes se trouvaient déjà là. Je ne reconnus que Jim Meegan, de l'OMS. Mais une chose était claire. J'étais la seule personne dans la salle qui eût l'expérience d'un contact direct avec Ebola. La question ne se posait plus. J'était *bel et bien* nerveuse.

A ma grande surprise, l'atmosphère semblait amicale. On m'invita même à dire quelques mots sur Ebola. Ma contribution fut plutôt bien accueillie. Chuck observait la scène avec une vive attention, sans mot dire. Au bout d'une heure, la réunion toucha à sa fin. J'avais l'impression que les choses allaient beaucoup mieux que je n'avais osé l'espérer. Nous avions obtenu la permission d'examiner les lieux où avaient logé les singes. Mais lorsqu'on leva la séance, un des hauts fonctionnaires se dirigea vers moi. Il me parla presque à voix basse, pour que personne ne l'entende.

— Je vous avais dit que nous n'avions pas besoin de vous.

— Je suis désolée, lui dis-je. En temps ordinaire, je n'aurais jamais fait cela. Mais j'ai reçu l'ordre de venir ici. Je n'avais pas le choix.

Que pouvais-je dire d'autre ?

Il hocha gravement la tête.

— Je ne vous ai pas demandé de quitter la réunion parce que vous êtes une femme. Mais dites bien à vos supérieurs de ne plus jamais agir de la sorte.

Chuck était assis juste derrière moi. Il ne put s'empêcher d'entendre ce que nous disions. D'une façon caractéristique, il ne réagit pas.

En dépit des problèmes d'ego — sans parler de mon embarras —, nous avions obtenu ce que nous voulions. Le lendemain, nous allâmes visiter la salle des singes du foyer pour animaux, dans la zone de fret de l'aéroport de Schiphol. C'était un bâtiment en forme de hangar, vaste et bien éclairé, qui pouvait accueillir toutes sortes de bêtes — des animaux de compagnie aux fauves exotiques. Il y avait même une zone prévue pour les chevaux de course. Deux petites salles abritaient les singes, les oiscaux et autres créatures exotiques de petite taille. J'étais stupéfaite de trouver un endroit aussi agréable. Il semblait géré avec beaucoup d'efficacité. En fait, il supportait aisément la comparaison avec la salle d'embarquement de l'aéroport. Et il était moins encombré.

On nous expliqua que les oiseaux et les singes étaient parfois cantonnés ensemble. Pour un virologiste, cela suggérait des possibilités intéressantes. Se pouvait-il que l'objet de nos recherches fût un virus d'oiseau ? L'idée n'était pas tirée par les cheveux. Nous nous étions déjà demandé, parfois, si Ebola n'était pas un virus de plante — simplement parce que certains virus de plante avaient une forme vaguement semblable à la sienne.

Le directeur de ces lieux nous assura que les singes en route pour Reston n'avaient passé que quelques heures chez lui. Ses archives indiquaient en effet que la durée de l'escale avait été de six heures. Etait-il possible que les singes de Reston aient pu, en si peu de temps, entrer en contact avec des animaux venus d'Afrique ? Les seuls liens possibles avec ce continent, d'après les fiches, étaient deux primates : un babouin et un nasique tacheté du Ghana, destinés à un zoo privé de Mexico. Etait-ce le lien que nous cherchions ? Nous n'avions aucun moyen de le savoir. Le directeur nous apprit que ces animaux, ceux d'Afrique et ceux d'Asie, avaient partagé une bouteille d'eau. Cela ne constituait pas un indice convaincant pour comprendre comment un virus aurait pu se propager. Mais ce n'était pas bien : nous lui avons dit que cette pratique pouvait favoriser la propagation des maladies. Cela sembla l'impressionner. Il nous assura qu'à l'avenir il prendrait toutes les précautions nécessaires pour éviter cela. Il donna immédiatement des instructions pour qu'on fasse venir de nouvelles réserves d'eau, et des moyens de stérilisation.

Tard dans la nuit, je fus réveillée par le téléphone. Joe m'appelait d'Atlanta. Les nouvelles n'étaient pas bonnes.

— Nous avons été informés qu'une cargaison de singes à destination du Texas est en route pour Amsterdam. Provenance : Arusha, en Tanzanie. Nous avons entendu dire que beaucoup de singes étaient morts, à Arusha.

Il me donna les détails du transport. Les bêtes étaient déjà en route, sur un vol KLM qui filait vers Schiphol. Deux heures du matin. Je réglai mon alarme. A six heures et demie, j'appelai l'animalerie, pour les prévenir.

— Dès leur arrivée, me dit-on, nous les examinerons avec le plus grand soin.

Quelle que fût la part de vérité sous les rumeurs, les singes étaient en parfaite santé. On les autorisa à poursuivre leur route vers le Texas. Mais nous n'étions pas satisfaits. Nous voulions une garantie supplémentaire qu'ils étaient parfaitement sains. J'appelai Joe. Je l'informai du départ des singes vers les Etats-Unis. Nous fîmes en sorte de leur organiser un comité d'accueil. Bobby Brown, patron des Ressources animales au CDC et vétérinaire de premier plan dans le domaine de la médecine des singes, se prépara à prendre l'avion pour aller lui-même les accueillir à leur arrivée.

Joe savait qu'il était capital de découvrir si le filovirus simien était venu d'Afrique, ou s'il s'agissait d'un parent originaire d'Asie. J'avais rédigé un rapport l'informant que les primates ghanéens en route pour le Mexique avaient séjourné dans la même pièce que le premier chargement de Reston. Cela avait éveillé sa curiosité. Il s'arrangea pour trouver le nom du destinataire mexicain, et lui téléphona. Dans son espagnol un peu rouillé, il s'assura que les animaux étaient arrivés au zoo en bon état et qu'ils étaient toujours en bonne santé. Mais cela n'était pas suffisant. Il lui fallait un échantillon de sérum pour faire une recherche d'infection par Ebola. Il appela un de ses amis vétérinaires au CDC, George Baer. Celui-ci avait consacré une vie entière à ses recherches sur la rage. Au Mexique, il connaissait tout le monde ou presque. Grâce à son aide, Joe put obtenir les échantillons de sérum du babouin et du nasique. Les deux primates étaient totalement négatifs. Aucun anticorps envers le virus Ebola africain, pas plus que contre la souche de Reston. Pour ce qui nous concernait, on venait d'exclure l'ultime possibilité qu'un virus africain ait pu être impliqué. Joe était convaincu d'avoir affaire à un nouveau virus asiatique.

Bien que les animaux de Mexico eussent été contrôlés, nous n'étions pas tout à fait sûrs que la dernière cargaison fût saine. C'est pourquoi Bobby Brown décida de retourner au Texas et d'examiner de plus près les singes d'Arusha. Ses relations étaient efficaces. Le vétérinaire qui avait pris possession des singes était un vieil ami à lui. Après avoir procédé aux examens cliniques de tous les animaux, les deux hommes ne purent mettre en évidence le moindre signe d'une infection par un filovirus africain actif. En revanche, ils découvrirent que certains singes avaient des anticorps. Ils firent des biopsies afin de disposer de meilleurs échantillons. Bobby ramena même à Atlanta certains de ces singes « positifs » en anticorps. Nous les gardâmes quelque temps au CDC — le temps de voir si leur état évoluait vers une maladie, ou s'ils montraient les symptômes d'une infection persistante et silencieuse par Ebola. Il ne se passa rien. Encore une fausse piste.

Nous avions au moins établi qu'un singe en bonne santé, même s'il produit des anticorps contre Ebola, ne présente aucun risque pour la santé d'autres singes ou celle de ses gardiens. L'information était capitale, car depuis l'affaire de Reston, nous étions noyés sous les appels angoissés de vétérinaires dont les singes possédaient des anticorps. Leurs animaux étaient précieux, et ils ne voulaient pas devoir les sacrifier inutilement. Personne ne tenait à voir se répéter le massacre de singes de Reston.

En rentrant d'Amsterdam, je fis escale à New York. J'étais seule. Chuck avait rejoint directement le CDC. Steve Ostroff, qui était venu de Reston pour enquêter sur le foyer d'animaux de Kennedy, vint m'accueillir. Le foyer était administré par la SPA américaine. La gérante était de toute évidence dévouée à ses pensionnaires. En fait, son établissement n'était rien moins qu'un havre de paix pour les animaux. Mais en termes d'espace vital, d'hygiène et de compétence, il ne souffrait pas la comparaison avec son homologue d'Amsterdam. Des singes étaient entassés dans des petites salles. Faute de place, d'autres devaient rester dans les couloirs. Quand un singe n'avait pas l'air d'aller bien, on le sortait de sa cage pour le soigner et le nourrir à la main.

Steve et moi, nous échangeâmes un coup d'œil.

C'était une excellente manière d'aider Ebola, arrivant d'Afrique, à s'introduire sur le sol américain. Nos craintes se renforcèrent quand nous interrogeâmes la gérante. Est-ce que les animaux, ou certains membres du personnel, avaient contracté une maladie ressemblant à Ebola ?

Elle connaissait un cas, en effet. Elle-même, deux ans plus tôt, avait été victime d'une fièvre aiguë qui rappelait étrangement les fièvres hémorragiques virales. Elle avait guéri. Mais nous tenions à analyser son sang. Il s'avéra qu'elle possédait des anticorps contre Ebola, à des taux très faibles. Nous n'étions pas sûrs de ce que cela signifiait. Un second échantillon ne montra aucune variation dans le titre d'anticorps. Cela supposait que son mal, quel qu'il fût, n'avait aucun rapport avec une récente infection par Ebola. Peut-être avait-elle été contaminée. Peut-être avions-nous affaire à un faux positif.

A mon retour à Atlanta, j'appris que le service des Quarantaines avait pris des mesures pour réglementer l'importation des singes. Sa principale cible était les trafiquants de toutes sortes qui leur réservaient un traitement lamentable, les transportaient et les logeaient dans des conditions odieuses, et les vendaient illégalement comme « animaux de compagnie ». En mars 1990, le service des

Quarantaines put enfin faire interdire momentanément l'importation de singes du monde entier (pas seulement des Philippines). Cela déclencha des réactions tumultueuses de la part de savants indignés. Nous étions loin d'imaginer à quel point les chercheurs avaient besoin de ces singes capturés au bout du monde. Nous apprîmes avec stupéfaction que plus de 20 000 singes entraient chaque année aux Etats-Unis — dont 16 000 macaques *Cynomolgus*, ces singes d'Asie semblables à ceux de Reston. On s'en servait surtout pour la recherche médicale, mais aussi, hélas, pour tester l'innocuité de certains produits. Nous étions scandalisés par l'envergure de ces importations, et par l'usage que certains faisaient de ces animaux. Il s'agissait d'un marché important qui possédait sa propre « mafia ». C'était beaucoup plus gros — et mille fois plus lucratif — que tout ce que nous avions imaginé. Nous avons donc agi en faveur des singes, en en limitant et réglementant le commerce.

Il fallut quelque temps pour faire appliquer l'interdiction. En attendant, on continuait d'importer des singes. Certains étaient malades, inévitablement. Il était urgent d'informer les vétérinaires et les chercheurs. Joe, Steve et moi avions fort à faire, pour rédiger et publier nos instructions sur la manière de s'y prendre avec des singes soupçonnés d'héberger des virus de FHS. Il y avait un précédent. Après l'épidémie de Marbourg de 1967, on avait institué des règles de quarantaine. Les singes devaient être gardés trente jours en isolement. Mais c'était insuffisant. En quarantaine, on déplore toujours la mort de quelques singes. Il n'est pas impossible qu'une épidémie émergente fasse l'objet d'un diagnostic erroné. Il est même possible qu'elle échappe à l'attention. Par conséquent, on pouvait parfaitement remettre en circulation, à l'issue de la période d'isolement obligatoire, des singes infectés mais ne présentant aucun symptôme. Nous discutions sans fin sur la meilleure méthode pour repérer à coup sûr la présence d'Ebola chez un singe importé.

Ce n'était pas tout. On nous apprit qu'une autre épidémie venait d'éclater, semblable à Ebola, dans un groupe de singes d'importation récente. Elle frappait des bêtes achetées par une firme de Pennsylvanie. Ces animaux venaient des Philippines, à l'instar des singes de Reston. Mais ils étaient venus par le Pacifique. Aucun lien avec l'Afrique, cette fois. Nous savions désormais que le virus était un nouveau venu, originaire d'Asie et proche d'Ebola, mais que ce n'était pas lui. Il était évident que l'homme ne tombait pas malade. En revanche, nous ignorions s'il pouvait être contaminé.

En janvier 1990, la situation empira encore. Aussi étonnant que cela paraisse, les laboratoires Hazelton avaient épongé leurs pertes, et repris leurs importations de singes. Auprès du même fournisseur de Manille, précisément, celui qui leur avait fourni les bêtes l'année précédente. Ces singes commencèrent à mourir à leur tour. Ils étaient eux aussi infectés par les nouveaux filovirus.

C'était incroyable.

Les virus étaient-ils encore tapis dans les laboratoires ? Ou étaient-ils importés à chaque nouvelle livraison de singes ? Il était plus que probable que la seconde hypothèse fût la bonne.

Début février, nous reçûmes des nouvelles du Texas. Une maladie mortelle décimait une population de singes importés. J'appelai le vétérinaire du laboratoire concerné, Steve Pearson — encore un ami de notre vétérinaire en chef, le docteur Bobby Brown.

Non seulement c'était un bon toubib, mais il avait la tête sur les épaules. Son chagrin devant la perte de ses animaux était sensible même au téléphone. Il en était vraiment affecté, et il était résolu à en sauver autant que possible. Nous en savions assez désormais pour être raisonnablement certains que l'homme ne contractait pas la maladie. A ce stade, s'il s'était agi d'Ebola, nous aurions déjà eu un certain nombre de contaminations et de décès humains. Je dis à Steve que la priorité, pour nous, était de comprendre le mode de transmission du virus. Sans cela, nous n'avions aucune chance de le contenir. Il était tout à fait disposé à coopérer. Il prenait personnellement des risques, réalisait lui-même toutes les autopsies. Nous eûmes une longue conversation. Je lui décrivis précisément les risques, et quelles précautions il devait prendre pour les minimiser.

Je me rendis compte qu'il pouvait avoir besoin d'aide. Nous envoyâmes au Texas une épidémiologiste du CDC, Peggy Tipple, pour assister sa collègue Kate Hendricks. Peggy aimait les animaux (elle élevait des chevaux), et elle était méticuleuse quand il s'agissait de collecter des données. Mais cette fois-là, ce fut Kate qui produisit la plupart des résultats. Elle était jeune, nerveuse et enthousiaste, mais c'était un chercheur consciencieux. Grâce à sa collaboration étroite avec Steve Pearson, elle parvint à reconstituer l'histoire des singes morts. Cela nous éclaira sur la manière dont ces épidémies se répandaient.

L'enquête était un peu plus simple, car Kate et Steve avaient affaire au virus Ebola asiatique, et non plus à un amalgame d'Ebola et d'une FHS comme à Reston. Comme dans la plupart des établissements, les singes recevaient dès leur arrivée une intradermo-réaction à la tuberculine. (La tuberculose est un fléau chez les singes en cage, surtout chez les nouveaux venus.) On injecte sous la peau, dans les plis autour de l'œil, une dose minuscule d'un réactif. Si l'animal héberge le bacille actif de la tuberculose, les tissus enflent. Le réactif se présente en ampoules de plusieurs doses, et la seringue peut théoriquement en contenir huit. Mais à cause de l'« espace mort » dans le conduit de l'aiguille, on ne peut aspirer à chaque fois que l'équivalent de sept injections. C'est ce détail trivial qui permit de résoudre l'énigme.

Kate examina soigneusement la disposition des cages, avec une attention particulière pour les singes infectés. Puis elle passa les procédures en revue, avec Steve et son équipe. Oui, ils examinaient toujours les singes dans le même ordre. Elle leur demanda de lui montrer comment ils opéraient. Les gardiens passaient en effet d'une cage à l'autre dans un ordre déterminé. Les cages s'alignaient sur deux rangées superposées. Kate numérota les singes selon l'ordre dans lequel on leur injectait le réactif. Puis elle revint aux données compilées sur les singes morts.

Elle compta soigneusement. Un singe sur huit restait sain, ne montrait aucun signe de maladie. Plus précisément, seuls tombaient malades les singes portant les numéros deux à sept. Il n'était pas difficile de comprendre pourquoi. Les veinards — les numéros un et huit de chaque série de huit — étaient piqués avec des aiguilles neuves.

C'était la meilleure preuve pour démontrer que le filovirus texan, à l'instar de Marbourg, Ebola et même Lassa, pouvait être transmis par des aiguilles à usage multiple. S'il se propageait dans l'atmosphère, les singes numéros un et huit n'auraient pas été moins exposés que leurs infortunés compagnons.

Plus tard, Kate présenta le résultat de ses recherches à une conférence de la Société américaine de médecine et d'hygiène tropicales, à Boston.

30

Les gardiens contaminés

A Reston, cinq gardiens étaient chargés des singes récemment importés. Une de leurs tâches consistait à extraire les animaux des caisses dans lesquelles ils avaient voyagé. C'était un travail brutal, au pied-de-biche. Beaucoup de bois de mauvaise qualité volait en éclats dans le local mal aéré. Il fallait saisir les pauvres bêtes, trempées, terrifiées, au fond des caisses — en se protégeant les mains, si possible, avec des gants épais — et les transférer dans des cages ordinaires en inox. C'était très salissant. Le fond des caisses était tapissé des déjections de la centaine d'animaux apeurés qui venaient d'y passer quarante heures, parfois plus. Les cages étaient les mêmes que celles que nous utilisions au CDC. Un dispositif permettait de contrôler les mouvements des singes sans être en contact direct avec eux, au moins jusqu'à l'anesthésie : en tirant des deux mains sur deux barreaux mobiles, on mettait en place un double fond dans la cage.

On injectait à chaque animal un léger anesthésiant pour l'extraire de sa cage, l'examiner et prélever les échantillons dont on avait besoin. Nous avions l'habitude d'utiliser une aiguille neuve pour chaque singe. La règle voulait que toute opération sur les singes soit accomplie en présence de deux personnes. En fait, nous avions l'habitude de travailler en équipe de trois.

C'étaient là les méthodes du CDC. Dans de nombreux établissements privés, en revanche, les gardiens préféraient adopter une attitude macho et se passer de gants. Beaucoup de cages n'avaient pas de double fond. La seule façon d'atteindre le singe était d'ouvrir la porte et de régler la question aux poings — de primate à primate. On devait parfois placer deux singes dans la même cage. Dans ce cas, il était encore plus dangereux de s'en saisir. Il est arrivé que des gardiens soient happés par un singe, égratignés ou mordus, et qu'ils contractent un mal connu sous le nom de virus « Singe B ». Il s'agit d'un simple herpès, qui n'entraîne chez les singes que la formation de vésicules cutanées (ou herpès labial). Chez l'homme, en revanche, il provoque une maladie proche de la rage, presque toujours mortelle. Elle est si rare qu'on a presque oublié que ce virus peut affecter l'homme, et la plupart des gardiens de singes l'ont remisée au rayon des souvenirs. Au milieu des années quatre-vingt, cependant, un gardien est mort de Singe B, près de Pensacola, en Floride. Les enquêteurs trouvèrent sur son bureau un manuel. Il était ouvert à la page où étaient décrits les symptômes de l'infection par ce virus. Il n'avait confié ses angoisses à personne, pas même à sa femme.

Un matin de janvier 1990, Steve Ostroff fit irruption dans mon bureau. Un gardien d'animaux de Reston s'était blessé en disséquant le foie d'un singe contaminé. Curieusement, cela n'avait pas l'air de beaucoup l'inquiéter. Joe se trouvait en Russie pour une conférence sur les fièvres hémorragiques. Il était injoignable. J'appelai Peter Jahrling pour lui demander son avis.

Cela n'annonçait rien de bon. Jahrling avait déjà préparé un échantillon du foie suspect, et l'avait examiné au microscope électronique. Il grouillait de filovirus. Alerte. Avec ce genre d'accident, on n'échappe pas à Ebola.

Je n'hésitai pas. L'affaire devait être prise au sérieux. J'appelai Peg Tipple, qu'on venait d'expédier à Reston. Elle assistait Steve Ostroff et s'occupait de la surveillance des personnes qui avaient été en contact avec les singes infectés. Elle avait examiné le gardien blessé. Dans l'ensemble, il allait bien, me dit-elle. Et il ne semblait pas du tout inquiet. Mais l'homme avait une cinquantaine d'années, il était trop gros et diabétique. Tout cela ne formait pas une bonne combinaison.

Je demandai à Peg de l'examiner toutes les heures, mais de ne pas restreindre inutilement ses mouvements.

— Ne le quittez pas d'une semelle avant la fin de la période d'incubation, ajoutai-je. Cela peut prendre une semaine.

Puis je rappelai Peter. Nous convînmes que la meilleure façon de suivre l'évolution du patient consistait à lui faire chaque jour une analyse de sang. Le lendemain, Joe revint de Russie. Je lui fis mon rapport.

— Bravo ! me dit-il. C'est exactement ce qu'il fallait faire. Nous y sommes. Si cela a quelque chose à voir avec l'Ebola que nous avons connu en Afrique, cet homme a de fortes chances de tomber malade. Et de mourir.

Pendant dix jours, Peggy resta aux côtés de son patient. Elle l'examinait et prenait sa température à intervalles réguliers. Nous attendions. Peter continuait ses analyses de sang. Le troisième jour, je l'appelai pour savoir si la situation avait évolué.

— Ça y est, me dit-il.

La dernière prise de sang était positive par détection de l'antigène filovirus par ELISA. Peter avait isolé le virus. Il n'y avait aucun doute. Le gardien était contaminé.

Mais rien ne se passait. L'homme ne montrait ni symptômes, ni fièvre, ni maux de gorge, pas le moindre petit mal de tête. Même son diabète restait modéré...

Nous surveillions aussi les quatre autres gardiens qui avaient travaillé sur les derniers envois de singes. Nous avions la chance de disposer d'échantillons sanguins pris sur eux lorsque le premier lot de singes était tombé malade, en novembre 1989. Trois d'entre eux réagissaient au nouveau virus. (Lorsque nous les avions testés la première fois, ils ne possédaient pas d'anticorps. Ce n'était plus le cas.) Cela signifiait que quatre des cinq hommes qui avaient été en contact avec les singes avaient été infectés par le virus Reston.

Aucun d'eux n'était malade. Ce nouvel Ebola nous laissait en paix. Pour cette fois. Mais nous avions d'autres ennuis en perspective. Joe les a vécus directement. Donnons-lui la parole.

Quand le gardien d'animaux s'est blessé, mais sans tomber malade, j'acquis la conviction que le virus avait une très basse pathogénicité pour l'homme. Je considérais cela comme une excellente nouvelle. Mais mon analyse déplut à certains, y compris quelques-uns de mes collègues du CDC.

J'avais négligé le fait que les gens ont du mal à revenir sur leur position. Pour une raison ou pour une autre, beaucoup eurent du mal à accepter mes conclusions. Au CDC, je fus entraîné dans des discussions très désagréables à ce sujet.

C'est à cette époque qu'eut lieu un épisode qui a fait couler beaucoup d'encre : je reçus un appel de C.J. Peters, de l'USAMRIID. D'une manière extrêmement agressive, il contesta ma décision de faire hospitaliser le premier gardien contaminé, au lieu de l'enfermer au « claquoir » (c'est ainsi qu'on appelait l'unité d'isolement du laboratoire de l'armée). Il serait mensonger de prétendre que ma décision ne m'avait pas mis mal à l'aise. Mais mon expérience et les données publiées m'avaient convaincu que la mise en isolement dans de telles unités ne se justifiait pas. Je considérais qu'elle résultait plus de la peur que des faits. Nous avions déploré le traitement infligé par les autorités britanniques à la pauvre Jenny Sanders. Je n'avais aucune raison d'imposer la même épreuve à un de mes concitoyens. De fait, près de quinze ans d'expérience m'avaient prouvé qu'un dispositif d'isolement élémentaire mais solide était suffisant pour mettre le personnel soignant à l'abri des risques excessifs, et permettait de fournir au patient les meilleurs soins disponibles. En outre, les recommandations en vigueur au CDC pour le traitement des patients atteints de fièvres hémorragiques étaient parfaitement claires. Et, puisqu'elles s'appuyaient scrupuleusement sur une large expérience et des données publiées, je n'avais aucune raison de m'en écarter.

Dans l'atmosphère explosive qui régnait à Reston, les pressions étaient très fortes, pour faire transférer le gardien infecté en isolement de niveau 4. Mais, même s'il était tombé malade, je n'aurais pas modifié ma position.

La certitude que le virus Reston n'était pas pathogène pour l'homme — c'est-à-dire qu'il ne le rendait pas malade — était réconfortante. Mais nous vivions toujours sous la menace qu'une souche beaucoup plus dangereuse fasse son apparition chez des singes importés d'un autre endroit du monde. Je voulais en savoir le plus possible sur les infections animales. Il était évident que nous avions besoin de collectes de données et d'analyses épidémiologiques méthodiques. Or, l'équipe responsable des singes se composait pour l'essentiel de pathologistes vétérinaires, sans compétence particulière dans le domaine de la méthodologie épidémiologique. J'ai suggéré que Steve Ostroff se mette au service de cette équipe. Plus tard, je proposai son assistance à l'USAMRIID, mais les militaires refusèrent. Reste à espérer que les données finiront par être publiées, et qu'elles montreront comment le virus s'est propagé dans le pavillon des singes de Reston. Jusqu'à preuve du contraire, nous devons supposer que la contamination se faisait par les aiguilles et autres instruments, exactement comme au Texas.

Pour ce qui concerne la souche Reston d'Ebola, notre ignorance s'étendait à la cause exacte de la mort des singes. Des indices suggèrent qu'elle a pu être provoquée par le virus de FHS. Il est possible aussi que la combinaison de FHS et d'Ebola entraîne une maladie plus mortelle chez les singes que n'importe quel virus pris séparément. Des expériences effectuées dans notre laboratoire par Sue et son équipe montrent que le virus Ebola asiatique, même administré à fortes doses, est beaucoup moins mortel que ses cousins africains. Une réaction plus mesurée des enquêteurs aurait pu mener à une meilleure compréhension du processus pathogène. Mais le virus Ebola, quelles que soient son origine ou sa souche, n'a pas la réputation de provoquer des réactions mesurées.

— Si cela avait le moindre rapport avec Ebola Zaïre, disais-je à Sue, nous le saurions déjà. Le filovirus asiatique ne présente aucun danger pour l'homme.

Loin de rassurer nos supérieurs, mon analyse provoqua une certaine déception, voire de l'indignation. Je laisse Sue achever l'histoire de Reston.

En mars 1990, soit près de deux mois après qu'on eut constaté que le gardien ne tombait pas malade, Joe et Fred Murphy s'opposèrent violemment sur certains points de l'enquête de Reston. Le même mois, alors que son départ était prévu pour fin avril, Joe quitta les Pathogènes spéciaux pour passer au service VIH-sida. Il travaillait déjà sur cette maladie depuis plusieurs années. Mais il avait été tiraillé entre les fièvres hémorragiques (auxquelles il avait déjà consacré une grande partie de sa vie) et le désir de participer à la lutte contre le sida, ce fléau qui prenait déjà tant de vies humaines, surtout en Afrique. Jonathan Mann (alors à la tête du Programme global contre le sida) et Joe s'étaient mis d'accord dès juillet 1989 pour que ce dernier aille à Genève. Ils prévoyaient de mettre sur pied un programme pour tester des vaccins anti-VIH et des traitements contre le sida et les infections opportunistes. La plupart des sites choisis pour mener leurs études se trouvaient dans des pays en développement, où l'expérience de Joe serait particulièrement précieuse. L'OMS et le service VIH du CDC avaient ouvert ce dossier complexe durant l'été 1989, bien avant que les premiers singes de Reston ne quittent les Philippines.

Les allégations publiées dans la presse, selon lesquelles Joe aurait quitté le CDC à la suite de polémiques sur l'épidémie de Reston, sont donc dénuées de fondement. Mais il n'aurait pas dû quitter les Pathogènes spéciaux si brutalement, ni avec tant d'amertume. Le fait que le CDC ait renoncé à utiliser ses compétences dans le domaine des fièvres hémorragiques est à mettre au passif de la direction de l'agence. Son départ s'ajoutait à celui de Karl Johnson, quelques années plus tôt.

Pour ce qui me concernait, ce fut aussi une perte personnelle. Durant toutes ces années où j'avais travaillé sur les fièvres hémorragiques, Joe avait été mon mentor. Après son départ, je me suis sentie bien seule.

31

Expédition chez les singes

Fin mars 1990. Joe avait été transféré au service VIH-sida. En mai, il rejoindrait Jonathan Mann à Genève. Je restais en contact avec lui et lui demandais conseil. Au CDC, personne d'autre ne connaissait vraiment les fièvres hémorragiques. Nous avions une équipe technique compétente, mais le directeur du service des Maladies virales était nouveau et souffrait d'un sérieux handicap : il n'avait aucune formation médicale ni épidémiologique. Il résolut le problème en plaçant à la tête de la division un homme qui connaissait très peu les fièvres hémorragiques et n'avait jamais mis les pieds dans un P 4.

Mais il y avait beaucoup de travail, et il fallait faire contre mauvaise fortune bon cœur. L'épidémie de Reston nous avait valu une avalanche de prélèvements. Du sérum de singes pour la plupart. Il semblait que quiconque possédant un singe, ou menant des recherches sur des singes, s'inquiétait d'Ebola. Nous fûmes stupéfaits de constater qu'il y avait tant de primates en circulation. A la fin, nous avons mené notre enquête sérologique dans des pensions pour singes dans tout le pays. Une enquête sérologique sert à mesurer la prévalence d'une infection (c'est-à-dire combien de sujets sont infectés) au sein d'une population donnée, dans ce cas une population de singes. Cette méthode devait nous aider à déterminer combien de singes possédaient des anticorps contre le virus Ebola — c'est-à-dire à nous donner un « marqueur » indiquant combien d'animaux avaient été contaminés à un moment ou à un autre de leur existence. Nous saurions ainsi si les virus étaient répandus.

Mais nous nous sommes heurtés à un obstacle d'ordre technique. Nous nous servions d'un test de recherche d'anticorps mis au point pour Ebola lors de l'épidémie de 1976. Ce test est très efficace dans le cadre d'une épidémie, lorsqu'on lui soumet des individus récemment infectés, car le niveau d'anticorps est élevé dans la période qui suit immédiatement la maladie. Malheureusement, il donne des résultats douteux lorsque les échantillons viennent d'un groupe de population qui n'a pas été victime récemment d'une infection. Karl Johnson l'avait testé sur des Indiens de San Blas, en Amérique centrale, et il avait trouvé environ 2 % de résultats positifs (porteurs d'anticorps contre Ebola). D'autres chercheurs, qui testèrent des sérums prélevés sur des Indiens en Alaska, obtinrent des chiffres comparables. Mais ces résultats étaient peu sûrs, et personne ne savait comment les interpréter.

Ce manque de précision est caractéristique du virus Ebola. (Marbourg, apparemment, ne pose pas le même problème.) Tom Kzaisek, de l'USAMRIID, semble s'être approché plus que quiconque de la solution. Il a mis au point un test assez complexe basé sur le système ELISA, qui représentait un progrès par rapport à l'immunofluorescence. En avril 1990, je suggérai au chef de division, alors responsable des tests sérologiques, de faire reconnaître ce test par le CDC. Sans succès.

Nous fîmes des essais, sans plus de chance, avec d'autres systèmes de tests, comme l'immunotransfert (Western blot, qu'on utilise pour confirmer la présence du sida). Par ailleurs, les tests eux-mêmes sont terriblement répétitifs et ennuyeux. Il faut beaucoup d'expérience et de patience pour produire des résultats fiables, même en tenant compte des limites du test lui-même. Cuca Perez y consacra des heures innombrables. Près d'un dixième des centaines d'échantillons réagirent aux antigènes du virus Ebola, mais à un titre assez bas.

Afin de comprendre la signification de ces réactions très faibles, nous décidâmes d'examiner de plus près l'origine des singes concernés. C'étaient pour la plupart des macaques *Cynomolgus* de la même espèce que ceux de Reston, importés des Philippines ou d'Indonésie. Très nombreux à l'état sauvage, ils n'hésitent pas à se montrer sur les sites touristiques, où ils réclament effrontément de la nourriture aux visiteurs. Ces bêtes sont parfois adorables, mais elles peuvent être méchantes et cruellement destructrices. Dans beaucoup d'endroits du continent, elles sont considérées comme nuisibles — notamment parce qu'elles se reproduisent à une vitesse folle, se déplacent en hordes nombreuses et montrent une certaine propension à piller les récoltes.

Tous les singes qui abritaient le mystérieux nouveau filovirus (et pas seulement des anticorps) venaient de la même firme manillaise, qui s'occupait de rassembler et d'expédier les bêtes. Mais alors, pourquoi tant de singes originaires d'autres régions, et apparemment en bonne santé, possédaient-ils des anticorps ? C'était un mystère.

J'examinai soigneusement les données afin d'établir l'origine des singes infectés. Le résultat était surprenant. Il s'avéra qu'un pourcentage élevé d'éléments « positifs » ne venaient pas des Philippines, mais d'Indonésie.

Je pris contact, dans ce pays, avec un virologiste éminent que j'avais connu quand j'y étudiais la dengue hémorragique. Je discutai aussi de nos relations indonésiennes avec les fonctionnaires de l'ambassade des Etats-Unis à Djakarta. Je pourrais bénéficier de la collaboration d'une unité de virologie de la marine américaine basée dans la capitale indonésienne. L'exportation de singes sauvages représentant une source considérable de devises fortes, le gouvernement indonésien était inquiet, comme on peut l'imaginer. Nous fûmes invités officiellement à nous rendre dans le pays pour essayer de retrouver la source du filovirus.

En mai 1990, je partis pour l'Indonésie en compagnie de Steve Ostroff. Celui-ci, à trente ans, avait déjà obtenu d'excellents résultats au CDC. Il avait effectué une grande partie de son travail sur les maladies diarrhéiques, au sein du service des Maladies bactériennes. Mais il avait des doutes à l'égard des virus. Il disait ne pas leur faire confiance parce qu'il ne les voyait pas. Steve était un collègue très agréable et très intelligent. Il assimila très vite assez d'indonésien pour être capable d'identifier les traceurs épidémiologiques utiles.

Nous fumes reçus à Djakarta par Jerry Jennings, un des virologistes de la marine américaine. La marine nous avait fait réserver des chambres dans un bel hôtel ancien. Mais nous n'avions pas le temps de jouir du décor. La circulation dans les rues de Djakarta était affolante. Pour être sûrs d'avancer, nous avions intérêt à quitter l'hôtel à six heures du matin, et faire en sorte d'être rentrés avant seize heures. Les heures de laboratoire étaient fixées en conséquence.

En équipe avec Jerry, nous commençâmes notre enquête dans les quatre établissements de singes. La plupart des singes, apprit-on, venaient de Sumatra (au nord-ouest de Java, où se trouve Djakarta). Tous les singes que nous inspections avaient l'air en bonne santé et bien soignés. Mais nous fîmes une découverte troublante. Les gardiens regroupaient les singes malades dans des cages collectives. Bien entendu, les pauvres bêtes pouvaient souffrir de maladies très différentes. Comme ces grandes cages pouvaient loger jusqu'à vingt ou trente singes, il nous semblait que ce n'était pas une bonne idée. Cela permettait aux singes de se transmettre leurs virus respectifs, d'autant plus facilement que chacun était affaibli par sa propre maladie... (Nous nous demandâmes si c'était ainsi que les singes de Reston avaient acquis leurs virus FHS et Ebola.) Les singes était trop précieux pour être sacrifiés. Ceux qui survivaient dans les cages collectives étaient donc expédiés en compagnie de leurs congénères en bonne santé. Ce qui leur donnait la possibilité (car ils étaient peut-être encore contagieux) de contaminer l'ensemble de la cargaison !

Nous ignorions s'il existait en Indonésie des singes atteints par un virus de type Ebola. Nous supposions que cela pourrait ressembler à la maladie observée à Reston. Mais les animaux, là-bas, étaient aussi infectés par un virus FHS : par conséquent, nous n'étions pas du tout sûrs de ce que nous cherchions. Nous savions seulement que des singes produisaient des anticorps contre Ebola, ce qui signifiait qu'ils pouvaient avoir été exposés à un filovirus. Mais à Djakarta, nous n'avons trouvé que des singes en bonne santé. Nous allions devoir visiter leur habitat naturel. Il fallait partir à Sumatra.

Pendant une semaine, nous avons inspecté les lieux d'hébergement des singes et analysé les sérums dans le laboratoire de la marine, à Djakarta. Nous étions prêts à lancer notre expédition. Nous embarquâmes de nuit sur le ferry de Sumatra. A l'arrivée, nous avons pris la route en direction de Lampung. Nous nous sommes présentés à l'hôtel, où l'on jouissait d'une vue superbe sur la baie. Mais cette fois encore, nous n'avions pas le temps de contempler le panorama. Après avoir avalé un petit déjeuner, nous sommes partis à la recherche des autorités sanitaires locales. On devait nous indiquer les endroits de Lampung où l'on rassemblait les singes et nous informer de l'endroit d'où ils venaient. Nous avions deux questions brûlantes. Est-ce que les singes, dans la forêt, étaient frappés d'une maladie de type Ebola ? Est-ce que les chasseurs étaient contaminés ?

Les fonctionnaires de la santé de Lampung nous prêtèrent un guide, qui devait nous conduire au territoire des singes. Après un bref repos, nous partîmes dans la jungle, sur une route étroite engorgée par la circulation. Nous nous arrêtions souvent, pour demander si quelqu'un avait entendu quelque histoire intéressante à propos des singes. A Djakarta, on nous avait parlé des chasseurs de singes. Ils appartenaient tous à une même tribu javanaise. Nous avions peu de chances d'en tirer grand-chose, nous avaient dit nos informateurs, car les hommes de cette tribu étaient très secrets. Ils avaient la réputation de communiquer avec les singes grâce à leurs pouvoir magiques. La nuit, prétendait-on, ils rendaient visite aux arbres où vivaient les primates, et ils leur parlaient. Dans une langue magique que seules les bêtes comprenaient, ils leur ordonnaient d'abandonner leur refuge au sommet des arbres. Ils déployaient alors des filets et s'en allaient. Le matin, les singes — agissant sans doute sous le pouvoir de la suggestion — descendaient de leurs perchoirs et se faisaient prendre. L'histoire était intéressante, mais nous nous disions que les chasseurs, très probablement, attiraient leurs proies avec de la nourriture.

Cette expédition dans la jungle fut la plus longue et la plus exténuante de ma vie. Nous avions une nuit blanche derrière nous. Mais nous avons dû voyager encore vingt-quatre heures sur des routes horribles avant de parvenir à notre première étape : un camp de singes. Les chasseurs dormaient dans un abri sur pilotis fait de troncs d'arbres, de bambou et de feuilles de bananier. Ils furent heureux de nous montrer leurs dernières prises, serrées dans des cages de bambou.

Tandis que Steve les interrogeait avec l'aide d'un interprète, Jerry et moi faisions des prises de sang. Si nous avions vraiment envie de voir les grands terrains de chasse, nous dirent-ils, il fallait continuer vers le nord. Cela nous valut un autre périple sur des routes défoncées, à travers les immenses plantations de canne à sucre.

Quatre heures plus tard, nous parvînmes à un camp, proche du plus grand terrain de chasse aux singes de l'île. Alors que nous approchions, les chasseurs apparurent soudain à côté de nous, sur la route. Ils n'étaient pas très nombreux. Il faisait sombre, et nous n'apercevions que leurs visages, brillamment illuminés quand ils se trouvaient dans le faisceau des phares. Vision surréaliste, digne d'une scène du Caravage. Curieux et étonnés, ils se montrèrent finalement très coopératifs, en dépit de tout ce qu'on nous avait dit de leur caractère réservé.

Nous procédâmes comme avec le groupe précédent. Nous faisions de notre mieux, sans autre lumière que celle des phares du camion. Nous les interrogeâmes. Avaient-ils vu des singes malades ou mourants ? Avaient-ils découvert des cadavres ? Avaient-ils entendu parler de quelqu'un qui serait mort d'une forte fièvre accompagnée d'hémorragies ? Toutes les réponses étaient négatives. Dès que nous eûmes fini de poser nos questions, ils disparurent dans la nuit aussi brusquement qu'ils étaient apparus. Je me demandai si toute la scène n'avait pas été un rêve.

Le lendemain, nous sommes retournés à Djakarta. Nous avons commencé à analyser les sérums prélevés sur les chasseurs-magiciens. Ils étaient tous négatifs. Pas un seul positif, même à un titre bas. Vu l'urgence de la situation, nos ressources limitées et la taille réduite de notre échantillon, nous avions fait de notre mieux. Nous n'avions trouvé aucune menace réelle de fièvre hémorragique pour l'homme, qui pût venir du commerce de singes sauvages. Même si les animaux portaient un virus proche d'Ebola, celui-ci ne passait pas dans le sang des hommes qui les capturaient et les transportaient. Le plus important, c'est que nous n'avions trouvé chez les singes aucune maladie due à un filovirus.

Les résultats de notre enquête rassurèrent le gouvernement indonésien. Nous affirmions en conclusion que la présence en faible quantité, chez un singe indonésien, d'anticorps contre Ebola ne présentait aucun risque ni pour l'homme ni pour les autres singes.

Quand je suis rentrée à Atlanta, deux questions scientifiques d'importance restaient sans réponse. Primo, il fallait découvrir si le nouveau filovirus asiatique avait le moindre potentiel pathogène. Secundo, il fallait établir une fois pour toutes si les singes porteurs d'anticorps contre Ebola représentaient un danger. Etait-il possible que les singes se débarrassent du virus après leur guérison ? Se pouvait-il que le virus provoque une infection persistante ? Bien entendu, ces questions préoccupaient au premier chef les vétérinaires, les gardiens d'animaux et les chercheurs à la recherche de filovirus chez les singes. La seconde question se posait avec d'autant plus d'acuité que de nombreux vétérinaires nous demandaient conseil lorsque les singes possédaient des anticorps. Leur réaction habituelle, fondée exclusivement sur la peur, était de détruire les animaux. Je devais très souvent répondre au téléphone à des vétérinaires qui me demandaient : « Dois-je vraiment tuer mes singes ? Ce sont d'excellentes bêtes, et nous sommes au milieu d'une expérience médicale très importante et très coûteuse. » Nous leur conseillions toujours de ficher la paix à leurs bêtes et de poursuivre leurs expériences sans s'inquiéter — sauf si elles tombaient malades. La présence d'anticorps ne semblait pas représenter une infection active — ni même une menace d'infection — si les singes restaient en bonne santé.

Mais nous devions fournir des données définitives, publiables. Je réunis Bobby Brown et notre équipe « singes ». Je conçus une expérience qui utilisait des macaques *Cynomolgus* asiatiques et quelques singes verts africains *(Cercopithecus aethiops)*. A l'instar des macaques, les singes verts africains sont très nombreux, mais ils sont beaucoup plus dociles (même s'ils sont considérés comme nuisibles). Nous testâmes trente-deux singes — seize d'Afrique et seize d'Asie — avec deux sortes de filovirus, africain et asiatique. Le virus asiatique venait de Reston. Il avait été purifié par Peter Jahrling : nous étions donc certains qu'il était libre de toute contamination par un virus de FHS. Les résultats de l'expérience furent ceux que nous avions prévus. Les virus africains étaient mortels pour quasiment tous les singes. Les virus asiatiques, en revanche, rendaient les bêtes malades, mais en tuaient très peu. En outre, la maladie asiatique était plus lente et beaucoup plus bénigne. La plupart des singes infectés par la souche asiatique guérirent au bout d'un mois. Par ailleurs, les bêtes africaines étaient beaucoup plus résistantes au virus d'Asie que les singes asiatiques. Les singes verts survécurent presque tous à l'expérience.

Il semblait raisonnable de penser que le virus de la FHS était plus responsable de la mort des singes de Reston que le filovirus seul. Il était aussi fort possible que la combinaison des deux infections ait causé plus de maladies graves et de décès. Nous pouvions affirmer avec certitude que le filovirus d'Asie était plus bénin chez les singes que son homologue africain, et que les virus ne persistent pas chez les animaux ayant survécu à une infection aiguë. Nous pouvions aussi rassurer le public.

Le virus asiatique n'entraînait aucune maladie chez l'homme. Nous avons suivi les singes survivants pendant presque deux ans, effectuant des tests approfondis à la recherche du virus. Nous ne le trouvâmes pas. Ils continuaient à avoir des anticorps en quantités très élevées, mais ils ne faisaient courir aucun risque aux autres animaux ni à leurs gardiens humains.

Il restait un dernier problème. Etait-il possible de produire un vaccin contre Ebola ?

Il fallait d'abord savoir si une infection par un filovirus vivant pouvait protéger d'une infection ultérieure. Si cette méthode échouait à protéger le patient, tout le travail effectué pour développer un vaccin par génie génétique serait inutile. Ebola n'avait pas l'air de produire chez les survivants des anticorps neutralisants — c'est-à-dire des anticorps capables d'empêcher le virus de contaminer de nouvelles cellules.

Il m'apparut que le filovirus de Reston pourrait servir chez les singes de vaccin expérimental contre Ebola. Théoriquement, c'était possible. Dans le pire des cas, cela démontrerait qu'il n'était pas impossible de se protéger. Mais en pratique, avec nos connaissances limitées, il était trop risqué d'essayer de créer un vaccin de cette manière. Je fis un essai sur deux singes qui avaient survécu au filovirus de Reston. Leur exposition les protégerait-elle aussi de la souche Ebola Zaïre, mortelle ? Je leur injectai des doses très importantes. De très loin supérieures à ce qu'ils pourraient subir lors d'une infection naturelle.

Les résultats furent inégaux. Un des singes était totalement protégé. Il n'eut même pas de température. Le second mourut de la fièvre d'Ebola. Rétrospectivement, l'expérience avait fourni un résultat inédit. C'était la première fois qu'un singe était protégé contre l'injection d'une dose mortelle de virus Ebola Zaïre. Mais à dater de ce jour, je cessai de travailler sur les singes. Je les aimais trop, désormais.

Alors que nous achevions ce travail, un autre virus m'attendait. Un virus que nous avions déjà traqué, et dont nous savions qu'il était encore plus insaisissable, si possible, qu'Ebola. Nous allions faire connaissance d'un peu plus près avec la fièvre hémorragique Crimée-Congo, ou FHCC.

32

Les fièvres du désert

Lorsqu'on recensa plusieurs cas de fièvre hémorragique Crimée-Congo dans la ville sainte de La Mecque et aux environs de Djeddah, le gouvernement saoudien s'alarma. Personne, en Arabie Saoudite, ne connaissait cette maladie, ni le traitement qu'il fallait lui opposer. Bob Fontaine, le spécialiste du CDC qui dirigeait le Programme de formation épidémiologique dans ce pays, proposa aux Saoudiens de m'inviter pour prendre conseil.

C'était un peu avant le hadj, le pèlerinage annuel qui conduit à La Mecque les musulmans du monde entier. La tradition veut que chaque pèlerin sacrifie un animal pour en distribuer la viande aux pauvres. Deux millions de personnes participant chaque année à cette cérémonie, cela représente pas mal de bêtes. Bob avait déjà remonté la piste du virus jusqu'aux abattoirs. Chaque cas recensé de la maladie était lié à quelqu'un ayant manipulé de la viande de mouton fraîche. La plupart des victimes étaient des ouvriers d'abattoir. Les Saoudiens eux-mêmes ne faisaient jamais ce genre de travail, qui était laissé aux immigrés originaires de pays voisins plus pauvres. Ces rudes bouchers avaient la regrettable habitude de tenir leur couteau sanglant entre leurs dents, lorsqu'ils

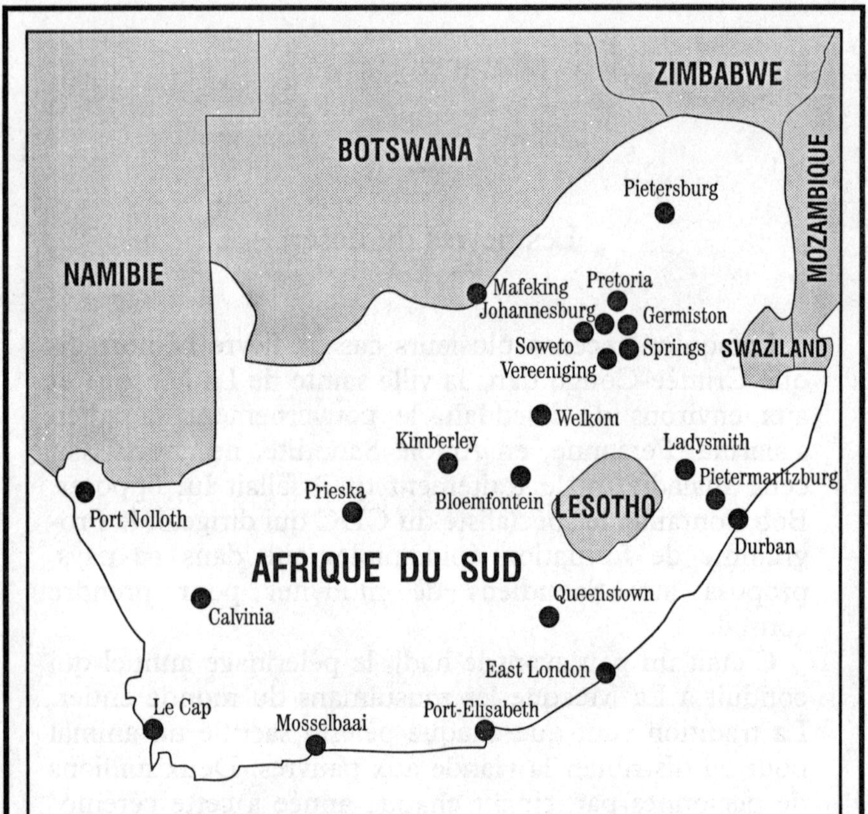
ZIMBABWE
BOTSWANA
MOZAMBIQUE
Pietersburg
NAMIBIE
Mafeking
Pretoria
Johannesburg
Germiston
Soweto
Springs
SWAZILAND
Vereeniging
Welkom
Kimberley
Ladysmith
Pietermaritzburg
Prieska
Bloemfontein
LESOTHO
Port Nolloth
Durban
AFRIQUE DU SUD
Queenstown
Calvinia
East London
Le Cap
Port-Elisabeth
Mosselbaai

avaient les deux mains occupées. Nous devions envisager une hypothèse inquiétante : une épidémie massive en relation avec le hadj. Bob et son équipe instituèrent des mesures de contrôle.

Invitée à tenir une conférence sur la FHCC, j'arrivai à La Mecque, incertaine de l'accueil qu'on m'y réserverait. J'avais tort de m'inquiéter. Mon auditoire était remarquablement attentif. Ils connaissaient déjà les cas survenus à La Mecque et à Djeddah, et ils voulaient en savoir le plus possible sur ce virus meurtrier. Pour commencer, je leur décrivis l'épidémie de FHCC qui s'était déclarée dans un hôpital de Dubai, un émirat du golfe Persique voisin de l'Arabie Saoudite. On y avait amené un homme en état de choc et souffrant d'hémorragies. L'équipe se dépensa sans compter. On essaya même de le ranimer en pratiquant le bouche-à-bouche. Mais il mourut, en dépit des efforts héroïques déployés pour le sauver. Durant les jours qui suivirent, les membres de l'équipe furent victimes d'état de choc et d'hémorragies. Et ils moururent à leur tour.

J'observai les visages qui me faisaient face. Puis j'en vins à un épisode similaire qui s'était déroulé au Pakistan.

— En 1976, à Rawalpindi, on amena à l'hôpital un berger qui vomissait du sang. Le chirurgien n'avait aucune idée de ce qui se passait. Il l'opéra mais fut incapable de le sauver. Quelques jours plus tard, le chirurgien mourait à son tour...

Je perçus un mouvement dans le fond de la salle. Un homme se leva.

— Oui, dit-il, je le connaissais. C'était terrible. Nous avons tous eu très peur.

Il y eut un silence. J'attendis. Il voulait peut-être continuer. Mais il ne dit rien de plus.

Je repris mon histoire. Les Soviétiques avaient été les premiers à décrire ce virus, au lendemain de la Seconde Guerre mondiale. Voilà ce qui s'était passé : des soldats russes avaient été dépêchés en Crimée pour aider aux moissons, dans les campagnes dévastées par la guerre. Très vite, un grand nombre d'entre eux furent frappés par une mystérieuse infection se caractérisant par des hémorragies et un état de choc. Le taux de mortalité était alarmant. Le virus traversa la mer Noire, passa en Bulgarie. La maladie connut une telle ampleur que les Bulgares fabriquèrent leur propre vaccin à partir de cervelle de rongeur infectée par du virus, vivant et inactivé avec du formol. On m'avait montré ce vaccin dans une chambre d'hôtel de Thessalonique, en Grèce, à deux pas de la frontière bulgare. Je me trouvais avec un petit groupe d'experts en fièvres hémorragiques de différents pays. Nous entourions un savant bulgare éminent, qui brandissait une ampoule.

— Voilà le vaccin ! proclamait-il fièrement, comme si la vue du produit suffisait à nous convaincre.

Il déclara qu'on administrait ce vaccin à tous les soldats bulgares en poste à la frontière, et que pas un seul d'entre eux n'avait contracté la maladie. Mais il ne nous donna aucun détail. Il travaillait pour un régime communiste dur. Nous l'écoutions, mais nous étions sceptiques.

On retrouva la trace de cette maladie. Cette fois, c'était presque au bout du monde, au Xianjiang, une région perdue de la Chine, au nord de l'Himalaya. (On l'appelle là-bas « fièvre du Xianjiang ».) C'est la région des déserts de Yaklamakand et de Gobi, qui se targue de posséder un des climats les plus durs du monde. (La Chine moderne a utilisé ces déserts pour y dissimuler des installations nucléaires secrètes.) Tom Monath, spécialiste de la fièvre jaune et collaborateur du CDC, a raconté une expérience qu'il avait vécue en Chine, et qui me rappelait l'épisode de Thessalonique. Lorsqu'il s'enquit de la mystérieuse maladie, un fonctionnaire lui montra une ampoule d'un vaccin semblable à celui des Bulgares (du virus inactivé au formol) et s'étendit sur son efficacité — sans jamais expliquer comment il agissait, ni de quoi il était fait. Malgré nos doutes, il faut se rappeler que la FHCC est une maladie aiguë que l'on pourrait prévenir avec un simple vaccin de ce genre. Peut-être les Chinois et les Bulgares étaient-ils sur une piste. De fait, la Chine et l'Union soviétique ont toujours manifesté de l'intérêt pour les fièvres hémorragiques. Nous savons que l'Armée rouge avait mis sur pied un important programme d'enquête sur ces maladies. Mais il n'est pas sûr que cet intérêt pour les virus fût exclusivement altruiste. De façon plus inquiétante, il se peut qu'ils aient été poussés par le désir de cultiver le virus de la FHCC (et d'autres maladies) pour s'en servir comme armes biologiques.

En 1956, le virus fut enfin isolé, à partir d'un petit garçon agonisant. Cela se passait au Congo, d'où la présence de ce mot dans son nom. Il s'avéra qu'il appartenait à la famille des bunyavirus. Ceux-ci sont véhiculés par les tiques — et donc propagés par toutes sortes d'animaux, en particulier les moutons et les chèvres. La FHCC aime surtout les tiques dures qui prospèrent dans les climats chauds et secs. L'homme peut être contaminé par la piqûre d'une tique, par contact avec le sang frais d'animaux infectés, ou par contact avec le sang ou les tissus d'un autre homme déjà contaminé.

Après avoir retracé l'histoire de la FHCC à mon public saoudien, j'en vins aux enquêtes que nous lui avions consacrées. En 1986, Joe et moi avions étudié une série de cas suspects de fièvre hémorragique qui s'étaient déclarés dans une zone semi-désertique au nord du Kalahari, en Afrique du Sud. Un certain nombre de ces cas, nous avait-on dit, étaient liés à des élevages de moutons isolés. Trois ans plus tard, la FHCC nous entraîna au Sénégal. Joe et moi avions été mêlés à cette enquête à cause d'un chercheur du nom de Mark Wilson, qui étudiait la faune dans une région sahélienne, le Ferlo. Ses travaux lui avaient révélé qu'un pourcentage élevé d'animaux (surtout des moutons) étaient contaminés par le virus de la FHCC. Les habitants étaient-ils infectés dans les mêmes proportions ? Il était difficile de le savoir. Le Sahel est une région désertique où il ne pousse presque rien. C'est une terre sans hôpitaux, sans médecins ni cliniques, sans magasins ni moyens de transport. On n'y trouve rien, en fait, à part du sable, des épineux, et quelques trous d'eau où se rassemblent les troupeaux des nomades. Il y a aussi beaucoup de poussière, qui pénètre sous vos vêtements, dans vos yeux, votre nez et votre bouche.

Cette région inhospitalière est peuplée surtout de tribus nomades qui parcourent des centaines de kilomètres avec leurs troupeaux, au sud du Sahara, pour atteindre les fleuves et les terres à pâturages. Musulmans pour la plupart, ils mènent une vie rigoureuse et ascétique. Les hommes surveillent les bêtes tandis que les femmes font le plus gros du travail. Ce sont elles qui portent l'eau et broient le millet en balançant au-dessus de leurs têtes, à un rythme fou, des pilons de bois de deux mètres de long.

Ces hommes peuvent avoir quatre épouses, mais personne n'a le droit de compter leurs bêtes. Cela porte malheur. Seul Dieu peut savoir combien vous en possédez, sinon Il vous les enlève. Cette croyance compliqua le travail de Mark. Il avait besoin d'un certain nombre d'informations, et il devait avoir une idée précise de la taille de la population animale. Comme il ne pouvait demander à personne, sans offenser la coutume, combien de bêtes il élevait, il imagina une autre méthode. Chaque matin, il se rendait à l'enclos d'épineux où les animaux passaient la nuit, et faisait le compte des bouses fraîches. Ce n'était pas la méthode idéale pour un recensement, mais vu les circonstances, il faisait de son mieux.

Quand notre équipe arriva au Sahel, il nous fallut camper avec les nomades. Avec leur générosité traditionnelle, ils avaient construit pour Mark deux huttes d'herbe sèche reliées par une pergola.

Que se passe-t-il ici, quand on tombe malade ? nous demandions-nous. Comment font-ils pour trouver les soins médicaux dont ils ont besoin ? Difficile de le savoir. Pendant des semaines, nous les avons interrogés. Tout le monde se montrait amical et coopératif. Nous n'avons pas trouvé la moindre trace de maladie ou de décès dus à la FHCC. Nous avons trouvé beaucoup de virus chez les animaux, mais rien chez l'homme. Aucun symptôme.

— Peut-être le virus est-il différent, dans cette région, dis-je pour conclure. Peut-être touche-t-il les bêtes, mais sans affecter la population humaine. Peut-être ces nomades ont-ils développé une sorte d'immunité. Peut-être que tous les gens contaminés en meurent, et qu'on nous a caché la vérité. Ces tribus gardent de nombreux secrets. Nous n'avons jamais pu le savoir. Près d'un demi-siècle après avoir été identifiée, la FHCC reste encore un mystère.

Avant de me rendre à La Mecque, j'allai à Riyad, puis à Djeddah. C'est dans cette ville que j'ai eu mes premiers ennuis. Le fait de voyager seule ne m'avait posé aucun problème, jusqu'au moment où je me présentai à l'hôtel « quatre étoiles » français, où une chambre m'était réservée. Le concierge m'observa, l'air inquiet.

— Pardonnez-moi, madame. Où se trouve l'homme qui vous accompagne ?

— Quel homme ? Pourquoi un homme m'accompagnerait-il ?

Il était embarrassé. Je compris que je n'étais pas supposée me déplacer sans un compagnon mâle. Sans parler de descendre à l'hôtel. Je demandai à parler au gérant.

Celui-ci me reconnut immédiatement. Jadis, il avait dirigé l'hôtel Mammy Yoko de Freetown, en Sierra Leone — un autre fleuron du groupe Sofitel. Tout en se confondant en excuses, il m'expliqua qu'il ne pouvait pas prendre le risque de loger une femme seule. La police religieuse, omniprésente, pouvait faire fermer son établissement.

— Que dois-je faire, alors ? Je suis l'invitée du gouvernement saoudien ! Que diront-ils si je dois dormir dans la rue ?

Une série de tours de passe-passe administratifs résolut le problème. J'avais au moins un toit. Je voulus prendre un souper à la cafétéria. Le serveur me convia poliment à passer au « salon familial ». Je lui fis remarquer tout aussi poliment que je n'étais pas en famille, et que je me trouvais très bien là où j'étais. Très nerveux, il me servit. Mais il était clair qu'il avait pour instructions de maintenir les femmes, même occidentales, hors de vue. Un peu plus tard, mes velléités de me rafraîchir dans la piscine de l'hôtel furent pareillement repoussées. Réservée aux hommes. J'étais bel et bien confinée dans ma chambre.

Le lendemain, je fis la connaissance de mes hôtes saoudiens, des médecins du ministère de la Santé. Ils portaient la traditionnelle longue robe blanche flottante et le keffieh à damier. Ils s'enquirent très courtoisement de mon bien-être. Est-ce que tout se passait bien ? Mon hôtel était-il convenable ?

J'éclatai de rire.

— Oui, tout va bien, aucun problème. Mais quelle histoire !

— Que voulez-vous dire ? Il y a donc eu des problèmes ?

— Non, pas du tout. J'ai vécu une expérience inédite, voilà tout. (Après un silence, je repris :) Je crois savoir désormais ce que ressent un Noir en Afrique du Sud.

Ils hésitèrent un peu, puis se mirent à rire. Ils avaient compris. Passé ce moment embarrassant, mon séjour fut plutôt paisible. Mais je fis le serment que rien ne me ferait jamais retourner dans ce pays.

Bob Fontaine et son équipe achevèrent l'enquête. Ils établirent que la FHCC était sans doute présente en permanence en Arabie Saoudite, mais à un taux très bas. Seul le hadj lui donnait réellement la possibilité de s'étendre. On importait des bêtes du monde entier pour satisfaire la demande des sacrifices rituels. Parmi les pays qui fournissaient cette viande sur pied, on trouvait le Soudan, l'Irak, le Yémen et l'Iran — autant d'endroits où l'on trouve en abondance des tiques dures et le virus de la FHCC. Il est vrai qu'il y avait aussi des agneaux de Nouvelle-Zélande. Mais tout le bétail était rassemblé sans distinction d'origine dans de grands enclos, et stationnait là plusieurs semaines avant d'être abattu. Les bêtes irakiennes avaient tout le temps nécessaire pour infecter leurs congénères néo-zélandaises. Lorsque venait le moment du sacrifice, celles-ci hébergeaient aussi le virus.

Sur les conseils de Bob, les autorités saoudiennes

décrétèrent l'obligation de soumettre toutes les bêtes importées à un test de dépistage. La FHCC a cessé d'être un problème majeur en période de hadj. Plus tard, au Pakistan, j'eus l'occasion de raconter à mes interlocuteurs — des musulmans, bien entendu — que j'avais donné une conférence à La Mecque. Cela provoqua un beau remue-ménage. Une femme blanche à La Mecque ? Impossible !

En 1986, la chasse au virus de la FHCC nous entraîna, Joe et moi, en Afrique du Sud. Horst Kustner, responsable de l'épidémiologie au ministère de la Santé et de la Population, nous avait demandé de mener une enquête sur plusieurs occurrences de la maladie. Son service jouait un rôle comparable à celui du CDC (pour lequel il avait travaillé), sans bénéficier des mêmes ressources. Quand il nous reçut dans son bureau à Pretoria, il avait l'air inquiet. La fièvre hémorragique Crimée-Congo préoccupait les autorités. Tant qu'on ne connaissait pas bien les facteurs de risque, il était impossible de mettre sur pied un programme d'intervention. Après que Horst nous eut exposé la situation, nous décidâmes de lancer une étude de cas-témoins.

Le virus de la fièvre hémorragique Crimée-Congo est très difficile à étudier, car les cas sont toujours dispersés, à la fois dans l'espace et dans le temps. Et toutes les recherches sont entravées par le fait qu'il est impossible de transmettre la maladie à un être vivant — à l'exception, malheureusement, de l'homme.

Notre première action fut d'appeler notre vieil ami Bob Swanepoel, toujours très actif dans le domaine des fièvres hémorragiques. Il travaillait au laboratoire P 4 de Johannesburg — sans doute le meilleur du monde après celui du CDC. Nous avions besoin de son aide. Nous savions que c'était lui qui établissait les diagnostics en laboratoire de tous les cas recensés. Quelques années plus tôt, Bob avait quitté la Rhodésie (le futur Zimbabwe) pour l'Afrique du Sud. Il avait acquis la célébrité grâce à une expédition dans la réserve naturelle du Kruger National Park. Il avait capturé une extraordinaire série d'animaux sauvages (y compris des oiseaux) et leur avait fait des prises de sang. Il avait découvert que *toutes ses prises*, à l'exception d'une antilope, possédaient des anticorps contre la FHCC. L'information était d'une importance cruciale. Elle montrait l'omniprésence du virus dans la nature. Bob avait aussi enquêté au Tygerberg Hospital, en 1984, sur une épidémie qui avait provoqué sept cas déclarés et tué deux personnes. Il nous raconta que tous les cas secondaires avaient eu un contact direct avec le sang des patients. Jusqu'alors, toutes les infections recensées en Afrique du Sud étaient liées à l'abattage de bétail pour la boucherie, à des piqûres de tiques ou aux autruches (qu'on élevait pour leurs plumes).

Nous pensions qu'il serait facile d'entrer en contact avec Bob. Curieusement, il semblait peu disposé à nous rencontrer. Il fallut insister. On finit par organiser un rendez-vous. Horst nous avait prêté une de ses collaboratrices, une statisticienne nommée Annamik Middlekoop. Elle était visiblement mal à l'aise. Bob lui-même se montra étonnamment hostile. Il finit par nous dire ce qui l'embarrassait. Horst et lui étaient fâchés. Leur dispute, qui me sembla d'une complexité excessive, semblait liée à des questions de territoire.

Nous avions besoin de l'aide de Bob, pour ses laboratoires et ses compétences. Par ailleurs, nous ne pouvions nous passer de Horst : c'est lui qui nous avait mis en contact avec les épidémiologistes qui nous avaient invités. Cette situation ne nous était pas étrangère, car ce genre de chose arrivait souvent. Mais c'était fort malvenu, cette fois, car nous avions des amis dans les deux camps.

Nous décidâmes d'esquiver l'obstacle et de nous concentrer sur les véritables problèmes. Après nous avoir fait part de ce qu'il avait sur le cœur, Bob parut soulagé. Il redevint l'homme charmant que nous connaissions.

Il nous expliqua qu'il recensait des cas de FHCC humaine en Afrique du Sud depuis 1981. Tous les cas faisaient l'objet d'un diagnostic dans son laboratoire. Le premier patient avait été un écolier de douze ans. Il venait de passer quelques jours en camp de pionniers avec ses camarades. Les garçons faisaient de longues marches dans la brousse et passaient la nuit sous un arbre, à la belle étoile. Dès son retour, le garçon tomba malade. On découvrit une enflure suspecte au sommet de son crâne. Une piqûre de tique.

Son état empira très vite. Il saignait beaucoup. Il mourut.

Après avoir isolé le virus de son sang, Bob inspecta l'endroit où les enfants avaient campé. Il traîna une couverture sur le sol, selon la méthode qu'utilisent les entomologistes pour capturer les tiques. La couverture en était tapissée.

Nous avons fini par conclure un accord avec Bob. Nous irions à Kimberley avec Annamik et quelques-unes des jeunes recrues de Horst. Nous lui ferions parvenir, aux fins d'analyse, tous les échantillons que nous pourrions prélever. Il accepta d'autoriser ses contacts à Kimberley à nous fournir les informations dont nous aurions besoin. Horst, lui, resterait à Pretoria. De cette façon, les deux hommes ne risquaient pas de se rencontrer.

Il y eut beaucoup de prélèvements. Nous avons effectué six cents prises de sang sur des hommes et des femmes, dans les élevages de moutons et les hôpitaux. Il faut ajouter à cela deux mille sérums animaux, prélevés par un vétérinaire.

Bien que Kimberley soit surtout connu comme centre minier diamantaire, la plupart des patients atteints de la FHCC étaient des paysans qui élevaient des moutons au nord du Kalahari. L'année précédente, on avait recensé au moins neuf cas à l'hôpital de Kimberley. Un fermier était mort. Une infirmière avait succombé à la maladie, ce qui suggérait un certain laxisme dans l'application des consignes d'isolement. L'hôpital était un établissement moderne et bien tenu. Une salle spéciale était réservée aux malades de la FHCC, qui y recevaient des soins d'excellente qualité. Un grand nombre d'entre eux survivaient. C'était étonnant, vu le taux élevé de mortalité qu'on associe généralement à cette maladie.

Assurés de la coopération de l'hôpital, nous avons constitué deux groupes de travail. Le premier mènerait l'enquête à l'hôpital, tandis que l'autre irait mesurer la fréquence de la FHCC dans quelque trente-six fermes. C'étaient de vastes domaines s'étendant dans un paysage infini. Certains sont si stériles qu'ils ne peuvent pas nourrir plus de deux moutons à l'hectare. Mais ces territoires désolés et monotones ne sont pas dénués de grandeur. Seuls de rares individus sont capables d'y survivre. Les paysans afrikaners sont accueillants et farouches, mais parfois difficiles à comprendre. Un jour, en arrivant dans une ferme, nous eûmes le sentiment qu'on nous observait. Derrière la porte, deux paires d'yeux se rivaient à nos pas. Ces deux hommes étaient les fils du propriétaire des lieux, dont l'expression et les manières nous firent comprendre qu'ils étaient demeurés. Cela nous fit réfléchir au nombre d'unions consanguines que ces fermes devaient abriter. Dans chacune d'elles logent généralement une seule famille blanche et un certain nombre d'ouvriers agricoles « de couleur ». Et elles sont si éloignées les unes des autres qu'il n'est pas étonnant que l'endogamie soit si répandue. Mais qui oserait contester la résistance et le stoïcisme de ces gens ? Un paysan me montra son livre des intempéries. Il y avait consigné toutes les précipitations des vingt dernières années. La dernière entrée datait de 1977. Nous étions en 1987. Pas une goutte de pluie en dix ans !

En entrant dans ces maisons, vous accédiez à un monde totalement différent. Le désert, à l'extérieur, aurait pu ne pas être là. Les salons étaient encombrés de fauteuils à têtières recouverts de peluche. Il y avait toujours de jolies petites tables basses et l'on voyait partout des ornements de cuivre, des bibelots, des souvenirs de voyages à l'étranger : sabots hollandais décorés de moulins à vent bleus, tours Eiffel en miniature. Comme ils avaient rarement le loisir de parler à des étrangers, on nous offrait un festin de ragoût de mouton. Dans l'archipel des Malouines, la viande de mouton s'appelle le

« 365 », car on en mange tous les jours. Là-bas, c'était la même chose.

Un éleveur nous raconta comment il avait contracté la FHCC. Il se rappelait avoir écrasé une tique avec la main. Il avait une plaie au creux de la paume. Trois jours plus tard, il souffrit de violents maux de tête, de courbatures et de frissons, au point qu'il dut se mettre au lit. C'était exceptionnel, nous dit-il, il n'était jamais malade. Mais ce n'était pas la FHCC qui allait avoir raison de lui ! Deux heures après s'être couché, il se levait pour aider ses « gars » à rassembler le bétail. Au travail, il se mit à saigner du nez. Une hémorragie incontrôlable. Sa numération de plaquettes sanguines devait être presque nulle. Son sang ne coagulait pas. On le conduisit à l'hôpital, à Kimberley, où il reçut les soins appropriés. Il eut beaucoup de chance : il survécut.

En publiant les résultats de notre enquête, nous étions en mesure de démontrer que l'infection Crimée-Congo humaine était liée à l'élevage du mouton, et en particulier aux manipulations des agneaux par les fermiers. Cela explique pourquoi le plus souvent ce sont ces derniers, et non leurs employés, qui sont contaminés. Nous avons aussi montré que mourir de la FHCC à l'hôpital de Kimberley était une aberration et que cela n'indiquait pas une défaillance des techniques de stérilisation. Il est vrai qu'en plus de l'infirmière morte un an plus tôt, nous avions découvert qu'une technicienne de laboratoire possédait des anticorps contre la FHCC. Mais sa positivité était bizarre, pour deux raisons. D'une part, elle avait toujours été très prudente en manipulant les échantillons, elle portait des gants, et n'avait pas eu d'accident. D'autre part, elle n'était pas tombée malade. C'était difficile à expliquer. Il était même possible que cela n'ait rien à voir avec son emploi à l'hôpital. Elle pouvait avoir été piquée par une tique sans le savoir. Nous en avons conclu qu'en dépit du taux de propagation très élevé pour le bétail, et de l'exposition permanente aux tiques et au sang des animaux domestiques, l'infection de l'être humain était rarissime.

Mais, lorsque d'aventure un homme était contaminé, l'infection pouvait être mortelle. Il nous semblait important de savoir si nous pouvions la traiter avec un antiviral. Comme Joe était parvenu à soigner la fièvre de Lassa avec de la ribavirine, la FHCC était notre nouvel objectif. Nous découvrîmes que ce virus était hautement sensible à la ribavirine en laboratoire. Mais nous ignorions si elle agirait sur l'homme. Nous ne pouvions pas la tester sur les animaux, pour la simple raison que ceux-ci ne produisent jamais les symptômes de la maladie. Joe et moi rédigeâmes un protocole de tests expérimentaux sur des humains contaminés. Aux dernières nouvelles, la ribavirine a remporté un succès encourageant. Bob présenta, lors d'une conférence qui s'est tenue à Berlin, les résultats obtenus sur trente patients. Un seul des patients traités à la ribavirine est mort. En l'occurrence, il a succombé à des complications, et non à l'infection aiguë proprement dite. Le taux de mortalité de la FHCC étant au moins de 30 % (il est beaucoup plus élevé dans certaines épidémies), ces résultats montrent une amélioration considérable. Il est important de publier ces données au plus vite, pour mettre enfin au point un traitement efficace contre cette terrible maladie.

33

Cathédrales

J'avais divorcé à la fin des années quatre-vingt. Sue, de son côté, avait fait de même. J'avais quitté les Agents pathogènes spéciaux en mars 1990. Nous avons commencé à nous fréquenter hors du travail. Nous nous sommes découvert beaucoup de goûts communs, notamment pour la musique et le grand air. Nous allions aux sports d'hiver avec mes enfants, et nous faisions des randonnées, sac au dos, dans les vastes étendues des montagnes de la Wind River, dans le Wyoming. On découvrait une existence qui dépassait le champ étroit des fièvres hémorragiques virales. Je travaillais désormais sur le VIH. Plus tard, je m'occuperais d'études sur le VIH et le paludisme au Kenya occidental, notamment, tandis que Sue traçait son chemin au service des Maladies bactériennes du CDC. Mais l'ambiance avait changé, depuis l'époque où j'y avais fait mes débuts, vingt ans plus tôt. Nous avons fini par nous voir beaucoup plus que lorsque nous travaillions ensemble au CDC.

En mars 1992, soit deux ans après mon départ du CDC, nous allâmes faire du ski à Vail, dans le Colorado. J'y étais déjà allé, avec mes enfants, quelques années auparavant, et l'expérience avait été si extraordinaire que nous avons décidé d'y retourner tous ensemble. Et là, j'ai eu une inspiration. J'ai demandé à Sue de m'épouser. J'ai proposé que le mariage ait lieu au sommet de la Vail Mountain. « Ce sera comme une cathédrale en plein air », me dit-elle.

Ce n'était pas précisément chose courante. Mais chaque année, plusieurs mariages se déroulaient sur cette montagne. Le juge qui célébrait les cérémonies s'appelait Buck Allen. Il habitait au pied des remontées mécaniques, et comme on pouvait s'y attendre, c'était un skieur remarquable. Nous fîmes le voyage d'Atlanta en un temps record. Mes enfants, Kit, Peter et Anne, et un couple de nos amis se relayèrent au volant pour faire la route d'une seule traite. Nous sommes arrivés à Vail en vingt-quatre heures. Ma mère, âgée de soixante-treize ans, prit l'avion pour l'occasion. Pour atteindre le sommet — le Nid d'Aigle —, elle dut prendre la benne et finir le trajet avec l'aide de bâtons de ski, sous les cris d'encouragement de Kit et de Peter.

C'était un jour gris de la Saint-Patrick. Buck Allen nous plaça de telle sorte que nous étions dos au spectaculaire Gore Range. Après la cérémonie, brève mais très émouvante, tout le monde descendit à pied vers le refuge voisin pour signer le certificat de mariage et célébrer l'événement au champagne. Puis nous sommes descendus à ski jusqu'à la vallée. Ce jour-là, nous étions sûrement les seuls à skier avec des fleurs fraîches à la boutonnière.

Notre mariage ne fut pas le seul bouleversement dans notre vie. Nous nous sommes bientôt retrouvés au bout du monde, Sue et moi, à un endroit où nous n'avions pas prévu de nous rendre. Sue va raconter cet épisode.

En septembre 1991, Joe reçut un coup de fil inattendu du docteur Jim Bartlett, le doyen de l'université de Médecine Aga Khan, à Karachi, au Pakistan. Mais la ligne fut coupée avant qu'il ait le temps de s'expliquer. Il rappela quelques instants plus tard.

— Ne vous inquiétez pas, dit-il. C'est normal. Nous sommes toujours coupés.

David Fraser, du CDC, qui avait travaillé sur la fièvre de Lassa, avait dit à Bartlett que Joe pourrait être intéressé par un travail à Karachi. La ligne fut à nouveau interrompue avant qu'il puisse en savoir plus. Mais dès que j'appris de quoi il s'agissait, je lui dis :

— Karachi ? Laisse tomber.

Je connaissais assez l'Asie, maintenant, et je savais que Karachi avait la réputation d'une ville gigantesque, sale et polluée, sans attraits. En outre, le Pakistan est un pays musulman, qui prend la religion très au sérieux. Pour les femmes, cela peut constituer un handicap. Depuis mon expérience en Arabie Saoudite, cette culture ne m'attirait pas beaucoup. Joe n'avait pas plus envie que moi de s'installer à Karachi. Nous en avons ri tous les deux, et le Pakistan nous est sorti de l'esprit.

Mais l'idée de partir à l'étranger nous plaisait bien. Nous avions tous les deux envie de retourner là où les choses se passent. Idéalement, nous espérions avoir la possibilité de travailler de nouveau ensemble. Nous envisagions même de lancer notre programme d'étude dès que les circonstances le permettraient.

Puis David Fraser appela de Paris. Il avait quitté la présidence du Swarthmore College pour un poste de conseiller auprès de l'Aga Khan. Celui-ci est le chef spirituel des ismaïliens nizarites, un mouvement religieux qui compte plusieurs millions d'adeptes dans le monde. Ses fonctions valaient à David des responsabilités dans le domaine de la santé, du logement et de l'assistance sociale, dans de nombreuses régions du monde musulman. Après avoir expliqué ses objectifs, il invita Joe à reconsidérer sa décision. Cette fois, la communication ne fut pas interrompue.

La faculté de médecine Aga Khan était très récente (elle avait éte fondée en 1983). L'Aga Khan l'avait créée pour former de jeunes médecins pakistanais selon les critères et les méthodes pédagogiques occidentaux. Elle offrait donc une formation d'un niveau supérieur à n'importe quel établissement de cette partie du monde. David et Jim voulaient confier à Joe la présidence du service des Sciences de santé publique (SSP). Ses fonctions consisteraient à initier à l'épidémiologie les étudiants en médecine. Les SSP offraient de nombreux débouchés dans plusieurs pays d'Asie et d'Afrique de l'Est, où les ismaïliens avaient établi un important réseau d'hôpitaux, de cliniques, d'écoles et de programmes de développement rural. Ces services n'étaient pas réservés aux ismaïliens, et n'importe qui pouvait en bénéficier. Nous réalisâmes que le programme de l'Aga Khan était sérieux et bien organisé.

Dès lors, nous étions assez intrigués pour avoir envie de visiter Karachi. La ville est à la hauteur de sa réputation. Elle vit sous l'emprise de la chaleur, de la poussière, de la violence et du chaos. Par ailleurs, nous la trouvâmes vibrante, affairée. Les rues sont encombrées de tous les moyens de transport que l'homme utilise depuis dix mille ans : ânes, chameaux, bicyclettes, charrettes à bras, rickshaws à moteur crachant des gaz d'échappement toxiques, camions peints de couleurs vives, motos, limousines et 4 × 4 d'importation. Tous ces animaux et ces véhicules stagnent souvent pendant des heures sans progresser d'un pouce. Certes, la pauvreté y est omniprésente, mais les apparences sont souvent trompeuses. S'il est vrai qu'on y rencontre des mendiants — souvent des femmes voilées tenant des « bébés de location » —, le problème des sans-abri est beaucoup moins préoccupant qu'en Occident. La famille est un véritable filet de sécurité. Si quelqu'un a besoin d'un toit, il se trouve souvent un cousin ou un oncle, quelque part, pour l'héberger. Par ailleurs, Karachi, en qualité de centre commercial du Pakistan, abrite une certaine opulence, même si elle est injustement répartie. Les riches et les misérables y vivent côte à côte.

Si nous avions de sérieuses réserves à l'égard de Karachi, il n'en allait pas de même pour la faculté Aga Khan. Pour nous, c'était une aubaine, de toute évidence. Nous aurions la possibilité de former des étudiants, qui apporteraient à leur tour des changements ayant des conséquences positives dans cette partie du monde. Karachi est une de ces mégalopoles d'un nouveau genre, où se posent de multiples problèmes de santé publique. Presque rien n'est prévu dans ce domaine, ni dans celui de l'éducation. L'idée qu'une université privée de haut niveau puisse développer un programme de santé publique était excitante, dans un pays qui semblait tout ignorer de la santé publique.

Mais tout était possible. La plupart des jeunes gens que nous avons rencontrés à l'université Aga Khan nous ont impressionnés par leur intelligence et leur désir de progresser. Par ailleurs, le fait que les SSP soient en train de développer des programmes d'étude pour s'attaquer aux maladies infectieuses présentait à nos yeux un intérêt considérable. S'il est une chose, en effet, dont Karachi ne manque pas, ce sont bien les maladies infectieuses. Si Joe acceptait l'offre qui lui était faite, on me confierait la direction du laboratoire de microbiologie clinique. En même temps, je serais chargée de créer un laboratoire de diagnostic moléculaire, qui viendrait soutenir les études de terrain.

Presque malgré nous, après en avoir longtemps discuté, nous avons décidé de tenter le coup. Le 1er juin 1993, Joe partait à Karachi. Je l'ai rejoint deux mois plus tard. Pour ma part, j'étais de plus en plus mécontente de la politique du CDC. J'étais ravie d'essayer autre chose.

Il s'avéra que l'université avait vraiment l'air d'une cathédrale. Cet édifice de marbre rose forme un contraste saisissant avec le reste de Karachi. Nous avons trouvé une jolie maison dans un faubourg résidentiel tranquille, qui tranchait avec le chaos régnant dans d'autres quartiers. Mais nous avions du pain sur la planche. Et pas de temps à perdre. Nous savions que le choléra et la typhoïde constituaient des menaces sérieuses pour la santé publique. Nous allions découvrir qu'une autre maladie était en train de saccager le pays — un mal aussi présent et encore plus dangereux. Quoique silencieuse, une épidémie faisait rage. Pour la mettre en évidence, nous devions aller à Hafizabad, à l'intérieur du Pendjab.

Le regard impatient, un homme grand et mince aux cheveux blonds cherchait son chemin le long d'une avenue étroite, dans une ville rurale du Pendjab. Il était suivi d'un groupe curieusement assorti, comprenant notamment trois ou quatre récents diplômés de l'université Aga Khan. Une troupe colorée leur collait aux talons : enfants, chèvres, poulets et jeunes gens en *shalwar kamiz*, l'habit national pakistanais qui consiste pour les hommes en une chemise très large et très longue, et pour les femmes en une tunique brodée et ornée de verroterie. Cette foule ne voulait pas manquer ce qui promettait de briser la routine de leur existence — de les distraire, peut-être même de les faire rire.

Nous étions repartis à la chasse au virus. Il s'agissait cette fois de l'hépatite. L'homme blond et mince était Steve Luby, le responsable de l'expédition. Joe l'avait engagé pour lui confier la direction d'un nouveau programme épidémiologique au service des SSP d'Aga Khan. Au Pakistan, la pratique épidémiologique était presque inconnue. La proposition de Joe éveilla donc l'intérêt de Steve, même s'il n'avait jamais posé les yeux sur une carte du pays. Pour un jeune diplômé du Service de renseignement épidémiologique et interne en Médecine préventive au CDC, cela représentait un défi excitant. Sans visite préalable, il était arrivé à Karachi à la mi-septembre 1993, accompagné de sa femme Jenny, de quatre jeunes enfants et d'un vieux chat. Deux mois plus tard, il chassait le virus au Pendjab, à la tête de son groupe de novices enthousiastes.

Steve était à la fois le patron et le guide. Il cherchait son chemin sur un immense plan tracé à la main et couvert d'annotations. C'était le seul plan existant de Hafizabad. Cette ville de 120 000 âmes se trouve au cœur d'une région agricole, à près de trois heures de route de Lahore, l'ancienne cité des empereurs mogols. Nous étions là à cause du nombre de jaunisses recensées récemment, qui suggérait qu'une forme quelconque d'hépatite se répandait dans la population. Nous n'étions pas à la recherche d'un virus unique. L'hépatite peut avoir des formes diverses que l'on désigne par différentes lettres de l'alphabet. Il s'agit d'une inflammation du foie qui entraîne notamment une jaunisse (ainsi nommée d'après la couleur que prennent la peau et le blanc des yeux). La nausée et une faiblesse générale figurent également parmi les symptômes. La plupart des personnes frappées par la maladie sont contaminées par un des deux virus (hépatites A et E) dont la propagation est favorisée par des conditions sanitaires rudimentaires. Il n'était pas étonnant qu'ils prospèrent dans un pays comme le Pakistan. En guise d'égouts, Hafizabad ne disposait que d'un réseau de canalisations à ciel ouvert. Cette situation est loin d'être exceptionnelle. Les eaux sales coulent directement des maisons à ces caniveaux. On y aperçoit souvent des choses ignobles dérivant au gré du courant. La présence de monceaux d'ordures en putréfaction accroît encore la puanteur.

Mais l'absence d'équipements sanitaires publics ne suffisait pas à expliquer l'épidémie, ni le nombre élevé de victimes. Il n'existait qu'un moyen de découvrir ce qui se passait. Nous devions organiser une étude, faire des prises de sang et procéder aux analyses. Il nous fallait contourner plusieurs obstacles. Aucun recensement n'avait été organisé au Pakistan depuis 1981, et toutes les données dont nous disposions étaient périmées. Nous allions devoir mettre au point une méthode pour mener une étude épidémiologique fiable. Steve décida de choisir une maison dans chacun des vingt-sept arrondissements. Si l'on veut tirer des conclusions sur une population ou un lieu donnés, il faut procéder à une « enquête aléatoire ». Après tout, il est impossible d'interroger et de prélever du sang à tous les habitants d'une ville. Ce serait trop onéreux, en temps et en argent. On travaille donc sur un échantillon de population défini par le calcul et reflétant fidèlement les conditions qui affectent l'ensemble des habitants. C'est le principe utilisé, notamment, pour les sondages politiques.

Théoriquement, il était très facile de choisir les maisons qui feraient l'affaire. Dans la réalité, les choses étaient beaucoup plus compliquées. Quand on se retrouva dans le labyrinthe des ruelles de Hafizabad, il fut très difficile de se repérer. Comme il s'agissait d'une enquête aléatoire, Steve choisit sa « première » maison à l'aide d'une méthode simple, qui repose sur un des outils essentiels au travail de l'épidémiologiste : une bouteille de Coca-Cola vide.

Partout dans le monde, on utilise ce qu'on a sous la main, n'importe quoi qui fasse l'affaire. Quoi de plus facile à trouver qu'une bouteille de soda ? Comme nous venions tous d'Atlanta (le siège de Coca-Cola), notre choix s'imposait. Un interne nommé Karim Qamruddin fut chargé de cette mission, ce qu'il eut l'air de considérer comme un privilège. Au carrefour indiqué sur le plan, il posa la bouteille sur le sol et la fit tournoyer. Nous étions cloués sur place, comme devant une roulette de casino. La bouteille s'immobilisa. Nos regards se dirigèrent dans la direction désignée. Nous avions notre première maison.

Le moment était venu, pour Steve et moi, de rester en retrait et de laisser nos jeunes recrues prendre les choses en main. De toute façon, les habitants du quartier ne parlaient que l'ourdou ou le pendjabi, ce dont Steve et moi étions incapables. Une étude sur le terrain est d'autant plus réussie que l'on invite l'enquêteur à entrer dans les maisons : dans les lieux mêmes, il lui est beaucoup plus facile d'expliquer ses intentions, d'interroger les habitants et d'obtenir l'autorisation de leur prendre du sang. Pour y parvenir, il faut parfois du charme, de l'énergie et beaucoup d'éloquence. Nos jeunes collègues pakistanais ne manquaient d'aucune de ces qualités. Mais les habitants avaient aussi de bonnes raisons de se montrer coopératifs. Ils savaient qu'il y avait eu un certain nombre de cas inexpliqués de maladie marqués par la jaunisse, ce n'était pas sans les inquiéter. En fait, certains d'entre eux nous ont demandé de leur venir en aide. Nous leur expliquions que nous étions à la recherche de la cause de l'infection, que nous voulions empêcher que les cas se multiplient, et ils étaient plus qu'heureux de nous ouvrir leur porte. Il était parfois difficile de se soustraire à leur hospitalité, et les journées de travail étaient longues. Comme il n'y avait pas d'hôtel, les membres de l'équipe étaient contraints de faire la navette matin et soir (une heure de route par trajet) jusqu'à la ville voisine de

Gujranwala. On empruntait une route étroite et embouteillée, à travers les rizières. Etant donné le risque permanent de percuter un autre véhicule, ces trajets constituaient sans doute la partie la plus dangereuse de l'enquête.

Après avoir frappé aux portes et s'être introduits chez les gens pendant trois semaines, nos équipiers avaient interrogé trois cent vingt personnes « choisies au hasard » et pris du sang à la plupart d'entre elles. Les premières données nous permirent de conclure provisoirement que la plupart des cas de jaunisse avaient été provoqués par le virus de l'hépatite E. (Celui-ci se transmet par voie orale et fécale, et contamine souvent l'eau.) Il avait la réputation d'être assez répandu dans la région. Mais, bien entendu, nous n'en serions certains qu'après avoir reçu les résultats des analyses de sang.

Quels que soient ces résultats, la population devait prendre quelques précautions élémentaires pour se protéger. Nous devions l'informer de la nécessité de stériliser l'eau potable et de faire cuire convenablement la nourriture. Nous trouvions heureusement des gens disposés à nous écouter. Ils étaient si intéressés qu'ils nous invitaient chez eux, insistant pour nous offrir d'excellents mets très élaborés — riz pilaf, chapatis, fruits frais et thé au lait très fort et sucré. Personne n'était plus conscient que nous des dangers de la contamination par la nourriture. Nous avions évité jusqu'alors de manger ailleurs qu'à l'hôtel. Mais nous ne voulions pas offenser nos hôtes. Nous mangions donc, et nous buvions, et nous attendions pour voir qui attraperait la jaunisse. Nous avons survécu, tout comme nos foies ont survécu.

Nous nous sommes installés devant nos ordinateurs pour analyser les données de l'enquête et les résultats de laboratoire des analyses de sang. Une surprise de taille nous attendait. Sur cent personnes testées — toutes apparemment en bonne santé —, sept étaient contaminées. Mais pas par l'hépatite E (dont on guérit sans difficulté). Il s'agissait d'un autre virus hépatique véhiculé par le sang, à l'instar du VIH. Un virus silencieux qui (comme le VIH, là encore) infecte sa victime sans symptômes visibles, tapi à jamais dans l'organisme-hôte, détruisant lentement des cellules vitales. Le sida détruit le système immunitaire. Ce virus, lui, choisit une autre cible. Des années après l'infection — la période d'incubation peut durer plusieurs décennies —, il détruit le foie de la personne infectée, lentement et douloureusement. Le ventre gonfle, le patient vomit du sang en quantité. Quand le virus a fini son travail, sa victime meurt de défaillance hépatique, parfois d'un cancer du foie. Il s'agit de l'hépatite C.

Nous ne savions trop quoi faire de notre découverte. Aux Etats-Unis, le taux d'infection par l'hépatite C est de très loin inférieur à 1 ‰. Ici, il s'agissait de 7 %. En d'autres termes, 7 % des dons de sang risquaient d'abriter un virus mortel.

Que se passait-il ? Nous avions plusieurs indices. L'hépatite C, comme le sida, se transmet par l'intermédiaire d'aiguilles réutilisées. C'est pourquoi elle est très répandue chez les toxicomanes. Mais à Hafizabad, nous n'avons pas trouvé le moindre toxicomane.

Nous savions que le risque de contamination de l'hépatite C par voie sexuelle est beaucoup plus faible que pour le VIH. Pour autant, nous ne pouvions pas écarter les rapports sexuels des moyens de transmission de la maladie. Mais nous étions dans une ville agricole et traditionaliste fondée sur des structures sociales très fortes, où la prostitution était quasi inexistante et l'homosexualité rarissime. En outre, on trouvait parmi les sujets infectés des mères de famille et des enfants musulmans. Pour comprendre ce qui se passait, nous devions poser des questions intimes et précises. Certains de nos amis pakistanais nous conseillèrent d'y renoncer. Dans cette société, on ne posait pas de questions intimes. Mais nous n'avions pas d'autre moyen de trouver ce que nous cherchions. Steve insista donc.

— Il faut essayer, disait-il. Qu'avons-nous à perdre ?

Nous sommes retournés à Hafizabad, munis d'un questionnaire plus détaillé, plus précis. Dans la pire des hypothèses, on nous claquerait la porte au nez. Ce ne fut pas le cas. C'était surprenant, et gratifiant. Nous avions craint de provoquer la gêne et la colère, mais la plupart des gens que nous interrogions furent très ouverts et serviables. Ils comprenaient l'importance de notre mission et acceptaient de coopérer.

Le premier indice qui nous aida à éclaircir le mystère était apparu lorsque nous avions apporté nos échantillons au laboratoire de l'hôpital local. Comparé à la plupart des labos que j'avais vus dans des pays du tiers monde, celui-ci était propre et bien tenu. Mais il n'était équipé que d'une vieille centrifugeuse, d'un antique microscope, de quelques lamelles écornées et d'un stock pathétique de tubes à essai ébréchés sur un vieux présentoir de bois — le tout disposé sur une table aux carreaux fendus. Il y avait aussi trois aiguilles et trois seringues. C'était là tout l'équipement du laboratoire. Dans le couloir, six patients au moins faisaient la queue en attendant leur prise de sang.

Nous poursuivîmes notre enquête. Bien que la plupart des habitants fussent très pauvres, la ville était bien pourvue en médecins généralistes. Très peu étaient qualifiés. Les autres se contentaient d'accrocher une pancarte faisant état de leur profession, et les patients crédules ne se faisaient pas prier pour aller les consulter. On disait qu'il suffisait, pour devenir médecin, d'une planche de bois et d'un pot de peinture. Ces généralistes n'étaient pas en situation de monopole. Ils étaient en concurrence avec les hakims, guérisseurs traditionnels qui dispensent philtres et charmes. Les patients ne consultaient les hakims que pour des troubles mineurs. Lorsque les symptômes étaient plus sérieux, ils préféraient le médecin, surtout s'ils se sentaient faibles. Ils étaient persuadés que rien ne vaut une bonne piqûre pour redonner des forces. Ce que l'on mettait dans la seringue, c'était le problème du docteur. Et si le docteur pensait qu'une perfusion se justifiait, c'était encore mieux. En fait, il ne s'agissait la plupart du temps que de simples injections de vitamines. Il arrivait même qu'elles ne contiennent que de l'eau. Que les patients en aient besoin ou non, les médecins avaient la meilleure raison du monde d'encourager les injections. Elles rapportent beaucoup d'argent.

Il n'était pas difficile, dans les cliniques et les cabinets médicaux, de trouver des aiguilles et des seringues. Ce qui était frappant, c'était leur nombre limité, en comparaison de la quantité d'injections administrées par les médecins. Nous cherchâmes du matériel de stérilisation. Mais nous n'avions vu que des aiguilles et des seringues jetables en plastique. Elles sont difficiles à stériliser. Elles sont conçues précisément pour ne servir qu'une fois, et être détruites après usage. Si l'on fait bouillir des seringues en plastique, les repères s'effacent, ce qui empêche les infirmières de mesurer les doses de liquide. La plupart du temps, les seringues finissaient par être rincées à l'eau tiède.

Nous trouvâmes bien peu de liquides de stérilisation, en tout cas, et pas le moindre appareil pour faire bouillir les instruments. Dans un cabinet médical, nous avons découvert un stérilisateur électrique... mais le bâtiment n'avait pas l'électricité ! Il était évident que les seringues et les aiguilles jetables étaient réutilisées sur une grande échelle, sans même être stérilisées. Dans ces conditions, l'hépatite C se propage avec une incroyable rapidité.

Nous continuâmes à analyser nos données. Il était évident qu'il existait une corrélation directe : les individus dont le sang abritait l'hépatite C se faisaient faire régulièrement des piqûres. Mais les injections dispensées à l'aveuglette n'étaient pas le seul moyen de propager le virus. L'infection se répand aussi grâce aux transfusions sanguines. Pourtant, et bien qu'il existât un test de dépistage (disponible depuis 1992), personne ne cherchait la présence d'hépatite C dans le sang des donneurs. Le problème, c'est qu'au Pakistan une transfusion sanguine coûte l'équivalent de vingt dollars. Le test pour l'hépatite C coûte quinze dollars (beaucoup plus que le test de dépistage du VIH). Personne, dans une ville comme Hafizabad, ne pouvait se l'offrir. En fait, le test en soi n'est pas cher. Mais la compagnie américaine qui possède le monopole commercial de certains de ses composants en fixe le prix comme elle l'entend. Nous avons contacté un de ses représentants, qui a pris un ton désolé et nous a offert quelques tests gratuits. Point final. Il s'agit d'une grosse affaire...

Dans ces conditions, quelle était notre responsabilité ? Que pouvions-nous faire pour enrayer cette épidémie ? Nous pouvions essayer de mesurer son étendue et nous pencher sur la manière dont elle se propageait. Nous pouvions aussi transmettre nos découvertes au monde entier, et publier nos résultats dans les revues médicales.

Mais la situation se compliqua : au même moment, le sida commençait à se répandre à son tour. Le problème de la transmission de l'hépatite C passa au second plan.

Hafizabad était-elle un cas unique ? Ou bien cette épidémie silencieuse se cachait-elle dans tout le pays ? Pour se faire une idée de son importance, Steve se rendit à Dur Mohammed Goth, un village situé à une quarantaine de kilomètres de Karachi. Il était accompagné d'un groupe d'étudiants en médecine d'Aga Khan. Dur Mohammed Goth, qui ressemble à des milliers de bourgs disséminés à travers le Pakistan, se vante pourtant de posséder une clinique, un centre de planning familial et deux écoles (l'une publique, l'autre privée) où l'enseignement est dispensé en anglais, en ourdou et en sindhi. De plus, la plupart des enfants de la région apprennent une quatrième langue, le baloutchi. Les travailleurs sociaux offrent fièrement aux visiteurs des brochures décrivant les progrès dont ils font bénéficier leurs concitoyens. Il ne s'agit donc pas d'un village totalement isolé, aux habitants privés d'instruction.

Disposés à l'extérieur de la clinique, Steve et ses hommes interrogeaient les patients qui en sortaient. Après leur avoir demandé s'ils avaient reçu une piqûre, ils leur proposaient de leur faire une prise de sang. La plupart des patients avaient consulté le docteur pour des affections mineures — fièvre, maux de tête, crampes, diarrhée — dont la plupart ne justifiaient pas d'injections. Le résultat du sondage était renversant. 82 % des patients, ce jour-là, avaient reçu une injection.

Dans la soirée, Joe et moi regardions la télévision, lorsque le téléphone sonna. C'était Amir Javed Khan, un de nos meilleurs étudiants. Il avait participé à l'enquête de Dur Mohammed Goth. Il semblait bouleversé.

— Je suis avec Shaper, dit-il. (Shaper Mirza, une jeune technicienne très douée, qui faisait l'essentiel du travail de laboratoire.) Nous avons un problème.

— De quoi s'agit-il ? demandai-je.

— Shaper vient de finir les tests pour l'hépatite C sur les prises de sang des patients qui sortaient de la clinique. Quelque chose ne va pas. Nous avons plus de 60 % de positifs.

Plus de 60 % ? C'était inimaginable. Plus de six patients sur dix ? Je demandai à parler à Shaper. Je voulais m'assurer qu'il n'y avait pas d'erreur.

— Vous avez nettoyé convenablement les lames ? Tous vos contrôles étaient corrects ?

— Oui, me dit-elle. Ils ont tous été contrôlés. Pour être sûre, j'en ai placé d'autres en supplément. Nous avons même utilisé le sang d'Amir comme témoin. Il est négatif.

— Que disaient les relevés ?

— Très hauts. Tous étaient très hauts.

Le lendemain, nous avons décidé de répéter les analyses pour recouper le travail d'Amir et de Shaper. Il n'y avait pas d'erreur. Les résultats étaient identiques. Plus de 60 % de positifs. Nous devions accepter le fait : la majorité d'un échantillon aléatoire de patients d'un village du Pakistan était contaminée par l'hépatite C. Et la seule source concevable, c'étaient les médecins généralistes. Selon nos estimations, ils utilisaient chaque aiguille pour trois patients en moyenne — mais le chiffre pouvait être beaucoup plus élevé —, et sans stérilisation. C'était un vrai cauchemar.

Nous avons comparé nos notes avec celles d'autres épidémiologistes et médecins effectuant un travail similaire. Dur Mohammed Goth n'était pas une exception, pas plus que Hafizabad. Il suffisait de visiter les salles communes des hôpitaux publics pour trouver des foules de patients souffrant d'affections hépatiques en phase terminale. Il s'agissait la plupart du temps de l'hépatite C. Nous avions toujours été conscients du problème. Désormais, nous connaissions sa source. La situation n'était pas fondamentalement différente de ce que nous avions vu en Afrique pendant les épidémies d'Ebola ou de Lassa. En toute bonne foi, ou à cause de leur cupidité, les médecins répandaient des virus mortels en utilisant des traitements médicaux modernes dans des conditions misérables, et sans se préoccuper des règles fondamentales de l'hygiène. Mais, contrairement à ce qui se passe avec Ebola et Lassa, le virus peut rester discret (comme le VIH), et attendre des années avant de mettre en œuvre sa mortelle biochimie, aux dépens d'un hôte qui ne se doute de rien. Peu de médecins interrogés par nous semblaient conscients de leurs actes ou de leurs implications. Quelques-uns ne pensaient pas faire du tort à quiconque. D'autres s'en fichaient, simplement C'est toujours l'argent qui gouverne le monde.

34

Les chirurgiens contaminés

Un jour de décembre 1995, tard dans la soirée, nous étions attablés dans le hall élégant de l'hôtel Serena à Quetta. Nous étions quatre : Leslie Horvitz, moi-même, et deux jeunes chirurgiens, Jamil Khan et Shafiq Rehman. Joe était cloué au lit par la fièvre. La grippe. Les docteurs Jamil et Shafiq étaient établis à Quetta, la ville principale du Baloutchistan, une province sauvage et peu peuplée du nord du Pakistan, à deux pas de l'Afghanistan et de l'Iran. Nous étions là pour parler de la fièvre hémorragique Crimée-Congo, la FHCC. Les deux médecins étaient bien placés pour la connaître, car il s'en était fallu de peu qu'elle les tue l'un et l'autre. Je le savais parfaitement, puisque je les avais soignés.

Nous écoutions le docteur Jamil, un homme d'une trentaine d'années au visage aimable et au regard vif. Il s'exprimait calmement, méthodiquement. Il parlait un bon anglais, avec ce rythme mélodieux caractéristique du sous-continent indien.

— C'était le 5 décembre, l'année dernière. Je me trouvais dans ma chambre, lorsque je reçus un appel d'urgence d'un hôpital situé près de Radio Pakistan. « Nous venons d'admettre un patient pour vous. Il souffre de douleurs abdominales et d'hémorragie. Il a vomi du sang. Venez vite. » Après avoir examiné cet homme, j'ai discuté de son cas avec le gastro-entérologue. Il m'a dit qu'il ne pouvait pas déterminer l'origine de l'hémorragie sans faire une gastroscopie.

Nous restions silencieux. Il poursuivit.

— Mon confrère réalisa la gastroscopie le lendemain après-midi. Le matin, en effet, nous nous occupions des travaux de routine à l'hôpital. Le soir on me demanda de l'opérer. Il était probable, croyait-on, que l'hémorragie fût provoquée par un ulcère à l'estomac. Il devait être onze heures du soir. Nous avons entrepris l'opération, avec cinq ou six unités de sang en réserve — nous étions persuadés que les saignements ne cesseraient pas. Le docteur Shafiq était à mes côtés, ainsi qu'un technicien de salle d'opération.

Shafiq, à côté de lui, s'agita sur son siège, mal à l'aise. Il avait quelques années de moins que Jamil. Celui-ci poursuivit de sa voix basse.

— J'ai ouvert l'abdomen. Le sang suintait sur toute la surface de l'intestin. Impossible de contenir l'hémorragie, même en essayant la diathermie (technique qui consiste à chauffer les tissus avec un appareil électrique) et les sutures. C'était tout bonnement impossible. Nous avons pensé que le patient avait pris certains analgésiques qui auraient provoqué des ulcérations aiguës à l'estomac. Mais il n'y avait que l'hémorragie et le suintement de surface. Pas d'ulcère clinique.

J'écoutais, sans la moindre surprise. Ça y était, une fois de plus. La même histoire que des médecins nous avaient racontée en Sierra Leone, à Rawalpindi, en Afrique du Sud, à Dubai et en Chine. Plus récemment, des chirurgiens avaient été contaminés durant une opération à Kikwit, au Zaïre. Encore des hémorragies incontrôlables. Cette fois-là, c'était Ebola. Mais ce que Jamil décrivait, ce n'était pas Ebola, même si ça lui ressemblait fortement.

— Pour contenir l'hémorragie, nous avons décidé d'extraire l'estomac, poursuivit-il. J'effectuai donc une gastrectomie totale, et reliai l'œsophage au duodénum. La rate était très fragile, très friable. Quand j'ai déplacé l'estomac, elle s'est déchirée, et j'ai dû l'extraire aussi. Elle était gonflée. Le foie aussi, qui était d'un rouge terne — pas du tout clair et brillant comme un organe sain. L'opération a duré près de deux heures et demie. Le docteur Shafiq s'est piqué le doigt avec une aiguille tachée du sang du patient. J'ai déchiré mes gants à plusieurs reprises. Ce fut une longue bataille. Vers deux heures du matin, nous avons enfin pu quitter l'hôpital, après avoir expédié notre patient en réanimation. L'important, c'était d'arrêter l'hémorragie.

« Le lendemain matin, je suis allé l'examiner. Sa pression artérielle était basse. Il était conscient, et il pouvait parler, mais sa tension ne remontait pas. Quand nous sommes revenus, vers trois heures de l'après-midi, son frère m'a appris qu'il était mort. Il avait quarante-cinq ou quarante-sept ans. Il venait de Sibi.

« Puis j'ai repensé à l'opération. Une chose nous avait alarmés. Lorsque l'anesthésiste avait introduit dans le nez du patient le tube pour atteindre l'estomac, il avait constaté que du sang suintait par les narines. Incapable d'enrayer l'hémorragie, il avait dû les obstruer. Les saignements étaient abondants, et il craignait qu'il se passe quelque chose d'anormal. Et le patient était fiévreux.

Un frisson me parcourut l'échine. Tout concordait. Une maladie aussi brève que violente. Un homme en bonne santé, venant d'une zone du Baloutchistan où l'on sait qu'une fièvre hémorragique virale sévit régulièrement. Fièvre, saignements incontrôlables, baisse de la pression artérielle, foie et rate hypertrophiés et fragiles, vomissements sanguins, parfois douleurs abdominales. Lorsqu'on amène à l'hôpital un patient présentant ces symptômes, on a tendance à le soigner pour une urgence abdominale. Du sang se répand partout. Et il est plein de virus.

A ce point de son récit, Jamil désigna son confrère, le docteur Shafiq.

— Le cinquième jour qui suivit l'opération — je pense que c'était le vendredi matin — la femme de Shafiq me téléphona. Celui-ci voulait que je passe chez eux. Il avait une forte fièvre et se plaignait de migraines et de courbatures. J'y suis allé sur-le-champ. J'ai plaisanté avec lui, je lui ai dit qu'il faisait sans doute un peu de paludisme. Je suis resté deux ou trois heures. Plusieurs de ses cousins étaient présents. La douleur lui déchirait tout le corps.

« Il me décrivait ses souffrances, et je m'efforçais de plaisanter. "Ce n'est pas la douleur de la température, me disait-il. C'est la douleur de la mort. Je vais mourir." Shafiq adore une confiserie qu'on appelle *ras malai*. "Je vais mourir, disait-il, et mon dernier vœu est de manger du *ras malai*." Il a envoyé son frère lui en acheter au bazar, pour que son vœu soit satisfait.

Les deux chirurgiens rirent à ce souvenir.

— Shafiq fit demander à l'un de ses professeurs, de l'école de médecine de Quetta, de venir l'examiner. Ce dernier lui rendit visite pendant que je donnais mes propres consultations. Le lendemain, il me déclara que Shafiq avait eu de la fièvre toute la nuit, et continuait d'éprouver de terribles douleurs dans tout le corps. Le professeur pensait qu'il souffrait probablement de typhoïde, et lui avait donné de l'amoxil. Shafiq commença à avoir de la diarrhée. Il fallut le placer sous perfusion pour compenser la perte de liquide.

« J'appelai le médecin qui avait fait l'endoscopie de notre patient, quelques jours plus tôt. Je lui parlai de l'opération. Je lui dis qu'il n'y avait pas d'ulcère à l'estomac, rien que le suintement sanguin. Je lui dis que mon ami était malade, et que cela me faisait très peur. Il m'a accompagné, il a examiné Shafiq. Il a déclaré que nous devions le soumettre à nouveau à des analyses pour dépister le paludisme.

Je l'interrompis.

— Est-ce que vous aviez déjà fait le lien, à ce moment-là, entre la maladie du docteur Shafiq et l'opération de votre patient ?

Il secoua la tête, sans hésiter.

— Non, pas du tout. Nous n'imaginions pas que cela pût être lié.

Je l'invitai à reprendre son récit. Mais j'étais pensive. Il me semblait qu'ils auraient dû être sur leurs gardes. Ils connaissaient la CCHF, et ils savaient qu'elle avait déjà tué des chirurgiens, au Pakistan. Pas une fois, mais deux. Et la seconde victime avait été un ami proche du docteur Jamil.

— Le samedi après-midi, c'est-à-dire le lendemain du jour où Shafiq est tombé malade, j'ai repris mes consultations externes à la clinique. Cinq jours s'étaient écoulés depuis l'opération. J'ai soudain éprouvé de violentes douleurs. Après avoir fini mes consultations, je me suis rendu dans mon service, et j'ai demandé qu'on m'apporte un thermomètre. J'avais l'impression d'avoir de la fièvre. 38,8 °C. Je devais opérer deux fois, dans l'après-midi. J'annonçai à mon anesthésiste que je m'en sentais incapable. Nous décidâmes d'opérer un patient, et de différer jusqu'au soir la seconde intervention.

« En opérant mon premier patient, j'avais des frissons, je grelottais de fièvre. Après avoir fini, je repartis chez moi. J'avertis mon frère que je ne me sentais pas bien. "Je vais dormir, lui dis-je, et je retournerai à la clinique tard dans la soirée." Le soir venu, j'avais pris quelques analgésiques, et je me sentais un peu mieux. Mais j'ai appelé un de mes collègues pour lui demander de passer à l'hôpital. Je lui dis que je devais effectuer une cholécystectomie (ablation de la vésicule biliaire), mais que je ne me sentais pas dans mon assiette. Il arriva au moment où je me lavais les mains. Au début de l'opération, il se contenta de m'assister. Mais j'avais si mal que j'étais incapable de rester debout. J'ai dû lui demander d'achever l'opération à ma place. Je suis allé m'allonger dans la salle de repos des chirurgiens, en proie à la douleur. Je pleurais de mal, littéralement.

Je l'interrompis à nouveau.

— Le fait que le docteur Shafiq et vous-même deviez avoir la même chose ne vous a pas frappé ?

— Non. A ce moment-là, ça ne m'était pas venu à l'esprit, bien que nous eussions tous les deux très peur de quelque chose de grave... Mais nous n'avions pas tiré de conclusions. Je ne suis pas resté trop longtemps après l'opération. J'étais incapable de conduire, de nuit, jusque chez moi. J'ai demandé à mon frère cadet de venir me chercher. La douleur était terrible. Avant de quitter l'hôpital, j'ai rendu visite à un confrère. Il m'a examiné et m'a demandé où j'avais mal. Aux muscles du dos, lui dis-je. Il s'est contenté de me tâter le dos, puis m'a encouragé. Tout irait bien. Il suffisait de rentrer chez moi et de me reposer.

« Le lendemain, je n'allais pas mieux. Je me suis fait faire une prise de sang, et j'ai envoyé l'échantillon à l'analyse. Ma numération de plaquettes sanguines était très basse. Nous avons également fait analyser le sang de Shafiq. Même résultat, pour les plaquettes. C'est alors que nous avons compris que c'était la FHCC.

— Nous savions que nous allions mourir. J'avais perdu un de mes meilleurs amis — il avait un an d'avance sur moi à l'école de médecine. Il était mort de la même maladie, après avoir opéré un patient dans le même hôpital de Quetta. C'était en 1987. Nous étions en 1994. Quand je m'en souvins, j'avouai à Shafiq que cette mort-là me faisait très peur. Toute l'histoire me revint en mémoire.

« Je travaillais à Karachi. Il s'était fiancé avec un médecin de Quetta, je crois, trois ou quatre jours avant sa mort. Moi-même, je m'étais fiancé trois mois environ avant cette opération fatale. Je confiai à Shafiq que l'histoire était en train de se répéter.

« Les journaux ont raconté ce qui est arrivé à mon ami. Mais j'étais au courant depuis le début. La veille de ses fiançailles, il m'avait rendu visite, dans ma chambre, à Karachi. Vous savez que les gens de Quetta se tiennent les coudes. Il m'apprit qu'il avait de la fièvre. “Prends mon pouls, me dit-il. Cent vingt...” J'ai vérifié. Cent vingt pulsations par minute, en effet. “J'ai la fièvre. Il y a quelques jours, à Quetta, j'ai opéré un patient, et il est mort le lendemain.” On a gardé le silence. Puis il a repris : “Demain, je veux que tu viennes chez moi, à Karachi, pour mes fiançailles. J'épouse un docteur de l'école de médecine Fatima Jinnah de Lahore.” Je suis allé à la cérémonie. Mon ami était là, bien sûr, très élégant, radieux, mais il avait la fièvre. Nous l'avons conduit à l'hôpital universitaire Aga Khan, aux urgences. On lui a délivré une ordonnance qui a été reproduite dans les journaux et dans les revues médicales. On lui prescrivait des cachets de Septran et du Panadol. On a voulu lui faire une radio des poumons. Tandis qu'il attendait là, il a perdu connaissance. Personne ne voulait admettre que son état pût être si grave.

J'écoutais Jamil, et je secouai la tête. Un interrogatoire détaillé est essentiel pour n'importe quel examen clinique. Nous l'avions vu à Chicago, au Moyen-Orient, au Pakistan, à travers toute l'Afrique, et dans tant d'autres endroits. Il était surprenant que la profession médicale ne fût pas mieux informée du cas de ces chirurgiens qui, jadis, avaient contracté la FHCC à Islamabad. Après tout, l'affaire avait été largement rendue publique.

Le docteur Jamil continua :

— Le lendemain — il est facile de se rappeler la date : c'était le 1er avril — je me trouvais dans ma chambre, à préparer un examen prévu pour le 4 avril, lorsque le secrétaire entra et m'apprit que mon ami était mort. Je lui répondis que c'était un mauvais poisson d'avril. Mon ami était rentré deux jours plus tôt, et il allait bien. Nous nous sommes rendus chez lui. Je refusais toujours de croire cette histoire. Mais à notre arrivée, on nous informa que le corps était déjà inhumé. Il avait succombé à une hémorragie incontrôlable de l'intestin. Il avait la FHCC. Nous avons prié, puis nous sommes allés au cimetière.

« Pendant ma propre maladie, cette histoire terrifiante m'obsédait. Tout comme le docteur Shafiq, je savais que j'étais condamné. Je parlai à mon professeur, je lui dis que nous devions avoir la FHCC. Notre numération globulaire était très basse, nous avions de la fièvre. Je dis à Shafiq qu'il fallait que nous partions tous les deux, dès le lendemain, à l'hôpital Aga Khan à Karachi : je pensais qu'on pourrait nous faire des transfusions de plaquettes. A Quetta, c'était impossible. Peut-être y aurait-il au moins quelqu'un qui connaîtrait un peu cette maladie. Je retournai chez moi et je parlai à mon père, qui est sous-directeur d'école en retraite. Je lui racontai ce qui se passait, je l'informai de mon départ à Karachi. Je ne voulais pas dormir à la maison ce soir-là. Je devais rester à l'hôpital, au cas où quelque chose arriverait pendant la nuit. Shafiq et moi sommes donc allés à l'hôpital. J'ai appelé mon bon ami le docteur Shahid Pervez, à Aga Khan, pour qu'il nous fasse admettre au plus vite — sans nous faire attendre trop longtemps aux urgences. Il me promit qu'il ferait le nécessaire pour que nous soyons conduits dans une chambre et placés immédiatement sous traitement.

« Ce fut une nuit difficile. Nous étions trop terrorisés pour dormir. Nous étions tous deux terrifiés et déprimés. A un certain moment, après m'être assoupi, je m'éveillai en sursaut. J'avais du mal à respirer. Mon frère était resté à notre chevet. Je lui dis que je me sentais mal, et je lui demandai de mesurer ma pression artérielle. Elle était très basse. Mon frère courut au laboratoire pour prendre du sang approprié, et alla chercher mon professeur. "Venez vite avec un médecin, lui dit-il, parce que la pression artérielle de Jamil est en train de tomber." Le médecin et mon professeur arrivèrent tous deux à quatre heures du matin. Ils me mirent sous perfusion. Ma pression artérielle commença à remonter lentement.

« Le lendemain matin de cette terrible nuit, les journaux annonçaient que deux chirurgiens avaient été admis à l'hôpital avec une infection virale, ou quelque chose qui y ressemblait. Les reporters se rendaient souvent dans les hôpitaux à la recherche de sujets. Les articles disaient que les toubibs malades se trouvaient dans telle et telle chambre, etc. Je crois que nos confrères, les infirmières et les amis ont commencé à nous rendre visite à sept heures du matin. Et je crois bien que nous avons reçu cinq ou six cents personnes. J'ai parlé avec le docteur Shafiq, à propos de notre numération, qui était si basse. Tous ces gens pouvaient nous transmettre n'importe quelle infection. J'ai fait en sorte qu'on nous donne des masques pour nous protéger jusqu'à l'après-midi.

Eh bien, me dis-je, voilà donc pourquoi ils portaient des masques chirurgicaux lorsque je les ai vus, dans leur chambre de l'hôpital Aga Khan. On ne m'avait rien dit de ces visiteurs à Quetta. A Aga Khan, nous exercions un contrôle très strict sur les gens qui pénétraient dans les chambres.

Le docteur Jamil se tourna vers moi :

— Le docteur Fisher-Hoch connaît la suite.

Je l'engageai à continuer tout de même son récit. Je ne connaissais l'histoire que de mon point de vue.

— Nous avons pris le vol régulier Quetta-Karachi des Pakistan Airlines. Deux ou trois ambulances nous attendaient à l'arrivée, y compris celle demandée par le docteur Shahid. Ce dernier était là en personne, avec mon beau-frère. Une autre ambulance avait été affrétée par le beau-frère de Shafiq, qui est général dans l'armée. Il était là, lui aussi. Nous nous sommes précipités à l'hôpital. Nous avons été admis vers sept heures du soir. Les médecins de garde nous ont examinés, mais aucun spécialiste n'était là.

« Le spécialiste est venu le lendemain matin. Je lui ai dit tout ce que je savais. Il n'était pas impressionné. Il ne croyait pas que mon mal pût être aussi grave... Il m'annonça qu'il allait préparer une uroculture, une hémoculture et une culture de tissus du larynx. Il soupçonnait quelque infection bactérienne ou virale, mais rien de vraiment sérieux. Une fois de plus, j'ai fait venir le docteur Shahid. Je lui ai expliqué que cet homme ne comprenait pas la gravité de la situation... qu'il fallait faire quelque chose, sans quoi nous allions mourir. Il est allé parler à son professeur, le docteur Khurshid, et lui a expliqué à son tour que deux de ses amis étaient hospitalisés dans l'établissement, qui affirmaient être infectés par la FHCC. Le docteur Khurshid reconnut que l'histoire était sérieuse. Shahid et lui sont allés sur-le-champ chercher le docteur Fisher-Hoch.

Je n'oublierai jamais ce jour-là. Je me trouvais dans mon bureau lorsque le professeur Khurshid et le docteur Shahid firent irruption dans la pièce. J'étais surprise de les voir. Ils me parlèrent de Jamil et de Shafiq. Quand ils m'eurent décrit l'opération, et mentionné le niveau très bas des plaquettes, je levai les mains au ciel.

— C'est la FHCC !

Immédiatement, nous sommes allés à leur chambre. Joe est arrivé pendant que je les interrogeais. Nous avons compris que la situation était grave. Les deux hommes étaient fébriles, et leur sang était dans un très mauvais état. Ils avaient une ou deux ecchymoses (décolorations violacées) caractéristiques de la FHCC. D'après ce que nous savions de la maladie, le pronostic était très sombre. Je leur donnais peu de chances de survie.

Mais pourquoi donc y avait-il tant de monde dans leur chambre ? Tous ces gens n'auraient pas dû se trouver là. Joe et moi avons fait évacuer la pièce. Nous avons chargé le frère du docteur Jamil de faire en sorte que personne n'y entre à l'exception du personnel autorisé. Nous avons entrepris d'expliquer comment nous concevions l'isolement de nos patients. Pour être sûrs d'être bien compris — et d'être pris au sérieux —, nous devions être brusques. Ce qui rendait ce travail encore plus frustrant, c'est qu'il s'agissait du meilleur hôpital du pays. Nous pouvions déjà imaginer les manchettes des journaux. Cela ferait sensation, mais pour l'hôpital ce serait un désastre.

Le plus triste est que les exigences de la sécurité semblent n'être pas comprises, à moins qu'on ne leur accorde pas, dans ce pays, l'importance qu'elles méritent. Ou bien il est impossible de convaincre les gens de prendre les précautions raisonnables, ou bien ils comprennent finalement ce qui se passe, s'abandonnent à la panique et refusent de s'occuper des patients. En l'occurrence, le personnel hospitalier d'Aga Khan observait nos instructions sans paniquer ni protester et ils firent mieux que les médecins — à qui on ne pouvait *rien* dire.

Une des raisons pour lesquelles Joe et moi étions si inquiets, c'était le fait que les deux chirurgiens étaient malades depuis quatre ou cinq jours quand nous les avons vus. Depuis notre expérience en Afrique du Sud, nous savions qu'il y avait de bonnes chances que la ribavirine soit efficace. Mais on obtenait de meilleurs résultats aux premiers stades de la maladie. Dans le cas de Shafiq et de Jamil, nous pensions qu'il valait mieux l'administrer par voie intraveineuse.

Le docteur Jamil reprit son récit.

— Les docteurs Fisher-Hoch et McCormick sont venus nous voir, accompagnés du directeur médical de l'hôpital, le docteur Mirza. J'ai raconté toute l'histoire au docteur Fisher-Hoch. Lorsqu'elle nous a déclaré : « Oui, on peut considérer comme certain que vous avez contracté la FHCC... », je me suis un peu détendu. Quelqu'un, enfin, avait établi un diagnostic. Elle a dit que nous devions prendre de la ribavirine, et nous nous sommes mis à la recherche de ce médicament. Aucune ribavirine injectable n'était disponible au Pakistan. Mais il y avait des capsules. Elle nous a enjoint d'envoyer quelqu'un en chercher, et de commencer à en prendre sur-le-champ.

« Peu m'importe ce que vous faites d'autre, leur avais-je dit, pourvu que vous trouviez ces capsules et que vous en preniez toutes les six heures, très précisément. » Et s'ils étaient incapables de l'avaler, nous trouverions un moyen de la leur faire absorber. Entre-temps, nous cherchions de la ribavirine intraveineuse, sans rien laisser au hasard. Nous avons appelé des gens aux quatre coins du pays. Lorsqu'il s'avéra que c'était inutile, nous sommes passés à Singapour, puis à l'Europe... Nous nous disions qu'il devait bien y avoir, quelque part, des stocks accessibles. Apparemment, nous nous trompions.

— Le docteur Fisher-Hoch répétait que si nous pouvions trouver des injections, nous avions une chance de survivre. Avec les capsules, c'était moins sûr, mais il fallait essayer. Mon beau-frère a contacté la firme qui produit la ribavirine aux Etats-Unis, ICN Pharmaceuticals, et a persuadé quelqu'un de nous envoyer des formes injectables. Le colis a mis quatre ou cinq jours à nous parvenir. Entre-temps, notre état s'améliorait grâce aux capsules de ribavirine. Lorsque je demandais à mon frère cadet ce que lui avait dit le docteur Fisher-Hoch, il ne me disait pas toute la vérité. « Elle va te sauver, prétendait-il, et tout ira bien, il n'y a aucune raison de s'inquiéter. » Après notre guérison, il m'a avoué que le docteur Fisher-Hoch ignorait si nous nous en sortirions vivants.

Même soignés à la seule ribavirine orale, nos deux malades allaient beaucoup mieux. Mais nous avions d'autres inquiétudes. On nous a parlé d'un balayeur, à l'hôpital de Quetta, qui avait lavé les linges ensanglantés après l'opération au cours de laquelle Shafiq et Jamil avaient été contaminés. Pour l'heure, il se trouvait chez lui, malade. Il me revint en mémoire ce qui s'était passé à l'hôpital d'Aba, au Nigeria. Une élève infirmière avait lavé les draps tachés de sang après une intervention chirurgicale. Là-bas aussi, les deux médecins étaient morts, et l'infirmière avait été contaminée.

Nous appelâmes Quetta de toute urgence afin de localiser le balayeur. Le directeur de l'hôpital se rendit chez lui personnellement. Il persuada l'homme de prendre l'avion de Karachi avec lui. A Aga Khan, on installa le nouveau patient dans la chambre qui faisait face à celle des deux chirurgiens. Je l'examinai. J'étais consternée. Incroyable : le médecin chargé des admissions avait placé un autre patient avec lui ! Je fis en sorte qu'on y remédie sur-le-champ.

Je n'avais pas besoin de son témoignage pour comprendre que la situation était grave. Il saignait du rectum et présentait une énorme ecchymose sous la surface de la peau. Il était évident qu'il avait la FHCC. Nous l'avons placé sous ribavirine. Fort heureusement, nous l'avions trouvé à temps. Son état s'améliora grâce à la ribavirine. Dès qu'il se fut rétabli, il décida de s'éloigner de Quetta, considérant que l'endroit n'était pas sûr pour lui. Mais la dernière fois que j'ai eu de ses nouvelles, il y était retourné et avait repris son ancien emploi.

Le docteur Jamil continua son récit.

— Nous étions très malades. Nous montrions des signes révélateurs d'hémorragie, des petites lésions cutanées, des taches sur l'abdomen et les bras. Nous avions peur d'aller aux toilettes, croyant que l'hémorragie pourrait se déclencher et que nous en mourrions. Il était interdit de se raser. Nous n'avions pas non plus le droit de nous brosser les dents, car cela risquait de nous faire saigner. Nous étions somnolents. J'ai oublié ce qui s'est passé pendant deux ou trois jours. Mon frère me raconta plus tard qu'il faisait du bruit à intervalles réguliers, pour s'assurer que nous étions toujours capables de sortir de notre léthargie. Un jour, je vis que mon pouls avait baissé à cinquante ou soixante pulsations. Je demandai à mon frère d'appeler un médecin pour nous faire un électrocardiogramme. Je pensais que le virus avait atteint le muscle cardiaque. Puis notre urine est devenue jaune. Nous pensions avoir contracté une jaunisse, mais le docteur Sue déclara que l'urine était seulement concentrée. Nous ne buvions pas assez. Une autre fois, j'ai eu très mal dans le haut de l'abdomen. Je pensai au foie du patient décédé. Je déclarai au docteur Shafiq que notre foie était devenu comme celui de cet homme. Hypertrophié, friable.

« Au bout de sept ou huit jours, les douleurs ont cessé. Le docteur Fisher-Hoch est entrée dans la chambre. Elle était vêtue normalement, sans blouse ni masque, et elle nous serra la main. "Vous allez bien, nous déclara-t-elle. Vous pouvez quitter l'hôpital, car vous ne représentez plus un danger pour autrui." Le traitement à la ribavirine n'était pas fini. Nous en avons pris pendant sept jours à l'hôpital et trois jours chez nous. On nous a conseillé de prendre six semaines de repos. Durant notre convalescence, il nous suffisait de nous asseoir une heure avec des amis pour être fatigués. Au bout de six semaines, il me semble, nous étions parfaitement guéris. Je repris mon travail à l'hôpital. Quand je rentrai à la maison, ma mère était éveillée. "Qu'est-ce que tu fais, me dit-elle, pourquoi travailler tant à l'hôpital ? Prends un peu de repos..." Tout le monde essayait de me persuader de ne plus aller à la clinique. Mais j'allais bien. Nous avions perdu pas mal de kilos. Depuis notre retour dans nos foyers, nous mangions comme des ogres. Parfois quatre, cinq, voire six repas par jour.

« Je me suis marié deux mois et demi plus tard. Mais j'étais inquiet. J'étais terrifié à l'idée de transmettre la maladie à Saima. J'ai interrogé le docteur Fisher-Hoch à ce sujet. Elle m'a affirmé qu'il n'y avait aucun risque.

« Le moment le plus dur, ce furent les sept jours passés à Aga Khan, à ressasser l'histoire de mon ami qui était mort.

Pendant tout ce temps, le docteur Shafiq n'avait pas soufflé mot. Nous nous tournâmes vers lui.

— Il ne m'est rien arrivé de plus que ce que Jamil vous a raconté, dit-il. Sauf que j'étais encore plus déprimé Ma femme était si déprimée. Le docteur Jamil était célibataire. Mais j'étais marié, j'avais trois enfants, et je m'inquiétais pour eux. Que leur arriverait-il si je mourais ? Qui s'occuperait d'eux ? Je n'ai jamais cessé de penser à cela, depuis le début — même lorsque les médecins sont venus, que le docteur Jamil est venu, que mon professeur est venu.

Nous sommes tous restés silencieux. Il était plus de minuit. Au bout d'un moment, nous nous sommes souhaité le bonsoir et, chacun de son côté, nous avons essayé de trouver le sommeil.

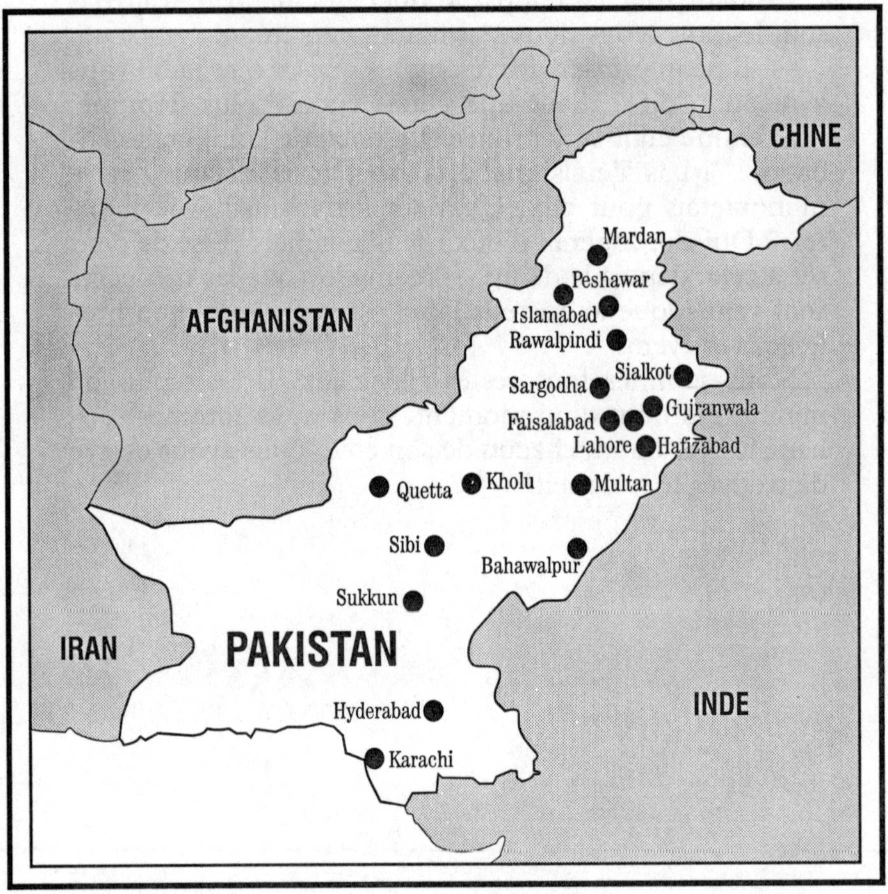
CHINE
AFGHANISTAN
Mardan
Peshawar
Islamabad
Rawalpindi
Sialkot
Sargodha
Gujranwala
Faisalabad
Lahore
Hafizabad
Quetta
Kholu
Multan
Sibi
Bahawalpur
Sukkun
IRAN
PAKISTAN
INDE
Hyderabad
Karachi

35

Entre deux mondes

Ces médecins — tels les deux chirurgiens que Sue a sauvés de la fièvre Crimée-Congo — représentent une valeur inestimable, dans des pays en développement. Ils incarnent à la fois l'espoir de leur communauté et la fierté d'une profession respectée. On doit à ces hommes intelligents, durs à la tâche et dévoués à leur peuple, de réels progrès. Les recrues engagées pour le programme épidémiologique à l'université Aga Khan sont de récents diplômés et de jeunes étudiants, également brillants, passionnés, infatigables. Ils brûlent eux aussi de faire un travail significatif, et ne craignent pas l'aventure. Mais le mieux, c'est qu'ils ont envie de travailler dans leur propre pays. L'université Aga Khan a ouvert une excellente école de médecine pour former des médecins de haut niveau. Mais ses diplômés, à l'instar de nombreux étudiants venus d'autres écoles du Pakistan, sont enclins à aller se perfectionner en Occident. Nombre d'entre eux ne reviennent pas. Nous tentons de convaincre nos étudiants que rien ne serait plus excitant, ni plus satisfaisant, que de mener un travail de pionnier dans leur propre pays, où l'on a si désespérément besoin qu'on agisse dans le domaine de la santé publique. Durant leurs années d'internat en Occident, ils n'examinent jamais qu'un patient à la fois, et même s'ils retournaient au Pakistan en qualité de médecins spécialisés, leur impact sur la santé publique resterait négligeable. Si nous pouvions inspirer la formation d'une quantité suffisante d'épidémiologistes, me disais-je, il y aurait une chance pour que, tôt ou tard, le système de santé tout entier passe d'une approche essentiellement clinique à une approche préventive — en rapport plus étroit avec les ressources disponibles et les besoins de la population.

Sue a mis en place, *ex nihilo*, le service de virologie à l'université Aga Khan. Au Pakistan, rien n'existait vraiment dans ce domaine, ni recherche, ni pratique. Sue travaille comme moi avec des jeunes gens, dans son laboratoire et dans le cadre de notre programme d'étude de santé publique. Nos programmes englobent aussi bien des études épidémiologiques sur la diarrhée, la pneumonie et la tuberculose (qui figurent parmi les fléaux les plus mortels du pays) que les blessures, les brûlures et les séquelles de la violence, en passant par la distribution de soins dans les couches les plus pauvres de la population, en ville et à la campagne. La première année, nous avions six recrues en épidémiologie. Dès que nous les avons sentis prêts, nous avons invité quelques-uns d'entre eux à partir traquer les virus. Nous avons dépêché Amir Javed Khan dans une des régions les plus isolées du globe : les déserts montagneux du Baloutchistan. Il devait travailler chez les nomades et chercher des traces de la fièvre hémorragique Crimée-Congo. C'était une mission épuisante. Nous n'aurions pas pu le rendre plus heureux.

Sue et moi, nous lisions le rapport d'Amir. « Pendant la dernière semaine d'août 1995, Taj Mohammed, un berger baloutchi appartenant à la communauté nomade Khetrani de Narkot (district de Barkhan, division de Loralai, Baloutchistan), conduisit son troupeau de moutons et de chèvres dans les collines, pour la pâture. Mais il redescendit le jour même et déclara à sa famille qu'il se sentait faible et fiévreux. »

Amir Javed Khan, sans aucun doute, est une de nos meilleures recrues. Il avait rejeté facilement la solution commode de l'émigration, alors qu'il avait passé l'examen pour obtenir un internat médical aux Etats-Unis. Ce jeune homme bien bâti et séduisant, dont le menton noircissait au rythme de ses études (plus il lisait, plus sa barbe poussait), avait un insatiable appétit. Ses racines ouzbeks d'Asie centrale transparaissaient dans son visage rond et ses yeux noirs brillants. Amir avait déjà joué un rôle de premier plan dans plusieurs enquêtes, y compris notre étude sur l'hépatite C et une autre sur le sida chez des détenus, dans le Sind.

L'idée de lancer une étude chez les nomades m'était venue lorsque j'étais cloué au lit avec la grippe, dans ma chambre de l'hôtel Serena à Quetta. Jamil, Shafiq, Amir et Sue étaient là, et nous avions parlé des différents moyens dont nous disposions pour mesurer les risques de FHCC. Nous étions d'accord sur un point : une étude s'imposait. Mais qui en serait l'objet ? Soudain, je me suis redressé dans mon lit.

— Les nomades.

Nous savions déjà que les nomades étaient en contact avec les moutons et les tiques. Un jour, nous avions rencontré un nomade baloutchi dans une cour tranquille, à Aga Khan. Il nous avait expliqué qu'il y avait eu beaucoup de morts parmi les siens.

Amir partit dans les montagnes pour enquêter sur ce que nous avait dit cet homme. Il finit par atteindre une vallée du nom de Kohlu.

« La route est dans un état lamentable, écrivait-il dans son rapport. De Quetta, il faut près de douze heures pour y arriver. Il faut franchir des cols si étroits qu'on peut presque toucher les deux parois. Il n'y a aucun hôtel, mais nous avons eu la chance de trouver des chambres dans un foyer public. La vallée elle-même est désolée et magnifique. C'est un désert montagneux sec. La nuit, il fait très froid, au-dessous de zéro. Dans la journée, le soleil brille. La végétation est rare, et pourtant le fond de la vallée est parsemé de campements de nomades et de troupeaux de chameaux, de chèvres et de moutons. Les Baloutchis se déplacent sur de larges portions de l'Afghanistan, de l'Iran et du Pakistan.

« Il n'y a pas d'électricité. L'eau est rare. On n'y trouve pas de gaz et très peu de fuel domestique. Ce qui est paradoxal, puisque cette vallée se trouve à moins de deux cents kilomètres de Sui, le plus grand gisement de gaz naturel du Pakistan. Mais ces gens n'en reçoivent aucun bénéfice, aucune rétribution. Pas même du gaz. La guerre qui fait rage en Afghanistan les a empêchés d'effectuer leur traditionnelle migration d'été sur les sommets, de l'autre côté de la frontière avec ce pays. Le mieux qu'ils puissent espérer, c'est de parvenir à arracher de quoi vivre à la poussière, de ce côté-ci. »

Amir était aussi ému par la beauté austère, lunaire, de l'endroit, que par la situation critique de ses habitants. Empathie normale, sans doute. Les Ouzbeks viennent du nord de l'Afghanistan et de Russie. Ce sont donc les voisins des Baloutchis, et leurs tribus ont souvent eu un destin comparable.

Il poursuivait son récit. « Durant les deux à quatre jours qui ont suivi, Taj Mohammed était de plus en plus faible. Il développa de graves maux de tête. Il décida d'abord de se reposer chez lui. Mais le 28 août, il se mit à saigner des gencives, et sa famille décida de le conduire à l'hôpital public de Barkhan, à une demi-heure de route de Narkot. Le médecin qui l'examina décida qu'il lui fallait du sérum contre le venin de serpent — produit indisponible à Barkhan. Il conseilla à sa famille de le conduire à Kohlu, à moins d'une heure de jeep : là-bas, on trouvait du sérum. Plus ou moins au même moment, il se mit à saigner du nez.

« Le 30 août, vers deux heures de l'après-midi, Taj Mohammed se présenta à la clinique du docteur Usman, dans la petite ville de marché de Kohlu, à douze heures en jeep de Quetta. Usman l'examina le jour même et lui nettoya les gencives.

« Le lendemain de son admission, il commença à vomir du sang frais. Le docteur Usman demanda à ses deux confrères en exercice à Kohlu, les docteurs Aurangzeb et Khair Mohammed, de l'examiner. Les trois hommes décidèrent qu'il avait été mordu par un petit serpent fort répandu dans la région et dont la morsure, selon eux, n'est pas toujours perçue par les nomades. Le patient reçut donc du sérum antivenimeux et les infirmiers se préparèrent, sur le conseil des médecins, à le conduire à Multan, où se trouve un grand hôpital public. Mais Taj Mohammed demanda qu'on le ramène chez lui, à Narkot. Là, il sombra dans l'inconscience, puis mourut. Son frère, Khan Mohammed, se rappelle avoir vu sur son corps des ecchymoses bleu-noir. Il avait aussi remarqué de tout petits points rouges sur son abdomen.

« Khan Mohammed est resté aux côtés de son frère pendant toute la durée de la maladie. Il se rappelle avoir essuyé son sang. Trois jours après la mort de Taj, il était fébrile. Le premier et le deuxième jour, il a commencé à souffrir de douleurs abdominales, et se rappelle clairement les petites taches rouges, comme des pétéchies, qui étaient apparues sur son abdomen. Il eut aussi des douleurs derrière la nuque et aux articulations des genoux. Après trois jours de maladie environ, il s'est rétabli.

« Le 2 septembre, le docteur Usman avait de la fièvre. Pendant deux jours, il continua de travailler, malgré une sensation de faiblesse et des douleurs dans le corps. Le 5 au matin, son oncle remarqua que le docteur saignait des gencives. A ce moment, Usman informa sa famille et ses amis qu'il avait contracté un virus transmis par le cas initial Taj Mohammed. Il accepta de se rendre à Dera Ghazi Khan, une ville située à six heures de jeep de Kohlu. Là, il fut examiné dans une clinique privée par le docteur Yousuf. Celui-ci lui fit faire des examens de sang et découvrit qu'il n'avait que 16 000 plaquettes, là où le chiffre normal est de plus de 200 000. Il conseilla à son patient d'aller se faire soigner à l'hôpital universitaire Nishtar, à Multan. Le docteur Usman se rendit à Multan, mais il eut du mal à trouver un médecin pour s'occuper de lui. Il était plus de minuit, le 6 septembre, lorsqu'il fut admis en médecine générale. On le soigna contre la typhoïde et le paludisme, sans résultat. La fièvre persistait et sa numération de plaquettes restait très basse. Le patient était conscient, et absorbait de la nourriture liquide. Mais le 7 au matin, il commença à perdre du sang par le rectum. Cela dura toute la journée. Il reçut plus de cinq unités de sang complet. Dans l'après-midi, son médecin traitant conseilla de l'évacuer à l'hôpital Aga Khan de Karachi. Usman commença à vomir du sang. Vers vingt heures trente, avant que l'on ait eu le temps de le déplacer, il mourut à l'hôpital Nishtar.

« Jusqu'à deux heures à peine avant sa mort, une longue procession de près d'une quarantaine de parents et amis — exclusivement des hommes — s'était présentée au chevet du docteur Usman. (Au Baloutchistan, comme en Afrique, la maladie et la mort sont des affaires publiques.) Beaucoup, parmi eux, se sont trouvés exposés à de grandes quantités de sang infecté. Le cadavre fut ramené à Kohlu et enterré. Cinq jours plus tard, Jawand Shah, un des parents qui lui avaient rendu visite pendant son agonie, développa une affection fébrile aiguë. Il fut examiné par le docteur Aurangzeb (un des médecins qui avaient vu Taj Mohammed), qui diagnostiqua une morsure de serpent. Les tests de dépistage du paludisme étaient positifs. Mais le lendemain, Jawand Shah saignait des gencives. Il fut emmené à son tour à l'hôpital public Dera Ghazi Khan, où le docteur Manzoor Ahmed Qamar l'examina. Sa numération de plaquettes sanguines était très basse. Le 19 septembre au matin, il saignait du nez et vomissait du sang en quantité abondante. Jawand Shah mourut à midi. Son corps fut ramené le lendemain à Kohlu pour les funérailles. Son oncle Azim Khan se chargea de sa toilette funèbre. »

Arrivés à ce point du rapport d'Amir, nous avons interrompu notre lecture pour essayer de dénombrer les victimes. Une dizaine en tout, dont quatre au moins étaient mortes. Amir avait mentionné l'exposition aux tiques et les problèmes qui en découlaient. Avec les insectes pullulant sur la peau des moutons, des chèvres et des chameaux, le risque d'infection étaient évidemment très élevé. Il n'était pas déraisonnable d'imaginer une chaîne de contamination prenant sa source dans une ville comme Multan. L'endroit se trouve à une heure d'avion de Karachi. De Karachi à l'Europe, huit heures. Aux Etats-Unis, à peine trente heures. Les distances géographiques ne constituent plus une protection, et un gros compte en banque n'est pas une garantie d'échapper à une maladie émergente. C'est à nos risques et périls que nous négligeons les maux qui affectent les pays en développement. Karachi, où nous vivons maintenant, est un chaînon essentiel dans la propagation.

Pour se rendre à l'hôpital civil de Karachi, il faut se frayer un chemin à travers des rues encombrées par la circulation. La vieille Bundah Road, qui mène à l'hôpital et au port, traverse un paysage désolé de trottoirs défoncés, d'immeubles en ruine et d'égouts à ciel ouvert.

Le docteur S.N. Bazmi Inam est pédiatre et spécialiste des questions de santé publique à l'université Aga Khan. Il émane de lui un air d'extrême lassitude qui vient peut-être des années passées à lutter contre la pauvreté et la rigidité des bureaucrates. Il est en poste à Aga Khan presque depuis ses débuts, mais c'est l'hôpital civil de Karachi (un des deux établissements publics de la ville) qu'il considère comme son « foyer ». C'est là qu'il a reçu sa formation médicale de base. De temps en temps, il rend visite à son « foyer » pour voir comment il va.

Il conduit toujours les vitres relevées. L'air est alourdi par les émanations toxiques de milliers d'autos et de camions. La pollution, nous explique-t-il, a empiré avec l'explosion démographique. Une étude récente montre que Karachi, comparée aux autres grandes villes de la planète, bat les records absolus pour le taux de plomb présent dans l'atmosphère, en dépit des vents de mer rafraîchissants. Le Pakistan ajoute plus de plomb au litre d'essence que n'importe quel autre pays.

L'hôpital civil a l'aspect désolé d'un squelette qu'on aurait vêtu de quelques loques. La façade se désagrège, le hall d'entrée sinistre a besoin d'être repeint. Bazmi dit que cet établissement, comme la plupart des hôpitaux publics du pays, s'est dégradé de manière spectaculaire depuis quelques années. Il attribue ce déclin à un système où les médecins et les administrateurs accèdent aux postes les plus prestigieux grâce au favoritisme, non à leur compétence professionnelle. Le gouvernement a échoué à mettre en œuvre un système de santé valable. Les écoles de médecine accordent peu d'importance à la prévention et à la médecine générale. Elles préfèrent la formation clinique, en particulier les spécialités. En outre, l'Etat pakistanais consacre moins de 1 % de son PNB à la santé et à l'éducation — alors que 35 % sont distribués à l'armée et 30 % au paiement des intérêts de la dette publique.

— Nous souffrons à la fois des problèmes du tiers monde et de ceux du monde industriel, dit Bazmi. Et nous sommes aussi minables dans la lutte contre les uns que contre les autres.

L'hôpital civil est l'établissement médical de la dernière chance pour des milliers d'habitants de Karachi — comme le Mama Yemo à Kinshasa, le Connaught à Freetown, l'hôpital Treichville à Abidjan, et l'hôpital public de Kikwit où éclata la récente épidémie d'Ebola. Il n'est pas différent des innombrables hôpitaux publics dénués de ressources que l'on trouve dans les villes de tous les pays en développement. L'entrée des urgences résonne des hurlements d'enfants apeurés et des gémissements des blessés. Des femmes sont emmitouflées dans des *dupattas* et des *shalwar kamiz* colorés, d'autres sont vêtues de noir, le visage lourdement voilé. Les hommes arborent un joli mélange de styles, du costume occidental aux turbans et aux *shalwar kamiz* sombres. Mais quelles que soient les différences, ils ont en commun un besoin pressant de soins médicaux. Et leur extrême pauvreté. Les deux sont inséparables, en effet. Les soins sont gratuits, mais les patients doivent se procurer par leurs propres moyens la plupart des médicaments et des provisions dont ils ont besoin.

Avec ses 1 700 lits, cet hôpital est le plus important du Pakistan. La typhoïde et le choléra expliquent la présence d'une grande partie des patients — signe cardinal que l'approvisionnement de la ville en nourriture fraîche et en eau potable n'est pas garanti. L'hôpital lui-même leur fournit de la nourriture, mais les familles sont autorisées à en apporter également.

Vu l'insuffisance des fonds, il est difficile d'obtenir des

médicaments et du sang à transfuser. La réutilisation des aiguilles et des seringues est fréquente, ainsi que les transfusions de sang non testé. Récemment, les étudiants de l'école de médecine de Karachi ont créé une association qui tente de rassembler des fonds pour fournir des soins élémentaires aux patients les plus pauvres. Leurs mots d'ordre sont accrochés en évidence au-dessus de la banque du sang.

Karachi, comme tant de mégalopoles d'Afrique et d'Asie, a connu une croissance météorique. Lors de l'indépendance du Pakistan, en 1947, ce n'était qu'un port endormi de 300 000 habitants. Elle abrite aujourd'hui près de douze millions d'âmes, et le chiffre augmente de 6 % par an. Aucun recensement n'a été effectué depuis le début des années quatre-vingt. Les emplois publics, l'argent et les postes de représentation politique dans les assemblées provinciales et nationales sont alloués en fonction de la population de chaque groupe démographique. A cause des conflits ethniques et régionaux, le gouvernement n'a pas pu, ou pas voulu, prendre le risque d'effectuer un nouveau recensement. Les tensions politiques et ethniques qui ont accompagné le développement de Karachi se reflètent dans le nombre d'habitants qui, chaque nuit, sont arrêtés, blessés ou abattus dans ce qu'on appelle des « rencontres » avec la police. Bazmi parle de « guerre civile larvée ». On trouve des variantes de cette situation dans d'autres villes géantes dans le monde entier. La violence est le dernier recours des pauvres et des opprimés de la planète.

Nous voyons se répéter le processus auquel nous avons assisté en Afrique et en Amérique du Sud, où les fermiers et les éleveurs abandonnent la campagne pour les villes, dans l'espoir de trouver du travail. Sa réputation de centre commercial du Pakistan a attiré à Karachi des immigrés d'Asie centrale et du Sud-Est, voire de Russie. Des milliers de squatters y édifient des logements de fortune (les « empiétements ») qui sont régulièrement détruits par la police et tout aussi régulièrement reconstruits.

Comme la natalité et l'immigration augmentent sans cesse, les infrastructures, déjà mises à rude épreuve, continuent de se détériorer. La nuit, à Karachi, la moindre bouffée d'air apporte la puanteur des égouts à ciel ouvert. De nombreux quartiers sont totalement dépourvus de tout-à-l'égout, et les ordures s'écoulent dans des fossés. Non seulement l'eau du robinet n'est pas potable, mais elle doit souvent être livrée par camion — soit parce que les tuyaux sont insuffisants, soit parce qu'ils sont « fermés pour réparations ». En l'absence de système sanitaire, les matières fécales rejoignent l'eau et la nourriture. Les habitants contractent la typhoïde et autres infections à *Salmonella*, la shigellose, le choléra, des infections gastro-intestinales dues à *Escherichia coli* ou à bien d'autres micro-organismes — bactéries ou virus. On les traite avec des antibiotiques à large spectre, souvent en dépit du bon sens, ce qui a pour résultat de sélectionner des souches de bactéries de plus en plus résistantes. C'est un cercle vicieux. (Les bactéries se répandent chez des millions de personnes soignées aux antibiotiques, qui sélectionnent des souches résistantes qui seront renvoyées dans les eaux.) Il y a dix ans, *Salmonella typhi* — cause de la fièvre typhoïde et bactérie la plus répandue dans les hémocultures des hôpitaux et cliniques de Karachi — était sensible aux antibiotiques les moins chers et les plus communément utilisés. Aujourd'hui, elle résiste totalement à trois antibiotiques au moins. De la même façon, une nouvelle souche de choléra baptisée 0139 vient d'apparaître en Asie du Sud (y compris à Karachi). Elle résiste aux sulfamides communs.

Dans ces conditions, que peuvent faire les nomades ? Rester dans leur vallée déserte, où la guerre les empêche de vivre selon leurs traditions ? Mourir de faim, ou d'une quantité de maladies infectieuses ? Ou ne vaut-il pas mieux tenter sa chance dans une ville comme Karachi ?

Difficile d'imaginer contraste plus fort qu'entre l'hôpital public, au centre de Karachi, et l'hôpital universitaire Aga Khan, qui se trouve dans un quartier résidentiel élégant à vingt minutes de voiture. L'université Aga Khan est peut-être un des meilleurs établissements de son genre dans le sous-continent indien. Tout de marbre, de tuiles et de stuc, il a coûté, il y a dix ans, trois cents millions de dollars — somme exorbitante pour le Pakistan. Un certain nombre de lits sont occupés par les patients les plus démunis. Mais la plus grande partie de l'hôpital est réservée à une clientèle aisée. Dans ce pays, il n'y a pas à proprement parler d'assurance maladie. L'université comprend une école de médecine, avec un département des sciences de la santé publique (SSP), une école d'infirmières et un institut de développement éducatif, en plus de la clinique privée. Le tout est construit autour d'une série de jardins qui évoquent l'âge d'or de l'architecture sindhie. Les murs de grès rouge sont conçus selon un procédé traditionnel des peuples du désert, qui produit une ombre permanente et adoucit l'impact du soleil en milieu de journée. Les patients et leurs familles se réunissent souvent pour bavarder dans les jardins paisibles. Mais, comme nombre d'institutions de haut niveau dans le monde entier, Aga Khan se bat pour obtenir les moyens de fournir les meilleurs soins à tous, y compris les plus pauvres, et paie pour cela. Il s'agit d'une sorte de schizophrénie sociale et économique contre laquelle il n'existe pas de traitement simple.

Le docteur Saeed Hamid est gastro-entérologue. Cet homme affable, à la voix douce, a suivi ses études de troisième cycle à Londres. Ses manières effacées masquent une certaine impatience. Depuis que l'hépatite est devenue un problème de santé publique de premier plan, il a compris peu à peu que les maladies qu'il soigne relèvent plus des problèmes économiques et sociaux que des conditions cliniques. Quatre ou cinq fois par semaine, le matin, il entraîne dans ses visites aux malades une demi-douzaine d'internes enthousiastes.

Le premier patient que nous rencontrons est un homme de soixante ans, la peau sombre et la barbe grise, qui souffre d'une grave hépatite B. A l'instar de l'hépatite C, ce virus circule dans le sang et détruit lentement le foie. Mais il existe un vaccin efficace contre lui. L'ennui, c'est que des pays comme le Pakistan ne le donnent pas à leurs enfants, qui en ont pourtant bien besoin.

Depuis quelques années, ce patient, comme beaucoup d'autres, passe de longues périodes à l'hôpital. On ne peut pas faire grand-chose pour lui. Traiter les symptômes, drainer le fluide de son abdomen et lui donner une piqûre d'albumine (coût : cent dollars) pour élever son taux de protéines sériques : autant de mesures temporaires, qui sont loin de constituer une thérapie. Saeed nous explique que le coût d'un tel traitement représente plus de cinquante fois le prix d'un vaccin. La clientèle de Saeed compte un nombre infini de cas de ce genre.

Le second patient, ce matin-là, est une femme de cinquante-deux ans qui souffre elle aussi d'une maladie du foie au stade terminal. Elle aussi a passé beaucoup de temps, tout au long de sa vie, à entrer et à sortir de l'hôpital. Elle a rarement consulté deux fois le même docteur. Voilà un autre gros problème, nous dit Saeed. Il est rare que les gens aient un médecin traitant régulier. Il en résulte que personne n'est capable de saisir le mal à ses débuts, au moment où le malade peut encore être soigné efficacement.

Notre troisième patient ne souffre pas seulement d'insuffisance hépatique, mais aussi d'insuffisance rénale. Ce n'est pas un hasard. Les gens qui subissent de nombreuses transfusions et des dialyses régulières ont d'autant plus de chances d'être piqués avec des aiguilles non stériles et d'attraper des virus de l'hépatite.

— Nous conseillons sans relâche aux centres médicaux d'employer des machines à dialyse différentes pour les malades atteints d'hépatite B et C, afin de réduire les risques de contamination, dit encore Saeed. Mais cela coûte cher. Les centres parviennent à réserver des machines pour l'hépatite B, mais pas pour la C.

C'est là un nouvel exemple du mauvais usage, faute de moyens appropriés, des techniques importées d'Occident. Il n'y a pas de programme de vaccination contre l'hépatite B. Mais il y a un programme de dialyse rénale à l'hôpital public.

Suivi de ses internes, Saeed descend un étage plus bas, vers les urgences. Il y a là un homme qu'il veut examiner — affligé lui aussi d'une maladie du foie en phase terminale. Il a été admis deux nuits plus tôt, vomissant du sang. Saeed nous raconte qu'il a demandé à quitter l'hôpital dès le lendemain, sous prétexte qu'il se sentait mieux. Il est rentré chez lui, et s'est remis à vomir du sang. Il est donc revenu à l'hôpital.

— Cela aurait coûté moins cher s'il était resté la première fois, dit Saeed. Mais il est facile de comprendre pourquoi il est parti. Le compteur tournait.

A quelques kilomètres du centre urbain de Karachi, des tours de bureaux, des banques et des boutiques de luxe, se trouve un quartier appelé Essa Nagri. Un quartier de taudis. En ourdou, *katchi abadi* — logements pauvres, provisoires. Essa Nagri est l'une des cinq zones de taudis où opèrent les SSP de l'université Aga Khan. Le travail est supervisé par Shaista John, une assistante sociale de vingt-neuf ans, et Safia Dhouri, infirmière visiteuse, d'une cinquantaine d'années. (Seules les femmes ont accès aux domiciles privés en qualité d'agents de la santé publique. Les portes restent fermées aux hommes.) On accède au centre médico-social par une des sept ruelles défoncées qui sillonnent le quartier. Elles sont encombrées d'enfants, de charrettes et d'ânes, auxquels se mêlent toxicomanes et *arnis* (buffles d'eau). Lorsque le centre a ouvert ses portes en 1987, ces ruelles étaient envahies par la vase des égouts, au point qu'il fallait marcher sur des planches. Les égouts n'ont pas totalement disparu — le ruisseau qui court au milieu du quartier émet toujours une odeur fétide — mais au moins les planches ne sont plus là, et il est possible de marcher sur quelque chose qui ressemble à la terre ferme. Le centre proprement dit n'est rien de plus qu'une structure austère en ciment de deux étages, équipée de quelques tables en bois et de chaises pliantes, de deux vieux classeurs métalliques, et d'une plaque chauffante pour garder en permanence du thé pour les visiteurs.

A l'origine, le rôle du centre était de sensibiliser les habitants aux problèmes liés à l'hygiène publique et à la prévention. Mais il s'est développé peu à peu, jusqu'à inclure la question de la pauvreté et de l'aide sociale. Shaista est particulièrement fière d'un programme qu'elle a mis sur pied : « Les enfants pour les enfants. » Comme de plus en plus de femmes travaillent, les aînés doivent se charger de leurs jeunes frères et sœurs et les protéger. Shaista se sert de saynètes et de petits sketches satiriques pour inciter les adolescents à assumer la responsabilité du foyer en l'absence des parents.

Si les enfants de Karachi ont un futur, ils le devront à des gens comme Shaista. Il est dommage que ces gens soient si peu nombreux.

Le 1er décembre, dans le monde entier, on célèbre la Journée internationale du sida. Jusqu'à une époque récente, le Pakistan ignorait l'événement, négligeant la menace que le mal fait peser sur sa population. Pendant des années, Sue et moi, comme de nombreux agents de la santé publique, avons ressassé à qui voulait l'entendre (et sans doute à un nombre bien plus élevé de gens qui *ne voulaient pas* l'entendre) que l'Asie était particulièrement menacée par le sida. Personne ne voulait jouer les Cassandre, mais la menace n'était pas loin de se réaliser. J'avais vu ce qui s'était passé en Afrique. Je n'avais pas envie de voir cela se répéter sur un autre continent. Plus vite les pays d'Asie agiraient, arguais-je, plus il y aurait de chances d'atténuer l'impact de l'épidémie. Après avoir prononcé un discours sur ce thème, en 1985, à San Antonio (Texas), lors d'une conférence internationale, je reçus une lettre courroucée d'un médecin thaïlandais m'accusant de calomnier son pays — pour la simple raison que j'avais signalé la montée de la prostitution et de la toxicomanie à Bangkok. Ce n'est que lorsque le taux de VIH a explosé, en 1989, que les Thaïs comprirent que moi-même et tant d'autres, nous avions eu raison.

Aujourd'hui, il ne fait de doute pour personne que le sida se répand à travers tout le continent. C'est pourquoi l'attitude du Pakistan est si inquiétante. Toujours le même argument. « Cela ne nous arrivera pas. Nous sommes différents. » Et pourtant... L'OMS a déclaré récemment que le centre de gravité de la pandémie commençait à se déplacer de l'Afrique vers l'Asie. Ce continent, qui englobe 60 % de la population mondiale, abritera bientôt le plus grand nombre de personnes contaminées. On estime qu'au début du deuxième millénaire l'Inde sera le pays le plus touché au monde.

Les pays d'Asie les plus menacés par le sida sont ceux qui sont prédisposés aux troubles sociaux — à cause d'une extrême pauvreté combinée à la violence et au chaos. Parmi eux : le Cambodge, le Vietnam et l'Inde. Fin 1995, le Pakistan avouait huit cents cas déclarés de sida. Tout le monde sait que le nombre réel était beaucoup plus élevé. 70 % des habitants du pays sont illettrés, et les victimes du sida y sont montrées du doigt. Les agents de la santé publique risquent parfois leur vie lorsqu'ils les interrogent dans le cadre de leurs enquêtes sur la propagation de la maladie. Il est arrivé par exemple qu'un homme atteint du sida menace un enquêteur de lui faire « sauter la tête » s'il osait remettre les pieds chez lui. Il tenait une Kalachnikov — arme d'assaut fort répandue au Pakistan depuis la guerre d'Afghanistan — et il ne faisait aucun doute qu'il était prêt à s'en servir.

Même devant de tels problèmes, nous refusions de baisser les bras. Depuis notre arrivée à l'université Aga Khan, nous avons incité les gens à agir avant que le sida n'envahisse le pays. Nous avons lancé un projet de faible importance, doté de moyens insuffisants, sous la direction de Shehla Baqui, un jeune médecin qui venait de travailler quatre ans dans le Bronx. Le programme fut long à démarrer, car il reposait sur une idée étrangère à beaucoup de gens. Nous bénéficions maintenant de la collaboration active du docteur Sharaf Ali Shah, qui dirige le Programme Sida dans la province du Sind. Le Programme Sida officiel, au plan national, est très pauvre et n'a réussi qu'à dilapider de précieuses ressources sans grand résultat concret. Après dix ans de travail, on dispose de peu de données précises, s'il en est, sur la situation du sida au Pakistan. Notre collaboration avec le ministère provincial de la Santé (avec le soutien de l'université d'Alabama, à Birmingham, et le programme

Fogarty du gouvernement américain) nous a permis de développer un groupe de travail, composé de professionnels ayant la volonté d'engager une action énergique contre le fléau. Aujourd'hui, nous sommes en mesure de former plus de personnel et de créer des cliniques spécialisées à Karachi.

La Marche contre le sida a été organisée par le docteur Sharaf Ali Shah. Cet homme intelligent et déterminé s'est révélé un habile diplomate. Il fit en sorte que les besoins du programme soient satisfaits, tout en s'assurant que les intérêts politiques et religieux en jeu ne soient pas menacés. Pour bien faire comprendre que le sida concerne tout le monde, il recruta autant d'écoliers que possible. La pédagogie doit commencer auprès des membres les plus jeunes de la société. Contrairement à nombre de leurs aînés, ils restent ouverts aux idées nouvelles.

Mais d'autres monstres sont en liberté. La famine, la pollution, l'analphabétisme, la dégradation de l'environnement. Tous ces maux représentent le prix de l'accroissement démographique et de la paupérisation. Nous pensons que ces deux facteurs constituent la principale source des maladies infectieuses émergentes. Il faut s'y attaquer si l'on veut obtenir des résultats significatifs.

Il est certain que l'humanité enregistre des succès considérables. La science est parvenue à expédier des hommes dans l'espace, à séquencer le génome humain, et elle a commencé à déchiffrer les secrets des infimes particules qui composent toute matière. Malgré cela, nous sommes convaincus qu'en l'absence d'une solution aux problèmes de la surpopulation et de la pauvreté, tous ces progrès risquent fort de ne profiter qu'à quelques-uns, voire d'être complètement inutiles. Les mots doivent être suivis d'une action concertée. Pour nous, il est clair que tout effort pour réduire la croissance démographique et alléger les souffrances de centaines de millions de personnes exige un soutien politique et des financements d'une importance inédite, ainsi qu'un engagement total de la communauté scientifique de la planète. Et il faut autre chose, en plus : une vision cohérente de la situation.

Que pouvons-nous dire aux nomades et aux pauvres gens du Pakistan rural ? Que pouvons-nous dire aux pauvres gens de ces pays que nous avons visités tout au long de ce livre ? Quel choix ont-ils ? Souffrir de fièvres hémorragiques virales comme Ebola, comme la fièvre Crimée-Congo ? Ou bien affronter les villes surpeuplées, polluées et violentes où fourmillent les porteurs du virus du sida, le VIH ? Ils sont pris, comme nous-mêmes, entre deux mondes qui entrent en collision. Et dans le monde des virus, c'est nous qui sommes les envahisseurs.

fait autre chose, en plus, une vision cohérente de la situation.

Que pouvons-nous dire aux nomades et aux pauvres gens du Pakistan rural ? Que pouvons-nous dire aux pauvres gens de ces pays que nous avons visités tout au long de ce livre ? Que vont-ils subir ? Souffrir de fièvres hémorragiques virales nouvelles, comme la fièvre Crimée-Congo ? Ou bien voir les villes surpeuplées, polluées et violentes où convergent les porteurs du virus du sida, le VIH ? Ils sont, tout comme nous-mêmes, entre deux mondes qui entrent en collision. Et dans le monde des virus, c'est nous qui sommes les envahisseurs.

Epilogue

La vision d'un vieux sage

Fin décembre 1996, Joe et moi avons expédié nos effets personnels aux Etats-Unis. Nous étions prêts à retourner travailler là-bas. Au Pakistan, les programmes se développaient, et nous avions progressé peu à peu. Sous la direction qualifiée et énergique de Steve Luby, le programme épidémiologique que Joe avait lancé à Karachi produisait toute une génération d'épidémiologistes pakistanais jeunes et bien entraînés — une espèce inconnue jusqu'alors dans ce pays. Steve et ses collègues ont même créé à Karachi une maîtrise en épidémiologie. Le laboratoire progressait bien, aussi, avec une section de virologie moléculaire prospère, dont une partie de l'équipe suit maintenant des doctorats à l'étranger. Nous avons même vu poser la « première pierre » du bâtiment qui abritera le nouveau laboratoire de niveau 3, près du nouvel immeuble du service des Sciences de la santé publique que Joe avait dirigé. Nous avions joué un rôle important dans le déblocage des fonds pour ces bâtiments. Certes, Karachi ne deviendrait pas du jour au lendemain un havre de la recherche scientifique et de la santé publique. Du moins s'y trouvait-il pour la première fois des jeunes gens munis des outils scientifiques qui leur permettraient d'identifier — peut-être même de commencer à corriger — quantité de problèmes de santé publique qui se posent dans la région. Nous savions que nous laissions ces programmes naissants entre de bonnes mains, et nous y restions associés.

Puis le sort s'en est mêlé, spécialement en la personne d'un Français célèbre. Charles Mérieux, quatre-vingt-dix ans, est le fils de Marcel Mérieux, qui travailla avec Louis Pasteur et fonda l'Institut Mérieux. C'est peut-être un complot ourdi par les fantômes de ces grands savants du XIXe siècle qui nous amena à Paris, par une matinée froide et humide de la fin de l'année 1996. Joe avait eu un entretien en vue de la création d'un programme épidémiologique à l'Institut Pasteur. Au moment où nous embarquions dans le taxi qui devait nous conduire à l'aéroport, le réceptionniste de l'hôtel nous rattrapa en courant. On nous demandait au téléphone. C'était un vieil ami de Joe, le célèbre virologiste Marc Girard. Il déclara à Joe que Charles Mérieux en personne désirait nous parler.

Nous sommes retournés à Atlanta pour passer Noël en famille dans notre vieille maison vidée de ses meubles. La plupart de notre mobilier se trouvait en effet quelque part au milieu du Pacifique, sur le chemin du retour. D'Atlanta, nous avons appelé le docteur Mérieux. Cela marqua le début d'une longue série de fax. Nous en recevions tous les jours, vers trois heures du matin[1], y compris le jour de Noël. M. Mérieux ne prend pas de vacances. Il nous informa de son intention de construire un laboratoire P4 à Lyon. Il nous demandait si l'un de nous voulait l'aider à le construire et à le diriger. Nous n'avons pas tardé à capituler devant son insistance. Cela devait se faire, disait-il, « le plus tôt possible ». Nous avons pris l'avion pour la France deux jours avant la fin de l'année. Cette urgence ne répondait pas seulement à des motifs d'ordre scientifique. En janvier 1997, M. Mérieux devait célébrer son quatre-vingt-dixième anniversaire et le centenaire de l'Institut Mérieux. Il avait dans l'idée que 1997 ne serait pas une année calme, et il

1. Neuf heures du matin à Paris. *(N.d.T.)*

voulait être là pour voir ce qui allait se passer. Plus tard, il nous expliqua qu'à son âge, il ne se lance que dans des projets sur cinq ans, mais qu'il espère toujours les voir aboutir.

Nous arrivâmes à Lyon pendant la semaine des fêtes de fin d'année. La ville était enfouie sous dix centimètres de neige, et une bonne partie de ses habitants se trouvait aux sports d'hiver. Le docteur Mérieux était dans son bureau avec l'architecte Jean-Marc Tourret, qu'il avait arraché à ses skis pour qu'il puisse nous rencontrer. Le projet était étonnant, tant par sa forme que par sa clairvoyance. Charles Mérieux répète depuis vingt ans que la France (l'Europe, par conséquent) a besoin d'un laboratoire de niveau 4 important, où il serait possible de manipuler toutes sortes d'agents infectieux. Un besoin qui se fait encore plus pressant avec l'émergence de nouveaux agents et de nouvelles épidémies, comme celle d'Ebola à Kikwit (1995). L'Europe a été lente à réagir à ce type d'urgence. Résultat : il y existe peu d'équipements adéquats, et on ne dispose pas de fonds pour former des épidémiologistes, ou fournir le soutien de terrain ou de laboratoire suffisant pour contrer les menaces de maladies dès leur apparition. La plupart des compétences, sur le terrain ou en laboratoire, viennent des Etats-Unis.

Le docteur Mérieux voulait que cette situation change très vite, et il y est parvenu. Nous nous sommes mis à l'étude d'un laboratoire qui satisfasse aux exigences du niveau 4. Ce n'est pas une mince affaire. BSL4, niveau 4, ou P4, quel que soit le nom qu'on lui donne, est le niveau le plus élevé d'isolement biologique. Les laboratoires de ce type sont très rares, mais ils appliquent tous les mêmes principes. Ils garantissent, primo, que le chercheur est à l'abri de tout risque d'infection ; secundo, qu'aucun virus n'a la moindre chance d'échapper. Dans les laboratoires de niveau 4 les plus grands et les plus modernes, chaque chercheur est protégé par une « combinaison spatiale » en matière plastique. Pour prévenir toute possibilité de fuite des virus, le laboratoire est conçu sur le principe de la boîte hermétique elle-même placée dans une boîte plus grande. Ses murs sont d'une solidité et d'une étanchéité à toute épreuve. Le caisson intérieur est soumis à une pression négative. Cela signifie que la pression qui règne à l'intérieur est inférieure à celle de l'air à l'extérieur : même si un accident se produisait et provoquait une fuite, l'air serait aspiré *vers l'intérieur*. Tout air qui pénètre dans le laboratoire ou qui en sort traverse deux séries de filtres si denses qu'ils ne laissent rien passer, pas même un organisme de la taille d'un virus. Tout liquide produit dans le laboratoire est mélangé à un puissant désinfectant, puis surchauffé sous pression à hauteur de 128 °C (très au-dessus du point d'ébullition). Toute matière solide est elle aussi trempée dans du désinfectant et surchauffée dans un autoclave (dispositif qui détruit toute vie connue). Afin d'empêcher tout incident, toutes les fonctions essentielles possèdent un double système de protection qui se met en route automatiquement si le premier système tombe en panne. C'est pourquoi les laboratoires de niveau 4 sont les plus sûrs qu'on puisse concevoir. Leur rareté s'explique par leur coût. De nombreux pays n'ont pas pu s'en doter parce qu'ils n'ont pas compris le besoin de ces labos de haute sécurité, ou parce qu'ils ne voulaient pas investir. Dans certains pays, c'est le refus d'admettre qu'ils présentent des conditions de sécurité optimales qui en a empêché la construction. De nombreux laboratoires de niveau 4 sont en service depuis des décennies, et la sécurité y est avérée depuis longtemps. Rien ne menace les personnes qui travaillent à l'intérieur ou à proximité des bâtiments. Il est intéressant de noter qu'au CDC, à Atlanta, le laboratoire de niveau 4 se trouve juste en face de la crèche du Centre. Là-bas, du fond de nos combinaisons spatiales, nous pouvons voir les enfants jouer.

Il est évident que peu de gens, dans le monde, ont l'expérience des systèmes de niveau 4. Mais Joe et moi totalisons à nous deux vingt-cinq ans d'expérience avec quatre types différents de niveau 4. L'idée était très enthousiasmante et semblait nous convenir. En même temps, nous étions très intéressés par la proposition de créer à Paris un nouveau programme épidémiologique qui pourrait collaborer avec l'important réseau lié à l'Institut Pasteur (qui comprend des laboratoires traitant des maladies infectieuses dans dix-neuf pays). Ce n'était pas exactement ce que nous avions prévu. Nos meubles traversaient le Pacifique en direction de Los Angeles, et nous venions de régler les mille et une formalités nécessaires pour rapatrier notre perroquet (de nationalité américaine). La paperasserie pesait cinq fois plus lourd que le perroquet. Pourtant, fin janvier 1997, nous avons sauté le pas. Je suis partie à Lyon pour attaquer le planning détaillé pour le laboratoire. Joe, lui, commençait à Paris début mars. Cela n'a l'air de rien, mais un problème considérable se posait : comment pourrions-nous vivre simultanément dans deux villes différentes ? La solution — satisfaisante, faute d'être parfaite — c'est le TGV plus un appartement dans chaque ville.

Voilà donc où nous en sommes, fin 1997. Le travail sur le laboratoire a commencé, les fondations sont creusées et la structure extérieure sera achevée pour la fin de l'année. Le caisson intérieur, essentiel, et le système de combinaisons seront en place début 1998. Puis viendra le moment délicat de la validation. Tous les systèmes doivent fonctionner à la perfection, et doivent être soumis à des essais approfondis avant la mise en service. Même alors, le labo doit être décontaminé plusieurs fois par an, et il faut répéter à chaque fois l'ensemble des tests. Ce laboratoire constituera un atout de première importance pour la France et l'Europe. En fait, ce sera le plus grand laboratoire de niveau 4 du continent et à tous points de vue il n'aura rien à envier, en termes de sécurité et de modernité, aux laboratoires de niveau 4 en service aux Etats-Unis. Du fait qu'il sera tout neuf, il n'est pas exclu qu'il les surpasse ! Nous espérons qu'il permettra à la France et à l'Europe d'établir leur leadership dans le domaine de la recherche sur les fièvres hémorragiques et de nouveaux agents infectieux ne pouvant être étudiés que dans des labos de niveau 4. Nos objectifs seront les diagnostics, les vaccins et la mise au point de traitements.

L'appellation « maladies émergentes » est depuis peu à la mode. Elles étaient connues sous le nom de maladies infectieuses, et nous pensions les avoir toutes vaincues grâce aux antibiotiques et aux vaccins. Mais depuis le sida, les gens ont appris — dans la douleur — que les virus et les bactéries peuvent se modifier et trouver de nouveaux moyens, parfois surprenants, de nous attaquer. Durant notre séjour au Pakistan, nous avons souvent vu des patients renvoyés chez eux pour succomber à une tuberculose incurable, comme si le XIXe siècle revenait nous hanter. Il s'agissait de souches de tuberculose capables de résister à tous les médicaments connus. Nous avons fini par nous demander si nous n'aurions pas besoin, dans un avenir proche, d'un laboratoire de niveau 4 pour effectuer des expériences sur cette tuberculose résistante. Qui sait quel genre de maladies émergentes nous allons rencontrer, au moment où le XXIe siècle se présente à nous ? Nous devrons être prêts à tout.

Tout en déployant nos efforts en France, nous ferons tout ce qui est en notre pouvoir pour favoriser l'étude des maladies infectieuses là où le problème se pose avec le plus d'acuité, là où elles se déclarent le plus souvent : dans les pays en développement. C'est en formant des collègues dans les pays en développement, et en collaborant avec eux, que nous viendrons en aide aux pauvres et aux malades dans leurs propres pays. Nos efforts ont pour objectif d'exercer une surveillance mondiale sur les nouvelles maladies, sur les maladies émergentes pour lesquelles nous avons besoin non seulement de nos propres équipements les plus sophistiqués, mais d'individus entraînés et coopératifs dans les pays en développement. C'est la seule manière d'être vigilants devant les nouvelles menaces, les nouveaux agents infectieux et les nouvelles épidémies comme le sida, et d'intervenir avant qu'ils soient assez établis pour provoquer des ravages dans le monde entier. Grâce à la prévoyance, à l'énergie et au discernement de Charles Mérieux, la France et l'Europe vont disposer d'une installation qui permettra de manipuler en toute sécurité tous les agents infectieux — quels qu'ils soient — que l'avenir nous réserve.

Jean Mérieux, le fils aîné de Charles Mérieux, était lui

aussi docteur en médecine et associé à l'Institut Pasteur. Il a trouvé la mort en 1994 dans un accident de la route. Charles Mérieux a décidé de consacrer une donation offerte par sa famille en souvenir de son fils à la construction et au lancement du laboratoire de niveau 4 à Lyon.

Annexe 1

Une lignée de virus

(Seuls sont mentionnés les virus évoqués dans ce livre.)

1. LES FILOVIRUS

Famille unique de virus à ARN monocaténaire négatif qui regroupe actuellement le virus de la maladie de Marbourg et les virus Ebola. Ils sont apparentés, mais distincts au plan sérologique. On ne connaît ni leur écologie ni leur réservoir naturel. On a soupçonné les chauves-souris d'en être le vecteur, sans jamais en apporter la preuve. La plupart des cas sont apparus en Afrique, à moins de 5° de latitude de l'équateur. Le microscope électronique montre des organismes longs et fins comme des fils (d'où leur nom) qui forment souvent des boucles bizarres. Ils semblent même parfois se ramifier. Aucun autre virus humain ne présente cet aspect. Tous sont des virus nécessitant une protection de niveau 4. L'analyse moléculaire suggère quelque lointaine parenté avec le virus respiratoire syncytial de l'homme.

Les filovirus ont une période d'incubation de trois à dix jours. Pour l'essentiel, les maladies sont similaires. Le déclenchement est brutal, avec de violentes migraines, des crampes et des courbatures dans tout le corps et une forte température. Autres symptômes : maux de gorge très douloureux, vomissements et diarrhée. La pression artérielle chute rapidement. Le malade tombe en état de choc mortel. Les saignements ne sont pas rares, mais pas nécessairement graves. On déplore souvent des saignements des gencives et de l'intestin, et de petites hémorragies dans le blanc des yeux. Il arrive que le patient vomisse du sang.

Contrairement à ce que prétendent certaines histoires à succès récentes, fictionnelles ou non, les intestins ne se « dissolvent » pas. A l'autopsie, la plupart des organes ont leur aspect normal. Il y a donc peu à voir, à l'exception d'un peu de liquide ensanglanté dans les cavités corporelles et quelques taches de tissu détruit dans certains organes, le foie en particulier.

Le taux de mortalité est élevé dans les cas primaires. Mais il semble baisser à mesure que le virus se propage d'un patient à l'autre, de sorte que les cas des deuxième et troisième générations (ou ultérieurs) ont tendance à survivre. Il n'existe actuellement ni vaccin ni traitement. Mais des soins intensifs de bonne qualité augmentent considérablement les chances de guérison. La propagation s'interrompt dès la mise en place de mesures d'isolement.

Le virus de Marbourg (maladie du singe vert)

C'est le premier filovirus qui ait été découvert. Il a émergé en 1967 dans des laboratoires où l'on travaillait sur des singes, à Marbourg et Francfort (Allemagne) et à Belgrade (Yougoslavie). On compta cette année-là sept morts pour trente et un cas. Tous les cas primaires s'étaient trouvés en contact direct avec le sang ou des tissus de singes verts africains importés d'Ouganda (d'où le nom populaire de « maladie du singe vert »). Pour les trois laboratoires concernés, les singes avaient la même origine : une île sur le lac Victoria, près de la frontière avec le Kenya, où ils étaient retenus en captivité avant d'être expédiés en Allemagne via l'aéroport d'Heathrow, à Londres. Il n'y eut aucun décès parmi les six patients secondaires (qui avaient été en contact avec les cas primaires durant l'hospitalisation de ces derniers). L'épouse d'un vétérinaire infecté fut elle-même contaminée. On suppose que la maladie a été transmise par voie sexuelle : plusieurs mois après la guérison du vétérinaire, on a isolé le virus dans son sperme.

Depuis 1967, on a recensé au Kenya des cas occasionnels de Marbourg. Une seule fois, apparemment, un patient a été contaminé au Zimbabwe. Il est mort plus tard en Afrique du Sud, où il semble avoir provoqué par contamination plusieurs cas secondaires. Tous les patients kenyans ont été infectés dans la région du mont Elgon, à l'ouest du pays, près de la frontière ougandaise. Deux d'entre eux étaient passés au même endroit : les grottes de Kitum. On y enquêta sans succès pour essayer de déterminer s'il s'agissait du point d'origine du virus. A ce jour, on ne connaît qu'une souche du virus de la maladie de Marbourg.

Les virus Ebola

Découverts pour la première fois en 1976, lors des épidémies simultanées, mais indépendantes, au nord du Zaïre (Yambuku) et au sud du Soudan (Nzara et Maridi). Les deux épidémies étaient provoquées par deux souches virales distinctes, connues respectivement comme Ebola Zaïre et Ebola Soudan. Au Zaïre, sur 318 cas recensés, le taux de mortalité atteignit 88 %. Au Soudan, sur 151 cas recensés, il n'était « que » de 53 %. Dans les deux cas, le virus se transmettait par contact étroit avec le sang infecté, en particulier via des aiguilles contaminées utilisées plusieurs fois. Une seconde épidémie d'Ebola éclata au Soudan en 1979. Le cas initial de chacune des deux épidémies soudanaises travaillait dans la même cotonnerie de Nzara. Ebola ne réapparut plus avant 1994, pour un cas isolé en Côte-d'Ivoire. Puis en 1995, sur une échelle beaucoup plus large, à Kikwit, au Zaïre. L'épidémie de Kikwit était due principalement à une hygiène insuffisante et à des pratiques médicales défaillantes. A partir de l'hôpital, la maladie se propagea dans la population. Des cas apparaissent encore de temps en temps en Afrique de l'Ouest. Les occurrences les plus récentes ont eu lieu au Liberia déchiré par la guerre, et au Gabon (1996). Dans ce dernier cas, l'épidémie était liée à la manipulation d'un cadavre de chimpanzé qui, selon toute probabilité, avait lui-même été tué par Ebola. Il est probable que l'augmentation notable du nombre de cas recensés reflète moins une véritable accélération de la propagation du virus dans la population humaine que l'intérêt accru pour cette maladie, de la part de la communauté médicale et scientifique. Mais rien ne permet d'écarter cette hypothèse.

Le virus emprunte son nom à l'Ebola, un petit cours d'eau du nord du Zaïre.

Les virus de Reston

Ces virus sont très proches d'Ebola au plan sérologique. On les a trouvés aux Etats-Unis, chez des singes importés des Philippines en 1989. Le virus infecte l'homme sans provoquer de maladie. Il constitue donc d'abord un problème vétérinaire, malgré sa classification en niveau 4. Il entraîne chez les singes une affection assez semblable à Ebola, mais qui progresse plus lentement, et qui est plus bénigne. Il doit son nom à la ville de Reston, en Virginie, où sont morts les premiers singes, dans le laboratoire d'une compagnie privée.

2. LES ARENAVIRUS

Ces virus à ARN négatif sont des parasites des rongeurs. Ils les infectent à leur naissance et persistent chez eux jusqu'à la fin de leur vie, sans provoquer d'effets pathologiques (ou très peu). Le rongeur sécrète le virus dans son urine, souvent en quantités très abondantes. Cette urine est sans doute la principale source infectieuse pour l'homme, via des égratignures et des écorchures. Mais on a relevé également quelques exemples d'infection par inhalation. L'arénavirus le plus commun est celui qui provoque la maladie d'Armstrong (ou chorio-méningite lymphocytaire). Il est présent chez la souris, dans le monde entier. Il infecte l'être humain et provoque une inflammation des membranes qui enveloppent le cerveau. C'est la méningite, une maladie douloureuse mais non mortelle. Le virus est classé en niveau 3.

Les autres virus de cette famille sont de niveau 4. Les arénavirus d'Afrique et d'Amérique du Sud provoquent des fièvres hémorragiques graves, dont le taux de mortalité est parfois très élevé. La période d'incubation est de sept jours à trois semaines. Le déclenchement est lent, marqué par une montée progressive de la température, des migraines et des crampes. Ces maladies sont difficiles à distinguer d'autres maladies plus communes (et soignables), comme le paludisme et la fièvre typhoïde. De nombreux patients se rétablissent. D'autres souffrent de vomissements, de diarrhées, de saignements des gencives et de petites hémorragies dans le blanc des yeux. Lassa provoque rarement des saignements abondants, contrairement aux fièvres hémorragiques d'Amérique du Sud (appelées aussi fièvre hémorragique d'Argentine [FHA] et de Bolivie [FHB]). La pression artérielle peut chuter de manière spectaculaire — comme chez les victimes d'Ebola et de la maladie de Marbourg — et le patient peut être victime d'un état de choc. Il développe en même temps un grave œdème pulmonaire, ce qui entraîne le syndrome de détresse respiratoire de l'adulte ARD *(Adult Respiratory Distress)*.

Ce syndrome est généralement la cause du décès des patients atteints par la fièvre de Lassa, quoique certains d'entre eux soient victimes d'une inflammation du cerveau (encéphalopathie). La plupart meurent à la suite de convulsions et de coma. Les femmes enceintes sont particulièrement vulnérables durant leurs trois derniers mois de grossesse. Le fœtus meurt généralement *in utero*. La plupart des patientes dans ce cas sont elles aussi condamnées, surtout si elles ne reçoivent pas de soins gynécologiques corrects.

Il existe un traitement efficace contre Lassa. C'est un

médicament, la ribavirine. Le plasma immun s'est avéré efficace dans certains cas de fièvre hémorragique d'Argentine (mais jamais pour Lassa).

D'autres virus apparentés ont émergé récemment : le virus de la fièvre hémorragique du Venezuela, et le virus Sabia au Brésil. Il ne fait aucun doute qu'il en existe d'autres, encore inconnus. On a produit un vaccin contre la fièvre hémorragique d'Argentine, et un vaccin expérimental contre la fièvre de Lassa a été testé avec succès sur des singes. Pour les maladies sud-américaines, le risque de contamination interhumaine et d'épidémie en milieu hospitalier est presque nul.

La fièvre de Lassa

La fièvre de Lassa a été décrite pour la première fois en 1969, après la mort d'une sœur infirmière américaine au Nigeria. Une autre infirmière, contaminée à son tour, fut rapatriée aux Etats-Unis pour y être soignée. Le virus doit son nom à la ville de Lassa, où travaillait l'infirmière décédée. Au sein de l'équipe scientifique qui isola le virus à New York, deux personnes furent contaminées. L'une en est morte. Ce virus ne se trouve qu'en Afrique de l'Ouest, dans une zone qui s'étend du Nigeria au Sénégal. Mais on lui connaît des virus apparentés dans d'autres régions du continent noir, qui semblent inoffensifs pour l'homme. Il est propagé par un rat des champs commun, le *Mastomys natalensis*. On estime à près de cinq mille le nombre de cas de Lassa se déclarant chaque année en Afrique de l'Ouest. Le taux de mortalité, qui est de 2 % en moyenne, monte à 16 % dans les hôpitaux, et à 30 % au moins chez les femmes enceintes. D'autres épidémies ont éclaté en hôpital, au Nigeria, au Liberia et en Sierra Leone, et tué des membres du personnel soignant.

3. LES BUNYAVIRUS

Famille très vaste de virus à ARN négatif, qui n'infectent en temps normal que les animaux, les oiseaux et leurs ectoparasites, notamment les tiques.

La fièvre hémorragique Crimée-Congo (FHCC)

Décrite d'abord par les Soviétiques au lendemain de la Seconde Guerre mondiale, lorsque d'amples épidémies frappèrent les soldats envoyés en Crimée aider aux récoltes. Mais ce n'est qu'en 1956, au Congo, que le virus fut isolé pour la première fois. Il est classé comme micro-organisme de niveau 4. En général, il se propage par piqûre de tique, ou par contact avec le sang d'un animal ou d'un être humain infecté. L'infection, chez l'homme, est très grave, mais fort heureusement rarissime. Curieusement, aucune des nombreuses espèces animales qui peuvent être infectées ne développe le moindre symptôme. Le virus est véhiculé par les tiques dures. Il est largement répandu à travers l'Afrique, les Balkans et le Caucase, le Moyen-Orient, le Pakistan et la Chine de l'Ouest. Il génère de graves épidémies en hôpital, avec un taux élevé de mortalité chez le personnel infecté.

La période d'incubation est de deux à neuf jours. Le déclenchement est très brutal, avec des migraines et des crampes paralysantes, et beaucoup de température. Il peut y avoir éruption de pétéchies (de minuscules taches rouges sur la peau) ou des ecchymoses (de larges zones sombres provoquées par une hémorragie). La tension artérielle chute et le patient tombe en état de choc mortel. Les saignements de l'intestin peuvent être très graves. Le patient vomit parfois du sang. La mort peut être provoquée par l'hémorragie.

La fièvre hémorragique avec syndrome rénal (FHSR)

La FHSR n'a été décrite que dans les années trente, en Mandchourie et en Scandinavie. Mais son histoire remonte sans doute au début du siècle. On pense qu'elle s'est manifestée dans la région de Vladivostok, en Sibérie orientale, avant de réapparaître en Europe durant la Première Guerre mondiale. Elle est actuellement très répandue en Chine et en Corée. On a identifié plusieurs souches spécifiques des zones urbaines et rurales — les premières étant beaucoup moins graves que les secondes. La maladie est causée par un certain nombre de virus apparentés (les hantavirus) véhiculés par diverses espèces de souris et de rats. Tous les hantavirus sont de niveau 3. (La classe « niveau 4 » est réservée aux infections animales où il existe un risque de voir le virus se propager par voie respiratoire.) Les hantavirus, à l'instar des arénavirus, infectent à la naissance les rongeurs qui les hébergeront jusqu'à la fin de leurs jours. Leur urine est, là encore, la principale source d'infection. Il est certain que le contact rapproché avec les rongeurs est la principale source de contamination pour l'homme. Aucune contamination interhumaine n'a jamais été observée, bien que des milliers de patients aient été hospitalisés dans de nombreux pays.

La maladie diffère de manière significative d'une souche à l'autre. Les souches elles-mêmes diffèrent selon leur origine géographique. La variante européenne, la néphropathie épidémique, est la plus bénigne. Elle est véhiculée par certains campagnols. La variante « urbaine » provoquée par le virus du rat de Séoul, est intermédiaire. La FHSR (qui porte d'ailleurs beaucoup d'autres noms) est la plus grave. Le virus qui en est la cause est véhiculé par un mulot commun, l'*Apodemus agrarius*. Ces maladies ont des périodes d'incubation de dix à trente-cinq jours. Le déclenchement est lent, marqué par de la fièvre, des migraines et des malaises. Il peut y avoir apparition de pétéchies. La plupart des malades guérissent. Mais on peut passer près de vingt-quatre heures en état de choc, et cesser d'uriner après quarante-huit heures. Presque tous les patients se rétablissent rapidement, sauf si une hémorragie se déclenche — la plupart du temps à partir des gencives, ce qui peut être très grave. Le taux de mortalité varie de 0 à 15 %, selon la souche et la qualité des soins médicaux. La mort est causée le plus souvent par l'accumulation de liquide dans les poumons. De fait, elle peut même être précipitée par l'administration d'une trop grande quantité de liquide en perfusion, qui suinte alors des membranes détériorées et noie littéralement le patient.

En 1993, la maladie émergea chez l'homme, aux Etats-Unis. On découvrit qu'elle était causée par un virus apparenté, le virus sin nombre, qui entraîne un syndrome pulmonaire. Il s'agit d'un virus de la souris à pattes blanches *(Hesperomys leucopus)*. La plupart des cas ont été recensés au Nouveau-Mexique et en Arizona. La maladie semble différente de la FHSR, car elle agit beaucoup plus vite, a un impact grave sur les poumons, et elle est souvent mortelle. Contrairement aux autres hantavirus, elle ne provoque apparemment aucune maladie rénale.

Annexe 2

Le laboratoire « chaud »

L'avalanche d'épidémies de la fin des années soixante — la maladie de Marbourg, la fièvre de Lassa et les fièvres hémorragiques d'Amérique du Sud — a suscité la création des laboratoires de niveau 4 (ou P 4) au CDC. Le premier laboratoire n'était qu'une caravane au fond d'un parking. Au début des années soixante-dix, on installa un laboratoire en caisson en site propre, pourvu d'un système de ventilation fiable et efficace (grâce à des filtres capables d'arrêter les particules les plus petites). Pour l'époque, c'était le *nec plus ultra*. Une longue série de caissons étanches en acier inoxydable communiquaient par des portes d'acier s'ouvrant de l'intérieur. Ainsi, chacun d'entre eux pouvait être isolé. L'entrée du laboratoire était fermée à double tour. Seules les personnes munies d'une clé (ou, plus tard, d'une carte magnétique) pouvaient y accéder.

Le *nec plus ultra* ? De fait, ce laboratoire était monstrueux. Il fallait préparer ses expériences au préalable avec le plus grand soin. Tous les instruments devaient être rassemblés en début de journée. Si on oubliait quelque chose, la journée de travail était perdue. Pour y entrer comme pour en sortir, tout devait passer par un autoclave qui comportait une porte à chaque extrémité.

Il n'existait qu'une autre façon d'y introduire un objet (encore fallait-il que celui-ci ne fût pas trop encombrant) : par une « cuve d'immersion » de désinfectant à ouverture immergée. C'était un peu comme de la spéléologie.

Pour pénétrer dans le labo, il fallait se changer et revêtir une combinaison de sécurité verte, une paire de baskets, des gants chirurgicaux et un bonnet de papier. Puis il fallait penser à éteindre le voyant *Occupé* de l'unique cabine de déshabillage, pour éviter qu'une file d'attente ne se forme à l'extérieur. On accédait au labo proprement dit par un sas.

Une fois dedans, on devait récupérer le matériel qui se trouvait dans l'autoclave. Il fallait des bras télescopiques de trois ou quatre segments articulés pour atteindre la porte intérieure de l'autoclave. On introduisait les bras dans les gants de caoutchouc noir de neuf millimètres d'épaisseur installés dans chaque compartiment. Ils étaient conçus pour monter jusqu'aux aisselles. Ce qui n'était pas sans poser des problèmes aux gens qui avaient les bras trop courts.

Pour déplacer son matériel dans la rangée de caissons, il fallait procéder d'une paire de gants à l'autre, tendre le bras aussi loin que chaque gant pouvait aller. La rangée abritait quantité d'instruments divers, et une section réservée aux animaux de petite taille. Il fallait à tout prix empêcher les évasions. Il était très difficile, au milieu de tous ces trucs, de manipuler quoi que ce soit, sans parler de faire le point au microscope. Qu'on imagine alors : rattraper une souris en cavale !

Mais on n'avait pas le temps de plaisanter. N'importe quelle expérience prenait trois fois plus de temps que dans des conditions normales. On découvrit bientôt que la lourdeur du système le rendait aussi dangereux.

C'est du mécontentement général à l'égard du principe des compartiments qu'est né le « labo chaud ». L'idée de base, c'est que le *chercheur* porterait la protection, désormais, et non plus le laboratoire. Tenu en laisse au bout d'un tuyau d'air, revêtu d'une combinaison spatiale et de deux paires de gants de caoutchouc ou de plastique léger, le chercheur pourrait tout de même se déplacer beaucoup plus librement, et manipuler objets et animaux dans des conditions proches de la normale. Au milieu des années soixante-dix, Karl Johnson récupéra un labo plus moderne que le NIH avait fait construire pour travailler sur les virus oncogènes, mais qu'il n'avait jamais utilisé. Karl se démena pendant quatre ans pour le remplacer par un laboratoire d'un type tout à fait nouveau.

C'était un mélange de laboratoire à caissons et de laboratoire chaud : une structure préfabriquée avec des murs de brique et de métal entourant les parois de contre-plaqué du laboratoire lui-même. Celui-ci était en forme de L. On y accédait par un sas, qui abritait la douche de décontamination au lysol. Le premier bras du L était un laboratoire classique de virologie, avec des hottes de sécurité (ventilateurs d'évacuation) et des tables de travail. Au bout, une autre porte à sas menait à l'autre bras du L (le plus court). C'était l'animalerie, avec plusieurs emplacements séparés par des panneaux de stratifié. A partir de l'angle du L, il y avait deux longues rangées de caissons.

Le laboratoire à caissons fut mis en service bien avant le labo chaud. Tout le monde y afflua. Lorsque la seconde partie fut enfin inaugurée, on mit quelque temps à s'habituer à cet environnement de niveau 4 de forme inédite. Il fallut un peu plus d'un an pour que le vieux laboratoire d'occasion du NIH soit abandonné. On s'en servit comme entrepôt.

Le nouveau laboratoire représentait un progrès, mais il n'était pas sans inconvénients. Comme il était petit, il n'était pas rare que des gens effectuent simultanément des expériences sur des micro-organismes différents. Des problèmes se présentaient — surtout avec les deux cuves qui recueillaient les effluents de l'autoclave et des douches, et autres liquides. Dès que l'une des deux était pleine, on la soumettait à des températures élevées pour la stériliser. Il fallait attendre plusieurs jours avant qu'elle soit assez refroidie pour qu'on puisse la vider dans les égouts d'Atlanta sans risquer de faire éclater les canalisations. Parfois, les cuves se remplissaient trop vite, à cause d'une surexploitation du labo ou, pire encore, à cause d'un robinet qui gouttait.

Le laboratoire était soumis à une pression négative, pour qu'en cas de fuite l'air soit *aspiré vers l'intérieur* et non propulsé vers l'extérieur. Sous la pression, les cloisons de contre-plaqué se cambraient de manière visible. Il fallait parfois improviser, rafistoler et raccommoder mais cela fonctionnait, on ne sait trop comment. Il y avait d'autres risques — déclencher accidentellement, par exemple, les extincteurs au halon. Un incroyable tourbillon emportait alors tout ce qui se trouvait à portée des jets de halon. Pourtant, personne ne s'en formalisait trop. De tous les motifs d'angoisse dans le laboratoire chaud, l'incendie était le plus terrifiant. Si cela était arrivé, il aurait été très difficile d'évacuer rapidement les lieux, et nos combinaisons de plastique auraient fondu sur notre peau.

En dépit de ces inconvénients, le laboratoire nous permit de faire du bon travail. Il y eut des alertes occasionnelles, mais on ne déplora aucun accident grave, ni dans ce laboratoire ni dans aucune autre installation de niveau 4 du CDC. Le seul accident grave qui eut jamais lieu dans un laboratoire de niveau 4 (en tout cas hors d'Union soviétique, dont nous ne savons pas grand-chose) se produisit le jour où Geoff Platt s'infecta avec le virus Ebola Zaïre à Porton Down, en Angleterre.

Mais nous savions que nos besoins exigeaient une solution à long terme. Sous l'effet, notamment, de l'émergence du VIH, on finit par nous allouer des fonds. En 1983, nous nous attaquâmes à la conception, puis à la construction d'un nouveau laboratoire. Cette fois, toute l'équipe des Agents pathogènes spéciaux exprima des avis très pertinents sur ce qui allait et ce qui n'allait pas. (Elle constituerait en effet le noyau des « usagers » du labo.) Chacun étudia de près le détail du projet, et l'on fit des centaines de suggestions. Le résultat, ce fut le meilleur laboratoire de niveau 4 du monde. La construction commença en 1986, supervisée par un des chercheurs du service, le docteur Mike Kiley. Le projet consistait en deux laboratoires placés dos à dos. Chacun avait plusieurs fois la taille de l'ancien. Comparé à ce que nous connaissions, c'était un véritable palais.

A quoi ressemblait réellement le travail dans ce labo ? Personne n'est mieux placé que Sue pour répondre à cette question.

Lorsqu'on travaille seul au laboratoire (comme c'était le cas le dimanche, quand Joe m'y déposait pour que je nourrisse mes singes), il faut d'abord vérifier de l'extérieur les dispositifs du laboratoire. On vérifie le réservoir de la douche au lysol, les réserves d'oxygène et les autres gaz. On vérifie les cuves à effluents. Après avoir pointé la liste de contrôle, on introduit sa carte magnétique et on compose son code personnel. On ôte ses vêtements pour enfiler une combinaison. On passe à la douche, dans le vestiaire.

Où se trouve ma combinaison ? Enfouie tout au fond. La tirer, vérifier le cordon, la descendre à l'aide de sa poulie. Enfiler une première paire de gants. Des gants chirurgicaux ordinaires. Vérifier la seconde paire. La fixer solidement à l'aide de sparadrap aux poignets de la combinaison. Ils sont un peu plus lourds que les gants chirurgicaux, mais pas au point de vous empêcher de travailler. Est-ce que j'en ai changé récemment ? Ils sont en bon état ? Parfait.

Vérifier la combinaison, nettoyer la visière. Introduire lentement les bras et les jambes pour éviter les lignes d'air qui risqueraient de me refroidir les pieds et les mains. Aspirer une ultime et profonde goulée d'air frais, tirer soigneusement la glissière de la combinaison, fermer le joint d'étanchéité, saisir un tuyau de raccordement d'air, le jeter par-dessus l'épaule.

Franchir le rebord, vite, vers la douche au lysol, fermer la porte, attendre le déclic, libérer la porte suivante. Franchir d'un bond le second rebord et — ah ! — saisir le premier tuyau d'air qui pend au plafond. Je ne veux pas perdre mon temps, dans la douche au lysol, à passer de tuyau en tuyau. Si je retiens ma respiration, si je cours et si je parviens à trouver mes bottes et à les enfiler assez vite, je peux me retrouver dans le laboratoire principal avant de devoir prendre un autre tuyau d'air. Cela me ferait gagner une minute ou deux. Un seul problème : si cela dure trop longtemps, la visière se couvre de buée. S'arrêter au tuyau qui pend devant la première rangée de cages, laisser l'air frais pénétrer et ôter la buée. Et jeter un coup d'œil à mes « patients ».

Voilà un beau et long tuyau. Hé ! L'air pénètre au-dessus de ma tête. Je peux me déplacer tout autour du laboratoire sans changer de tuyau.

Je suis seule, ce matin. Je dois donc parcourir la liste de contrôle. Incubateurs, congélateurs... Vérifier les jauges. Tout va bien. Les singes ont l'air d'aller bien. Aujourd'hui, je ne vais pas les ennuyer. Juste voir s'ils sont actifs, s'ils mangent et boivent. Vérifier et remplir les bouteilles d'eau. Prendre des fruits frais au frigo. Chacune des bêtes reçoit une moitié d'orange et une banane. Certains ont droit à des biscuits. Je dépose les biscuits et je commence à couper les oranges. Je déteste cela. Lorsque votre seule protection est une fine combinaison de matière plastique, vous apprenez à vous méfier des couteaux. De tous les instruments pointus ou coupants.

Après les avoir nourris, il faut nettoyer et vérifier une dernière fois les cages et le matériel. Tout va bien ? Oui. Eteindre la lumière. Passer à nouveau les portes, vers l'extérieur cette fois. Pas de tuyau d'air. Cela prend trop de temps. Oter mes bottes. Essayer de parvenir à la douche décontaminante sans avoir besoin d'air. La lourde porte intérieure se ferme avec un déclic, j'actionne un bouton, la douche se met en marche. Maintenant, je saisis un tuyau. Dès la fin du cycle de rinçage, je le raccroche. Un bond à l'extérieur, défaire la glissière de la combinaison, vite, pour respirer du vrai bon air. Se dégager de la combinaison, l'accrocher à son cordon, la lever à l'aide de la poulie — il faut qu'elle sèche et qu'elle soit prête pour demain. Vêtements à terre, passer à la douche ordinaire.

Le dimanche, je faisais ma ronde toute seule. Mais en semaine, je travaillais en équipe. Au contraire du groupe de Porton Down, celui-ci se composait de femmes. A une exception près : Sam Trappier, le seul Noir américain travaillant en niveau 4 à l'époque. Deux autres membres de l'équipe, Mei Castor et Anne Conaty, venaient du Peace Corps. La première était une métisse mi-chinoise, mi-malaise, petite et très jolie. Elle finit par s'inscrire dans une école vétérinaire, puis en école de médecine. Anne était solidement bâtie, blonde et américaine. Elle avait travaillé avec le Peace Corps en Thaïlande. C'est elle qui a mis au point le test de dépistage de la fièvre de Lassa par amplification génique (le premier jamais utilisé pour diagnostiquer une fièvre hémorragique virale). Lynette Brammer venait d'un laboratoire de diagnostic clinique, où elle avait travaillé de nuit durant des années. Cuca Perez, élégante Portoricaine, répondait toujours « Sí » au lieu de « Oui ». Bertha Farrar était la moins « conforme » de nos recrues. Cette femme d'une cinquantaine d'années était rescapée d'une division supprimée par le CDC. Elle se présenta à l'entretien d'embauche, les cheveux blonds décolorés, boudinée dans un sweater rose. Ce n'était pas tout à fait la candidate classique pour le niveau 4. Joe estima qu'elle était douée pour l'organisation, et il l'engagea. Mais il présumait que le travail en laboratoire chaud proprement dit ne lui convenait pas. Personne ne pensa à lui poser la question.

Bertha était une organisatrice hors pair, en effet. Elle fut à la hauteur pour succéder à Helen Engleman, qui s'était occupée de la logistique avec la poigne d'un ex-marine (ce qu'elle était). Sous la houlette de Bertha, le Projet Lassa en Sierra Leone ne manqua jamais du moindre matériel. Elle se rendit même en Sierra Leone, où elle travailla en laboratoire. Mais cela ne lui suffisait pas. Elle nous avoua qu'elle voulait entrer au laboratoire chaud. Nous avons fini par céder. Elle y fit un travail splendide.

Le travail d'équipe est essentiel. Le ronronnement de l'air dans la partie supérieure des combinaisons empêche de communiquer. Quand on veut parler à quelqu'un, il faut couper l'arrivée d'air en pinçant le tuyau, et hurler.

Nos tâches étaient parfaitement organisées. Et même si trois paires de mains armées d'aiguilles s'affairaient autour de chaque singe, chacun de nous savait précisément ce que les autres étaient en train de faire. Nous dépendions les uns des autres pour notre sécurité, alors que nous travaillions avec des virus « chauds » et des animaux hautement infectieux (et parfois de grande taille).

Nous dépendions aussi de notre responsable de la sécurité biologique, Lee Alderman, qui connaissait intimement les mécanismes du laboratoire chaud. Son souci de veiller à notre bien-être et à notre confort a joué un rôle capital dans le succès d'un programme qui a produit plusieurs études sur les fièvres hémorragiques et qui nous a appris l'essentiel de ce que nous savons des virus Ebola et Lassa chez nos cousins les singes.

Remerciements

Écrire sur sa vie et sa carrière est un travail décourageant et mortifiant. Avec de la chance, on arrive tout juste à comprendre comment on a évolué, et à apprécier ceux et celles qui nous ont été indispensables tout au long du chemin.

De la part de Joe

Je veux saluer ma mère, Jewel, pour son soutien et ses encouragements. Sans l'amour et les conseils qu'elle m'a dispensés quand je grandissais dans notre ferme de l'Indiana, je ne serais nulle part aujourd'hui. Je tiens aussi à exprimer ma gratitude à l'égard de mon beau-père, Bob, ainsi qu'à mes « seconds parents », Bun et Margaret Weathers. J'ai également une dette à l'égard de Janet Kastner, et de Jim et Sue Colvert, sans qui je n'aurais jamais atteint l'université.

B.P. Reinsch, mon professeur de mathématiques, John Sandbach, qui m'a appris l'humanité, et mes condisciples dans la « Maison sudiste » indépendante au Florida Southern College, ont joué dans mon éducation un rôle de premier plan. Pour mes expériences en Belgique et au Zaïre, je remercie Luhahi Emil, Don Hill, Pete Peterson, Marijke van den Berg, et mes « troisièmes parents »,

M. et Mme Noël. Tous ont été de formidables professeurs et de précieux confrères. Parmi les nombreuses personnes qui ont joué un rôle important dans le modelage de ma vie professionnelle, je mentionnerai Syd Osterhout, grâce à qui j'ai pu entrer à la Duke Medical School ; Sam Katz, qui m'a envoyé à Boston ; Johnny Long, qui m'a permis de retourner dans les pays en voie de développement ; et Phil Lynch, mon compagnon de chambre à la Duke Medical School. Tom Weller, le grand virologiste à l'école de Santé publique de Harvard, m'a dispensé son enseignement, avant de m'orienter vers le CDC. Je citerai également Frank Oski, Louis Weinstein et Stanley Plotkin, parmi tant d'autres excellents professeurs, à qui je dois mon extraordinaire expérience dans le domaine de la pédiatrie et de la médecine.

Le CDC a été infiniment bon pour moi. Je veux surtout exprimer ma gratitude à David Sencer, Bill Foege, Roger Feldman, Walter Dowdle et Pat Webb, pour leur amitié et leurs conseils. Je suis particulièrement reconnaissant à mon mentor en virologie, Karl Johnson, le premier géant américain de la recherche sur les fièvres hémorragiques. Merci à Lindsey Whitton et Mike Oldstone, qui ont essayé de m'enseigner la virologie moléculaire, ainsi qu'à mes confrères David Fraser, le regretté Fakhry Assad, Kent Campbell et Jim Curran. Toute ma gratitude va aux professeurs, aux directeurs de recherche et à toute l'équipe des Sciences de la santé publique à l'université Aga Khan. Vous m'avez beaucoup appris. Vous formez un groupe formidable, et vous avez fait au Pakistan un travail considérable. Mes remerciements les plus chaleureux à Laurie Garrett, qui a mis les fièvres hémorragiques en lumière et qui a ouvert des portes à tant d'entre nous. Enfin, j'ai une dette énorme à l'égard de Jonathan Mann, pour notre amitié et notre longue collaboration professionnelle.

De la part de Sue

Je veux d'abord exprimer ma gratitude à l'égard de mon père, qui a compris mon besoin de prendre du champ. Mon plus grand regret est qu'il soit décédé avant de découvrir que je partirais si loin. Ma reconnaissance, ensuite, va à ma mère, qui s'est toujours trouvée à mes côtés et m'a aidée à affronter la difficulté d'élever un enfant en suivant les cours de l'école de médecine. Je salue aussi ma belle-mère, une des personnes que j'aime le plus au monde.

Je me rappelle particulièrement Mrs. Thomas, mon professeur de musique, qui a cru en moi ; le personnel du Farnborough Technical College ; Dame Frances Gardner, doyenne de l'école de médecine du Royal Free Hospital, qui a cru que je méritais qu'on me donne une chance ; Dame Sheila Sherlock, qui pensait que j'irais aussi loin que je voudrais, et qui m'a encouragée à travailler pour cela ; John Tobin, qui m'a enseigné la virologie en laboratoire et dont je n'oublierai jamais le conseil (« Agis aussi vite que possible »). Je suis aussi reconnaissante à Bob Mitchell, Harold Stern, Jim Booth, Malcolm Smith et beaucoup d'autres, à Oxford et à Londres, pour l'aide qu'ils m'ont apportée dans ma carrière professionnelle. Je mentionnerai en particulier Chris Bartlett, qui m'a ouvert les yeux à l'épidémiologie et à la santé publique ; Colin Howard, qui m'a enseigné la virologie moléculaire ; David et Mary Warrell, qui m'ont donné l'occasion de travailler à l'étranger pour la première fois. Puis Arie Zuckerman et David Simpson, qui m'ont incitée à étudier les fièvres hémorragiques.

À Atlanta, Joe McCormick a été mon mentor. Il m'a appris presque tout ce que je sais des fièvres hémorragiques. Il y eut aussi les autres, au CDC, notamment Bobby Brown, qui m'a appris à travailler avec les singes.

Je veux remercier aussi les jeunes Pakistanais qui ont travaillé si dur et avec un tel enthousiasme, à l'université Aga Khan, surtout Shaper Mirza et Tariq Malik, à qui j'ai transmis le message de Dame Sheila Sherlock.

Pour tous les deux

Merci à tous ceux et celles qui ont travaillé avec nous aux Agents pathogènes spéciaux au CDC. Nombre d'entre eux apparaissent dans ce livre, car sans eux nous n'aurions pas eu grand-chose à raconter. Merci à nos confrères et consœurs dans tant de pays, qui sont également dans l'ouvrage et qui sont devenus nos amis.

Un hommage particulier à Lee Alderman qui, en qualité d'officier de la sécurité biologique au CDC, a constamment veillé sur nous lorsque nous travaillions en niveau 4. Nous éprouvons une gratitude particulière pour les membres de l'équipe du Projet de recherche sur la fièvre de Lassa en Sierra Leone, notamment Austin Demby. Qu'ils croient à l'expression de notre tristesse devant le sort qui a frappé leur adorable pays et ses habitants.

Nous avons l'un et l'autre une dette immense à l'égard de nos premiers conjoints, qui nous ont soutenus durant des années. Nous voulons bien entendu saluer nos enfants, Kit, Peter, Hannah et Anne, qui cultivent notre côté non scientifique, qui nous critiquent avec raison (parfois sans pitié) et viennent souvent nous rappeler à quoi ressemble la vie hors de notre travail.

Tout le reste étant dit, nous voudrions mentionner notre dette l'un à l'égard de l'autre. Nous avons partagé maintes expériences, et nous avons été l'un pour l'autre le plus féroce des critiques et le plus indulgent des avocats. Nous avons eu la chance de trouver le bonheur, et la possibilité d'enrichir notre existence mutuelle, au plan scientifique et personnel.

À Leslie Horvitz et Alan Axelrod, enfin, qui nous ont aidés, avec beaucoup de patience et beaucoup de professionnalisme, à transformer en un livre l'histoire que nous voulions raconter.

Joe McCormick, Sue Fisher-Hoch

Table des matières

Ce volume a été composé
par Nord-Compo
et achevé d'imprimer sur presse Cameron
par **Bussière Camedan Imprimeries**
à Saint-Amand-Montrond (Cher)

N° d'Édition : 6595. N° d'Impression : 1/2330.
Dépôt légal : septembre 1997.
Imprimé en France